浙江省“十一五”重点教材

21世纪全国高职高专土建立体化系列规划教材

# 建筑工程商务标编制实训

主　编　钟振宇

副主编　陈永高

参　编　曾　焱　李　静　周明荣

北京大学出版社
PEKING UNIVERSITY PRESS

## 内容简介

本书反映了国内外建筑工程工程预算和商务标编制的最新动态，结合大量工程实例，系统地阐述了建筑工程商务标编制的主要内容，包括工程识图、工程量计算、工程建设招投标知识和相关软件的介绍等。

本书采用全新体例编写，除附有大量工程案例外，还增加了知识链接、特别提示及趣闻等模块。此外，相关项目还附有习题、案例分析及综合实训等供读者练习。通过对本书的学习，读者可以掌握工程量计算、套价、合同与索赔的基本理论和操作技能，具备编制建筑工程商务标文件的能力。

本书可作为高职高专院校工程造价及相关专业的教材和毕业设计指导书，也可作为工程造价类职业资格考试的培训教材，还可为相关从业人员提供参考。

**图书在版编目(CIP)数据**

建筑工程商务标编制实训/钟振宇主编. —北京：北京大学出版社，2012.7

(21世纪全国高职高专土建立体化系列规划教材)

ISBN 978-7-301-20804-5

Ⅰ. ①建… Ⅱ. ①钟… Ⅲ. ①建筑工程—投标—文件—编制—高等职业教育—教材 Ⅳ. ①TU723.2

中国版本图书馆CIP数据核字(2012)第127624号

书　　名：建筑工程商务标编制实训

著作责任者：钟振宇　主编

策划编辑：赖　青　王红樱

责任编辑：赖　青

标准书号：ISBN 978-7-301-20804-5/TU•0241

出版者：北京大学出版社

地　　址：北京市海淀区成府路205号　100871

网　　址：http://www.pup.cn　http://www.pup6.cn

电　　话：邮购部62752015　发行部62750672　编辑部62750667　出版部62754962

电子邮箱：pup_6@163.com

印刷者：三河市博文印刷厂

发行者：北京大学出版社

经销者：新华书店

787mm×1092mm　16开本　18.5印张　424千字

2012年7月第1版　2012年7月第1次印刷

定　　价：35.00元

# 北大版·高职高专土建系列规划教材
# 专家编审指导委员会

# 北大版·高职高专土建系列规划教材
# 专家编审指导委员会专业分委会

## 建筑工程技术专业分委会



## 工程管理专业分委会



## 建筑设计专业分委会



## 市政工程专业分委会

# 前　言

本书为浙江省“十一五”重点教材之一。为适应21世纪高等职业教育课程改革和发展的需要，培养建筑行业工程造价方向的应用型人才，编者将建筑工程商务标编制及相关内容结合在一起编写了本书。

本书内容共分为5个项目，包括建筑工程商务标编制实训简介，建筑工程计量计价实训，工程造价在商务标编制中的应用，招投标过程模拟实训，商务标编制方法与实训。此外，为便于读者学习，本书还附有某办公楼土建施工图、招标公告格式、投标文件格式及投标书范本。

本书内容可按照120学时左右安排教学，其中理论教学50～60课时，编者推荐学时分配：项目1为2学时，项目2为20～22学时，项目3为16～20学时，项目4为6～8学时，项目5为6～8学时；教师可根据不同的教学情况灵活安排学时，课堂重点讲解每个项目的主要知识模块，小节中的知识链接、应用案例和习题等模块可安排学生课后阅读和练习。本书内容按一体化教学设计，实训教学部分占50%左右，约60～70学时，教学内容以完成一个中小型工程项目的报价为总任务而设置；教师可以根据本校教学资源配备情况，灵活组织实训教学；并选取适当的工程项目课题。

本书突破了已有相关教材的知识框架，注重理论与实践相结合，采用全新体例编写。内容丰富，案例翔实，并附有多种类型的习题供读者选用。

本书由浙江工业职业技术学院钟振宇担任主编，浙江工业职业技术学院陈永高担任副主编。浙江工业职业技术学院曾焱、李静和周明荣参与编写，并提出了很多宝贵意见。此外，广联达公司为本书的编写提供了大量的资料，在此一并表示感谢！

编者在本书的编写过程中，参考和引用了国内外大量文献资料，在此谨向原资料作者表示衷心感谢。由于编者水平有限，本书难免存在不足和疏漏之处，敬请各位读者批评指正。

编　者

2012年4月

# 目　录

# 项目 1

# 建筑工程商务标编制实训简介

这门课程要做些什么？为什么要学习这门课程？课程的内容有哪些？课程教学如何组织？这门课该如何学习？这些问题都将在本章解决，此外本章还介绍相关工程造价知识点。

## 教学目标

熟悉这门课的目的和要求；
熟悉本课程学习的内容与组织；
掌握课程学习方法；
了解商务标相关知识。

基本概念

编制商务标是招投标操作过程中最重要的组成部分，包含了工程合同价款的确定、工程量清单综合单价的合理性分析、合同价款的调整方式、结算方式等因素，决定了招投标的效果，直接影响着投资人的投资效益。

商务标编制实训是工程造价等土建类专业学生在校期间的一门理论实训一体化的课程，课程内容覆盖了各门专业课程，是对学校技术平台课程的知识综合。通过学习可以训练学生工程预算编制的能力，并掌握商务标报价的技巧。

背景

历时23年之久的英法战争(1795—1815)几乎耗尽了英国的财力，国家负债严重，货币贬值，物价飞涨。当时英国军队需要大量的军营，为了节约成本，特别成立了军营筹建办公室。由于工程数量多，又要满足建造速度快、价格便宜的要求，军营筹建办公室决定每一个工程由一个承包商负责，由该承包商负责统筹工程中各个工程的工种，并且通过竞争报价的方式来选择承包商。这种承包方式有效地控制了费用的支出。从此以后，竞争性的招标方式开始被认为是达到物有所值的最佳方法。

竞争性招标需要每个承包商在工程开始前根据图纸计算工程量，然后根据工程情况做出造价。开始时，每个参与投标的承包商各自雇用造价师来计算工程量，后来为了避免重复地对同一工程进行工程量计算，参与投标的承包商联合起来雇用一个造价师。而同时，业主为了保护自己的利益也另行雇用造价师，以防止单方面估价损害业主利益。

这样在造价领域里便有了两种类型的造价师：一种受雇于业主或业主的代表建筑师；另一种则受雇于承包商。到了19世纪30年代，计算工程量、提供工程量清单成为业主造价师的职责，所有的投标都以业主提供的工程量清单为基础，从而使得最后的投标结果具有可比性。从此，工程造价逐渐形成了独立的专业。

## 1.1 商务标编制实训的目的和要求

从背景例子可以看到，工程造价在工程建设中占有极其重要的地位，对建设业主来说直接影响到项目立项，对承包商来说影响到项目获取。土建施工类学生今后工作的岗位有可能变化，但是无论是施工员还是造价员都必须面对工程造价的问题，编制预算及提出合理的报价也是学生必须掌握的一项基本能力。

知识链接

“工程造价”中的“造价”既有“成本”(cost)的含义，也有“买卖”(price)的含义。工程造价管理界至今在“工程造价”定义上仍然存在许多争论。这些争论使得我们对于工程造价的理解已经从单纯的“费用”观点逐步向“价格”和“投资”观点转化，出现了“工程价格(承发包价格)”和“工程投资(建设成本)的概念”。

“工程造价”一词在我国开始广泛使用是在20世纪80年代后期。此前我国一直沿用“工程概预算”一词，这与我国在建国初期引进的前苏联的管理体制有关。当时为合理地、节约地使用有限的建设资金和人力、物力，充分提高投资效果，在总结建设经验的基础上，吸收了前苏联的建设经验和管理方法，建立了工程概预算制度，并编制了专业的配套定额。改革开放以后，工程建设定额管理和工程概预算进入了一个新的发展时期，在20世纪80年代中后期，在国内的工程经济学界使用建筑产品价格这一概念的同时，政府文件中开始出现“工程造价”一词。随后因各级行政部门的沿用，很快被有关的学术组织、大专院校和基层单位等部门广泛使用。

《建筑工程商务标编制实训》是高等职业教育课程改革的产物，如何让学生在校期间快速掌握各项技能是职业教育工作者必须面对的问题。由于造价类课程一般是经济类和管理类，理论学习较为枯燥，如果缺少一个实践过程，掌握运用这些知识就显得十分困难。

在一般教学过程中不少学校通过设置课程周来解决某门课程的实训，但由于教学计划整体安排不可能有足够的时间解决课时要求，因此有些预算课程的实训周也只能让学生完成工程项目的部分内容。同时在单项知识和能力培养阶段，在还没有掌握其他知识的前提下，也不可能很好地完成整个工程预算。

很多学校的学生在顶岗实习之前只学习了造价专业的单项知识和能力，但在学完这些专业课程前还无法进行顶岗实训，究其原因是将各模块知识和实际工作有效链接起来有一定困难的，而在实际情况中企业人员由于自身工作繁忙也无法有效做好学生的指导工作。因此在顶岗实训前开设这一综合实践课程，可以让学生对一个中小型工程项目进行施工图识读、工程量计算、套价以及根据教师提供的企业情况合理提出工程报价，从而为后一阶段校外顶岗实习奠定基础。

今后几周连续的课程教学，通过相关的理论学习和实践应达到以下要求。

### 1. 融合运用前期学习的知识

如前所述商务标编制是一门综合课程，涉及建筑工程造价方方面面的知识，如何运用所学的知识来完成一个实际工程项目是本门课的一个重要任务。在学习过程中需要根据课程布置的任务合理开展先前课程知识的复习，提出解决问题的方法，从而融会贯通专业知识。除此之外，在本门课程中还要讲述以前没有接触过但与实训相关的知识，了解工程界的一些习惯做法和规定。本书将对一些预算方面的相关知识要点做归纳，重点突出投标方面的技巧和电算软件的应用，以提高我们工作效率。

### 2. 掌握商务标编制及报价的技巧

实训目的不仅是一个工程项目预算，更主要的是在此基础上做出投标报价。商务报价具有很高的技巧性和实践性，需要许多信息和经验来判断。在实训中通过拟设一些企业和相关信息，开展模拟投标评标，以体验真实投标过程。

### 3. 培养从业职业道德

本次综合实训是我们第一次接触实际工程，在专业学习的同时也需要树立良好的职业道德。预算编制按照图纸和规范的要求，认真地计算工程量，正确地套价，从而提交出准确的预算书，这可以促使我们养成严谨求实的工作作风；对初学者来说预算编制也是一项繁重的工作，这可以培养我们吃苦耐劳的优良品质；本次实训是分组进行的，每个小组的成员对任务进行内部分工，通过小组成员的共同努力才能完成最终的作品，在这个过程中有利于培养团结互助、通力合作的团队精神。这些都是我们作为工程造价人员所必需具备的道德品质。

商务标编制实训是将所学知识综合运用的理论实训一体化课程，是校内最后一次重要的实践教学环节，为下一步校外顶岗实训奠定基础。我们必须重视这次实训的价值和意义，通过接下来几周时间的实训，熟练掌握工程量计算和套价，了解商务标报价技巧，从而实现“零距离”上岗就业。

## 1.2 商务标编制实训的内容

本课程以培养土建施工、预算职业岗位所必须具备的商务标编制能力为目标，以一个具体工程建设任务为引导，综合了建筑工程计量和计价实训、工程预算书编制、招投标过程模拟实训、商务标编制实训、工程造价软件应用实训等各项能力的课程。要求学生综合运用所学的造价知识和技能，将真实具体的工程作为驱动任务，采用真实或虚拟手段模拟工程项目实施的主要关键环节。课程根据造价员职业岗位实际工作任务所需要的知识、能力、素质要求，优化选取典型的阶段过程作为实训教学内容，具体内容如下。

**学习情境 1：建筑工程计量和计价实训**

此部分内容包括土建施工图识读、工程计价模式、分部分项工程计量计价实训、措施项目与其他项目计量计价以及建筑工程造价确定。

**学习情境 2：招投标过程模拟实训**

此部分内容包括招标公告的编制、资格预审文件的编制、招标文件的编制、投标模拟、评标和定标、签订施工承包合同的模拟操作等。

**学习情境 3：商务标编制实训**

此部分内容包括商务标前期工作、工程估价、商务标编制 3 个步骤，具体内容包括编制投标函、投标书汇总表、投标报价预算汇总表、建筑工程预算书以及法定代表人资格证明书、授权委托书等，具体格式可根据招标文件的要求编写。

**学习情境 4：工程造价软件在商务标编制中的应用实训**

此部分内容包括建筑工程土建算量软件应用实训、钢筋算量软件应用实训、计价及商务标编制软件应用实训等。

施工单位投标文件包括商务标和技术标。其中商务标包括：①投标函；②投标报价表；③付款方式；④公司概况；⑥企业业绩；⑥公司投标资质证明材料；⑦其他招标文件要求的资料，例如投标保函、投标人的授权书及证明文件、联合体投标人提供的联合协议、投标人所代表的公司的资信证明等，如有分包商，还应出具资信文件供招标人审查。其核心是投标报价表。

## 1.3 实训条件及教学组织方法

作为理论实践一体化的课程，除了一般课堂教学的教室外，实践教学环境设计显得十分重要，有条件的学校可以采用工作室的形式，一人一位提供给学生，如图 1.1 所示，同时要配备必要的讨论区。如果条件不允许，建议采用机房和读图教室穿插使用，由于本次实训要使用大量的图纸，因此需要有能放置图纸的大桌，实训环境第二套方案可以采用图 1.2 所示的形式。

图 1.1 实训硬件设施一：独立工作间

图 1.2 实训硬件设施二：机房+大桌教室

除了必要的场地建设外，工程量计算软件、套价软件和商务标编制软件等，在品牌上各学校可以根据自身实际情况尽量选择大品牌，并在地区行业较为流行的软件，例如广联达、鲁班等。此外在实习中要用到工程图纸，各学校可以根据实训时间的长短，选择规模适合的，并且已经具备对应较为准确预算书的工程。

在教学的组织上，教师根据学生规模、指导教师数量以及硬件设施确定分组数量，但为了保证每位学生充分学习的机会，建议采用 3～5 人一组的方式。这里不建议采用 1 人一组的形式，因为小组学习方式优于单独学习的形式。

教师在具体课程教学组织上可以灵活处理，例如在任务布置后可以让学生先进行思考，进行任务分析，然后由学生开始工作，在此过程中要配备一定数量的指导教师解答学生的问题，一段时间后，教师要组织汇总典型的问题，安排时间集中讲解。

课程成绩考核方面，建议由平时表现、成果质量和答辩成绩三部分组成，各部分比例可由主讲教师掌握，尽可能客观反映学生的实训成效。

## 1.4 本课程学习的要点

本课程是以工程任务为导向的理论实践一体化课程，因此学习上与其他课程学习有较大不同。首先从传统课堂学习转变为自主学习，尽管课程中还有集中授课，但是主要靠自学解决工作过程中出现的问题，尤其是在出现问题时要有自行解决的态度，在工作中逐渐培养独立工作能力。其次要养成查找资料的习惯，大容量阅读。本书只提供一般性指导，不可能囊括实训过程中所需的一切资料，遇到特殊问题不仅要参考其他书籍规范，甚至要参考相关地方文件规定。再次要学会有效利用时间，在连续几周的工作中，期间只有为数不多的集中授课，其他时间均为自由支配。一般来说工作任务不会轻松，我们要根据自身情况合理安排时间，在进入工作状态时要发扬连续作战精神完成阶段任务，在问题卡壳时先换换环境，留后解决。

本课程内容较多，是一门技术性、综合性、实践性和专业性都很强的课程。它以建筑识图、房屋建筑学、建筑力学与结构、建筑材料、施工技术、建筑工程预算、建设施工组织与管理、工程招投标与合同管理等课程为专业基础，同时又与国家的方针政策、分配制度、工资制度等有着密切的联系。在学习过程中应把重点放在建筑工程计量计价方法的学习上，特别是要熟练掌握软件应用，熟悉编制施工图预算和工程量清单，根据相应的投标策略编制商务标文件。在学习中应坚持理论联系实际，以实训为重点，注重培养动手能力，勤学勤练，学练结合，最终达到能独立完成商务投标文件的编制任务。

**特别提示**

**如何在工作中学习？**

尽管本门课程还是校内实训，但是本次学习接近实际工作阶段，教师讲授已经大量减少。在工作中学习不同于在校实习，一个大学毕业生要成为专业领域的专家必须具备两个条件，一是要有勤奋踏实的工作态度，二是对工作中的问题要勤于思考。在课程学习中我们首先对自己有严格的态度，工作中不能有一丝的放松和自我要求降低，同时既要养成独立思考的习惯，也要善于向别人学习。

### 项目小结

本项目讲解了本门课程学习的一些内容，主要包括以下几点。

(1) 课程开设的目的意义。

(2) 课程学习的要求。

(3) 课程开设的软硬件设施。

(4) 课程学习的方法。

## 习　题

1. 本门课程与其他课程相比有什么特点？
2. 商务标包括哪些内容？
3. 如何根据教师布置的实训任务查找资料？
4. 如何学会小组同学间的合作？
5. 如何分解接到的任务？

# 项目 2

# 建筑工程计量计价实训

如何编好一份标书关系到能否中标及能否实现预期利润，是投标单位关注的重点，而准确地进行工程的计量计价则是编好标书的基础。要准确地进行工程的计量计价必须正确识读土建施工图。那么如何识读土建施工图？土建施工图包括哪些类型及如何编排？建筑工程计价有哪些方法？分部分项工程包含哪些主要内容及如何计算？措施项目与其他项目包括哪些内容及如何计算？建筑工程造价如何确定？本项目将一一为您解开这些问题的谜底。

## 教学目标

了解施工图的分类及编排；
掌握建筑施工图、结构施工图的识读方法；
理解工程造价计价的原理；
掌握建筑工程定额计价方式和工程量清单计价方式；
掌握建筑工程工程量清单计算规则应用要点；
掌握建筑工程工程量清单计价应用要点。

## 教学步骤

| 知识要点 | 能力要求 | 相关知识 |
|---|---|---|
| 土建施工图识读 | (1) 施工图的分类与编排<br>(2) 建筑施工图的识读<br>(3) 结构施工图的识读<br>(4) 整体图纸识读相关问题 | (1) 施工图组成及编排顺序<br>(2) 建筑制图的一般规定<br>(3) 建筑施工图的内容及用途<br>(4) 结构施工图的绘制方法<br>(5) 结构施工图的内容 |
| 工程造价计价 | (1) 建筑工程计价原理<br>(2) 建筑工程定额计价方式<br>(3) 工程量清单计价方式 | |
| 建筑工程清单计量 | (1) 土石方工程量计算规则应用要点<br>(2) 地基与桩基础工程量计算规则应用要点<br>(3) 砌筑工程工程量计算规则应用要点<br>(4) 钢筋混凝土工程量计算规则应用要点<br>(5) 屋面及防水工程工程量计算规则应用要点 | 清单计价规范 |
| 建筑工程清单计价 | (1) 土石方工程清单计价应用要点<br>(2) 地基及桩基础工程清单计价应用要点<br>(3) 砌筑工程清单计价应用要点<br>(4) 钢筋混凝土工程清单计价应用要点<br>(5) 屋面及防水工程清单计价应用要点 | |

# 2.1 土建施工图识读

要准确地进行工程的计量计价必须正确快速地识读土建施工图。初学者拿到施工图后，通常会感到无从下手。要提高识图效率，必须按照正确的顺序和识读方法，同时还必须熟悉施工图的制图规则，熟悉房屋建筑构造、结构构造，熟悉有关规范。

尽管每个建筑工程的功能类型、规模、结构、构造、使用材料及装修做法等都不完全相同，包含的图纸内容及数量也不完全相同，但是大体来说，土建施工图的构成是基本相似的，识图应遵循一定的顺序。

**基本概念**

施工图，是表示工程项目总体布局，建筑物的外部形状、内部布置、结构构造、内外装修、材料作法以及设备、施工等要求的图样。施工图具有图纸齐全、表达准确、要求具体的特点，是进行工程施工、编制施工图预算和施工组织设计的依据，也是进行技术管理的重要技术文件。

例如某个拟建办公楼工程的总平面、平面、立面、剖面图，如图 2.1 所示。通过这些施工图可以了解建筑的位置、长、宽、高等概况和内部设置情况，再配合其他的一些施工图样，就能更清楚地知道建筑的情况。

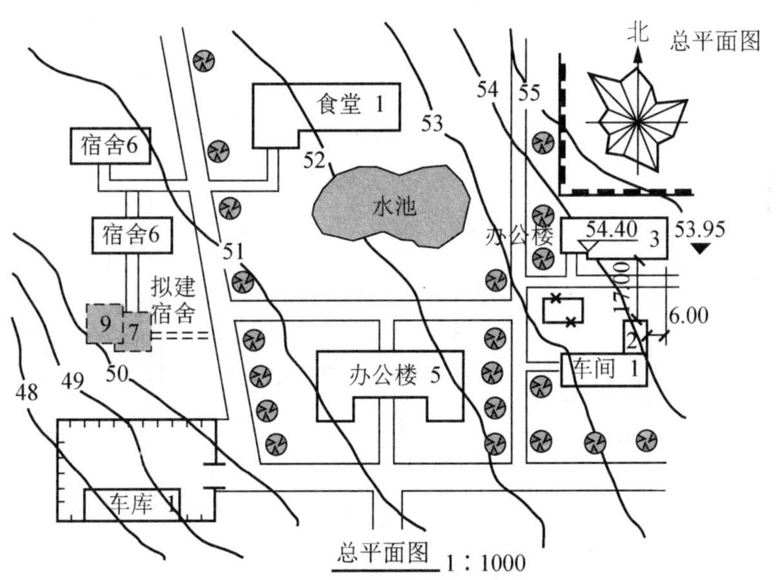


图 2.1 某办公楼工程的总平面、平面、立面、剖面图

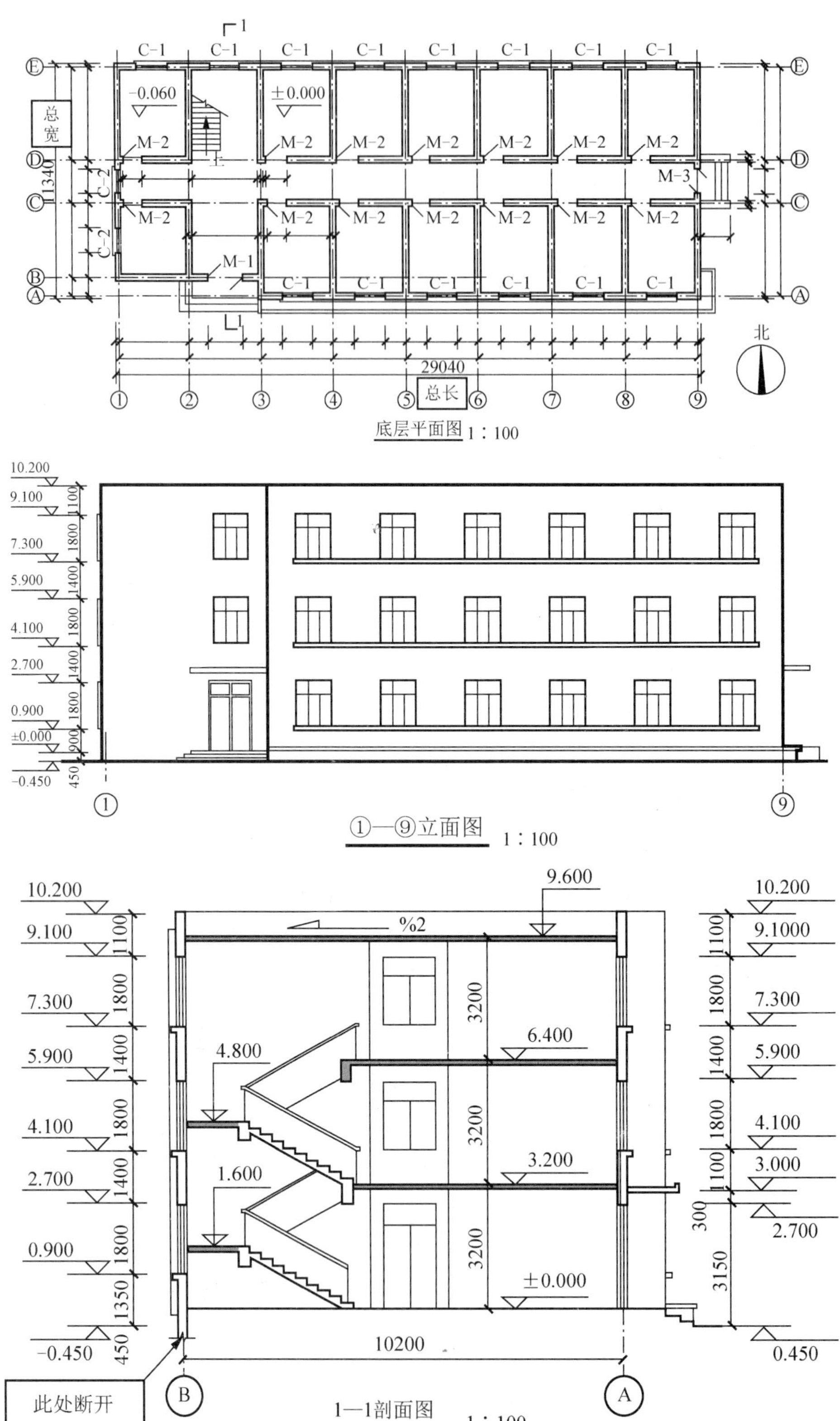


图 2.1 某办公楼工程的总平面、平面、立面、剖面图(续)

**小知识**

**施工图顺序**

*《房屋建筑制图统一标准》(GB/T 50001—2001)对工程施工图的编排顺序规定如下：“工程图纸应按专业顺序编排。一般应为图纸目录、总图、建筑图、结构图、给水排水图、暖通空调图、电气图等各专业的图纸，应该按图纸内容的主次关系与逻辑关系有序排列。”*

**特别提示**

*概括地说，大部分施工图是使用正投影原理绘制的，正投影的基本原理是“长对正、高平齐、宽相等、左右对应”。*

一套完整的施工图按照各专业内容不同，一般分为图纸目录、设计说明、建筑施工图(简称建施)、结构施工图(简称结施)、设备施工图(简称设施)。图纸目录说明各专业图纸名称、规格、张数、编号，目的是便于快速查找。设计说明包括建筑设计说明和结构设计说明，主要用于说明工程概况、设计依据及其他一些需要说明的情况。建筑施工图主要反映建筑的平面布局、使用的材料及构造做法等。结构施工图一般反映建筑各承重构件的形状、材料、大小和内部构造、位置和连接方式等内容。这些施工图纸的标题栏内分别注写建施××号、结施××号、设施××号，并且与图纸目录里面标注的图号和图名保持一致，便于快速查阅。

### 2.1.1 土建施工图的一般构成及识图顺序

1. 土建施工图的一般构成

土建施工图主要包括建筑施工图和结构施工图。土建施工图的一般构成见表2-1。

表2-1 土建施工图的一般构成

| 施工图分类 | 包括的图样 |
|---|---|
| 建筑施工图 | 建筑设计说明<br>建筑总平面图<br>建筑平面图<br>建筑立面图<br>建筑剖面图<br>楼梯详图、浴厕详图、门窗详图及门窗表<br>其他节点详图 |
| 结构施工图 | 结构设计说明<br>基础平面图<br>楼层结构平面图<br>屋顶结构平面图<br>楼梯结构图<br>基础、梁、板、柱、楼梯等构件详图<br>其他节点详图 |

2. 识图顺序

土建施工图的数量随工程规模和复杂程度不同而不同，多则上百张，少则十几张。各工种图纸的编排，一般是全局性图纸在前，表明局部的图纸在后；先施工的在前，后施工的在后；重要图纸在前，次要图纸在后。一般来说，识读土建施工图时，都希望首先快速地了解工程的面积、层数、高度、结构类型等基本情况，以对建筑有一个大概的认识，再掌握详细的建筑结构布置、构造做法等信息。

识读土建施工图，应遵循以下的顺序。

(1) 图纸目录。

(2) 建筑设计说明。

(3) 建筑平面图、立面图、剖面图。

(4) 建筑详图。

(5) 结构设计说明。

(6) 基础平面布置图。

(7) 楼层结构平面图、屋顶结构平面图。

(8) 基础详图。

(9) 梁、板、柱构件详图；其他细部构造详图。

(10) 图纸引用的标准图集和做法。

看图时，通常首先浏览图纸目录，可快速知道工程的图纸有哪些、什么规格、编号是多少。然后查看设计说明，了解建筑的设计依据以及建筑面积、层数、设计高度、结构类型、主要装修方法等概况，对建筑有一个大概的认识。接下来再根据图纸目录上指示的图名和图号识读相应的建筑、结构施工图，掌握建筑、结构的构造和做法。最后在图纸目录和相关施工图的索引符号的指引下，识读相应的建筑结构详图和标准图集，弄清楚相应的细部构造和做法。

**特别提示**

施工图是按投影原理绘制的建筑及结构构造，要看懂投影图，必须掌握投影原理，熟悉建筑的基本构造。一般来说，应遵循以上的识图顺序，但是需要注意的是各图纸之间是相互配合紧密联系的，有些构造内容必须要根据图纸之间的联系结合起来看才能够获得全面正确的信息。

**知识链接**

### 常用制图标准和设计规范

一、制图标准

| | | |
|---|---|---|
| 1. | 《工程建设标准强制性条文》房屋建筑部分 | 2002 年版 |
| 2. | 《总图制图标准》 | GB/T 50103—2001 |
| 3. | 《建筑制图标准》 | GB/T 50104—2001 |
| 4. | 《房屋建筑制图统一标准》 | GB/T 50001—2001 |
| 5. | 《建筑模数协调统一标准》 | GBJ 2—86 |
| 6. | 《建筑楼梯模数协调标准》 | GBJ 101—87 |

7. 《混凝土结构施工图平面整体表示方法制图规则和构造详图》 03G101—1

二、设计规范

1. 《民用建筑设计通则》 JGJ 50352—2005
2. 《建筑设计防火规范》 GBJ 50016—2006
3. 《建筑内部装修设计防火规范》 GB 50222—95
4. 《民用建筑热工设计规范》 GB 50176—93
5. 《建筑抗震设计规范》GB50011—2010 GB 50011—2010
6. 《混凝土结构设计规范》 GB 50010—2002

**知识链接**

### “蓝图”的由来和意义?

建筑设计院画出来的施工图，要晒成蓝色的图，所以叫蓝图。晒图就是在透明的纸张上把设计图样描下来，然后去晒图机上用药水把它复制到纸张上，就可以复制很多张。以前设计图纸是用“蓝晒机”制作成工程图副本，颜色都是蓝色，所以人们就依此而称呼美好的前景、设想、设计为“蓝图”。

## 2.1.2 建筑施工图识读

建筑施工图简称建施，是利用正投影原理绘制的图样，一般用来表示建筑的工程概况、设计依据、平面布局、各部分的平面尺寸及高度尺寸、体型、外部装修要求、某些细部构造做法等。要正确快速识读建筑施工图，进行工程计价，必须熟悉以下制图规定。

1. 建筑制图的一般规定

图幅：指图纸的大小。从A0～A4共分成5种。图幅有横式和立式，必要时可加长图纸长边。

标题栏：说明图纸的名称和编号等。

图线：为表示不同内容而采用的不同的线型和线宽，通常有实线、虚线、点划线、折断线、波浪线。

定位轴线：定位轴线是施工定位、放线的重要依据。对承重墙、柱子、梁等主要受力构件都应画出轴线予以定位。

编号：阿拉伯数字和字母。

附加轴线：表示单根的柱子、局部一段小墙。一般的做法是，附加轴线编号用在哪根轴线后面，就在圆圈中分母的位置写上哪根轴线的编号。例如：轴线编号圆圈中是1/4就表示附加轴线是在4号轴线后5号轴线前。

尺寸标注单位：除建筑标高和总平面图以米为单位外，其他尺寸的单位一律以毫米为单位。所以图纸上不注尺寸单位。在半径前加字母$R$，在直径前加字母$\Phi$。

标高：绝对标高以黄海的平均海平面为零点，相对标高以建筑物室内首层地面为零点。标高的符号以米为单位，负号说明在相对标高为零点的位置以下。

比例：图形与实物相对应的尺寸之比。

符号和常用建筑材料图例：索引符号、详图符号、对称符号、剖切符号等。图上还有指北针可以指示方向。另外，常见建筑材料图例要熟练掌握。

**知识链接**

### 索引符号和详图符号

由于构造的复杂性和图纸比例的问题，很多时候一张图纸很难把构造表达清楚，就需要在本张图纸或另外的图纸上另外绘制详图表达详细的构造情况。索引符号就是表达图纸之间联系的符号。索引符号和详图符号是一一对应的，如图 2.2 和图 2.3 所示。

索引的上半圈注写详图编号，下半圈注写详图所在图纸或者标准图集页号。

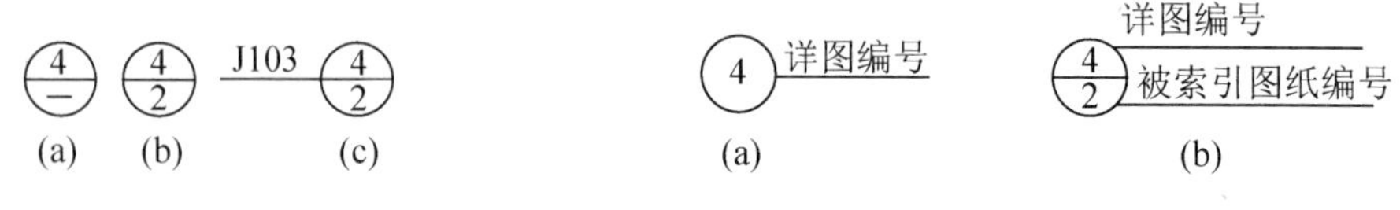


图 2.2　索引符号

图 2.3　详图符号

图 2.2(a)表示详图在本张图上，编号为 4，图 2.2(b)表示详图表示在图纸号为 2 的图上，编号为 4，图 2.2(c)表示详图是标准图集 J103 上图纸号为 2 的图上 4 号详图。图 2.3(a)表示详图编号是 4，表示的是本张图上某处的详细构造，图 2.3(b)表示详图编号是 4，表示的是图纸号为 2 的图上某处的详细构造。

2. 建筑施工图的主要内容及用途

要想根据建筑施工图准确计算工程量，理解几种主要的建筑施工图的形成方法、主要内容、用途、读图顺序，是十分必要的。以下简单介绍几种常见的建筑施工图的形成方法、主要内容和用途。

(1) 建筑总平面图。形成方法：将拟建建筑四周一定范围内的新建、拟建、原有和拆除的建筑物、构筑物连同周围的地形地物状况，用水平投影方法和相应的图例绘出。主要内容：拟建建筑所处区域的地形、地貌、平面位置，包括建筑红线位置、建筑物及构筑物与道路、河流、绿化等的相互位置关系；拟建建筑的层数、总高度、首层地面的绝对标高，室外地坪、道路的绝对标高；指北针和风向频率玫瑰图。用途：施工防线、土方工程等工程施工的依据；室外管线布置的依据；土石方工程和室外管线工程等工程预算的依据。

(2) 建筑平面图。形成方法：假想用一个水平剖面将房屋沿门窗洞口剖开，移去上部分，将剖面以下的部分做水平投影图(形成过程如图 2.4 所示)。沿底层门窗洞口剖切后得到的平面图为底层平面图。沿二层门窗洞口剖切后得到的平面图为二层平面图，依次类推。当某些楼层平面相同时，可以只绘出其中一个平面图，称为标准层平面图。主要内容：建筑的平面形状及各部分的布置，包括内部各房间、走廊、楼梯、出入口等；建筑的尺寸，包括表示建筑外轮廓的总长总宽尺寸，表示轴线之间距离的尺寸，表示门、窗、墙、柱等的大小和位置的尺寸，表示墙体厚度、台阶、坡道、散水等细部构造的尺寸，表示其他一些构造的内部尺寸；门窗类型、代号、编号；剖切符号、索引符号等；地面及各层楼面标高；室内地面、墙面、顶棚装修做法；其他工种对土建的要求。用途：施工放线、砌墙柱、安装门窗框、室内装修等的依据；编制和审查工程预算的依据。读图顺序：“先底层，后上层，先墙外，后墙内”。

(3) 建筑屋顶平面图。形成方法：俯视屋顶作出的水平投影图。主要内容：屋顶标高；屋面的形状、坡度及排水情况；突出屋面的构造。用途：屋面施工的依据；编制和审查工程预算的依据。读图顺序：轴线，分水线，排水坡度，落水口，出屋面上入口，挑檐，女儿墙，变形缝等。

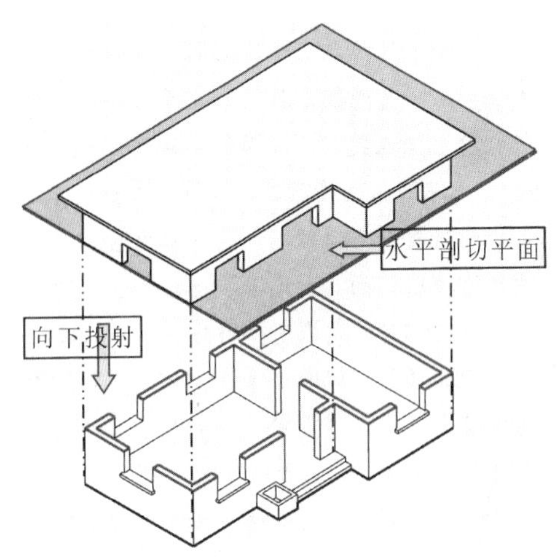


图 2.4 建筑平面图形成过程示意图

(4) 建筑立面图。形成方法：正视建筑立面按正投影原理作出的图样。主要内容：定位轴线、图名比例，表示立面的方位；立面的轮廓线，包括室内外地面线、勒脚、阳台、雨篷、门窗洞口、台阶、雨水管、檐口、女儿墙压顶等；建筑立面上各部位的标高及必要的局部尺寸，包括室内外地坪、台阶标高，楼面标高，窗台上下顶面标高，阳台栏杆标高，雨篷、檐口、女儿墙压顶标高等；外墙装修做法；详图的索引符号及引用标准图集的情况。用途：表示建筑体型、外貌、室外装修的材料和做法，是安装门窗、雨水管、室外装修等工程施工的依据；编制和审查工程预算的依据。读图顺序：图名、比例、总长、总高、室外地坪、屋顶形式、外墙面的装饰、门窗位置和数量、其他标高。

**趣闻**

## 女儿墙

女儿墙：特指房屋外墙高出屋面的矮墙，主要作用除维护安全外，亦会在底处施作防水压砖收头，以避免防水层渗水或是屋顶雨水漫流。

关于女儿墙的由来，古代流传着一些传说。其中一个版本是这样的：一个古代的砌匠忙于工作，不得不把年幼的女儿带在左右，一日在屋顶砌筑时，小女不慎坠屋身亡。匠人伤心欲绝，为了防止悲剧再次发生，之后就在屋顶砌筑一圈矮墙，后来人们就起名“女儿墙”。当然这只是个传说。

女儿墙在古代称为女墙，一是指的城墙上面呈凹凸形的小墙，建于城墙顶的内侧，起拦护作用，是在城墙壁上再设的另一道墙，是“城墙壁的女儿也”；二是泛指矮墙。

《三国演义》第五十一回写道：“只见女墙边虚搠旌旗，无人守护。”这里的“女墙”一词，就是指城墙顶部筑于外侧的连续凹凸的齿形矮墙，以在反击敌人来犯时，掩护守城士兵之用。有的垛口上部有瞭望孔，用来瞭望来犯之敌，下部有通风孔。《释名释宫室》上写道：“城上垣，曰睥睨，……亦曰女墙，言其卑小比之于城。”意思就是说城墙上面呈凹凸形的小墙，叫睥睨，也叫女墙，地位就象女子之于丈夫，是卑小的，没有地位的，宋《营造法式》上讲“言其卑小，比之于城若女子之于丈夫”，就是指女儿墙。女儿墙又叫“睥睨”，《古今论》记载：“女墙者，城上小墙也一名睥睨，言于城上窥人也。”由此可见，女儿墙还另有一个直露的名字，只是“睥睨”一词太过于瘪口，不如“女墙”含蓄，所以后来“女儿墙”叫法流行较广。这是女儿墙名字的真正由来。

李贺在《石城晓》一诗中写道：“月落大堤上，女垣栖乌起。”杜甫《题省中院壁》诗中写道：“掖垣埤竹梧十寻。”“女垣”“埤”指的就是其第二个意思，即泛指矮墙之义。李渔在《闲情偶记·居室部》中写到：“予以私意释之，此名以内之及肩小墙，皆可以此名之。盖女者，妇人未嫁之称，不过言其纤小，若定指城上小墙，则登城御敌，岂妇人女子之事哉？”按照李渔的书中记载的，“女墙”则应是用来防止户内妇人、少女与外界接触的小墙。古时候的女子大多久锁深闺，不能出三门四户。但是小墙高不过肩，又可以窥视墙外之春光美景。女儿墙这种建筑形式既成全了古代女子窥视心理的需要，又可以避免被人耻笑的尴尬。女子往往会在一瞥之间，便能一见钟情，发现自己的意中人。

古往今来，有着数不胜数的关于女儿墙内外的神秘窥望和富有诗意的描述。如：“墙里秋千墙外道，墙外行人墙内佳人笑”、“声渐不闻语渐俏，多情反被无情恼”、“隔墙花影动，疑是玉人来”(注：由外向内)、“满园春色关不住，一枝红杏出墙来”(注：由内向外)。可见这种建筑形式背后隐藏着极为丰富的意韵，那就是：不倚短墙，怎知春色含蓄之美？

沈阳城德胜门的“女儿墙”还有个感人的传说。当年汗王努尔哈赤从辽阳迁都沈阳后，立即下诏扩建新城。改建新都时，是采用“周易八卦”之说进行的。城门由原来的4个增加到8个，而且要在每座城门上都建一座城楼，城周垛口修651个。后来，努尔哈赤没有等到竣工之日便撒手西归了，这座城池便由其子清太宗皇太极继续修建完工。令人奇怪的是，651个垛口唯独德胜门(大南门)城楼上的60个垛口比其他7个城门上的垛口少一层青砖，足足矮了二寸还多。这是怎么回事呢？原来，努尔哈赤嫌城墙修得太慢，便下令四处抓丁增夫，结果盛京城方圆百里的男子都被抓来修城。城南60里外有一对父女俩，父亲60多岁，年老体弱，长年卧病在床。女儿扈巧云早年丧母，只与父亲相依为命。她每天伺候着父亲的饮食起居，从无半句怨言，是个百里挑一的孝顺姑娘。这天，征丁的通知突然传到扈家，须有一男子前去修城。父女二人惊得目瞪口呆。扈老汉长年卧病，性命尚且有忧，又何谈修城？家中只有巧云一女，再无半个男丁，这可如何是好？看着父亲唉声叹气的样子，巧云暗暗打定了主意，代父亲前去修城。她郑重地将父亲暂时托付给一位热心的邻居，自己乔装打扮成一名男子，假称是扈家的儿子，毅然加入到修城的行列中，被分配到德胜门城楼上的垛口专管抹灰。起初，大家对这个眉清目秀的“小伙子”并没有丝毫怀疑，只是奇怪他竟长了一副“娘娘腔”，且行动有些古怪，晚上从不脱衣睡觉。过了几天，巧云边抹灰边想起病床上的父亲，心中有些放心不下，不知不觉地流下泪来。这情景偏巧被一直站在她身边的监工头目发现了。监工头目早对她观察了许久，看着她的身形打扮、举止作派，越来越觉得形迹可疑。当发现她抬头擦汗，喉间并没喉结时，越发心中恍然。巧云见被识破真相，只得如实交代了自己女扮男装的经过。监工头目连忙报告了总监。总监不敢怠慢，又火速奏明了皇上。皇太极一听，十分惊奇，当即对她的孝行大加赞扬。但同时，皇太极又认为女人修城不吉利，就对总监说道：“把德胜门的60个垛口顶上都去掉一层砖，矮一层，就叫女儿墙吧。”从此，“女儿墙”的名字就流传开来了。人们还编了一句歇后语：“大南门城上的垛口——矮一截。”

(5) 建筑剖面图。形成方法：假想用一个或几个垂直面沿着一定的位置剖切建筑物，移开剖切平面和观察者之间的部分，将剩下的部分向后做投影(形成过程如图2.5所示)。剖面图应按建筑底层平面图剖切符号所示的剖切平面位置绘制相应的内容，因此剖面图应与建筑底层平面图一起阅读。主要内容：定位轴线、图名比例；建筑内部的分层情况、各部分的标高及高度尺寸，如底层地面、各层楼面、楼梯休息平台、屋顶等的标高，门窗洞口的高度等；楼地面的装修做法；详图的索引符号及引用标准图集的情况。用途：表示建筑内部的分层和构造情况，是建筑施工的依据；编制和审查工程预算的依据。读图顺序：图名、轴线、总高、层高、其他标高及构造。

(6) 建筑详图。形成方法：用1∶2、1∶5、1∶10、1∶20等较大的比例详细表达某些细部构造。主要内容：常见的建筑详图有外墙详图、楼梯详图、卫生间详图等。内容视要表达的构造而定。用途：表示建筑内部的分层和构造情况，是建筑施工的依据；编制和审查工程预算的依据。读图顺序：图名、详图符号、详细构造做法、尺寸。

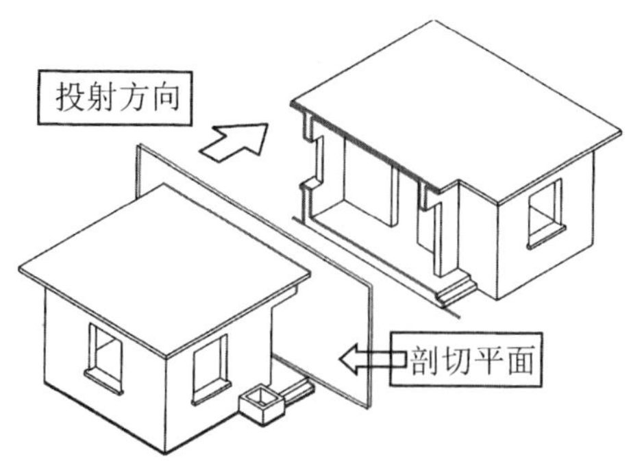


图 2.5　建筑剖面图形成过程示意图

3. 建筑施工图的识读重点

从计算工程量编制预算的角度来看，识读建筑施工图应抓住以下重点。

(1) 建筑室外地坪标高、室内地坪标高、建筑总高度。影响土方工程量计算、脚手架计算、外墙面装饰工程量计算、垂直运输工程量计算、建筑物超高施工增加费计算。

(2) 室内地面、内外墙体、墙身防潮层、地下室防水、屋面、勒脚、散水、台阶、坡道、油漆、涂料等的材料和做法。影响楼地面工程、墙柱面工程、砌筑工程、防水等工程量的计算内容、计算规则、计算单位以及分部分项工程的单价计量。

(3) 建筑层数、房间层高、净高、坡屋顶净高以及地下室、楼梯、阳台、雨篷设置情况。影响建筑面积的计算范围和计算规则，以及脚手架工程、垂直运输工程、建筑物超高施工增加费的工程量计算及计价。

(4) 天棚的材料及造型、装饰做法。影响到天棚工程工程量计算的内容、计算规则及单价计量。

(5) 门窗工程的材料、形式、构造尺寸。影响门窗工程工程量计算的内容、计算规则及单价计量。

**特别提示**

阅读建筑施工图，应注意审查图纸是否存在问题。根据平、立、剖面阅读详图，核对三者间的投影关系、尺寸关系，核对各张图纸有无内容遗漏，核对有无尺寸表示不清或矛盾，有无用料或构造做法表示不清或矛盾等。这些问题均会影响到工程计量和计价。发现图纸有问题的，必须及时与设计单位核对情况。

### 2.1.3　结构施工图识读

结构施工图是根据建筑的要求，经过结构选型和构件布置以及力学计算，确定建筑各承重构件(如基础、承重墙、柱、梁、板、屋架)的布置、形状、材料、大小、相互关系、连接方式和内部构造等，绘制的表示这些信息并用来指导施工的图样。

结构施工图主要用来作为施工放线、挖基槽、支模板、绑扎钢筋、设置预埋件、浇注混凝土，安装梁、板、柱等构件，以及编制预算、进行工料分析和编制施工组织设计等的依据。它还反映其他专业(如建筑、给排水、暖通、电气等)对结构的要求。

知识链接

常用构件代号

构件代号：结构施工图将构件的名称用代号表示。表示方法：用构件名称的汉语拼音字母中的第一个字母表示。

常用构件代号如：

| 圈梁 | QL | 过梁 | GL | 基础梁 | JL | 框架梁 | KL |
|---|---|---|---|---|---|---|---|
| 柱 | Z | 框架柱 | KZ | 梯柱 | TZ | 构造柱 | GZ |
| 芯柱 | XZ | 板 | B | 现浇板 | XB | 预制空心板 | YKB |
| 屋面板 | WB | 阳台 | YT | 承台 | CT | | |

1. 结构施工图的主要内容

结构施工图的内容见表 2-2。

表 2-2　结构施工图的内容

| 结构施工图类型 | 图纸名称或内容 |
|---|---|
| 结构设计说明 | 主要设计依据 |
| | 自然条件及使用条件 |
| | 结构类型、施工要求 |
| | 材料的质量要求 |
| 结构布置平面图 | 基础平面图(基础的平面布置、基础与墙体、柱子的相对位置关系、定位轴线、剖切符号等) |
| | 楼层结构平面图(楼层结构平面构件的大小及相互布置、连接方式等) |
| | 屋顶结构平面图(屋顶层承重结构构件的大小及相互布置、连接方式等，排水坡度、排水设施的位置、形式等) |
| 构件详图 | 梁、板、柱及基础结构详图(梁、板、柱、基础等构件的大小、断面形状、形式、详细尺寸、材料、相互位置、连接方式、配筋等详图) |
| | 楼梯结构详图(楼梯的踏步大小、数量、厚度、配筋等详图) |
| | 屋架结构详图(屋架的大小、形状、材料、位置等详图) |
| | 其他构件详图 |

2. 结构施工图的绘制方法

钢筋混凝土结构构件配筋图的表示方法有 3 种：

详图法。它通过平、立、剖面图将各构件(梁、柱、墙等)的结构尺寸、配筋规格等“逼真”地表示出来。用详图法绘图的工作量非常大。

梁柱表法。它采用表格填写方法将结构构件的结构尺寸和配筋规格用数字符号表达。此法比“详图法”要简单方便得多，手工绘图时，深受设计人员的欢迎。其不足之处是：同类构件的许多数据需多次填写，容易出现错漏，图纸数量多。

结构施工图平面整体设计方法(以下简称“平法”)。它把结构构件的截面型式、尺寸及所配钢筋规格在构件的平面位置，用数字和符号直接表示，再与相应的“结构设计总说明”和梁、柱、墙等构件的“构造通用图及说明”配合使用。平法的优点是图面简洁、清楚、直观性强，图纸数量少，设计和施工人员都很欢迎。

“详图法”能加强绘图基本功的训练；“梁柱表法”目前还在应用；而“平法”则代表了一种发展方向，使用越来越广泛。

《平法规则》

为了保证按平法设计的结构施工图实现全国统一，平法的制图规则已纳入国家建筑标准设计图集，详见《混凝土结构施工图平面整体表示方法制图规则和构造详图》(03G 101-1)(以下简称《平法规则》)。柱、剪力墙、梁的制图规则分别在《平法规则》(03G 101-1)的7～11、12～21、22～32页。

3. 结构施工图的识读方法

结构施工图一般按照结构设计说明、基础平面图、基础结构详图、楼层结构平面布置图、屋面结构平面布置图、其他构件详图、钢筋详图和钢筋表的顺序识读。

结构设计总说明包含很多有关的工程信息，大多都是和工程计量计价有关的，主要有以下内容：结构概况，如结构类型、层数、结构总高度、±0.000相对应的绝对标高等；地基与基础，如场地土的类别、基础类型、基础材料及强度等级、基坑开挖要求、土方回填等，如果采用桩基础，还应注明桩的类型、桩端进入持力层的深度、桩身配筋、桩长、桩身质量检测的方法及数量要求；地下室，如防水施工等；材料的选用，如混凝土、钢筋的强度等级、砌体的材料及强度等级；构造要求，如钢筋的连接与锚固、箍筋设置、变形缝与后浇带的构造做法等；其他构造及施工要求，如梁板中开洞的洞口加强措施，梁、板、柱等构件的构造要求，构造柱、圈梁的设置等。

不论采用何种基础类型，一般均应按照先平面图后详图的顺序。平面图主要表示基础的墙、柱、预留洞及基础构件布置等平面位置关系。主要识读下列内容：基础的平面布置，基础墙、梁、基础底面的形状、大小及基础与轴线的关系尺寸，桩位平面应反映各桩与轴线间的定位尺寸，承台平面应反映各承台与轴线间的定位尺寸，梁、独立基础的编号及基础的断面符号；基础类型、材料；基础地梁设置与建筑施工图一层平面反映的墙体位置是否相符；采用平法制图规则表示时，应特别注意钢筋的位置和配置，以及基础的相对位置。

楼层结构、屋面结构平面布置图主要反映柱、剪力墙、梁等构件的位置、尺寸、构造等。在结构施工图绘制方法中，“平法”制图使用越来越广泛，主要采用平面注写方式和截面注写方式，对钢筋混凝土结构柱、剪力墙、梁构件进行结构施工图表达，主要表达梁、板、柱等构件的楼层结构。屋面结构平面布置图是结构施工图识读的重点和难点。

梁施工图的识读的重点有：梁的编号、平面布置、数量；各标高范围内各个梁的混凝土强度等级；每一种编号梁的标高、截面尺寸、钢筋配置情况(包括纵向钢筋锚固搭接长度、切断位置、连接方式、弯折要求；箍筋加密区范围等)。

板施工图的识读的重点有：板的编号、平面布置、厚度；混凝土强度等级；钢筋配置情况(包括受力钢筋和分布钢筋的配置等)。

柱施工图识读的重点有：各层柱的编号、数量，位置是否与建筑施工图一致；柱的标高，沿高度上柱的混凝土强度等级；各柱的编号、截面尺寸和配筋(包括纵向钢筋连接的方式、位置、锚固搭接长度、弯折要求、柱头节点要求；箍筋加密区长度范围等)。

各种图样之间不是孤立的，应互相联系进行阅读。在识读结构施工图时，应熟练运用投影关系、图例符号、尺寸标注及比例，以达到读懂整套结构施工图的目的。

4.“平法”结构施工图的识读

识读“平法”结构施工图，必须熟悉“平法”的制图规则。

梁平法施工图是在梁的结构平面布置图上，采用平面注写方式或截面注写方式表达的梁配筋图。平面注写方式，系在梁平面布置图上，分别在不同编号的梁中各选一根梁，在其上注写梁的截面尺寸和配筋的具体数值。平面注写包括集中标注和原位标注。集中标注表达梁的通用数值，原位标注表达梁的特殊数值。当集中标注中的某项数值不适用于梁的某部位时，则将该项数值用原位标注。使用时，原位标注取值优先。平面注写方法如图 2.6 所示。

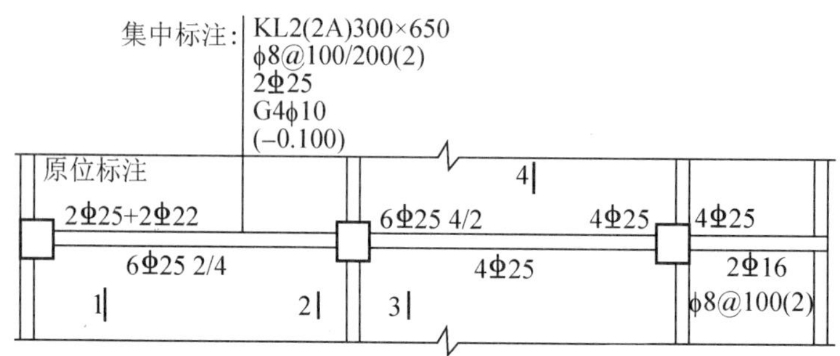


图 2.6　梁平面标注示例

板的平面图中，当两向轴网正交布置时，图面从左至右为 X 方向，从下至上为 Y 方向，也有原位标注和集中标注两种方式。板块集中标注的内容为：板块编号、板厚、贯通纵筋以及当板面标高不同时的标高高差。板面标高高差系指相对于结构层楼面标高的高差，应将其注写在括号内，且有高差时注，无高差时不注。板厚注写为 $h$=×××(为垂直于板面的厚度)；当悬挑板的端部改变截面厚度时，用斜线分隔根部与端部的高度值，注写为 $h$=××/×××；当设计已在图注中统一注明板厚时，此项也可不注。贯通纵筋按板块的下部和上部分别注写(当板块上部不设贯通纵筋时则不注)，并以 B 代表下部，T 代表上部；B&T 代表下部与上部；X 向贯通筋以 X 打头，Y 向贯通筋以 Y 打头，两向贯通筋配置相同时则以 X&Y 打头。当为单向板时，另一向贯通筋的分布筋可不必注写，而在图中统一注明。当在某些板内(例如在延伸悬挑板 YXB，或纯悬挑板 XB 的下部)配置有构造钢筋时，则 X 向以 Xc，Y 向以 Yc 打头注写。板平法集中标注如图 2.7 示例，LB1 表示 1 号楼板，板厚 120mm，板下部配置的贯通纵筋 X 向为 10@150，Y 向为 10@100；板上部未配置贯通纵筋。

板支座采用原位标注时，标注的内容为：板支座上部非贯通纵筋和纯悬挑板上部受力钢筋。板支座原位标注的钢筋，应在配置相同跨的第一跨表达(当在梁悬挑部位单独配置时，则在原位表达)。注写钢筋编号(如①、②等)、配筋值、横向连续布置的跨数(注写在括号内，且当为一跨时可不注)，以及是否横向布置到梁的悬挑端。板支座原位标注如图 2.8 所示，图中②表示 2 号钢筋，$\phi$8@150 表示直径为圆 8 的钢筋，间距为 150mm，(2)表示连续布置的跨数为两跨，900、1 000 表示自梁支座中线向跨内延伸的长度，两边对称延伸时，另一侧可不标注(如轴线的 2 号筋)。

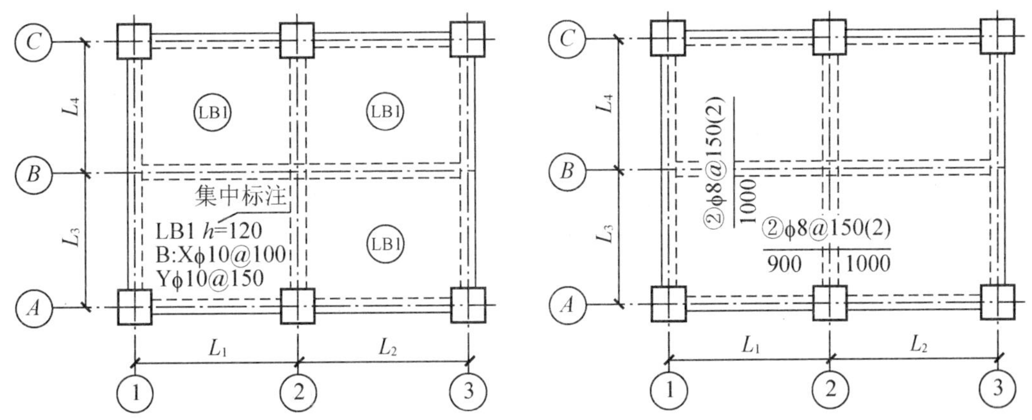


图 2.7 板平法集中标注示例

图 2.8 板支座原位标注示例

柱子“平法”制图是在结构平面图上标注柱子的尺寸、配筋、位置等。标注有截面注写方式和列表注写方式。图 2.9 柱平法施工图是采用截面注写方式，图 2.10 柱平法施工图是采用列表注写方式。

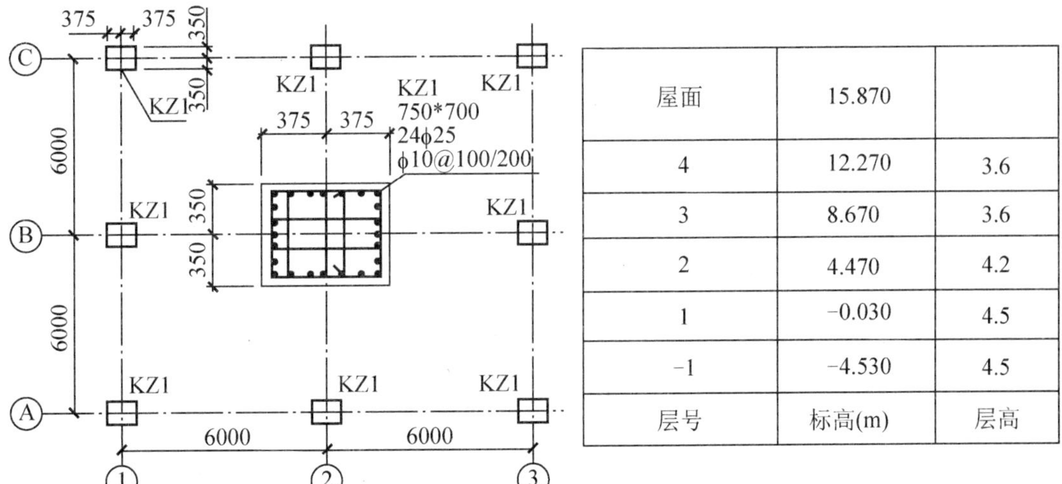


| 屋面 | 15.870 | |
|---|---|---|
| 4 | 12.270 | 3.6 |
| 3 | 8.670 | 3.6 |
| 2 | 4.470 | 4.2 |
| 1 | −0.030 | 4.5 |
| −1 | −4.530 | 4.5 |
| 层号 | 标高(m) | 层高 |

图 2.9 柱平法截面注写示例

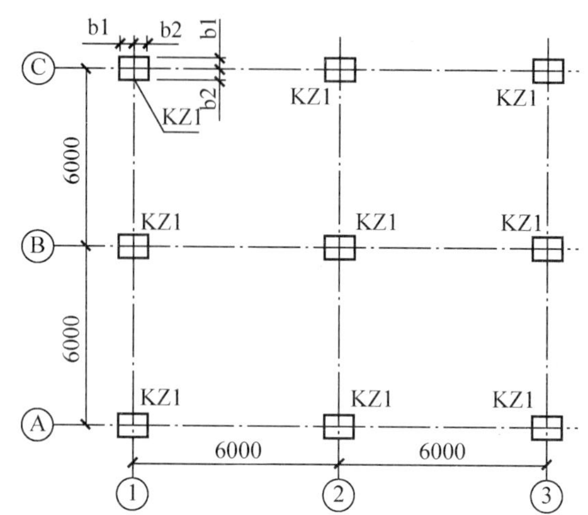


| 柱号 | 标高 | b*h | b1 | b2 | h2 | h1 | 全部纵筋 | 角筋 | b边一侧中部筋 | h边一侧中部筋 | 箍筋类型号 | 箍　筋 |
|---|---|---|---|---|---|---|---|---|---|---|---|---|
| KZ1 | -4.53~15.87 | 750*700 | 375 | 375 | 350 | 350 |  | 4φ25 | 5φ25 | 5φ25 | 1(5*4) | φ10@100/200 |

-4.530~15.870柱平法施工图(列表注写方式)

图 2.10　柱平法列表示例

### 2.1.4　整体图纸识读相关问题

在整体识读图纸的过程中，应注意 3 个关键的问题：一是文字说明部分；二是不同图纸关联表达的内容有无矛盾；三是影响计量计价的信息。

在阅读施工图的过程中，应注意反复仔细阅读文字说明，包括建筑设计总说明、结构设计说明和每张图纸下方的文字说明。这些文字说明或者是从总体上对建筑的建筑面积、层数、设计高度、结构类型、主要装修方法、材料强度等级、构造要求、钢筋布置等内容进行整体的说明，或者是对具体某张图纸上相关的没有绘制或者没有详细绘制的内容予以说明。文字说明部分反映的内容就不一定在施工图上绘制了，这一点是必须引起注意的。因此应认真阅读所有的文字说明部分。

建筑的整体是通过若干张建筑施工图、结构施工图表达出来的，因此建筑施工图之间、结构施工图之间以及建筑施工图和结构施工图之间均存在一定的对应关系。阅读每张施工图，应注意同一内容或构造在相关的施工图中表达的内容是否一致，如平面图标高与剖面图标高有无矛盾，基础平面图、楼面结构平面布置图的轴线位置、编号、轴线尺寸与建筑平面图之间是否一致，基础的平面布置与建筑施工图是否满足“建施中有墙，结施应有梁；建施中底层墙，结施为基础”，楼面梁与门窗洞口标高有无矛盾，当地梁有管道穿越时，预留套管位置及标高与其他施工图有无矛盾等。

看图过程中，应重点关注影响计量计价的信息。计量和计价的时候，计算什么项目，采用什么样的计算规则，套取什么样的单价，取决于建筑和结构的材料、做法、构造要求等。如楼地面工程，有整体面层、块料面层、橡胶面层、其他材料面层等几类做法，每类做法的工程量计算规则也不同。整体面层楼面计算工程量时，按主墙间的净面积计算，扣除凸出地面的构筑物、设备基础、地沟等所占面积，但对于门洞、空圈的开口部分不增加。

块料面层楼面计算工程量时，按设计图示尺寸以平方米计算，门洞、空圈的开口部分工程量并入相应面层内计算。如同样是柱的混凝土，强度等级不同，单价也不同。预算定额基于一定的强度等级，制定了预算基价，如果混凝土强度等级与定额不同，应该进行基价的换算。类似的情况还有很多。所以在整体识图过程中，应敏感关注类似的这些影响计量和计价的信息，这样才能正确地进行计量和计价。

**特别提示**

同一编号的构件应关注以下内容：在不同楼层的高度，如编号为 KZ-1 的柱子在一层、二层及其他各层的高度，这可能会影响柱子模板工程量的计算以及建筑物垂直运输工程费的计算；不同高度或长度范围上的材料强度等级，可能会涉及到基价换算的问题；不同位置处的装修做法，如柱子在不同楼层的装修做法不同，一层为乳胶漆装饰，二层为墙纸装饰，这会影响装饰工程的计算。

# 2.2 工 程 计 价

## 2.2.1 建筑工程计价原理

建筑工程计价是对建筑工程项目造价的计算，又称为工程造价。由于建筑产品生产的单件性、综合性、周期长、受气候条件影响大等特点，使得工程计价具有单价性、多层次性、组合性、形式和方法多样性、依据复杂性等特点。

从投资估算、设计概算、施工图预算(工程量清单计价)、承包合同价、竣工结算到竣工决算，整个计价过程是一个由粗到细、由浅入深的过程。同时，工程项目的层次性和复杂性决定了工程计价基本上是按照分部分项工程—单位工程—单项工程—建设项目依次逐步组合的过程。下面以建筑工程施工图预算(以下简称施工图预算)为例，学习建筑工程计价。

施工图预算是确定建筑工程造价的经济文件。它是由设计单位在施工图设计完成后，根据施工设计图纸、现行消耗量定额、费用定额以及有关文件编制和确定的建筑安装工程造价文件。

施工图预算的编制依据有会审后的施工图纸、有关标准图集、图纸会审纪要、建筑工程消耗量定额、施工组织设计或施工方案、地区材料预算价格、费用定额等。

施工图预算编制的方法有工料单价法(即定额计价法)和综合单价法(即工程量清单计价法)两种。

**知识链接**

### 《营造法式》

《营造法式》(图 2.11)是宋将作监奉敕编修的，可以说是古代较早的定额。北宋建国以后百余年间，大兴土木，建造了大量的宫殿、衙署、庙宇、园囿建筑，造型豪华精美铺张，负责工程的大小官吏贪污成风，致使国库难以应付巨大的工程开支。因而，建筑的各种设计标准、规范和有关材料、施工定额、指标亟待制定，以明确房屋建筑的等级制度、建筑的艺术形式及严格的料例，同时防止官员贪污盗窃。哲宗

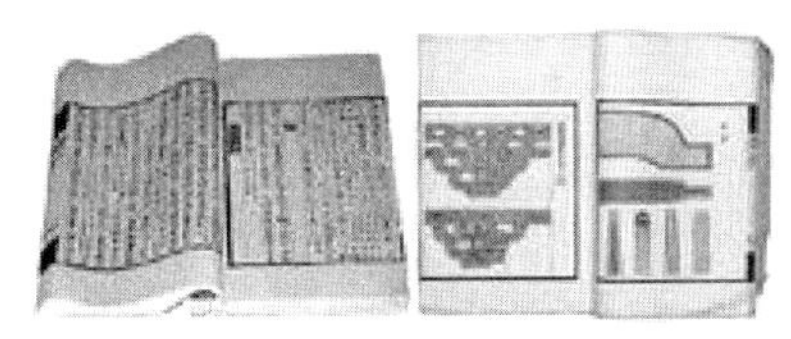

图 2.11 《营造法式》

元祐六年(1091 年)，将作监第一次编成《营造法式》，由皇帝下诏颁行，此书史曰《元祐法式》。

因为没有规定模数制，也就是“材”的用法，而不能对构建比例、用料做出严格的规定，建筑设计、施工仍具有很大的随意性，不能防止工程中的各种弊端。所以北宋绍圣四年(1097 年)，李诫奉诏重新编修。李诫以他个人 10 余年来修建工程之丰富经验为基础，参阅大量文献和旧有的规章制度，收集工匠讲述的各工种操作规程、技术要领及各种建筑物构件的形制、加工方法，终于编成流传至今的这本《营造法式》，于崇宁二年(1103 年)刊行全国。

《营造法式》在北宋刊行的最现实的意义是严格的工料限定。该书是王安石执政期间制订的各种财政、经济的有关条例之一，以杜绝腐败的贪污现象。全书共计 34 卷分为 5 个部分：释名、各作制度、功限、料例和图样，前面还有“看样”和目录各 1 卷。看样主要是说明各种以前的固定数据和做法规定及做法来由。第 16～25 卷规定各工种在各种制度下的构件劳动定额和计算方法，第 26～28 卷规定各工种用料的定额和应达到的质量，第 29～34 卷规定各工种、做法的平面图、断面图、构件详图及各种雕饰与彩画图案。书中以大量篇幅叙述工限和料例。例如对计算劳动定额，首先按四季日的长短分中工(春、秋)、长工(夏)和短工(冬)。工值以中工为准，长短工各增和减 10％，军工和雇工亦有不同定额。其次，对每一工种的构件，按照等级、大小和质量要求——如运输远近距离，水流的顺流或逆流，加工的木材的软硬等，都规定了工值的计算方法。料例部分对于各种材料的消耗都有详尽的定额。这些规定为编造预算和施工组织定出严格的标准，既便于生产，也便于检查，有效地杜绝了土木工程中贪污盗窃之现象。

### 2.2.2 建筑工程定额计价方式

采用定额计价方式即工料单价法计价，施工图预算由直接工程费、措施费、间接费、利润、税金组成。定额计价的原理是按照定额子目的划分原则，将设计图纸的内容划分为计算造价的基本单位，即进行项目的划分，计算确定每个项目(定额中的子目、分项工程)的工程量，然后选择相应项目的定额单价(子目基价)，再计取工程的各项费用，最后汇总得到整个工程的造价。现行的工料单价法有两种，即单价法和实物法。分项工程工料单价＝Σ(工日消耗量×工资单价＋材料消耗量×材料单价＋机械台班消耗量×机械台班单价)，直接工程费＝Σ(工程量×分项工程工料单价)。施工图预算的组成及计算程序见表 2-3。定额计价模式下建筑工程计价方法和程序如图 2.12 所示。

表 2-3 施工图预算的组成及计算程序

<table>
<tr><th colspan="3">费用项目</th><th>计算方法</th></tr>
<tr><td rowspan="6">直接工程费</td><td rowspan="3">直接费</td><td>人工费</td><td rowspan="3">Σ(某分项工程工程量×预算定额对应子目预算单价)</td></tr>
<tr><td>材料费</td></tr>
<tr><td>机械费</td></tr>
<tr><td colspan="2">其他直接费</td><td rowspan="3">直接费×相应费率</td></tr>
<tr><td rowspan="2">现场经费</td><td>临时设施费</td></tr>
<tr><td>现场管理费</td></tr>
<tr><td rowspan="3">间接费</td><td colspan="2">企业管理费</td><td rowspan="3">直接工程费×相应费率</td></tr>
<tr><td colspan="2">财务费用</td></tr>
<tr><td colspan="2">其他费用</td></tr>
<tr><td colspan="3">利润</td><td>(直接工程费+间接费)×利润率</td></tr>
<tr><td colspan="3">税金</td><td>(直接工程费+间接费+利润)×综合税率</td></tr>
<tr><td colspan="3">建筑安装工程价格</td><td>直接工程费+间接费+利润+税金</td></tr>
</table>

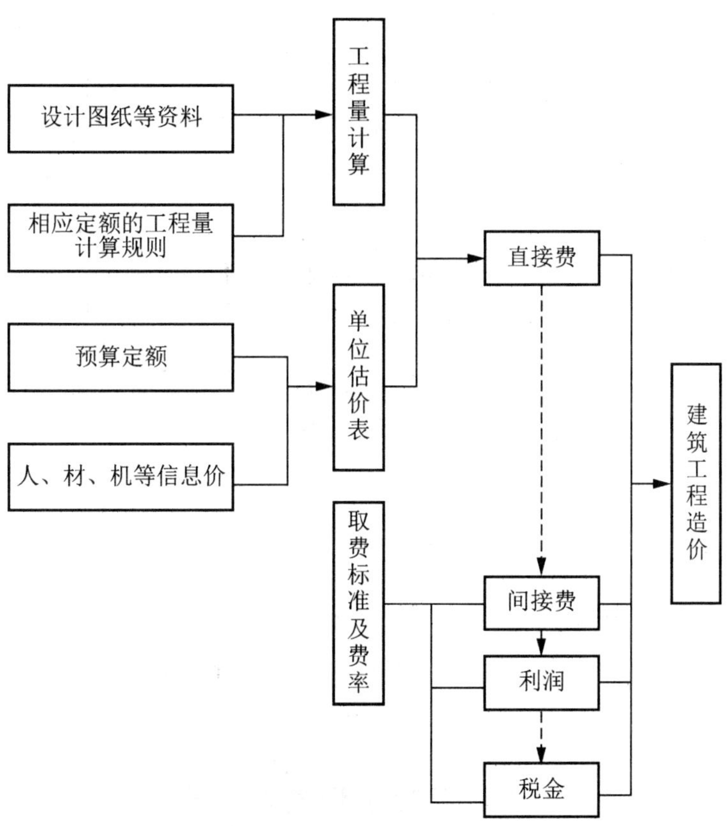


图 2.12　定额计价模式下建筑工程计价方法和程序

## 2.2.3　工程量清单计价方式

工程量清单计价方式即综合单价法。工程量清单计价方法是建设工程招投标中招标人按照国家统一的工程量计算规则提供工程数量，由投标人依据工程量清单自主报价，并按照经评审低价中标的工程造价计价方式。投标人完成由招标人提供的工程量清单所需的全部费用，包括分部分项工程费(人工费、材料费、施工机械使用费、管理费、利润、风险费)、措施项目费、其他项目费(暂列金额、暂估价、计日工、总承包服务费)和规费、税金。工程量清单计价方式采用综合单价计价，综合单价是指完成工程量清单中一个规定计量单位项目所需的人工费、材料费、机械使用费、管理费和利润，并考虑风险因素。工程量清单计价的基本过程如图 2.13 所示。

**知识链接**

### 2008 清单规范

2008 年 7 月，住房和城乡建设部第 63 号公告批准发布了《建设工程工程量清单计价规范》GB 50500—2008(以下简称 08 规范)，并于 2008 年 12 月 1 日起实施，浙江省 2009 年 7 月 1 日开始实施，原《建设工程工程量清单计价规范》GB 50500—2003(简称 03 规范)同时废止。

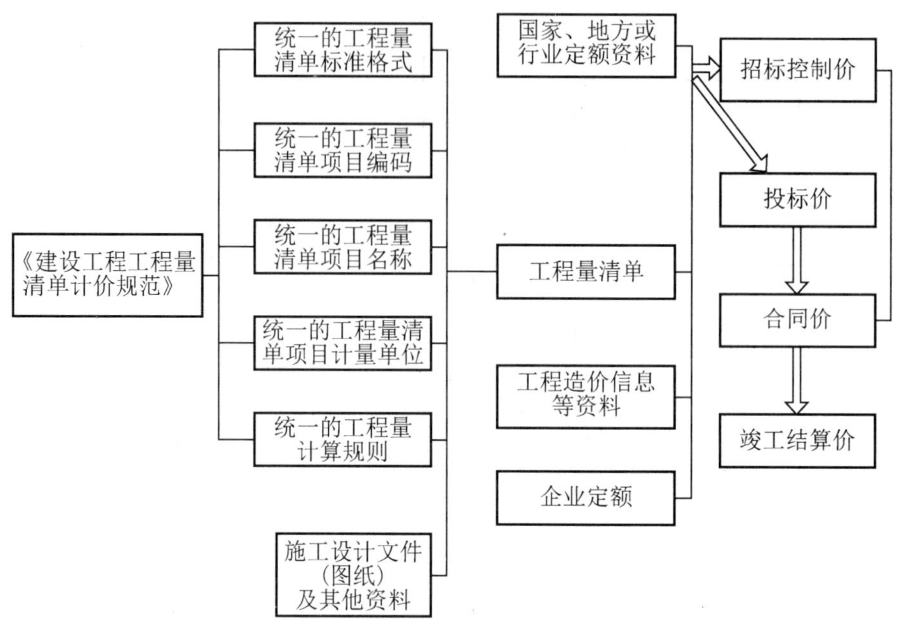


图 2.13　工程量清单计价的基本过程

## 2.3　建筑工程清单计量

《建设工程工程量清单计价规范》(以下简称为《清单计价规范》)是住建部为规范建设工程工程量清单计价行为，统一建设工程工程量清单的编制和计价方法而制定的规范。

《清单计价规范》的工程量计算规则与定额的工程量计算规则有区别，按《清单计价规范》计算规则计算的工程量清单项目，是工程实体项目。

### 2.3.1　土石方工程量计算规则应用要点

(1)“平整场地”项目适用于建筑场地厚度在±300mm 以内的挖、填、运、找平；工程量按设计图示建筑物首层面积计算，即建筑物外墙外边线，如有落地阳台，则合并计算，如是悬挑阳台，则不计算。

场地平整的工程内容有：300mm 以内的土方挖、填，场地找平，土方运输。

(2)“挖土方”项目适用于设计室外地坪标高以上的挖土；工程量按图示尺寸以体积计算。

挖土方的工程内容有：排地表水、土方开挖、挡土板支拆、截桩头、基底钎探、土方运输。

(3)“挖基础土方”项目适用于设计室外地坪标高以下的挖土，包括挖地槽、地坑、土方；工程量按设计图示尺寸以基础垫层底面积乘以挖土深度计算。桩间挖土方不扣除桩所占的体积。

挖基础土方的工程内容有：排地表水、土方(地沟、地坑)开挖、挡土板支拆、截桩头、基底钎探、土方运输。

(4)“挖管沟土方”项目适用于埋设管道工程的土方挖、填；工程量按设计图示以管道中心线长度计算。

挖管沟土方的工程内容有：排地表水，土方(沟槽)开挖，挡土板支拆，土方运输、回填。

(5)“土(石)方回填”项目适用于场地回填、室内回填、基坑回填和回填土的挖运。工程量计算：场地回填，按回填面积乘以平均回填厚度；室内回填，按主墙间净面积乘以回填厚度；基础回填，按挖基础土方体积减设计室外地坪以下埋设的基础体积。

土(石)方回填的工程内容有：挖土(石)方，装运土(石)方，回填土(石)方，分层碾压。

**特别提示**

(1)《清单计价规范》中建筑物设计室外地坪标高以下的挖地槽、挖地坑、挖土方，统称为挖基础土方。

(2) 不需要分土壤类别、干土、湿土。

(3) 不考虑放工作面、放坡，工程量为垫层面积乘以挖土深度。

(4) 不考虑运土。

**知识链接**

### 土石方工程量计算规则详细要点

1. 平整场地计算规则

(1) 清单规则：按设计图示尺寸以建筑物首层面积计算。

(2) 定额规则：按外墙外皮线外放2米计算，平整场地如图2.14所示。

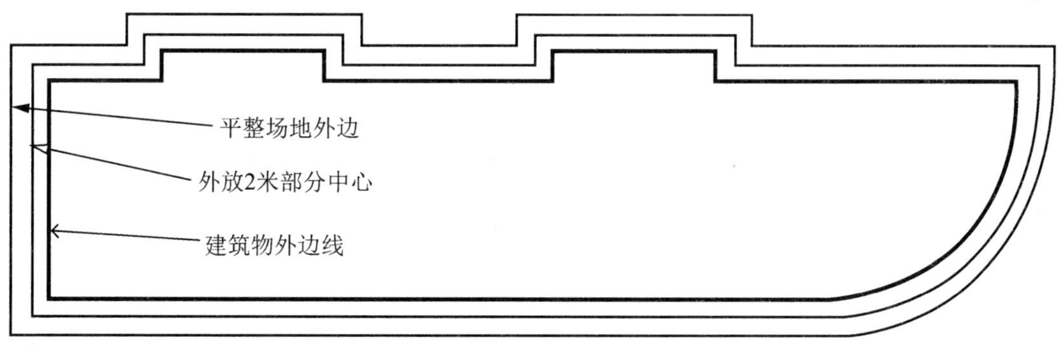


图2.14 平整场地计算规则图示

2. 开挖土方计算规则

(1) 清单规则：挖基础土方按设计图示尺寸以基础垫层底面积乘挖土深度计算。

(2) 定额规则：人工或机械挖土方的体积应按槽底面积乘以挖土深度计算。槽底面积应以槽底的长乘以槽底的宽，槽底长和宽是指混凝土垫层外边线加工作面，如有排水沟者应算至排水沟外边线。排水沟的体积应纳入总土方量内。当需要放坡时，应将放坡的土方量合并于总土方量中。

开挖土方如图2.15所示。

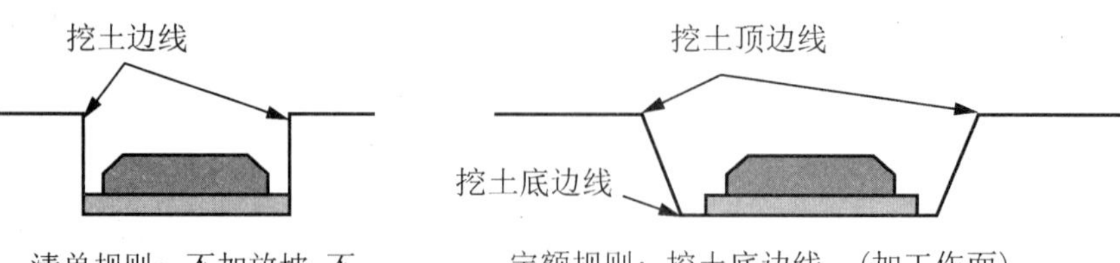


图 2.15 开挖土方计算规则图示

3. 满堂基础垫层要计算的工程量如图 2.16 所示：①素土垫层的体积；②灰土垫层的体积；③混凝土垫层的体积；④垫层模板。

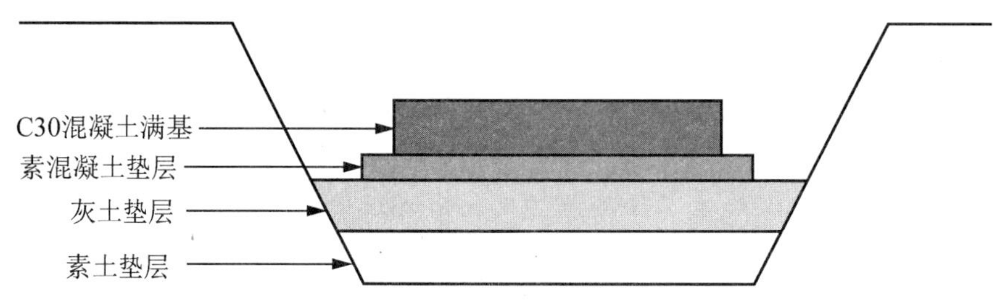


图 2.16 满堂基础垫层计算规则图示

4. 满堂基础工程要计算的工程量如图 2.17 所示：①满堂基础的体积；②满堂基础模板；③满堂基础梁体积；④满堂基础梁模板。

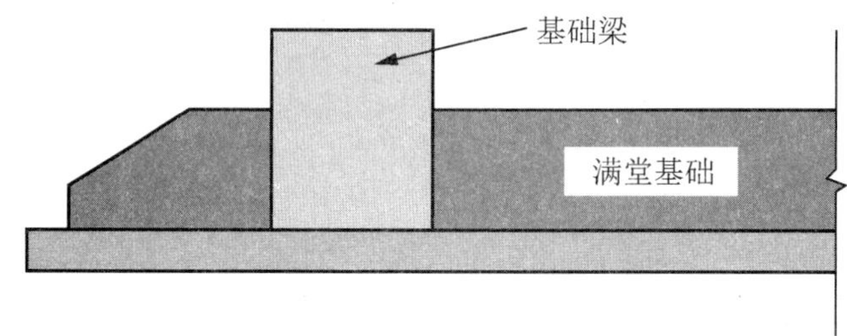


图 2.17 满堂基础计算规则图示

5. 条形基础工程量所要计算的工程量如图 2.18 所示：①素土垫层工程量；②灰土垫层工程量；③混凝土垫层工程量；④混凝土垫层模板；⑤条形基础工程量：砖基、混凝土条基；⑥混凝土条基模板；⑦地圈梁工程量；⑧地圈梁模板；⑨基础墙工程量；⑩基槽的土方体积；⑪支挡土板工程量；⑫槽底钎探工程量。

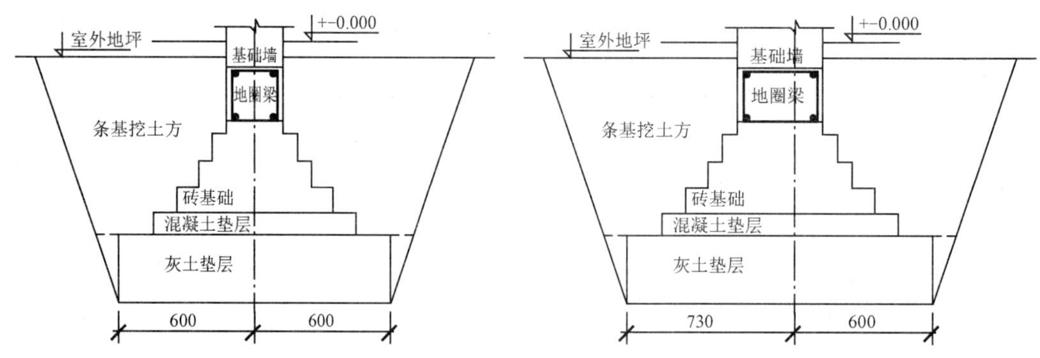


图 2.18 条形基础计算规则图示

### 2.3.2 地基与桩基础工程量计算规则应用要点

(1)“预制钢筋混凝土桩”项目适用于预制混凝土方桩、管桩和板桩等；计量单位为“米”时，工程量按图示桩长(包括桩尖)计算，计量单位为“根”时，工程量以根数计算。

预制钢筋混凝土桩的工程内容有：桩制作、运输、打桩(包括试桩、斜桩)、送桩、管桩填充材料、刷防护材料、场地清理、桩运输。

(2)“接桩”项目适用于预制混凝土方桩、管桩和板桩的接桩；方桩、管桩工程量按接头个数计算，板桩工程量按接头长度以米计算。

“接桩”的工程内容有：桩制作、运输，接桩，材料运输。

(3)“混凝土灌注桩”项目适用于钻孔灌注混凝土桩和用各种方法成孔后，在孔内灌注混凝土的桩；计量单位为“米”时，工程量按图示桩长(包括桩尖)计算，计量单位为“根”时，工程量以根数计算。

混凝土灌注桩的工作内容有：成孔固壁；混凝土制作、运输、灌注、振捣、养护；泥浆池及沟槽砌筑、拆除；泥浆制作、运输。

(4)“地下连续墙”项目适用于构成建筑物、构筑物地下结构部分永久性的复合型地下连续墙，若作为深基坑支护结构，则应列入清单措施项目内；地下连续墙的工程量按设计图示墙中心线长度以厚度乘以槽深以体积计算。

地下连续墙的工作内容有：挖土成槽、余土运输、导墙制作与安装，锁口管吊拔、浇注混凝土连续墙、材料运输。

(5) 混凝土灌注桩的钢筋笼，地下连续墙的钢筋网制作、安装，按钢筋工程中相关项目列项计算。

**特别提示**

(1) 计量单位为“米”时，只要按图示桩长(包括桩尖)计算长度，不需要考虑送桩；桩断面尺寸不同时，按不同断面分别计算。

(2) 计量单位为“根”时，不同长度，不同断面的桩要分别计算。

(3) 计算桩长时，不需要考虑增加一个桩直径长度。

(4) 不需要计算钻土孔或钻岩石孔的量，但桩在土孔中和岩石孔中长度要分别计算。

**知识链接**

(1) 场地回填：回填面积乘以平均回填厚度。

(2) 室内回填：主墙间净面积乘以回填厚度。

(3) 基础回填：挖方体积减去设计室外地坪以下埋设的基础体积(包括基础垫层及其他构筑物)。

(4) 管沟回填：挖土体积减去垫层和直径大于200mm的管沟体积。

**定额对照**

采用定额计价模式，以《浙江省建筑工程预算定额》(2003年版)为例，基础工程计量计价，首先应通过阅读施工图分清楚基础的类型，是属于桩基础、混凝土基础还是砌筑基础，或者几种类型的基础都有，不同类型的基础，计算的项目内容、计算规则不同，基价也不同；另外应弄清楚不同类型基础的计算内容、计量和计价规则；最后应该结合结构施工图的阅读结果，根据基础的类型、数量、尺寸、构造等对基础工程进行工程量的计算，并在后续的软件计价过程中正确套用或者换算定额基价。

以桩基础为例，桩基础分为预制桩和灌注桩。常见的预制桩分为预制钢筋混凝土方桩和预应力钢筋混凝土管桩。预制钢筋混凝土方桩应计算工程量的项目有打压桩、送桩、接桩。预应力钢筋混凝土管桩计算工程量的项目有打压桩、送桩、桩头灌芯，定额的分部说明里说明打压预应力钢筋混凝土管桩定额已包含接桩费用，不再另行计算。灌注桩又分为沉管混凝土灌注桩(定额列有锤击式、振动式、静压式等 10 项子目，包括沉管和灌注内容)、钻孔灌注桩(包含成孔与灌注两部分，成孔列有钻孔与冲孔两种形式)、人工挖孔混凝土灌注桩(按桩径 1 500mm 划分为两个子目)三大类。

计算桩工程量时，应分别按这 3 个类别的计算规则进行计算，套价时按照每个类别的子目划分，选取适当的子目进行计价。即使是同一类桩基础，如果计价时采用不同的子目，那么工程量也应该分别计算。例如人工挖孔混凝土灌注桩，有直径 1 400mm 的，有直径 1 600mm 的，计算时应该以 1 500mm 为界，分别计算直径 1 400mm 的和直径 1 600mm 的桩基础工程，分别套取相应的子目单价。

下面以一个小例子说明预制钢筋混凝土方桩的计量计价过程。

例　阅读了某单位工程的基础施工图后，得知该工程基础设计为预制钢筋混凝土方桩，截面为 350 × 350mm，每根桩长 18m，共 180 根。桩顶面标高−0.6m，自然地坪−0.3m，静力压桩机施工，胶泥接桩。计算该工程的桩基础工程量，并据《浙江省建筑工程预算定额》(2003 年版)套价。(不考虑价差)

解：(1) 计算工程量。

打桩：$V=0.35\times0.35\times18\times180=396.9(m^3)$

接桩：$n=0.35\times0.35\times180=22.05(m^2)$

送桩：$V=0.35\times0.35\times(0.6-0.3+0.5)\times180=17.64(m^3)$

| 定额编号 | 项目名称 | 单位 | 工程量 | 综合单价 | 合价/元 |
|---|---|---|---|---|---|
| 2—10 | 压方桩桩长 25m 以内 | m³ | 396.9 | 999 元/10 m³ | 39 650.31 |
| 2—17 | 硫磺胶泥接桩 | m² | 22.05 | 3 098 元/10 m² | 6 831.09 |
| 2—14 | 压送方桩，桩长 25m 内 | m³ | 17.64 | 1 212 元/10 m³ | 2 137.97 |
| | 合计 | / | / | / | 48 619.368 |

(2) 套价。

注：套价可以在软件里完成，输入相应定额编号，就可以完成计价。这里是举例说明定额的套用。

由以上的小例子可以看出，桩基础计算时，该计算哪些工程量，采用什么样的规则进行计量计价，完全取决于工程的实际情况、预算定额的子目列项和定额分部说明的内容。其他类型的基础虽然定额规定各有不同，但是计量计价的基本思路是一样的，都是要根据定额编列的子目、定额说明里的计算规则等规定、定额表包含的工作内容等来进行。凡是工程量计算规则不同或者不能套用同一子目单价的基础，均应单独进行计算。

在计算基础的过程中，可以顺便把与基础联系在一起的垫层工程、土方工程也一起进行计算，这样可以提高计算的效率。

**特别提示**

预算定额在编制的时候，考虑到各种基础的特点，可能会把不同类型的基础编列在不同的章，例如《浙江省建筑工程预算定额》(2003 年版)就把砌筑基础列在第 3 章，把混凝土基础列在第 4 章，把桩基础列在第 2 章。因此，计量和计价的时候，应该充分熟悉预算定额的章节内容和子目划分。

### 2.3.3 砌筑工程工程量计算规则应用要点

(1)“砖基础”项目适用于各种类型砖基础：砖柱基础、砖墙基础、砖烟囱基础、砖水塔基础、管道基础。工程量按设计图示尺寸以体积计算，其具体计算方法以及基础与墙身的划分原则和浙江省定额规则相同。

“砖基础”的工作内容有：砂浆制作、运输；砌砖；铺设防潮层；材料运输。

(2)“实习砖墙”项目适用于各种类型实心砖墙：外墙、内墙、围墙、直形墙、弧形墙。工程量按设计图示尺寸以体积计算，其具体计算方法与定额中墙体计算规则基本相同，个别规则与浙江省定额不同。

“实心砖墙”的工作内容有：砂浆制作、运输；砌砖；勾缝；砖压顶砌筑；材料运输。

(3)“空心砖墙、砌块墙”项目适用于各种规格、各种类型的空心砖、砌块墙体。工程量计算规则、工程内容同“空心砖墙”。

(4)“砖窖井、检查井”项目适用于各种砖砌井；工程量按“座”计算。

工作内容为砖砌井中除铁爬梯、构件内钢筋外的所有项目：土方挖运；砂浆制作；运输；铺设垫层；底板混凝土制作、运输、浇注、振捣、养护；砌砖；勾缝；井底、壁抹灰；抹防潮层；回填；材料运输。

(5)“砖水池、化粪池”项目适用于各种砖砌池；工程量按“座”计算。工程量计算规则，工作内容同“砖窖井，检查井”。

(6)“零星砌砖”项目适用于各种砌体材料、各种类型的零星砌砖：砖砌台阶挡墙、梯带、池槽、花台、花池、砖砌栏板、砖砌台阶、砖砌小便槽、地垄墙等。工作量根据砌砖项目可以按设计图示尺寸以体积、面积、长度计算、也可以按“个”计算。

“零星砌砖”的工作内容有：砂浆制作、运输；砌砖；勾缝；材料运输。

(7) 附墙烟囱、通风道、垃圾道、按设计图示尺寸以体积计算，扣除孔洞所占的体积，并入所依附的墙体体积内。

**特别提示**

(1) 基础与墙身的划分、砖基础计算规则均与定额规定一致。

(2) 防潮层不需计算。

(3) 条形基础和垫层计算规则均与定额规定相同，按设计图示尺寸以体积计算。

墙体体积 = 长 × 宽 × 高 − 门窗洞口体积 − 墙内过梁 − 墙内柱 − 墙内梁……

(4) 在计算墙体之前，必须计算出相应的扣减量。比如，柱或梁宽度比墙大的情况，在计算柱或梁时，必须考虑柱或梁嵌入墙内的体积。

**案例 1**

某工程 M7.5 水泥砂浆砌筑 MU15 水泥实心砖墙基(砖规格 240 × 115 × 53)，如图 2.19 所示。编制该砖基础砌筑项目清单(提示：砖砌体内无混凝土构件)。

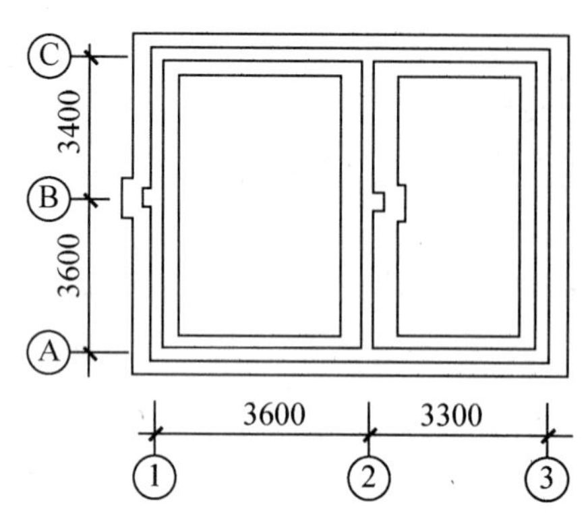


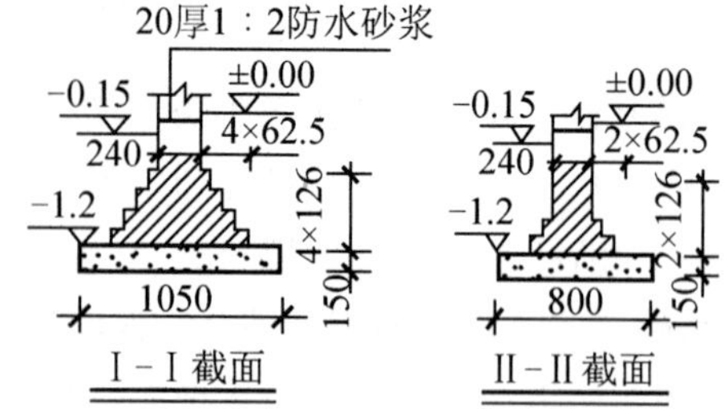


说明：①～③轴为Ⅰ－Ⅰ截面，Ⓐ、Ⓒ轴为Ⅱ－Ⅱ截面；基底垫层为 C10 混凝土，附墙砖垛凸出半砖，宽一砖半。

**图 2.19　砖墙基础**

**解**：该工程砖基础有两种截面规格，为避免工程局部变更引起整个砖基础报价调整的纠纷，应分别列项。工程量计算：

Ⅰ－Ⅰ截面砖基础长度：砖基础高度：$H = 1.2\text{m}$

$$L = 7 \times 3 - 0.24 + 2 \times (0.365 - 0.24) \times 0.365 \div 0.24 = 21.14(\text{m})$$

其中：$(0.365 - 0.24) \times 0.365 \div 0.24$ 为砖垛折加长度

大放脚截面：$S = n(n+1)ab = 4 \times (4 + 1) \times 0.126 \times 0.0625 = 0.157\,5(\text{m}^2)$

砖基础工程量：$V = L(Hd + s) - V_0$

$$= 21.14 \times (1.2 \times 0.24 + 0.1575) = 9.42(\text{m}^3)$$

垫层长度：$L = 7 \times 3 - 0.8 + 2 \times (0.365 - 0.24) \times 0.365 \div 0.24 = 20.58(\text{m})$

（内墙按垫层净长计算）

Ⅱ－Ⅱ截面：砖基础高度：$H = 1.2\text{m}$　　$L = (3.6 + 3.3) \times 2 = 13.8(\text{m})$

大放脚截面：$S = 2 \times (2 + 1) \times 0.126 \times 0.0625 = 0.0473(\text{m}^2)$

砖基础工程量：$V = 13.8 \times (1.2 \times 0.24 + 0.0473) = 4.63(\text{m}^3)$

外墙基垫层、防潮层工程量可以在项目特征中予以描述，这里不再列出。

工程量清单见下表。

**分部分项工程量清单**

| 序号 | 项目编码 | 项目名称 | 计量单位 | 工程数量 |
|---|---|---|---|---|
| 1 | 010301001001 | Ⅰ－Ⅰ砖墙基础：M7.5 水泥砂浆砌筑(240×115×53)MU15 水泥实心砖一砖条形基础，四层等高式大放脚；–1.2m 基底下 C10 混凝土垫层，长 20.58m，宽 1.05m，厚 150mm；–0.06m 标高处 1∶2 防水砂浆 20 厚防潮层 | $\text{m}^3$ | 9.42 |
| 2 | 010301001002 | Ⅱ－Ⅱ砖墙基础：M7.5 水泥砂浆砌筑(240×115×53)MU15 水泥实心砖一砖条形基础，二层等高式大放脚；–1.2m 基底下 C10 混凝土垫层，长 13.8m，宽 0.8m，厚 150mm；–0.06m 标高处 1∶2 防水砂浆 20 厚防潮层 | $\text{m}^3$ | 4.63 |

### 2.3.4 混凝土及钢筋混凝土工程量计算规则应用要点

(1) 现浇混凝土基础按设计图示尺寸以体积计算。不扣除构件内钢筋，预埋铁件和伸入承台基础的桩头所占体积。

(2) 现浇混凝土柱按设计图示尺寸以体积计算。不扣除构件内钢筋、预埋铁件所占的体积。柱高计算如下。

① 有梁板的柱高，应以自柱基上表面(或楼板上表面)至上一层楼板上表面之间的高度计算。

② 无梁板的柱高，应以自柱基上表面(或楼板上表面)至柱帽下表面之间的高度计算。

③ 框架柱的柱高，应以自柱基上表面至柱顶高度计算。

④ 构造柱按全高计算，嵌接墙体部分并入柱身体积。

⑤ 依附柱上的牛腿和升板的柱帽，并入柱身体积计算。有相同的截面、长度的预制混凝土柱的工程量可按根数计算。

(3) 现浇混凝土梁按设计图示尺寸以体积计算。不扣除构件内钢筋，预埋铁件所占的体积，伸入墙内的梁头、梁垫并入梁体积内。梁长计算如下。

① 梁与柱连接时，梁长计算至柱侧面。

② 主梁与次梁连接时，次梁长计算至主梁侧面。

(4) 现浇混凝土墙按设计图示尺寸以体积计算。不扣除构件内钢筋，预埋铁件所占的体积，扣除门窗洞内及单个面积 $0.3m^2$ 以外的空洞所占体积，墙垛及突出墙面部分并入墙体体积计算。

(5) 现浇混凝土板按设计图示尺寸以体积计算。不扣除构件内钢筋，预埋铁件所占的体积及单个面积 $0.3m^2$ 以内的孔洞所占体积。有梁板(包括主、次梁与板)按梁、板体积之和计算，无梁板按板和柱帽体积之和计算，各类板伸入墙内的板头并入板体积内计算，薄壳板肋，基梁并入薄壳体积内计算。

(6) 天沟、挑檐板按设计图示尺寸以体积计算。雨篷、阳台板按设计图示尺寸以墙外部分体积计算，包括伸出墙外的牛腿和雨篷翻檐的体积。其他板按设计图示尺寸以体积计算。

(7) 现浇混凝土楼梯按设计图示尺寸以水平投影面积计算。不扣除宽度小于500mm的楼梯井，伸入墙内部分不计算。

(8) 其他构件按设计图示尺寸以体积计算。不扣除构件内钢筋、预埋铁件所占体积。散水、坡道按设计图示尺寸以面积计算。不扣除单个 $0.3m^2$ 以内的孔洞所占面积。电缆沟、地沟按设计图示以中心线长度计算。

**知识链接**

#### 柱子工程量计算方法

1. 构造柱工程量计算

(1) 构造柱体积 = 构造柱体积+马牙槎体积；

其中马牙槎体积 = 马牙槎与墙相交宽度 × 马牙槎嵌入墙内的长度(0.03) × 构造柱高度。

(2) 构造柱模板 = 构造柱模板+马牙槎模板；

马牙槎模板面积 = 马牙槎嵌入墙内的长度(0.03) × 构造柱高度。

2. 构造柱工程量计算的难点

(1) 构造柱的马槎算起来很麻烦，必须考虑柱子与几个墙面相交。

(2) 模板计算难点同体积。

**特别提示**

建筑尤其是高层建筑每层梁、板、柱、剪力墙等构件的混凝土强度通常沿着高度方向是变化的，混凝土的强度不同，计价时采用的单价也不同，计算工程量时也应该要按不同强度分开计算。因此，看图时应格外加以注意，弄清同一编号的构件在各个标高范围内的材料强度等级。

**定额对照**

混凝土工程与钢筋混凝土工程构件较多，定额划分为现浇混凝土模板、现浇混凝土浇捣、预制及预应力构件、钢筋制作与安装、预制构件运输与安装5节，共455个子目。现浇构件的模板按照组合钢模、复合木模单独列项，一般在计价软件中都可以通过相应的混凝土工程量及含模量关联计算模板工程量，所以在计算工程量时，模板的工程量不用专门计算，只需要在计算工程量时，再考虑下含模量的问题，把含模量不同的构件的混凝土工程量分开计算就行了。

对于混凝土柱，分层进行计算，应区分混凝土柱、构造柱(写清楚柱的类型、混凝土强度等级、柱编号、标高、截面尺寸及数量)、模板(注意有超高部分的要写清楚)、埋件及螺栓(注意是否有措施)，结合定额子目，列出计算项目，根据定额规定的计算规则，进行工程量的计算。计算完毕，对于同一类柱，含模量一致的话，可按混凝土强度相同、支模高度都在3.6m内、截面尺寸等方面来衡量，如果可以套用一个定额子目的，可将工程量汇总计算。否则，应该不能汇总在一起。

对于混凝土梁、圈梁，首先要分清楚梁和有梁板，埋件及螺栓(注意是否有措施)等，混凝土梁要写清楚混凝土等级、编号、标高、高度、截面尺寸及数量，因为涉及模板是否超高、含模量是否相同，混凝土强度等级换算以及梁高不同套价子目可能也不同的问题，因此应在计算梁的混凝土工程量时，首先熟悉定额子目的编列，然后分层按照构件编号进行计算，要写清楚混凝土的强度等级、截面尺寸、标高等内容，然后根据子目的编列情况，汇总工程量。

对于混凝土板，首先要分清楚梁和有梁板，混凝土板计算时除了写清楚混凝土标号、柱标号、标高及数量外，应写清楚板的厚度，注意计算埋件及螺栓。

混凝土楼梯定额分为直形和弧形两类。计算工程量时均以楼梯的水平投影面积计算。需要注意的是，定额对于楼梯有这样的规定：直行楼梯底板厚度在18cm内，弧形楼梯在30cm内，如设计超过以上规定，混凝土浇捣应按比例调整；梁式楼梯的梯段梁并入楼梯底板内计算折实厚度；楼梯基础、扶手、梯柱、栏板等另行计算。

其他混凝土构件计算思路基本相似，主要是根据定额子目的编列情况，结合工程实际，确定计算项目进行计算，不能套用同一定额子目计价的，工程量不合并，含模量不同的，工程量不合并，混凝土材料强度等级不同的，工程量不合并。

### 2.3.5 屋面及防水工程工程量计算规则应用要点

(1) 应按《清单计价规范》的要求，根据具体工程分项工程的内容进行正确分类合并，组成相应的清单内容，并详细描述其项目特征。

(2)“瓦屋面”、“型材屋面”中如木材面需刷防火涂料可按相应项目单独编码列项，也可包含在“瓦屋面”、“型材屋面”清单下。

(3)“瓦屋面”、“型材屋面”、“膜结构屋面”中的钢檩条、钢支撑(柱、网架)和拉结结构需刷防护材料时，可按相应项目单独编码列项，也可包含在“瓦屋面”、“型材屋面”、“膜结构屋面”清单下。

## 案例2

有一两坡水的坡形屋面，其外墙中心线长度为40m，宽度为15m，四面出檐距外墙外边线为0.3m，屋面坡度为1∶1.333，外墙为24墙，试计算屋面工程量。

**解：**(1) 屋面水平投影面积 = 长 × 宽。

$$长 = 40 + 0.12 \times 2 + 0.30 \times 2 = 40.84(m)$$

$$宽 = 15 + 0.12 \times 2 + 0.30 \times 2 = 15.84(m)$$

水平投影面积 = 40.84 × 15.84 = 646.91($m^2$)

(2) 屋面坡度系数。

$$坡度为 1:1.333 = B/A = 0.75/1，查表知：k = 1.25$$

(3) 计算屋面工程量。

$$S = 646.91 \times 1.25 = 808.64(m^2)$$

## 案例3

某办公楼屋面24女儿墙轴线尺寸12m × 50m，平屋面构造如图2.20所示，试计算屋面工程量。

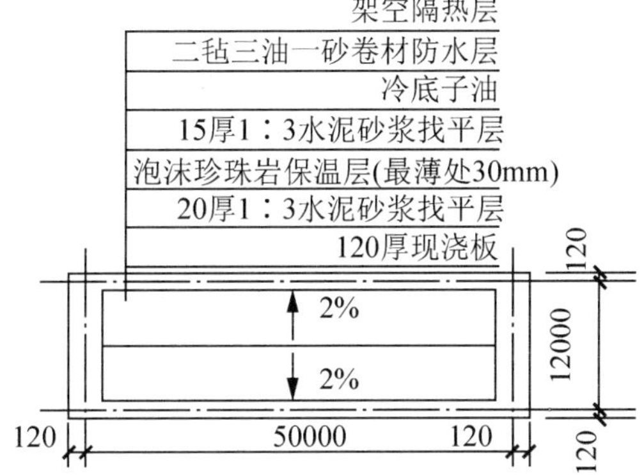


图2.20 屋面构造

**解：**屋面坡度系数：$k = \sqrt{1 + 0.02^2} = 1.000\,2$

屋面水平投影面积：

$$S = (50 - 0.24) \times (12 - 0.24) = 49.76 \times 11.76 = 585.18(m^2)$$

(1) 20厚1∶3水泥砂浆找平层。

$$S = 585.18 \times 1.000\,2 = 585.29(m^2)$$

(2) 泡沫珍珠岩保温层。

$$V = 585.15 \times (0.03 + 2\% \times 11.76 \div 2 \div 2) = 51.96(m^3)$$

(3) 15厚1∶3水泥砂浆找平层。

$$S = 585.29(m^2)$$

(4) 二毡三油一砂卷材屋面。

$$S = 585.29 + (49.76 + 11.76) \times 2 \times 0.25 = 616.05(m^2)$$

(5) 架空隔热层。

$$S = (49.76 - 0.24 \times 2) \times (11.76 - 0.24 \times 2) = 555.88(\text{m}^2)$$

## 综合案例

某砖混结构 2 层住宅建筑首层平面图如图 2.21 所示，二层平面图如图 2.22 所示，基础平面图如图 2.23 所示，基础剖面图如图 2.24 所示，钢筋混凝土层面板顶高度为 6m，每层高均为 3m，内外墙厚均为 240mm，外墙均有女儿墙，高 600mm，厚 240mm；钢筋混凝土楼板、屋面板厚度均为 120mm。已知内墙砖基础为二步等高大放脚；外墙上的过梁、圈梁体积为 $2.5\text{m}^3$，内墙上的过梁、圈梁体积为 $1.5\text{m}^3$，门窗洞口尺寸：CI 为 1 500mm × 1 200mm，MI 为 900mm × 2 000mm，M2 为 1 000mm × 2 100mm。

计算以下工程量：①建筑面积；②门、窗；③砖基础；④砖外墙；⑤砖内墙；⑥混凝土垫层和楼板(不含屋面板)

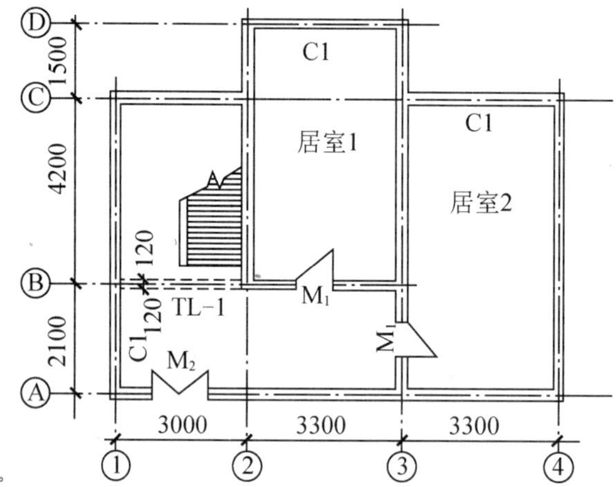


图 2.21 建筑首层平面图

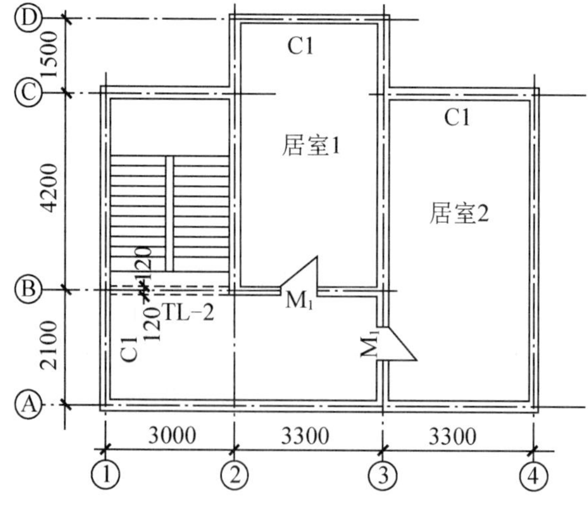


图 2.22 建筑二层平面图

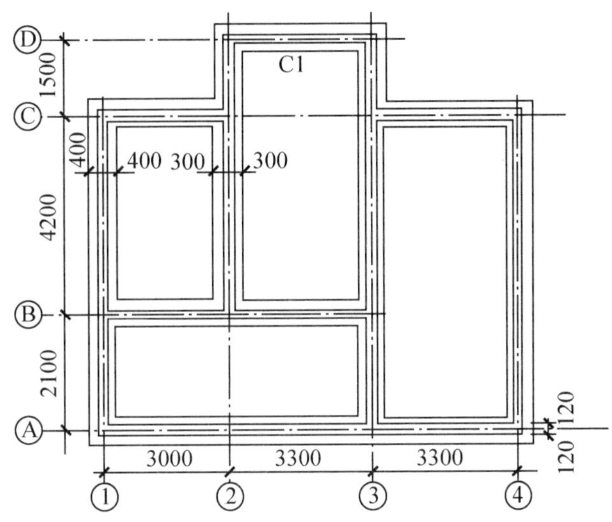


图 2.23　基础平面图

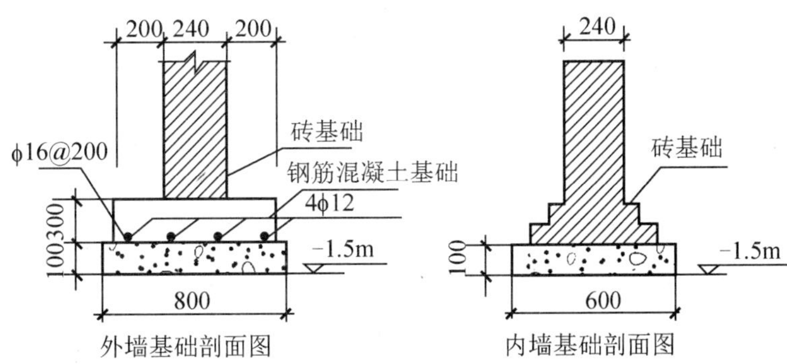


图 2.24　基础平面图

**解**：(1)建筑面积=[(2.1+4.2+0.12 × 2) × (3+3.3+3.3+0.12 × 2)+1.5 × (3.3+0.12 × 2)] × 2=139.33(m$^2$)

(2) 门、窗

门面积：1.00 × 2.10+0.90 × 2.00 × 4=9.30(m$^2$)

窗面积：1.50 × 1.20 × 3 × 2=10.80(m$^2$)

(3) 砖基础

外墙砖基础中心线长:

1 外=(3+3.3+3.3+2.1+4.2+1.5) × 2=34.80(m)

内墙砖基础净长:

1 内=4.2−0.12 × 2+(3.3+3)−0.12 × 2+(4.2+2.1)−0.12 × 2=16.08(m)

(4) 砖外墙

外墙中心线长=(2.1+4.2+3+3.3+3.3) × 2+1.5 × 2=34.8(m)

外墙门窗面积=1.50 × 1.20 × 3 × 2+1.00 × 2.10=10.8+2.10=12.9(m$^2$)

砖女儿墙体积=34.8 × 0.6 × 0.24=5.01(m$^3$)

砖外墙工程量=(外墙中心线 × 外墙高度−外墙门窗面积) × 墙厚−过梁圈梁体积+女儿墙体积

=(34.8 × 6-12.9) × 0.24−2.5+5.01=49.53(m$^3$)

(5) 砖内墙

内墙净长=(4.2−0.12 × 2)+(4.2+2.1−0.12 × 2)+(3.3−0.12+0.12)=13.32(m)

内墙门面积=0.90 × 2.00 × 2 × 2=7.2($m^2$)

砖内墙工程量=(内墙净长 × 每层内墙墙身高度 × 层数-内墙门面积) × 墙厚-过梁圈梁体积

=(13.32 × 2.88 × 2−7.2) × 0.24−1.5=15.19($m^3$)

外墙混凝土垫层中心线长=外墙钢筋混凝土基础中心线长=(2.41+4.2+3+3.3+3.3) × 2+1.5 × 2=34.80(m)

内墙混凝土垫层净长=4.2−0.4−0.3+(3.3+3)−0.4−0.3+(4.2+2.1)−0.4 × 2=14.6(m)

混凝土垫层工程量=0.1 × 0.8 × 34.8+0.1 × 0.6 × 14.6=3.66($m^3$)

混凝土基础工程量=0.3 × (0.2+0.24+0.2) × 34.80=6.68($m^3$)

**特别提示**

钢筋工程的计算中，应区别现浇、预制、预应力构件，根据不同钢种、规格，按设计图纸、标准图集、施工规范规定的长度乘以单位重量以“t”来计。钢筋的延伸率不扣，冷加工费不计。钢筋理论净重量 = 钢筋长度(m)×每米重量 $0.617d^2$(kg/m)，$d$ 是钢筋直径，单位是 cm。钢筋长度计算时应考虑保护层、弯钩形式钢筋类型等问题，结合图纸表示及文字说明的构造要求，进行工程量的计算，汇总工程量的时候，结合钢筋分部的子目，进行汇总，可以套用同一子目计价的，工程量可以汇总在一起。

木结构工程中主要涉及木门窗、屋面板木基层等内容，计算时需要注意关注以下内容：定额所注的木材断面是净料还是毛料？如果设计和定额不同，是否需要进行换算？如何换算？设计采用的木种与定额是否一致？不一致的话，能否换算？怎么换算？弄清楚以上问题，就可以列出项目，按照规则进行工程量的计算了。如果不弄清这些问题，盲目地进行计算，套价的时候就很麻烦了。

金属结构工程主要包括金属构件制作、安装与运输两部分，主要是型钢栏杆、晒衣架等构件，不再详细讲述了。

主体工程计算基本可以按照定额编列的顺序进行计算，中间也会根据需要穿插进行，比如进行砌筑工程计算的时候，要扣除门窗洞口的面积，另外建筑面积可以直接或者稍作变化后在计算脚手架、楼地面工程等工程量的时候使用，计算时要充分考虑这些情况，统筹考虑，选择合适的顺序和方法，提高工程计量和计价的效率。

**知识链接**

## 工程量速算方法

要达到工程量速算的目的，需注重以下方法。

(1) 熟记常用项目的工程量计算“程序公式”。

(2) 总结整理当地的标准构件经济指标。

(3) 利用现有的木门窗预算手册，或自己总结、整理已算过的门窗资料。

(4) 利用小项目的预算工程量或单价，如水池、小便池、检查井等。

(5) 抄下标准图中常用的楼地面、屋面、抹灰等做法的标准图号和做法。

(6) 总结整理经验数据，如地面面积系数、抹灰面积系数等。

(7) 灵活运用统筹法原理。统筹法即利用三线(外墙中心线、外墙外边线、内墙净长线)、一面(底层建筑面积)，推算出很多工程量来。预算经验数据对于快速编制预算、预算审核、编制概算、基本建设计划与统计等有一定的使用和参考价值。

# 2.4 建筑工程清单计价

分部分项工程量清单应包括项目编码、项目名称、项目特征、计量单位和工程数量。

分部分项工程量清单的项目编码，应采用十二位阿拉伯数字表示。一至九位应按附录的规定设置，十至十二位应根据拟建工程的工程量清单项目名称设置，同一招标工程的项目编码不得有重码。

分部分项工程量清单的项目名称，应按附录的项目名称结合拟建工程的名称实际确定。

分部分项工程量清单中所列工程量应按清单附录中规定的工程量计算规则计算，计量单位应按清单附录中规定的计量单位确定。

分部分项工程量清单项目特征应按清单附录中规定的项目特征，结合拟建工程项目的实际予以描述。

在编制工程量清单时，要详细描述清单中每个项目的特征，要明确清单中每个项目所含的具体工程内容。在工程量清单计价时，要依据工程量清单的项目特征和工程内容，按照定额项目、计量单位、工程量计算规则和施工组织设计确定清单中工程内容的含量和价格。

工程量清单的综合单价，是由单个或多个工程内容按照定额规定计算出来的价格汇总，除以按《清单计价规范》规定计算出来的工程量。用计算式可表示为：

$$\text{工程量清单的综合单价}=\frac{\sum(\text{定额项目工程量}\times\text{定额项目单价})}{\text{清单工程量}}$$

## 2.4.1 土石方工程清单计价应用要点

(1)“平整场地”可能出现±300mm 以内的全部是挖方或者全部是填方，需外运土方或取(购)土回填时，在工程清单中应描述弃土或取土运距；在工程量清单计价时要把“平整场地”工程发生的土方运输或者购土等施工项目计算在“平整场地”项目报价内。

(2)“挖基础土方”在工程清单中应描述土壤类别、基础类型、垫层底宽、底面积、挖土深度、弃土运距；在工程量清单计价时要把“挖基础土方”工程发生的挖土(包括按施工方案或定额规定的放坡、工作面等增加的挖土量)、排地表水、挡土板支拆、截桩头、基底钎探、土方运输等施工项目计算在“挖基础土方”项目报价内。

(3)“管沟土方”在工程清单中应描述土壤类别、管外径、挖沟平均深度、弃土运距、回填要求；在工程量清单计价时要把“管沟土方”工程发生的挖土(包括管沟开挖加宽工作面、放坡和接口处加宽工作面等增加的挖土量)、排地表水、挡土板支拆、土方运输，以及管沟土方回填等施工项目计算在“管沟土方”项目报价内。

(4)“土(石)方回填”在工程清单中应描述土质要求、密实度要求、粒径要求、夯填或松填、取(购)土回填；在工程量清单计价时要把“土(石)方回填”工程发生的包括取土回填的土方开挖以及土方指定范围内的运输、回填土、夯实等施工项目计算在“土(石)方回填”项目报价内。

案例 4

## 求某基础土方的工程量清单及计价

**解**：1. 挖基础土方的工程量清单

1) 首先描述项目编码、项目名称和计量单位

项目编码：010101003001

项目名称：挖条形基础土方

计量单位：$m^3$

2) 描述项目特征

三类干土，条形基础，垫层底宽 1.2m，挖土深度 1.6m，场内运土 150m

3) 按《清单计价规范》规定的工程量计算规则计算出工程量为：68.35$m^3$

2. 挖基础土方的工程量清单计价

1) 按定额规定的计算各项工程内容的价格

人工挖地槽：2 150.58 元；

人力车运土：1 104.15 元。

2) 计算挖基础土方的综合价、综合单价

挖基础土方的工程量清单综合价：2 150.58+1 104.15=3 254.73(元)

挖基础土方的工程量清单综合单价：3 254.73/68.35=47.62(元/ $m^3$)

**特别提示**

(1) 挖基础土方量，计算清单工程量时，按《清单计价规范》的规定，垫层面积乘以挖土深度，在定额计价时，则要按施工组织设计或定额的规定加工作面、放坡。

(2) 清单计价时，挖土、运土、凿桩头均包括在报价内。

### 2.4.2 地基及桩基础工程清单计价应用要点

(1) 试桩按相应桩项目编码单独列项，试桩与打桩之间的间歇时间，机械在现场的停置，应包括在打试桩报价内。

(2)“预制钢筋混凝土桩”在工程清单中应描述土壤级别、桩长度、根数、桩截面、混凝土强度等级；在工程量清单计价时要把“预制钢筋混凝土桩”工程发生的桩制作、运输、打桩、送桩等施工项目计算在“预制钢筋混凝土桩”项目报价内，如果需刷防护材料也应包括在报价内。

(3)“接桩”在工程清单中应描述桩截面、接头长度、接桩材料；在工程量清单计价时要把“接桩”工程发生的接桩、材料运输等施工项目计算在“接桩”项目报价内，“接桩”项目适用于预制钢筋混凝土方桩、管桩和板桩的接桩。

(4)“混凝土灌注桩”在工程清单中应描述土壤级别、桩长度、根数、桩截面、成孔方法、混凝土强度等级；在工程量清单计价时要把“混凝土灌注桩”工程发生的成孔、固壁、混凝土制作运输灌注、泥浆池及沟槽砌筑拆除、泥浆运输等施工项目计算在“混凝土灌注桩”项目报价内。

(5)“人工挖孔桩”挖孔时采用的护壁(如砖砌护壁、预制钢筋混凝土护壁、现浇钢筋混凝土护壁、钢模周转护壁等)，应包括在报价内。

(6) 预制桩的模板在措施项目中计算报价，各种桩的钢筋在混凝土及钢筋混凝土项目中计算报价。

**特别提示**

(1) 凿桩头在挖基础土方工程清单计价中计算。
(2) 桩内钢筋在钢筋工程清单计价中计算。
(3) 模板在措施项目中计算。

**案例5**

某工程桩基础为现场预制混凝土方桩，桩长8.4m，桩断面300mm×300mm，C30商品混凝土，室外地坪标高为-0.30m，桩顶标高-1.80m，共计150根。要求计算：1. 打预制桩的工程量清单；2. 打预制桩的工程量清单计价。

**解**：1. 打预制方桩的工程量清单

(1) 确定项目编码、项目名称和计量单位

项目编码：010201001001

项目名称：打预制钢筋混凝土方桩

计量单位：根(也可以为m，由清单编制人定)

(2) 描述项目特征

三类干土、桩长8.4m，150根，桩断面300mm×300mm、C30商品混凝土。

(3) 按《清单计价规范》规定的工程量计算规则计算工程量：150根

2. 打预制方桩的工程量清单计价

(1) 按照定额计算各项工程内容的综合价

① 打预制方桩：22 144.75元；

② 打预制方桩送桩：4 792.77元；

③ 方桩制作：37 054.58元。

(2) 计算打预制方桩的综合价、综合单价

打预制方桩的工程量清单综合价(①~③项合计)：63 992.10元

打预制方桩的工程量清单综合单价：63 992.10/150=426.61(元/根)

### 2.4.3 砌筑工程清单计价应用要点

(1)“砖基础”项目适用于各种类型砖基础，在工程清单特征中应描述砖品种、规格、强度等级、基础类型、基础深度、砂浆强度等级；在工程量清单计价时要把“砖基础”工程发生的砂浆制作运输、砌砖基础、防潮层、材料运输等施工项目计算在“砖基础”项目报价内。

(2)“实心砖墙”、“空心砖墙、砌块墙”项目适用于实心砖、空心砖、砌块砌筑的各种墙(外墙、内墙、直墙、弧墙以及不同厚度、不同砂浆砌筑的墙)，在工程清单特征中应

描述砖品种、规格、强度等级、墙体类型、墙体厚度、墙体高度、砂浆强度等级、配合比；在编制清单时，用第五级项目编码将不同的墙体分别列项；在工程量清单计价时要把“实心砖墙”或“空心砖墙、砌块墙”工程发生的砂浆制作运输、砌砖、材料运输等施工项目计算在“实心砖墙”或“空心砖墙、砌块墙”项目报价内。

(3)“砖窑井、检查井”、“砖水池、化粪池”在工程量清单中以“座”计算，在工程清单特征中应描述井(池)截面、垫层材料种类、厚度、底板厚度、勾缝要求，混凝土强度等级、砂浆强度等级、配合比、防潮层材料种类；在工程量清单计价时要把“砖窑井、检查井”或“砖水池、化粪池”工程发生的土方挖运、砂浆制作运输、铺设垫层、底板混凝土制作运输浇筑、砌砖、勾缝、抹灰、回填土等施工项目计算在“砖窑井、检查井”或“砖水池、化粪池”项目报价内。钢筋在混凝土及钢筋混凝土项目中报价时，如井(池)施工需脚手架、模板，则在措施项目中报价。

### 案例 6

某传达室基础。其室内地坪±0.00m，防潮层-0.06m。防潮层一下用 M10 水泥砂浆砌标准砖基础，防潮层以上为多孔砖墙身，条形基础用 C20 自拌混凝土，垫层用 C10 自拌混凝土。

要求计算：1. 砖基础的工程量清单；2. 砖基础的工程量清单计价；3. 混凝土条形基础的工程量清单；4. 混凝土条形基础的工程量清单计价；5. 混凝土垫层的工程量清单。

**解**：1. 砖基础的工程量清单

(1) 确定项目编码、项目名称和计量单位

项目编码：010301001001

项目名称：砖基础

计量单位：$m^3$

(2) 描述项目特征

标准砖，条形基础，埋深 1.6m，M10 水泥砂浆砌筑、防水砂浆防潮层

(3) 按《清单计价规范》规定的工程量计算规则计算得工程量为：15.64 $m^3$

2. 砖基础的工程量清单计价

(1) 按照定额计算出各项工程内容的综合价：

① 砖基础：2 944.07 元

② 防潮层：72.61 元

(2) 计算砖基础的综合价、综合单价

砖基础的工程量清单综合价(①～②项合计)：3 016.68 元

砖基础的工程量清单综合单价：3 016.68/15.64=192.88(元/$m^3$)

3. 混凝土条形基础的工程量清单

(1) 确定项目编码、项目名称和计量单位

项目编码：010401001001

项目名称：混凝土条形基础

计量单位：$m^3$

(2) 描述项目特征：

C20 自拌混凝土

(3) 按《清单计价规范》规定计算规则计算工程量

条形基础：6.48$m^3$

4. 混凝土条形基础的工程量清单计价

(1) 按定额规定计算各项工程内容的综合价

无梁式条形基础：1 441.02 元

(2) 计算混凝土条形基础的综合价、综合单价

混凝土条形基础的工程量清单综合价：1 441.02 元

混凝土条形基础的工程量清单综合单价：1 441.02/6.48=222.38(元/$m^3$)

5. 混凝土垫层的工程量清单

(1) 确定项目编码、项目名称和计量单位

项目编码：010401006001

项目名称：混凝土垫层

计量单位：$m^3$

(2) 描述项目特征

C10 自拌混凝土

(3) 按《清单计价规范》规定的工程量计算规则计算工程量

垫层：4.27$m^3$

(4) 按定额计算各项工程内容的综合价

C10 混凝土垫层：879.62 元

(5) 计算混凝土垫层的综合价、综合单价

混凝土垫层的工程量清单综合价：879.62 元

混凝土垫层的工程量清单综合单价：879.62/4.27=206.00(元/$m^3$)

(注：条形基础、垫层的模板在措施项目清单中计价)

### 2.4.4 混凝土及钢筋混凝土工程清单计价应用要点

(1)“带形基础”项目适用于各种带形基础，墙下的板式基础包括浇筑在一字排桩上面的带形基础。

**特别提示**

工程量不扣除浇入带形基础体积内的桩头所占体积。

(2)“独立基础”项目适用于块体柱基、杯基、柱下的板式基础、无筋倒圆台基础、壳体基础、电梯井基础等。

(3)“满堂基础”项目适用于地下室的箱式、筏式基础等。

(4)“设备基础”项目适用于设备的块体基础、框架基础等。

**特别提示**

螺栓孔灌浆包括在报价内。

(5)“桩承台基础”项目适用于浇筑在组桩(如梅花桩)上的承台。

**特别提示**

工程量不扣除浇入承台体积内的桩头所占体积。

(6)“矩形柱”、“异形柱”项目适用于各形柱，除无梁板柱的高度算至柱帽下表面，其他柱都计算全高。

**特别提示**

(1) 单独的薄壁柱根据其截面形状，确定以异形柱或矩形柱编码列项；
(2) 柱帽的工程量计算在无梁板体积内；
(3) 混凝土柱上的钢牛腿按规范附录中的零星钢构件编码列项。

(7)“直形墙”、“弧形墙”项目也适用于电梯井。

**特别提示**

与墙相连接的薄壁柱按墙项目编码列项。

(8) 混凝土板采用浇筑复核高强薄型空心管时，其工程量应扣除管所占体积，复核高强薄型空心管应包括在报价内。轻质材料浇筑在有梁板内，且轻质材料应包括在报价内。

(9) 单跑楼梯的工程量计算与直行楼梯、弧形楼梯的工程量计算相同，单跑楼梯如无中间休息平台时，应在工程量清单中进行描述。

(10)“其他构件”项目中的压顶、扶手工程量可按长度计算，台阶工程量可按水平投影面积计算。

## 应用技巧

(1) 清单附录要求分部编码列项的项目(如箱式满堂基础、框架式设备基础等)，可在第五级编码上进行分项编码。如：以框架式设备基础为例，可以分为：010401004001 设备基础、010401004002 框架式设备基础柱、010401004003 框架式设备基础梁、010401004004 框架式设备基础墙、010401004005 框架式设备基础板。这样列项，可以不用再翻后面的项目编码，而且一看就知道是框架式设备的基础、柱、梁、墙、板，比较明了。

(2) 项目特征内的构件标高(如梁底标高、板底标高等)、安装高度，不需要每个构件都注上标高和高度，而是要求选择关键部件标明，以便投标人选择吊装机械和垂直运输机械。

## 案例 7

试根据某设备基础(框架)施工图，①为招标人编制清单；②为投标人做报价计算。

(1) 混凝土强度等级 C35。

(2) 柱基础为块体，工程量 6.24 $m^3$，墙基础为带行基础，工程量 4.16$m^3$，柱截面 450mm × 450mm，工程量 12.75$m^3$，基础墙厚度 300mm，工程量 10.85$m^3$，基础梁截面 350mm × 700mm，工程量 17.01$m^3$，基础板厚度 300mm，工程量 40.536$m^3$。

(3) 混凝土合计工程量 91.54$m^3$。

(4) 螺栓孔灌浆：1:3 水泥砂浆 12.03$m^3$。

(5) 钢筋：$\phi$12 以内，工程量 2.829t；$\phi$12 ~ $\phi$25 以内工程量 4.362t。

**解：** 1. 招标人编制清单

(1) 清单工程量套子目。

010401004 设备基础

010416001 现浇钢筋

(2) 编制分部分项工程量清单，见下表。

分部分项工程量清单

工程名称：某工厂　　　　第　页 共　页

| 序号 | 项目编码 | 项目名称 | 计量单位 | 工程量 |
|---|---|---|---|---|
| 1 | 010401004001 | 设备基础<br>块体柱基础：6.24m$^3$<br>带行墙基础：4.16m$^3$<br>基础柱：截面 450mm×450mm<br>基础墙：厚度 300mm<br>基础梁：截面 350mm×700mm<br>基础板：厚度 300mm<br>混凝土强度：C35<br>螺栓孔灌浆细石混凝土强度：C35 | m$^3$ | 103.57 |
| 2 | 010416001001 | 现浇混凝土钢筋<br>$\phi$12 以内：2.829t<br>$\phi$12 以外：4.362t | t | 7.191 |
| | | 本页小计 | | |
| | | 合计 | | |

2. 投标人报价计算

(1) 套定额。

① 柱基础：1 500.03 元

② 带行混凝土基础：1 004.35 元

③ 柱：3 535.32 元

④ 混凝土墙：2 946.97 元

⑤ 基础梁：4 276.99 元

⑥ 基础板：9 879.59 元

⑦ 螺栓孔灌浆：2 459.17 元

⑧ $\phi$12 以内钢筋：9 679.36 元

⑨ $\phi$25 以内钢筋：14 140.82 元

(2) 填写分部分项工程量清单计价表格，见下表。

分部分项工程量清单

工程名称：某工厂　　　　第　页 共　页

| 序号 | 项目编码 | 项目名称 | 计量单位 | 工程量 | 金额/元 | |
|---|---|---|---|---|---|---|
| | | | | | 综合单价 | 合价 |
| 1 | 010401004001 | 设备基础<br>块体柱基础：6.24m$^3$<br>带行墙基础：4.16m$^3$<br>基础柱：截面 450mm×450mm<br>基础墙：厚度 300mm<br>基础梁：截面 350mm×700mm<br>基础板：厚度 300mm<br>混凝土强度：C35<br>螺栓孔灌浆细石混凝土强度：C35 | m$^3$ | 103.57 | 247.20 | 25 602.43 |
| 2 | 010416001001 | 现浇混凝土钢筋<br>$\phi$12 以内：2.829t<br>$\phi$12 以外：4.362t | t | 7.191 | 3 312.50 | 23 820.18 |
| | | 本页小计 | | | | |
| | | 合计 | | | | |

### 2.4.5 屋面及防水工程清单计价应用要点

(1) 应清楚屋面及防水工程中各条清单中所包含的工作内容，哪些内容应包括在报价内，分别套用适合的定额项目或根据相应的企业定额进行计价。

(2) 掌握屋面及防水工程中各条清单的工程量计算规则。

(3) 根据每条清单的项目特征，分项人、材、机的消耗量，正确组价。

**案例 8**

某瓦屋面如图 2.25 所示，砖墙上圆檩木、20mm 厚平口杉木屋面板单面刨光、油毡一层、上有 36×8@500 顺水条、25×25 挂瓦条盖粘土平瓦，屋面坡度为 $B/2A=1/4$，①按清单计价规范编制工程量清单，②计算清单综合单价。

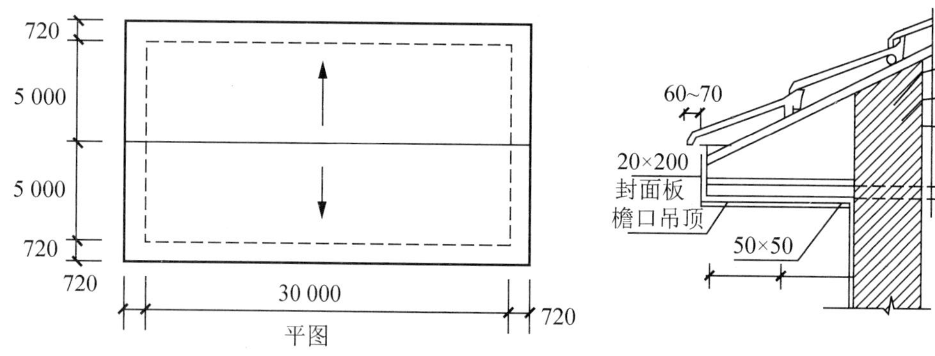


图 2.25 瓦屋面构造

解:

1. 工程量计算:

(1) 粘土平瓦屋面工程量计算: $S=31.58\times11.58\times1.118=408.85(m^2)$

式中数值 1.118 按屋面坡度 $B/2A=1/4$，查屋面坡度系数表得出。

也可用三角形的二直角边分别为 0.5 和 1 时，斜边= $\sqrt{0.5^2+1^2}$ =1.118

(2) 油毡屋面板木基层面积=$31.44\times11.44\times1.118=402.12(m^2)$

(3) 屋脊长度=31.58m

分部分项工程量清单

| 序号 | 项目编码 | 项目名称 | 计量单位 | 工程数量 |
|---|---|---|---|---|
| 1 | 010701001001 | 瓦屋面<br>粘土平瓦屋面，20mm 厚平口杉木屋面板、油毡一层 36×8@500 顺水条、25×25 挂瓦条，木基层面积 402.12m²，屋脊 31.58m | m² | 408.85 |

2. 清单工程量: 010701001001 瓦屋面 408.85m²

为计算方便，本项目中的人工、材料、机械台班消耗量及单价按 2003 版浙江省建筑工程预算定额及浙江省建筑安装材料 2003 年基期价格计取，管理费按人工费加机械费的 20%计取，利润按人工费加机械费的 10%计取。风险费用由企业自行确定，本例暂不计取。

按清单提供的工程量:

粘土平瓦屋面面积=408.85m²

油毡屋面板木基层面积=402.12m²

屋脊长度=31.58m

分部分项工程量清单项目综合单价计算表

工程名称：某工程　　计量单位：m²

项目编码：010701001001　　工程数量：408.85 m²

项目名称：瓦屋面　　综合单价：38.50 元

| 序号 | 定额编号 | 工程内容 | 单位 | 数量 | 人工费 | 材料费 | 机械费 | 管理费 | 利润 | 风险费 | 小计 |
|---|---|---|---|---|---|---|---|---|---|---|---|
| 1 | 7—17 | 屋面木基层上铺盖粘土平瓦 | m² | 408.85 | 435.83 | 5 090.06 | 0.00 | 87.17 | 43.58 | 0.00 | 5 656.64 |
| 2 | 7—19 | 粘土平瓦屋脊 | m | 31.58 | 43.52 | 174.22 | 5.08 | 9.72 | 4.86 | 0.00 | 237.40 |
| 3 | 5—30 | 屋面平口板木基层有油毡 | m² | 402.12 | 675.56 | 8 968.88 | 0.00 | 135.12 | 67.56 | 0.00 | 9 847.12 |
| | | 合计 | | | 1 154.91 | 14 233.16 | 5.08 | 232.01 | 116.00 | 0.00 | 15 741.16 |

注：(1)表中综合单价 = 15 741.16 ÷ 408.85 = 38.50 元/m²；(2)按照上表计算出清单项目综合单价分析表，见下表。

分项工程量清单项目综合单价分析表

| 序号 | 项目编号 | 项目名称 | 综合单价组成 | | | | | | | |
|---|---|---|---|---|---|---|---|---|---|---|
| | | | 工程内容 | 人工费 | 材料费 | 机械使用费 | 管理费 | 利润 | 风险费 | 小计 |
| 1 | 010101003001 | 瓦屋面：粘土平瓦屋面，20mm 厚平口杉木屋面板、油毡一层 36×8@500顺水条、25×25 挂瓦条，木基层面积402.12m²，屋脊31.58m | 合计 | 2.82 | 34.82 | 0.01 | 0.56 | 0.29 | 0.00 | 38.50 |
| | | | 屋面木基层上铺盖粘土平瓦 | 1.07 | 12.45 | 0.00 | 0.21 | 0.11 | 0.00 | 13.84 |
| | | | 粘土平瓦屋脊 | 0.10 | 0.43 | 0.01 | 0.02 | 0.01 | 0.00 | 0.57 |
| | | | 屋面平口板木基层有油毡 | 1.65 | 21.94 | 0.00 | 0.33 | 0.17 | 0.00 | 24.09 |

## 案例 9

某住宅刚性屋面做法如图 2.26 所示，已计算得清单工程量为 112.09m²，铺设预制架空板 83.987m²，①按清单计价规范列出工程量清单；②计算清单(名称改为卷材防水)综合单价。

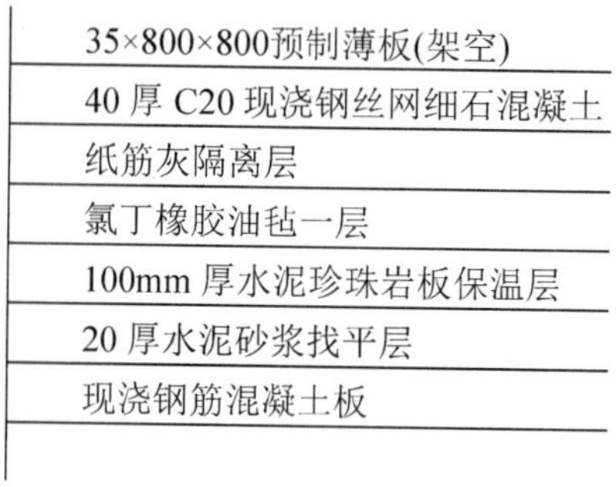

35×800×800预制薄板(架空)
40 厚 C20 现浇钢丝网细石混凝土
纸筋灰隔离层
氯丁橡胶油毡一层
100mm 厚水泥珍珠岩板保温层
20 厚水泥砂浆找平层
现浇钢筋混凝土板

图 2.26　刚性屋面构造

**解**：1. 清单项目列项：项目代码 010702001001　名称：屋面刚性防水
清单工程量计算：屋面刚性防水：$S = 13.44 \times 8.34 = 112.09(\text{m}^2)$
预制架空板铺设：$S = 0.81 \times 0.81 \times (5 \times 16 + 4 \times 6 \times 2) = 83.987(\text{m}^2)$

分部分项工程量清单

| 序号 | 项目编码 | 项目名称 | 计量单位 | 工程数量 |
|---|---|---|---|---|
| 1 | 010702003001 | 屋面刚性防水<br>35×800×800 架空预制薄板铺设 83.987m², 40 厚 C20 现浇细石混凝土，纸筋灰隔离层，氯丁橡胶油毡一层，100mm 厚水泥珍珠岩板保温层，20 厚水泥砂浆找平层 | $\text{m}^2$ | 112.09 |

2. 清单工程量：010702001001　　112.09m²

为计算方便，本项目中的人工、材料、机械台班消耗量及单价按 2003 版浙江省建筑工程预算定额及浙江省建筑安装材料 2003 年基期价格计取，管理费按人工费加机械费的 20%计取，利润按人工费加机械费的 10%计取。风险费用由企业自行确定，本例暂不计取。

根据清单提供的工程量计算确定组合内容的施工工程量：20 厚水泥砂浆找平层工程量=112.09m²，100mm 厚水泥珍珠岩板保温层=11.209m³，氯丁橡胶油毡一层工程量=112.09m²(按图考虑无翻沿增加面积)，纸筋灰隔离层工程量=112.09m²，40 厚 C20 现浇细石混凝土工程量=112.09m²，预制薄板架空层工程量=83.987m²。

分部分项工程量清单项目综合单价计算表

工程名称：某工程，计量单位：m²，项目编码：010702001001，　工程数量：112.09，项目名称：屋面卷材防水，综合单价：92.05 元

| 序号 | 定额编号 | 工程内容 | 单位 | 数量 | 人工费 | 材料费 | 机械费 | 管理费 | 利润 | 风险费 | 小计 |
|---|---|---|---|---|---|---|---|---|---|---|---|
| 1 | 7—45 | 屋面氯丁橡胶卷材防水层 | $\text{m}^2$ | 112.09 | 64.12 | 3 522.66 | 0.26 | 12.88 | 6.44 | 0.00 | 3 606.36 |
| 2 | 7—1 | 屋面细石混凝土防水层厚 4cm | $\text{m}^2$ | 112.09 | 358.46 | 1 241.00 | 59.47 | 83.59 | 41.79 | 0.00 | 1 784.31 |
| 3 | 7—4 | 屋面架空预制混凝土板保护层 | $\text{m}^2$ | 83.987 | 262.02 | 291.35 | 3.75 | 53.15 | 26.58 | 0.00 | 636.85 |

续表

| 序号 | 定额编号 | 工程内容 | 单位 | 数量 | 人工费 | 材料费 | 机械费 | 管理费 | 利润 | 风险费 | 小计 |
|---|---|---|---|---|---|---|---|---|---|---|---|
| 4 | 7—7 | 屋面纸筋灰隔离层 | $m^2$ | 112.09 | 107.83 | 56.26 | 3.51 | 22.27 | 11.13 | 0.00 | 201.00 |
| 5 | 8—99 | 屋面铺水泥珍珠岩 | $m^3$ | 11.209 | 163.20 | 3 178.42 | 0.00 | 32.64 | 16.32 | 0.00 | 3 390.58 |
| 6 | 10—1 | 水泥砂浆找平层 厚20mm | $m^2$ | 112.09 | 218.58 | 395.11 | 15.03 | 46.72 | 23.36 | 0.00 | 698.80 |
| | | 合计 | | | 1 174.21 | 8 684.80 | 82.02 | 251.25 | 125.62 | 0.00 | 10 317.90 |

注：(1) 表中综合单价 = 10 317.90 ÷ 112.09 = 92.05(元/$m^3$)；(2) 按照上表计算出清单项目综合单价分析表，见下表。

分项工程量清单项目综合单价分析表

| 序号 | 项目编号 | 项目名称 | 综合单价组成 | | | | | | | |
|---|---|---|---|---|---|---|---|---|---|---|
| | | | 工程内容 | 人工费 | 材料费 | 机械费 | 管理费 | 利润 | 风险费 | 小计 |
| 1 | 010702001001 | 屋面卷材防水 35×800×800 架空预制薄板铺设 83.987$m^2$，40 厚 C20 现浇细石混凝土，纸筋灰隔离层，氯丁橡胶油毡一层，100mm 厚水泥珍珠岩板保温层，20 厚水泥砂浆找平层 | 合计 | 10.48 | 77.48 | 0.72 | 2.24 | 1.13 | 0.00 | 92.05 |
| | | | 屋面氯丁橡胶卷材防水层 | 0.57 | 31.43 | 0.00 | 0.11 | 0.06 | 0.00 | 32.17 |
| | | | 屋面细石混凝土防水层厚 4cm | 3.20 | 11.07 | 0.53 | 0.75 | 0.37 | 0.00 | 15.92 |
| | | | 屋面架空预制混凝土板保护层 | 2.34 | 2.60 | 0.03 | 0.47 | 0.24 | 0.00 | 5.68 |
| | | | 屋面纸筋灰隔离层 | 0.96 | 0.50 | 0.03 | 0.200 | 0.10 | 0.00 | 1.79 |
| | | | 屋面铺水泥珍珠岩 | 1.46 | 28.36 | 0.00 | 0.29 | 0.15 | 0.00 | 30.26 |
| | | | 水泥砂浆找平层 厚20mm | 1.95 | 3.52 | 0.13 | 0.42 | 0.21 | 0.00 | 6.23 |

## 实训项目 1：施工图识读

教师选择相应案例，尽量选择多样化，以利于分组、学生相互学习以及成绩评定，具体要求如下。

(1) 本项目实训共安排为 12 课时。

(2) 实训项目要求建筑面积 3 000$m^2$ 以上。

(3) 图纸要求完整，具有建筑图、结构图以及简单的水、暖、电的图纸，结构形式不限。

(4) 提供工程概况、现场条件，必要的地质勘探报告。

### 子任务 1　建筑施工图识读

**【实训目标】**

掌握建筑施工图的基本知识和识图方法，能正确识读建筑平面图、立面图、剖面图、建筑详图，能快速准确地从图纸获取和建筑工程计量计价有关的信息。通过本次实训，进一步提高学生识读施工图的能力。

【实训要求】

(1) 根据指导教师提供的建筑、结构施工图(纸质或电子版)，进行识图。

(2) 独立思考。

(3) 对照规范或图集，找出图纸上的错误或者不规范的表示。

【实训步骤】

(1) 弄清建筑施工图的编排顺序和内容组成。

(2) 阅读施工图，审查是否有错误。

(3) 读图完毕，思考以下的相关问题。教师对小组进行抽查回答问题，并组织学生进行讨论。

学生通过识读建筑施工图，回答相关问题。

【上交成果】

上交以下问题的书面答案。

(1) 该建筑是什么类型的建筑？规模如何？

(2) 该建筑有无地下室？有几层？

(3) 该建筑的长度和宽度分别是多少？总高度是多少？

(4) 该建筑每层的层高是多少？屋顶是何形式？如果是坡屋顶，净高是多少？

(5) 该建筑的室外设计地坪标高是多少？自然地坪标高是多少？有无室外台阶？如果有，装饰做法是什么？建筑底层外墙处勒脚是何形式？高度是多少？采用了散水还是明沟？

(6) 该建筑的楼地面有几种装饰做法？分别在哪些位置？

(7) 该建筑的墙柱面有几种装饰做法？分别在哪些房间？

(8) 该建筑的顶棚采用了什么装饰做法？

(9) 该建筑有几个楼梯？构造设置是否完全一样？装饰做法是否一样？采用或分别采用了什么样的装饰做法？

(10) 该建筑门窗采用了哪些类型的材料？有哪些形式？尺寸如何？根据图纸，按照材料、形式、尺寸等进行划分，列一个门窗表。

(11) 该建筑墙体采用了什么材料？

(12) 该建筑的屋面构造做法如何？

(13) 对以上的项目进行分类，你认为哪些与工程计量计价有关，哪些无关？

### 子任务2　结构施工图识读

【实训目标】

掌握结构施工图的基本知识和识图方法，能正确识读基础平面图、基础详图、楼面结构平面布置图、屋面结构平面布置图等图样，能快速准确地从图纸获取和建筑工程计量计价有关的信息。

【实训要求】

(1) 根据指导教师提供的建筑、结构施工图(纸质或电子版)，进行识图。

(2) 独立思考。

(3) 对照规范或图集，找出图纸上的错误或者表示不规范的地方。

【实训步骤】

(1) 弄清结构施工图的编排顺序和内容组成。

(2) 阅读施工图，并与建筑施工图对照，审查是否有错误。

(3) 读图完毕，思考以下的相关问题。教师对小组进行抽查回答问题，并组织学生进行讨论。

学生通过识读结构施工图，回答相关问题。

【上交成果】

上交以下问题的书面答案。

(1) 该建筑的结构类型是什么？基础类型是什么？

(2) 该建筑的基础、基础梁、承台(如果有的话)有几种编号？请列出各自的尺寸、形状、标高等信息。如果是桩基础，请指出桩基础的类型、规格、个数。

(3) 该建筑的结构施工图采用了什么绘图方法？

(4) 该结构施工图上反映的楼层标高等高度是否与建筑施工图一致？

(5) 该建筑每层的梁、板、柱按照编号各自有几种？沿着高度方向，每个编号的构件，混凝土强度等级是否相同？试按照高度、混凝土强度等级、截面尺寸、形状、构件类型等，对梁板柱构件进行分类。

(6) 该建筑梁板柱构件分别用到了哪些类别的钢筋？涉及了哪些规格？构造要求是否都可以在图样和说明上找到？

(7) 对以上的项目进行分类，你认为哪些与工程计量计价有关，哪些无关？

## 实训项目2：建筑工程计量计价

### 子任务1　建筑工程计量

【实训目标】

通过工程量计算实训，使学生能进一步熟悉和掌握建筑工程分部分项工程的工程量计算规则，掌握工程量计算方法和技能，为编制单位工程施工图预算打好基础，做好准备。

【实训要求】

(1) 独立完成。学生应按照工程量计算的步骤和一定的计算顺序，根据清单规范，在教师的指导下独立正确地计算出所给施工图纸分部分项工程的工程量。

(2) 采用统一表格，学生应在老师所提供的统一的工程量计算表中完成各项计算工作。

(3) 手工编制，上机核对。学生应在给出的工程量计算表格中进行具体的并在手工计算完成后应用工程量计算软件进行计算机计算，并对比手算结果与电算结果。

(4) 时间要求。在教学计划的实训时间内，分阶段按时、按质、按量地完成所给图纸的全部工程量计算工作。

【实训步骤】

(1) 计算建筑面积。

(2) 计算土方工程量并描述项目特征、写出正确的清单编码。

(3) 计算基础工程量并描述项目特征、写出正确的清单编码。

(4) 计算砌筑工程量并描述项目特征、写出正确的清单编码。

(5) 计算钢筋混凝土工程量并描述项目特征、写出正确的清单编码。

(6) 计算屋面及防水工程量并描述项目特征、写出正确的清单编码。

**【上交成果】**

(1) 建筑面积及平整场地计算书及工程量清单(包括项目编码、项目名称、单位、工程量)。

(2) 基础工程量计算书及工程量清单(包括项目编码、项目名称、单位、工程量)。

(3) 砌筑工程量计算书及工程量清单(包括项目编码、项目名称、单位、工程量)。

(4) 钢筋混凝土工程量计算书及工程量清单(包括项目编码、项目名称、单位、工程量)。

(5) 简单装修工程量计算书及工程量清单(包括项目编码、项目名称、单位、工程量)。

### 子任务 2　建筑工程计价

**【实训目标】**

通过对一个小案例的计价实训，让学生掌握综合单价的编制流程；使学生熟练掌握工程量清单计价的方法和技巧；培养学生组价、报价的专业技能。

**【实训要求】**

(1) 编制某小案例综合单价并正确、规范填写报价。

(2) 学生在实训结束后，所完成的投标报价必须满足以下标准：按照定额进行组价、内容完整、正确。

(3) 采用清单规范中统一的表格，规范填写投标报价的各项内容，且字迹工整、清晰。按规定的顺序装订整齐。

**【实训步骤】**

(1) 按定额规定计算相应项目工程量(可利用子任务 1 中已经计算好的工程量)。

(2) 换算定额、正确套取定额。

(3) 求出项目综合总价。

(4) 求出清单项目综合单价。

(5) 正确填写清单计价表和综合单价分析表。

**【上交成果】**

(1) 定额换算过程计算书。

(2) 求综合总价过程计算书。

(3) 求解清单项目综合单价计算书。

(4) 相应的清单计价表和综合单价分析表。

## 项目小结

本项目重点讲解了建筑、结构施工图的组成、内容、识读方法及识图应注意的相关问题，工程量清单计量和计价规则应用要点。主要内容如下。

(1) 建筑施工图的组成、内容、形成方法、用途等方面的内容。

(2) 结构施工图的内容、绘制方法、识读方法以及应该注意的问题。

(3) 整体图纸识读的注意事项。

(4) 建筑工程计价的原理和程序。

(5) 建筑工程工程量清单计算规则应用要点。

(6) 建筑工程工程量清单计价应用要点。

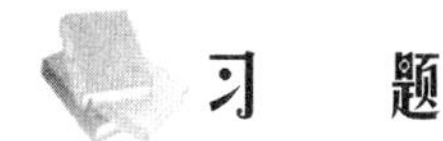

## 习　题

1. 完整的一套施工图一般包括哪些图样？编排的顺序是怎样的？

2. 建筑施工图由哪些图样组成？分别表达了哪些内容？从建筑工程计量计价的角度，总结一下，识读建筑施工图的时候应该关注哪些内容？为什么？

3. 结构施工图有哪些绘图方法？

4. 结构施工图由哪些图样组成？分别表达了哪些内容？从建筑工程计量计价的角度，总结一下，识读结构施工图的时候应该关注哪些内容？为什么？

5. 建筑工程计价有哪些特点？工料单价法和综合单价法的计价程序是怎样的？

6. 基础工程计价的时候需要注意哪些问题？主体工程有哪些？在进行工程量的计算时，根据什么来确定计算什么项目？按什么规则计算？

7. 装修工程包含哪些项目？在计价时要注意哪些问题？

8. 工程造价计算有哪些方法？它们各自的计算程序如何？

9. 规费包含哪些项目费用？又如何计算？

10. 根据图 2.27 所示，某建筑物基础，二类土。求：按施工方案计算土方工程量。(注：一、二类土，挖土深度超过 1.2m，工作面 $c$＝0.3m，设置放坡，放坡系数为 $k$=0.5)

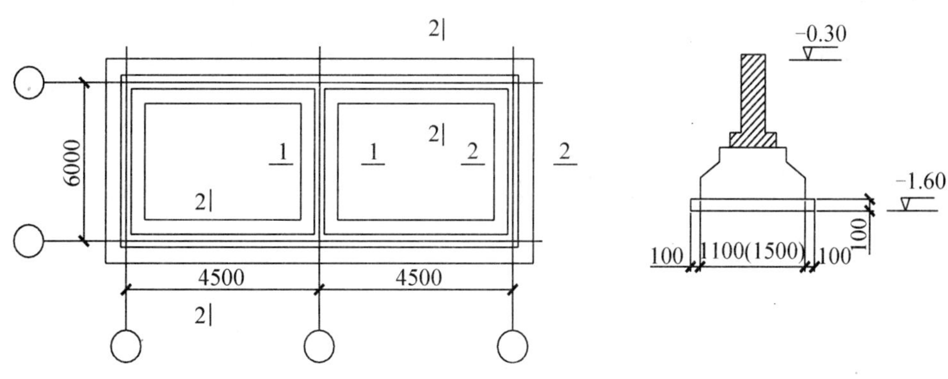


图 2.27　某建筑物基础图

11. 某单层建筑物如图 2.28 所示，女儿墙压顶为砖压顶，墙身为 M5 混合砂浆砌筑标准砖，所有内外墙沿门窗标高设置圈梁 240×240 圈梁一道。门窗洞口尺寸 M1：1 500×2 400，C1：1 500×1 500。试计算该工程砖砌体的清单工程量。

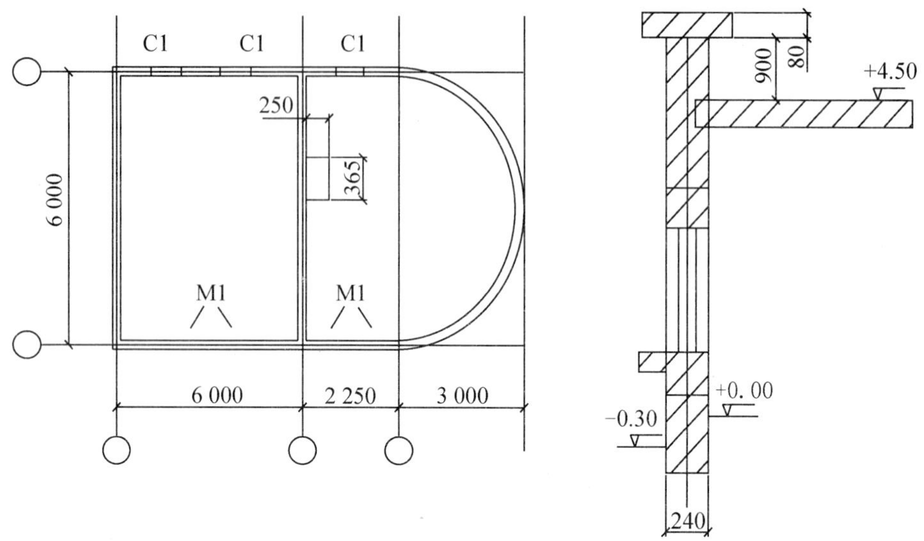


图 2.28　某单层建筑物示意图

12. 计算现浇单跨矩形梁(共 10 根)的钢筋清单工程量，如图 2.29 所示。

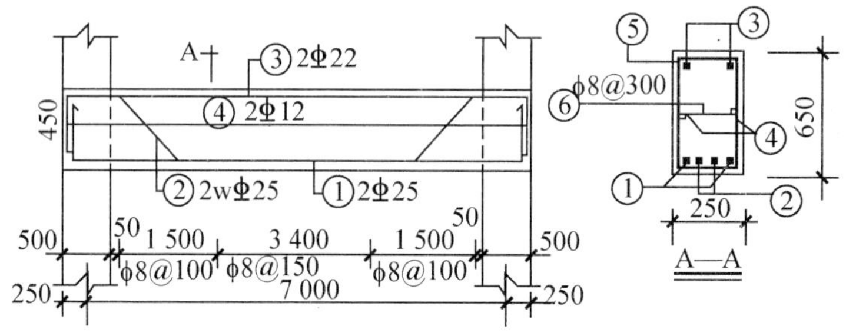


图 2.29　梁配筋图 (混凝土强度 C25)

13. 面建筑平面如图 2.30 所示，设计楼面做法为 30mm 厚细石混凝土找平，1∶3 水泥砂浆铺贴 300mm×300mm 地砖面层，踢脚为 150mm 高地砖。求定额计价模式下的楼面装饰工程量。

(其中 M1：900×2 400，M2：900×2 400，C1：1 800×1 800)

14. 图 2.31 为板式楼梯，C25 钢筋混凝土，计算该楼梯清单工程量及编列项目清单。

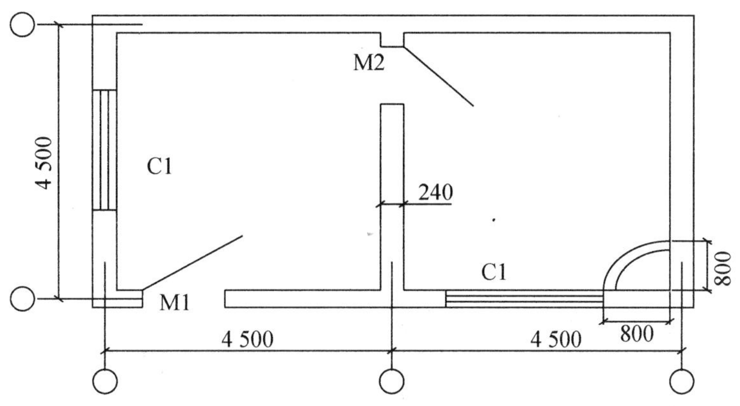


图 2.30 某工程楼面建筑平面图

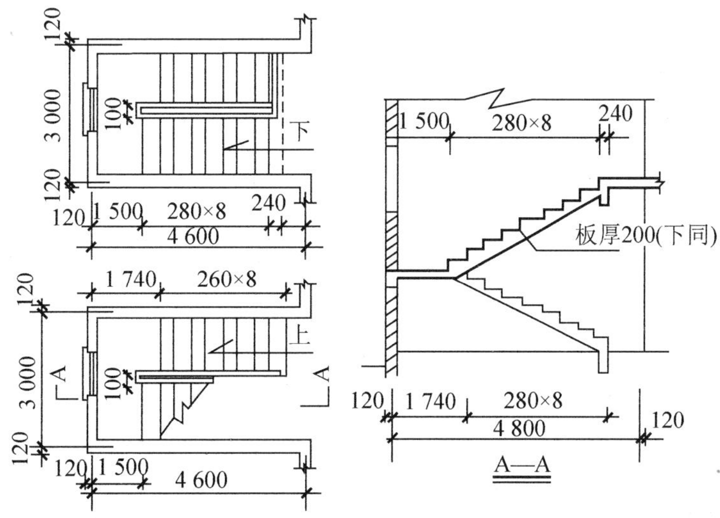


图 2.31 楼梯平、剖面

# 项目 3

# 工程造价软件在商务标编制中的应用

工程量计算和报价是工程造价管理过程中一项复杂、烦琐、枯燥、易出错并具有一定难度的工作，也是投标过程中耗时最长的工作，工程量计算、报价的准确性与快速性以及商务投标文件的合理性直接决定了能否顺利中标，传统的手工计算方法显然跟不上建筑信息化的发展，工程造价电算化已经成为必然的趋势。现代社会熟练运用造价软件显得越来越重要，那么工程造价软件的流程是什么？如何准确地算量、编制工程量清单？如何招标文件？如何正确地进行报价，生成商务投标文件？学完本项目，将很有希望快速脱离枯燥烦琐的手工计算，走上轻松快乐的电算化造价人生之旅！

## 教学目标

了解工程造价软件原理；
掌握土建算量软件应用；
掌握钢筋算量软件应用；
掌握商务标编制软件应用。

## 教学步骤

| 知识要点 | 能力要求 | 相关知识 |
| --- | --- | --- |
| 工程造价软件种类 | (1) 了解工程算量软件原理<br>(2) 了解工程算量软件与手工算量的方法的异同<br>(3) 了解商务标编制软件原理<br>(4) 了解工程计价软件相对于手工套价的优点 | |
| 土建算量软件应用 | (1) 掌握楼层与轴网建立方法<br>(2) 掌握主体工程量计算方法<br>(3) 掌握屋面层工程量计算方法<br>(4) 掌握基础层工程量计算方法<br>(5) 掌握装修工程量计算方法<br>(6) 掌握其他项目工程量计算方法 | 清单和定额计算规则 |
| 钢筋算量软件应用 | (1) 轴网建立<br>(2) 标准层柱、梁、板、墙钢筋的画法<br>(3) 屋面层构件画法<br>(4) 钢筋汇总、对量 | 平法识图 |
| 商务标编制软件应用 | (1) 掌握招标文件制作方法<br>(2) 掌握商务投标文件制作方法 | |

**背景**

在最近10年中，造价行业已经发生了巨大的变化：中国的基础建筑投资平均每年以15%的速度增长，但造价从业人员的数量，已经不足10年前的80%，造价从业人员的平均年龄比10年前降低了8.47岁，粗略计算目前平均每个造价从业者的工作量大概是10年前的40倍。在这个过程中电算化起的作用是显而易见的，造价工作者学习、使用计算机辅助工作也是必然的选择，否则一定跟不上行业的发展，会因时间问题、准确性及工作强度过大等原因而退出造价行业。

目前国内主流工程造价软件有广联达图形算量、钢筋算量、计价软件，鲁班土建算量、钢筋算量软件，清华斯维尔算量软件以及品茗系列软件，本项目以广联达系列软件进行讲解，其余软件流程大体相同。

# 3.1 土建算量软件应用实训

## 3.1.1 算量软件简介

工程量清单计价规范实行后，工程量的计算发生了很大的变化。在清单计价规范及新的招投标体制下，对工程量的计算有了更深层次的要求。算量工作比在定额模式下对招、投标双方的要求都更加高了。无论是招标方还是投标方，计算工程量都是必不可少的一道工序，对工程量计算的准确性的要求大大提高了。最关键的一点，时间要求会非常紧张，所有的算量工作都在极短的时间内完成，要求造价人员计算工程量快速、精确，修改灵活，以便有充裕的时间运用技巧报价，而单靠过去的手工算量基本上是无法按时保量地完成的。

对于很多算量软件，使用人员只需按照图纸提供的信息定义好各种构件的材质、尺寸等属性，同时定义好构件立面的楼层信息，然后将构件沿着定义好的轴线画入或布置到软件中相应的位置，最后在汇总过程中，软件将会自动按照相应的规则进行扣减计算，并得到相应的报表。由于软件内置了清单工程量计算规则及当地计算规则，所以能够同时满足清单环境下招标人、投标人的不同需求。对于招标方，可以选套清单项，选配相应的工程项目名细特征，并直接打印工程量清单报表，帮助招标方形成招标文件中规范的工程量清单，亦可参考套用相应定额，形成标底。对于投标方，也可通过画图，在复核招标方提供的清单工程量的同时，根据招标方提供的工程量清单计算相应的施工方案工程量，并套取相应的定额子目。

软件算量并不是说完全抛弃了手工算量的思想。实际上，软件算量是将手工的思路完全内置在软件中，只是将过程利用软件实现，算量软件通过以画图方式建立建筑物的计算模型，根据内置的计算规则实现自动扣减，利用计算机能够快速、完整地计算出所有的细部工程量。

为了方便对算量软件进行使用解说，本项目以附录A中办公楼为例进行叙述。

**知识链接**

(1) 手工算量和软件算量的关系，以墙体积计算为例，如图 3.1 所示。

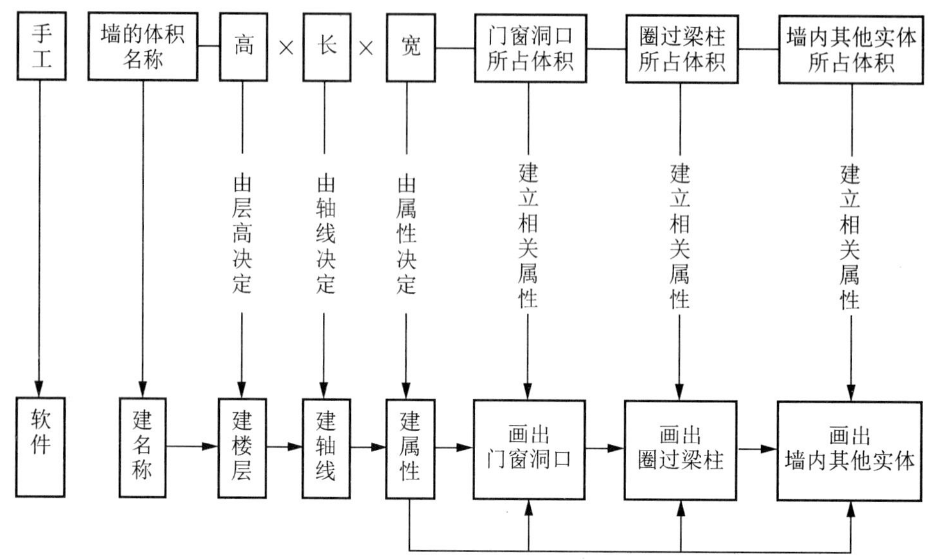


图 3.1 手工算量和软件算量的关系图

(2) 用软件做工程的顺序如下。

按施工图的顺序：先结构后建筑，先地上后地下，先主体后屋面、先室内后室外。将一套图分成 4 个部分，再把每部分的构件分组，分别一次性处理完每组构件的所有内容，做到清楚、完整。

## 3.1.2 楼层与轴网建立

1. 新建工程

双击广联达软件图标，进入“欢迎使用 GCL2008”界面，如图 3.2 所示。

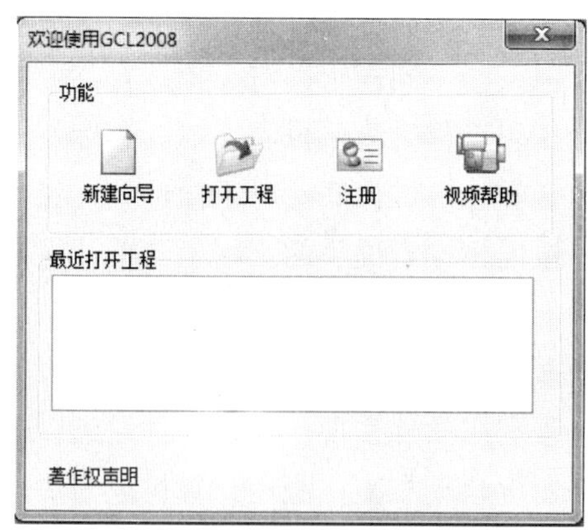


图 3.2 “欢迎使用 GCL2008”界面图

单击“新建向导”，进入“新建工程”界面，填写“工程名称”，选择“清单规则”和“定额规则”以及“清单库”和“定额库”，如图 3.3 所示。

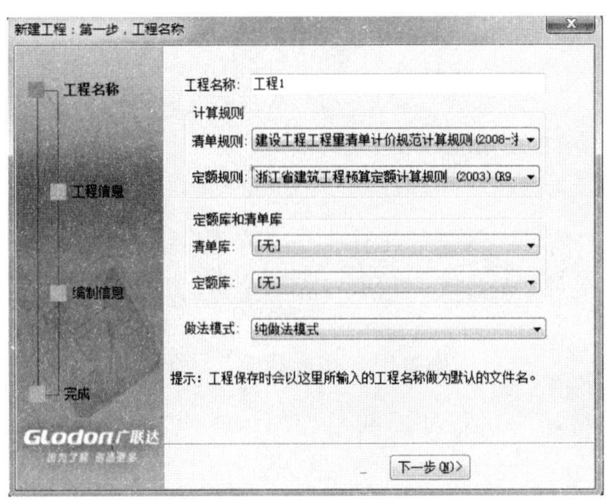


图 3.3 “新建工程”界面

然后单击“下一步”按钮，进入“工程信息”界面，如图 3.4 所示。

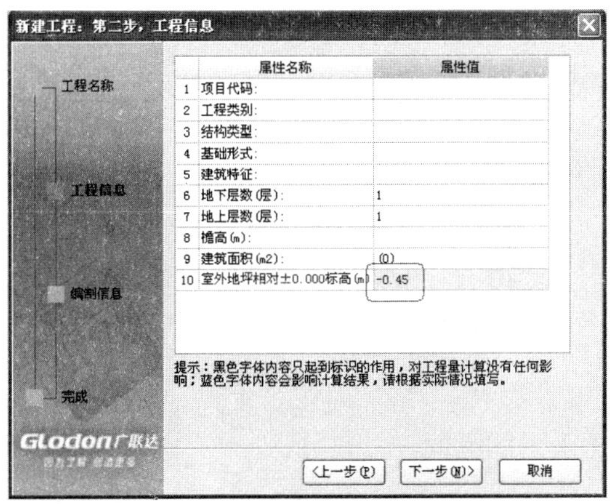


图 3.4 “工程信息”界面

该部分黑色字体内容可以不用填写，将室外地坪相对标高改为“-0.45”，然后单击“下一步”按钮，进入“完成”界面，如图 3.5 所示。

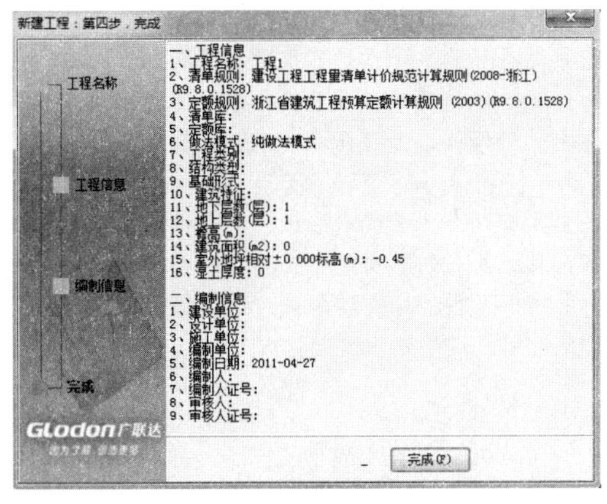


图 3.5 “完成”界面

单击“完成”按钮。

2. 新建楼层

进入“楼层管理”界面，如图 3.6 所示。

插入楼层　删除楼层　上移　下移

| | 编码 | 名称 | 层高(m) | 首层 | 底标高(m) | 相同层数 | 现浇板厚(m |
|---|---|---|---|---|---|---|---|
| 1 | 1 | 首层 | 3.000 | ☑ | 0.000 | 1 | 120 |
| 2 | 0 | 基础层 | 3.000 | ☐ | -3.000 | 1 | 120 |

图 3.6 “楼层管理”界面

单击“插入楼层”按钮，进行楼层的添加，如图 3.7 所示。

插入楼层　单击此处进行楼层添加

| | 编码 | 名称 | 层高(m) | 首层 | 底标高(m) | 相同层数 | 现浇板厚(m |
|---|---|---|---|---|---|---|---|
| 1 | 1 | 首层 | 3.000 | ☑ | 0.000 | 1 | 120 |
| 2 | 0 | 基础层 | 3.000 | ☐ | -3.000 | 1 | 120 |

图 3.7 楼层的添加

根据图纸修改楼层层高，如图 3.8 所示。

插入楼层　删除楼层　上移　下移

| | 编码 | 名称 | 层高(m) | 首层 | 底标高(m) | 相同层数 | 现浇板厚(m |
|---|---|---|---|---|---|---|---|
| 1 | 4 | 第4层 | 0.600 | ☐ | 10.800 | 1 | 120 |
| 2 | 3 | 第3层 | 3.600 | ☐ | 7.200 | 1 | 120 |
| 3 | 2 | 第2层 | 3.600 | ☐ | 3.600 | 1 | 120 |
| 4 | 1 | 首层 | 3.600 | ☑ | 0.000 | 1 | 120 |
| 5 | 0 | 基础层 | 1.500 | ☐ | -1.500 | 1 | 120 |

图 3.8 楼层的修改

单击“绘图输入”进入画图界面。

## 提高内容

1. 相同层数的用途

当建筑物出现标准层的时候，我们可以建立一层，然后在该行输入相同层数来进行标准层的定义。

2. 量表

算量软件的最终目的是要为了算量，在算量过程中，有两点很重要，一是一定要理清算量的思路，搞清楚要计算哪些工程量。通过量表列出需要计算的工程量，理清算量思路，同时软件也可以根据量表便捷地汇总想要的工程量。量表的出现，能更好地还原业务本质。根据各地的计算规则，软件内置默认量表，在此基础上，用户可以针对量表进行修改，并可保存量表，以供其他工程使用。

3. 计算设置和计算规则

算量软件中影响计算结果主要有两个方面的内容：一个是构件自身的计算方式，比如我们通常所说的按照实体积计算还是按照规则计算；另一个是构件相互之间的扣减关系。在计算设置中我们可以修改构件自身的计算方式。在计算规则中列出了各种构件的扣减方法，用户可以进行修改。有些情况下某些构件的计算规则是有争议的，规则放开后用户调整或修改起来就很方便。另一方面计算规则放开也可以帮助用户更好的理解软件的计算。

3. 新建轴网

单击“构建列表”、“属性”两个按钮，如图 3.9 所示。

图 3.9 画图界面

选择模块导航栏中的“轴网”选项，单击“构建列表”中的“新建”按钮后的下三角按钮，如图 3.10 所示。

选择“新建正交轴网”选项进入“新建轴网”界面，根据图纸，选择“下开间”选项卡，输入所需轴距 6000，按回车键，再根据图纸依次输入上开间所需的轴距，如图 3.11 所示。

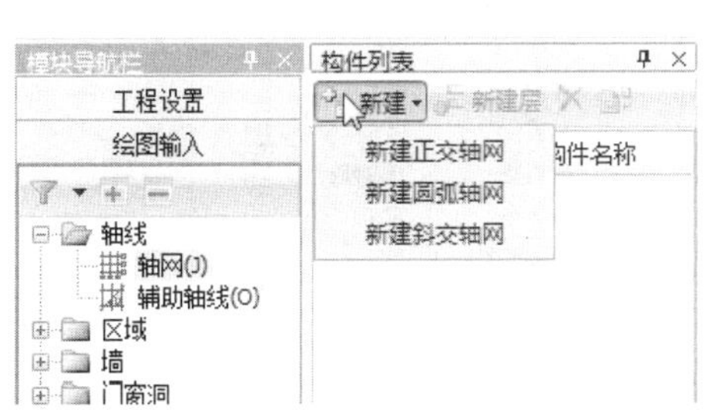


图 3.10 “模块导航栏”与“构件列表”

| 轴号 | 轴距 | 级别 |
|---|---|---|
| 1 | 6000 | 1 |
| 2 | 3300 | 1 |
| 3 | 6000 | 1 |
| 4 | 6000 | 1 |
| 5 | 7200 | 1 |
| 6 | 6000 | 1 |
| 7 | 6000 | 1 |
| 8 | 3300 | 1 |
| 9 | 6000 | 1 |
| 10 | | 1 |

图 3.11 “新建轴网”界面

同理，根据图纸输入所需的所有轴距，单击“绘图”按钮进入“绘图界面”，如图 3.12 所示。

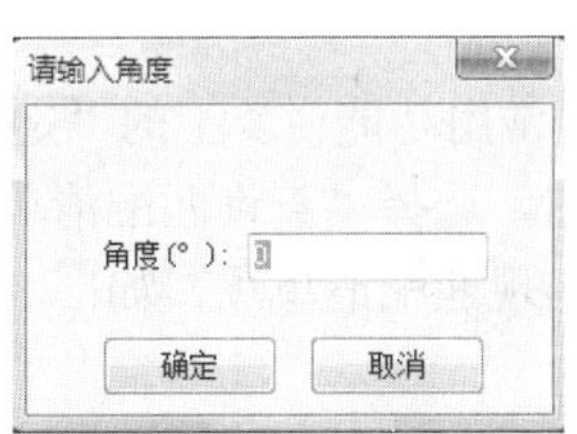


图 3.12 绘图界面

单击“确定”按钮出现界面，如图 3.13 所示。

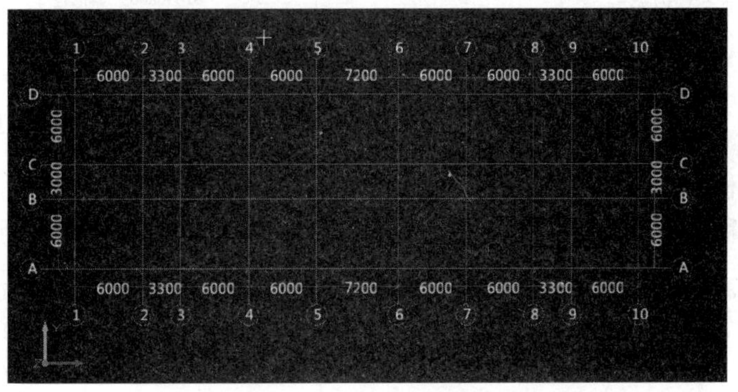


图 3.13 轴网建立界面

到此轴网建立完成，下面以这个工程为例绘制各部分构件。

### 3.1.3 主体工程量计算

1. 柱子的建法及画法

1) 柱子的建法

(1) KZ-1 的属性编辑。单击左侧模块导航栏中的“柱”，选择其下的“柱”，单击“构件列表”中的“新建”按钮后的下三角按钮，单击“新建矩形柱”选项，如图 3.14 所示。

选择下方的柱“属性编辑框”选项卡，根据图纸填写 KZ1 的属性值，如图 3.15 所示。

图 3.14 “模块导航栏”与“构件列表”

属性编辑框

| 属性名称 | 属性值 | 附加 |
|---|---|---|
| 名称 | KZ-1 | |
| 类别 | 框架柱 | ☐ |
| 材质 | 现浇混凝 | ☐ |
| 砼类型 | (预拌砼) | ☐ |
| 砼标号 | (C30) | ☐ |
| 截面宽度(mm) | 700 | ☑ |
| 截面高度(mm) | 600 | ☑ |
| 截面面积(m2) | 0.42 | ☐ |
| 截面周长(m) | 2.6 | ☐ |
| 顶标高(m) | 层顶标高 | ☐ |
| 底标高(m) | 层底标高 | ☐ |
| 模板类型 | 清水模板 | ☐ |
| 备注 | | ☐ |

图 3.15 属性编辑框(一)

(2) KZ-1 的构件做法。单击“常用功能栏”上的“定义”按钮，自动切换到定义界面，单击“查询”按钮后的下三角按钮，选择“查询匹配清单项”选项，如图 3.16 所示。

进入“查询匹配清单”界面出现匹配清单项，如图 3.17 所示。

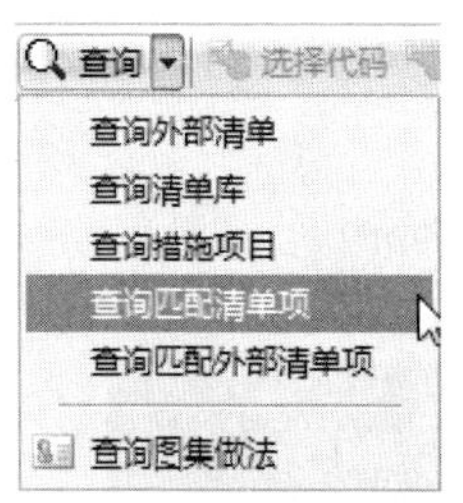


图 3.16 “查询”界面

示意图 | 查询匹配清单

| | 编码 | 清单项 | 单位 |
|---|---|---|---|
| 1 | 010402001 | 矩形柱 | $m^3$ |
| 2 | 010402002 | 异形柱 | $m^3$ |
| 3 | 010409001 | 矩形柱 | $m^3$/根 |
| 4 | 010409002 | 异形柱 | $m^3$/根 |

图 3.17 “查询匹配清单”界面

双击项目名称下“矩形柱”按钮，柱子的清单项就选择好了，为了后面对量的方便，我们把柱子的名称“矩形柱(700*600)”复制到项目名称里，如图 3.18 所示。

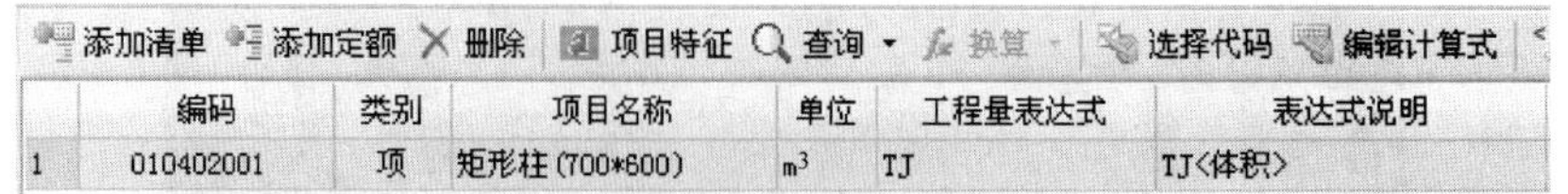


| | 编码 | 类别 | 项目名称 | 单位 | 工程量表达式 | 表达式说明 |
|---|---|---|---|---|---|---|
| 1 | 010402001 | 项 | 矩形柱(700*600) | $m^3$ | TJ | TJ<体积> |

图 3.18 矩形柱的构件做法

Z1 的建法同 KZ-1，单击“绘图”退出。

2) 柱子的画法

(1) KZ1 画法。进入到绘图界面后，我们以 KZ1 在(A，1)交点为例来讲解不偏移柱的画法，单击模块导航栏中的“柱”，选择其下的“柱”，从构件列表界面中选择 KZ1，如图 3.19 所示。

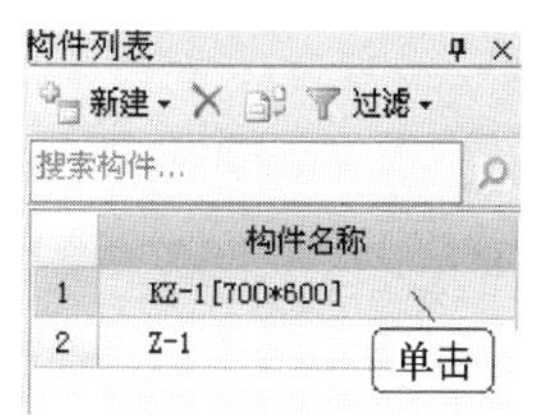


图 3.19 构件列表(一)

选择“KZ1”，单击“点”画法，单击(A，1)交点就可以了，其他 1～5 轴线不偏移柱子的画法同上。

(2) Z1 画法。选择“Z1”，单击“点”画法，按住 Shift+鼠标左键选择(D，2)交点，出现如图 3.20 的偏移对话框，填写偏移值 $x=0$，$y=-1\ 225$。

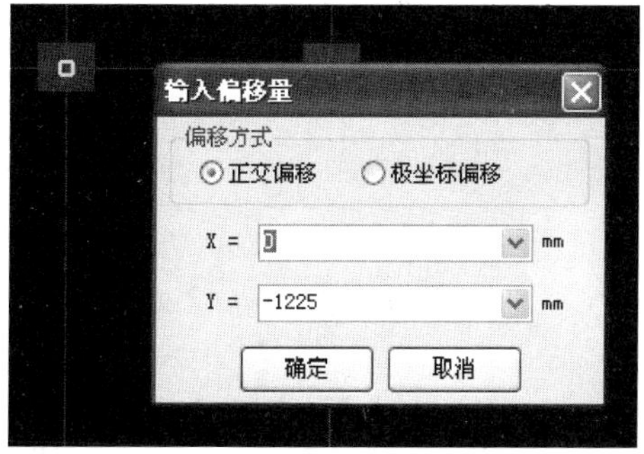


图 3.20 “输入偏移量”对话框(一)

单击“确定”按钮，“Z1”就画好了，另一个 Z1 画法相同。

(3) 画好的柱子。画好 1～5 所有的柱子，如图 3.21 所示。

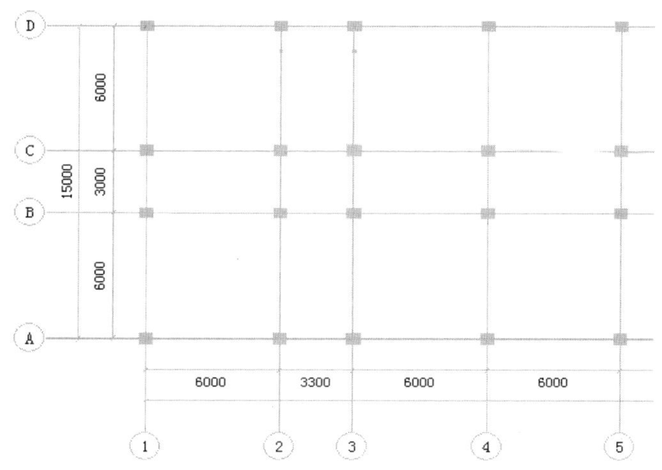


图 3.21 柱子完成界面

(4) 汇总对柱子量。单击“汇总计算”按钮，出现汇总计算对话框，选择首层，单击“确定”按钮，等计算完毕再次单击“确定”按钮。

单击“查看工程量”按钮，单击鼠标左键，拉框选择 1～5 轴所有柱子，选择“做法工程量”选项卡，如图 3.22 所示。

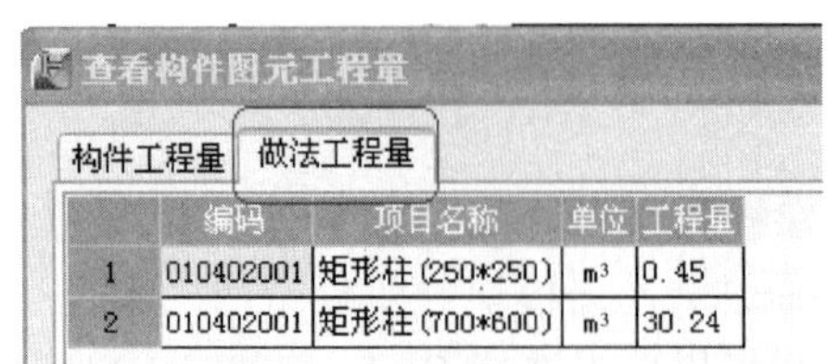

查看构件图元工程量

构件工程量　做法工程量

| | 编码 | 项目名称 | 单位 | 工程量 |
|---|---|---|---|---|
| 1 | 010402001 | 矩形柱(250*250) | m³ | 0.45 |
| 2 | 010402001 | 矩形柱(700*600) | m³ | 30.24 |

图 3.22　查看构件图元工程量

从首层平面图可以看出，1-5 轴线和 6-10 轴线是完全对称关系，我们先画 1-5 轴线的所有构件，再用软件镜像的关系把剩余的构件镜像过去就可以了。

## 提高内容

(1) 属性中附加列：工程中构件多了之后，单凭 KZ-1、KZ-2 这样的构件名称不好进行区分，这时可以在附加列中挑勾让构件名称增加描述，以便看的更清楚，如图 3.23 所示。

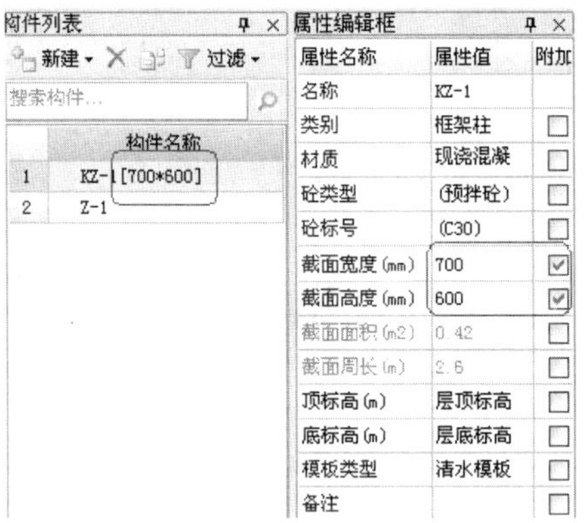


图 3.23　“构件列表”与“属性编辑框”

(2) Shift+鼠标左键：主要是正交偏移的功能，在按住 Shift 键的同时，在画图界面找到相应的点，单击鼠标左键确认，在偏移对话框里输入相应的值。

(3) “查看工程量”的快捷键 F10。

(4) “汇总计算”的快捷键 F9。

2. 梁的建法及画法

1) 梁的建法

建梁的方法与建柱子类似。

(1) KL-300*600 建法。单击左侧模块导航栏中的“梁”，选择其下的“梁”，单击“构件列表”中的“新建”按钮后的下三角按钮，单击“新建矩形梁”选项，在“属性编辑框”中输入相应属性，和柱子“构件做法”操作步骤一样，建梁的构件做法，如图 3.24 所示。

添加清单　添加定额　删除　项目特征　查询　换算　选择代码　编辑计算式

| | 编码 | 类别 | 项目名称 | 单位 | 工程量表达式 | 表达式说明 |
|---|---|---|---|---|---|---|
| 1 | 010403002 | 项 | 矩形梁300*600 | m³ | TJ | TJ<体积> |

图 3.24　梁的构件做法

(2) 其他梁的建法。其余梁建法和 KL-300*600 相同。

2) 梁画法

(1) 不偏移画法。我们以 KL-300*600(B 轴线/1-5 轴线)来讲解不偏移梁的画法，操作步骤如下。

单击模块导航栏中的“梁”，选择其下的“梁”，从构建列表中，选择“KL-300*600”，如图 3.25 所示。

单击“直线”画法，单击(1，B)交点，单击(5，B)轴线的相交点，右击结束。C 轴线/1-5 段、2 轴线/A-D 段、3 轴线/A-D 段、4 轴线/A-D 段、5 轴线/A-D 段的梁的画法相同。

(2) 偏移画法。我们以 KL-300*600(A 轴线/1-5 轴线)来讲解偏移梁的画法。

单击模块导航栏中的“梁”，选择其下的“框架梁”，从构建列表中，选择“KL-300*600”，如图 3.26 所示。

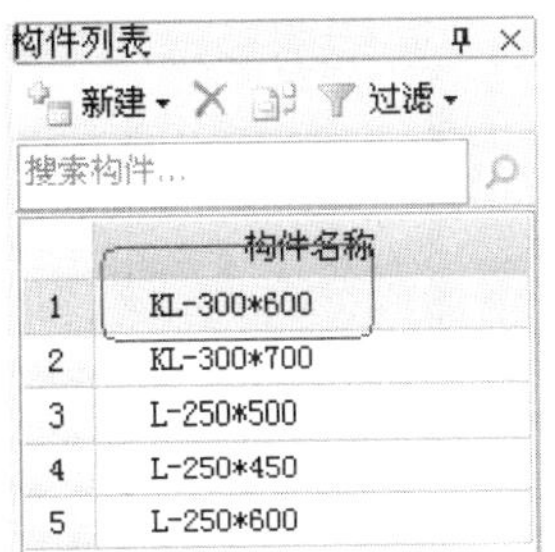


图 3.25 构件列表(二)

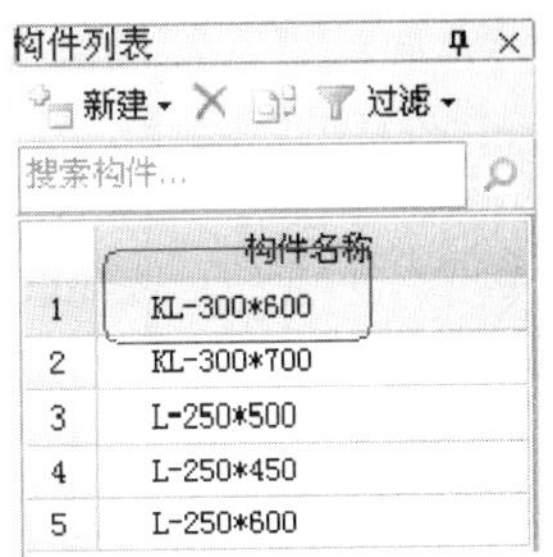


图 3.26 构件列表(三)

单击“直线”画法，单击(A，1)交点，单击(A，5)交点，单击鼠标右键结束，单击“选择”按钮，选中画好的梁，单击左侧“对齐”下拉框中的“单对齐”，单击 A 轴线上任意一根柱子的左边线，单击梁左边线的任意一点，鼠标右键确认即可。D 轴线/1-5 段、1 轴线/A-D 段的梁画法相同。

(3) 梁的延伸画法。由于 1 轴线、A 轴线、D 轴线的梁是偏移的梁，所以它们不相交，我们用延伸的画法使它们相交，操作步骤如下。

单击“选择”按钮，在英文状态下按“Z”键取消柱子显示状态。单击“延伸”按钮，单击 A 轴线的梁作为目的线(注意不要选中 A 轴线)，分别单击与 A 轴线垂直的所有梁，单击右键结束。

单击 1 轴线的梁做为目的线，分别单击与 1 轴线垂直所有的梁，单击鼠标右键结束。

单击 D 轴线的梁做为目的线，分别单击与 D 轴线垂直所有的梁，单击鼠标右键结束。

(4) L-250*500 的画法。从构建列表中 L-250*500，单击“直线”画法，按住 Shift 键，单击(C,2)交点，出现“输入偏移量”对话框，如图 3.27 所示，填写 Y 值为 1 500，单击“确定”按钮。

单击“垂点”按钮，单击 1 轴线的梁，单击右键结束。

(5) L-250*450 的画法。从构建列表中 L-250*500，单击“直线”画法，选择“L-250*450”，按住 Shift 键，单击(D，2)交点，出现“输入偏移量”对话框，如图 3.28 所示，填写 X 值为-3 000，单击“确定”按钮。

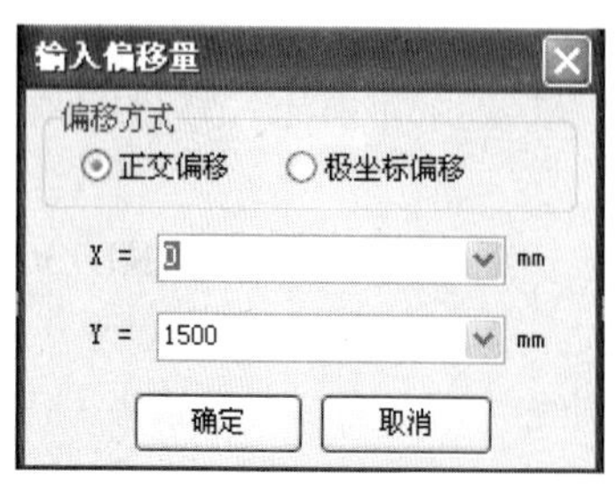


图 3.27 “输入偏移量”对话框(二)

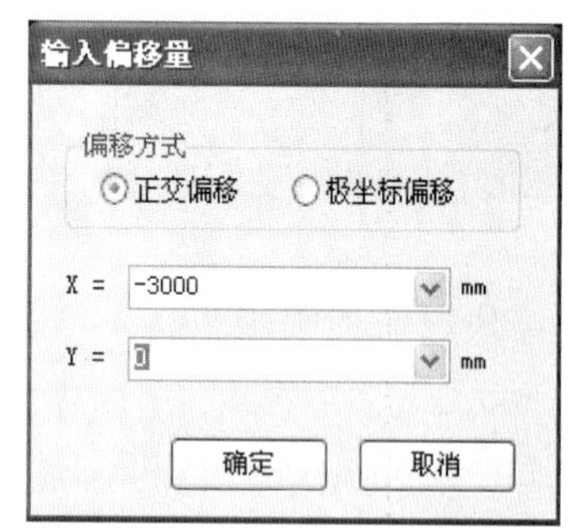


图 3.28 “输入偏移量”对话框(三)

单击 L-250*500，单击鼠标右键结束。

(6) 画好的梁图。画好的梁如图 3.29 所示。

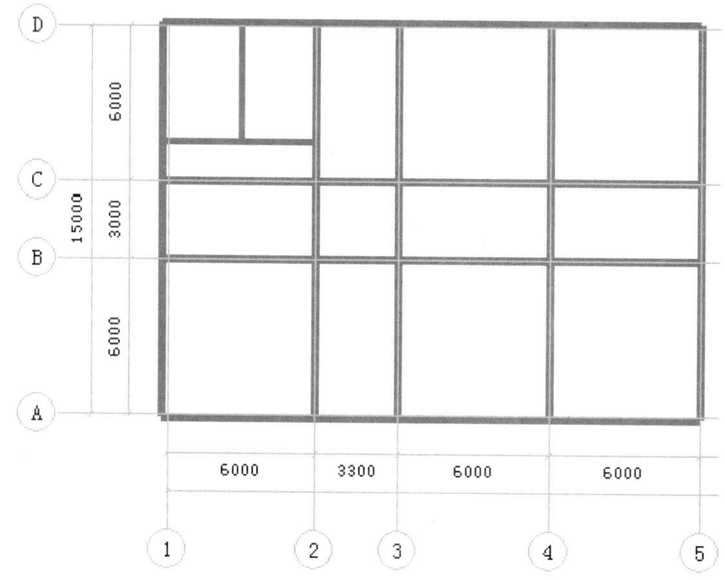


图 3.29 梁完成图

(7) 汇总对梁的量。单击“汇总计算”，出现汇总计算对话框，选择首层，单击“确定”按钮，等计算完毕再次单击“确定”，单击“查看工程量”，按住鼠标左键，拉框选择 1～5 轴所有梁，选择“做法工程量”选项卡，如图 3.30 所示。

3. 板的建法及画法

1) 板的建法

下面以 LB-100 为例来讲解板建法。

(1) LB-100 的建法。单击左侧模块导航栏中的“板”，选择其下的“现浇板”，单击“构件列表”中的“新建”按钮后的下三角按钮，单击“新建现浇板”选项，在下方“属性编辑框”中输入相应属性，如图 3.31 所示。

构件工程量 做法工程量

| | | | | |
|---|---|---|---|---|
| 1 | 010403002 | 矩形梁250*450 | m³ | 0.4922 |
| 2 | 010403002 | 矩形梁250*500 | m³ | 0.7375 |
| 3 | 010403002 | 矩形梁300*600 | m³ | 25.2 |

图 3.30 “做法工程量”选项卡

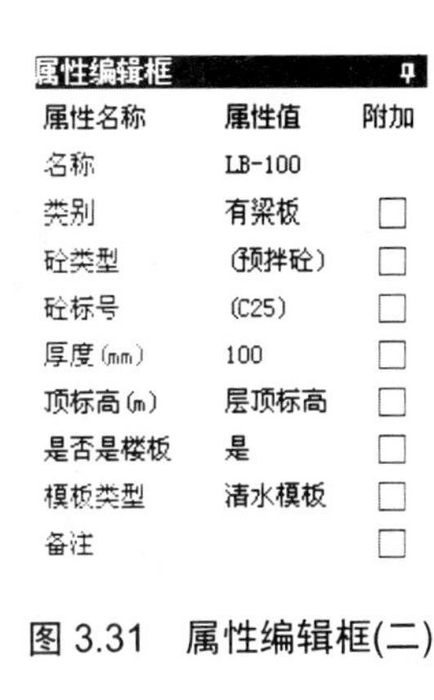

属性编辑框

| 属性名称 | 属性值 | 附加 |
|---|---|---|
| 名称 | LB-100 | |
| 类别 | 有梁板 | □ |
| 砼类型 | (预拌砼) | □ |
| 砼标号 | (C25) | □ |
| 厚度(mm) | 100 | □ |
| 顶标高(m) | 层顶标高 | □ |
| 是否是楼板 | 是 | □ |
| 模板类型 | 清水模板 | □ |
| 备注 | | □ |

图 3.31 属性编辑框(二)

LB-100 的构件做法，如图 3.32 所示。

添加清单 添加定额 删除 项目特征 查询 选择代码 编辑计算式

| | 编码 | 类别 | 项目名称 | 单位 | 工程量表达式 | 表达式说明 |
|---|---|---|---|---|---|---|
| 1 | 010405001 | 项 | 有梁板(B100) | m³ | TJ | TJ<体积> |

图 3.32 LB-100 的构件做法

(2) LB-150 的建法。用同样的方法建立板 LB-150，如图 3.33、图 3.34 所示。

属性编辑框

| 属性名称 | 属性值 | 附加 |
|---|---|---|
| 名称 | LB-150 | |
| 类别 | 有梁板 | □ |
| 砼类型 | (预拌砼) | □ |
| 砼标号 | (C25) | □ |
| 厚度(mm) | 150 | □ |
| 顶标高(m) | 层顶标高 | □ |
| 是否是楼板 | 是 | □ |
| 模板类型 | 清水模板 | □ |
| 备注 | | □ |

图 3.33 属性编辑框(三)

添加清单 添加定额 删除 项目特征 查询 选择代码 编辑计算式

| | 编码 | 类别 | 项目名称 | 单位 | 工程量表达式 | 表达式说明 |
|---|---|---|---|---|---|---|
| 1 | 010405001 | 项 | 有梁板(B150) | m³ | TJ | TJ<体积> |

图 3.34 LB-150 的构件做法

单击“绘图”退出。

2) 板的画法

(1) 板的画法。选择“LB-100”，单击“点”，分别在 LB-100 的位置单击左键，画好 LB-100 的板，如图 3.35 所示。

用同样方法绘制 LB-150 的板，画好的板如图 3.36 所示 (注意不要画上楼梯间的板)。

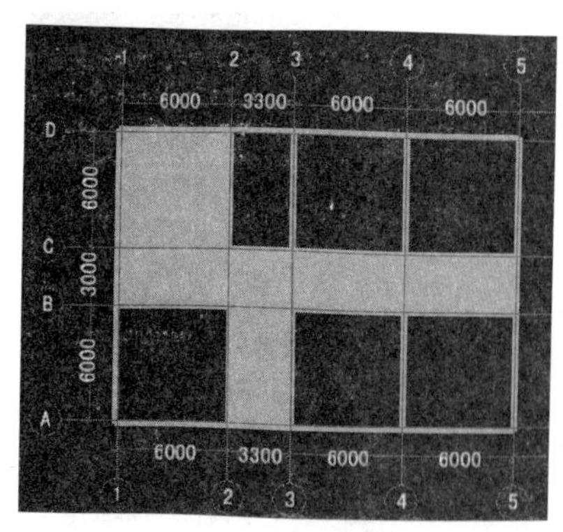


图 3.35　板 LB-100 电成图

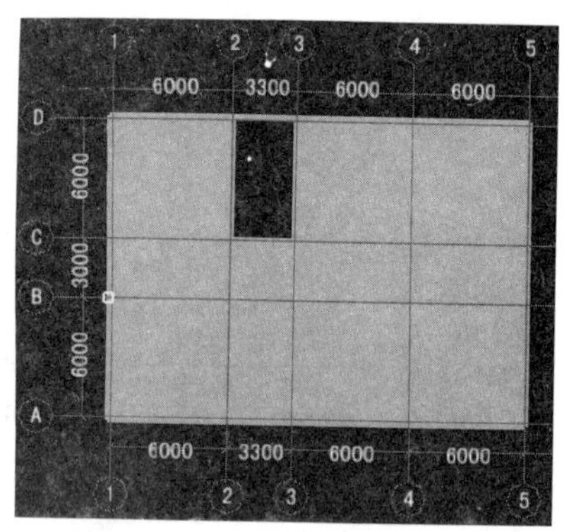


图 3.36　板 LB-150 完成图

(2) 汇总对板的量。操作步骤同梁和柱子，板的工程量如图 3.37 所示。

构件工程量　做法工程量

|  | 编码 | 项目名称 | 单位 | 工程量 |
|---|---|---|---|---|
| 1 | 010405001 | 有梁板 (B100) | m³ | 10.4306 |
| 2 | 010405001 | 有梁板 (B150) | m³ | 25.1843 |

图 3.37　板的工程量

4. 墙的建法及画法

1) 墙的建法

以“外墙-下”为例来讲解墙的建法。

(1) 外墙-下的建法。单击左侧模块导航栏中的“墙”，选择其下的“墙”，单击“构件列表”中的“新建”按钮后的下三角按钮，单击“新建外墙”选项，在下方“属性编辑框”中输入相应属性。和柱子“构件做法”操作步骤一样，建墙 250 的构件做法，如图 3.38 所示。

添加清单　添加定额　删除　项目特征　查询　换算　选择代码　编辑计算式

|  | 编码 | 类别 | 项目名称 | 单位 | 工程量表达式 | 表达式说明 |
|---|---|---|---|---|---|---|
| 1 | 010304001 | 项 | 空心砖墙、砌块墙（外墙-下） | m³ | TJ | TJ<体积> |

图 3.38　建墙 250 的构件做法

(2) 外墙-上，内墙的建法。方法与新建“外墙-下”相同。

单击“绘图”退出。

2) 墙的画法

(1) 画外墙-下。进入到绘图界面后，从构件列表界面中选择“外墙-下”，单击“直线”按钮，单击(A，5)交点，单击(A，1)交点，单击(D，1)交点，单击(D，5)交点，单击右键结束。

单击“选择”按钮，在英文状态下按“Z”键取消柱子隐藏状态，选中 A 轴线画好的墙 250，单击左侧“对齐”下拉框中的“单对齐”，单击 A 轴线任意一根柱子的下侧边线，单击 A 轴线墙的下侧边线。

1 轴线、D 轴线的外墙-下的偏移方法相同。

(2) 画外墙-上。外墙-上和外墙-下的画法相同

(3) 画内墙。

① 用不偏移画法画内墙。在构件列表里选择“内墙”，单击“直线”按钮，单击(B，1)交点，单击(B，5)交点，单击鼠标右键结束。

其他内墙的画法相同。画好的内墙如图 3.39 所示。

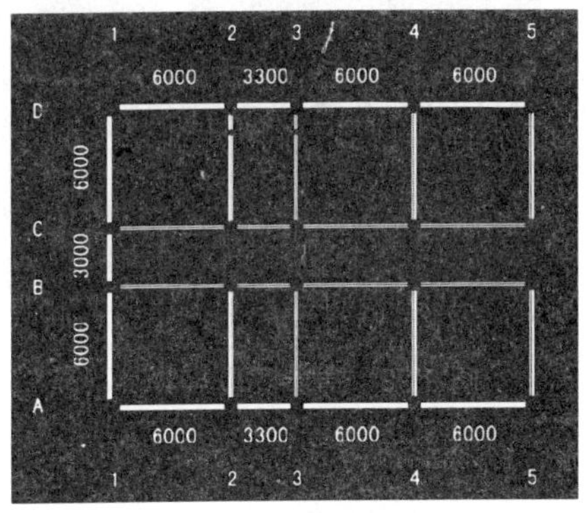


图 3.39　内墙完成图

② 用偏移画法画 200 厚的墙，步骤如下。

第一步：在构件列表里选择“内墙”，单击“直线”按钮，按住 Shift 键，单击(C，2)交点，出现“输入偏移量”对话框，如图 3.40 所示，填写 Y 值为 1500，单击“确定”按钮。

单击 1 轴线的墙，单击鼠标右键结束。

第二步：按住 Shift 键，单击(D，2)交点，出现“输入偏移量”对话框，如图 3.41 所示，填写 X 值为-3 000，单击“确定”按钮。

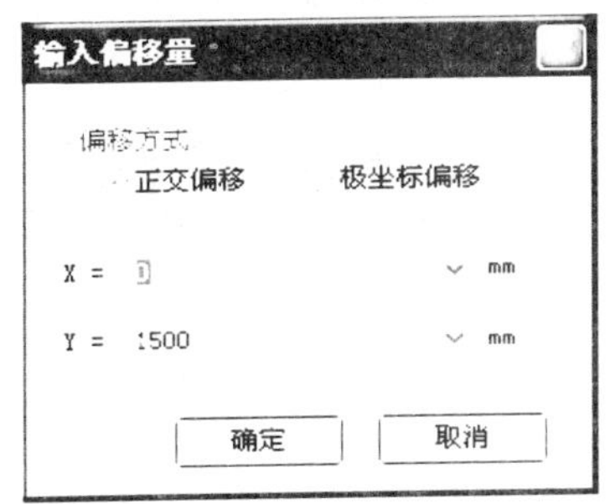


图 3.40　输入偏移量(一)

图 3.41　输入偏移量(二)

单击刚画好的与 C 轴线平行的墙，单击右键结束。

(4) 墙的延伸画法。由于 1 轴线、A 轴线、D 轴线的墙是偏移的墙，所以它们不相交，我们用延伸的画法使它们相交，操作步骤如下。

单击“选择”按钮，单击“延伸”，在英文状态下按“Z”键取消柱子显示状态。单击 A 轴线的墙作为目的线(注意不要选中 A 轴线)，分别单击与 A 轴线垂直的所有墙，单击鼠标右键结束。

单击 1 轴线的墙做为目的线，分别单击与 1 轴线所有垂直的墙，单击鼠标右键结束。

单击 D 轴线的墙做为目的线，分别单击与 D 轴线所有垂直的墙，单击鼠标右键结束。

(5) 延伸后的墙图。延伸后的墙，如图 3.42 所示。

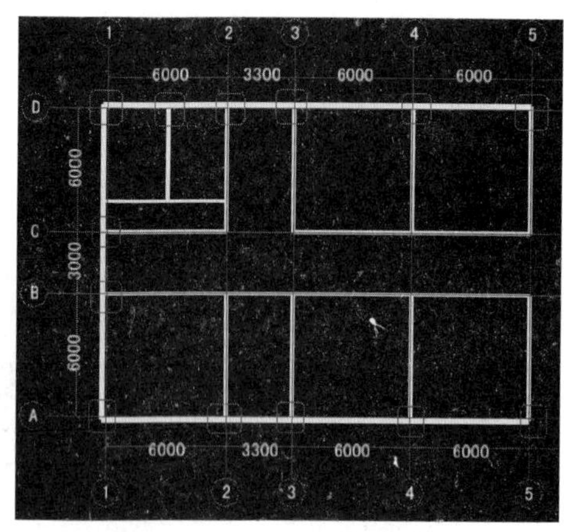


图 3.42　延伸后的墙

**特别提示**

应该取消柱子详细检查一下各个交点是否相交，如果不相交要再次延伸使其相交，否则会影响到房间装修的工程量。

5. 门窗的建法及画法

1) 门的建法

我们以“M-1”为例来讲解门的建法。

(1) M-1 的建法。单击左侧模块导航栏中的“门窗洞”，选择其下的“门”，单击“构件列表”中的“新建”按钮后面的下三角按钮，单击“新建矩形门”选项，在“属性编辑框”中输入相应属性。M-1 的“构件做法”建立，如图 3.43 所示。

添加清单　添加定额　删除　项目特征　查询　换算　选择代码　编辑计算式

|  | 编码 | 类别 | 项目名称 | 单位 | 工程量表达式 | 表达式说明 |
|---|---|---|---|---|---|---|
| 1 | 020404005 | 项 | 全玻门(带扇框)4500*2900 | 樘 | SL | SL<数量> |

图 3.43　M-1 的构件做法

(2) 其他门的建法。用同样的方法建立其他门。单击“绘图”退出。

2) 门的画法

进入到绘图界面后，从构件列表界面中选择 “M-2”，单击“点”按钮，单击“Z”键使柱子处于显示状态，把鼠标拖到 C 轴线上，1、2 轴之间的墙上，如图 3.44 所示。

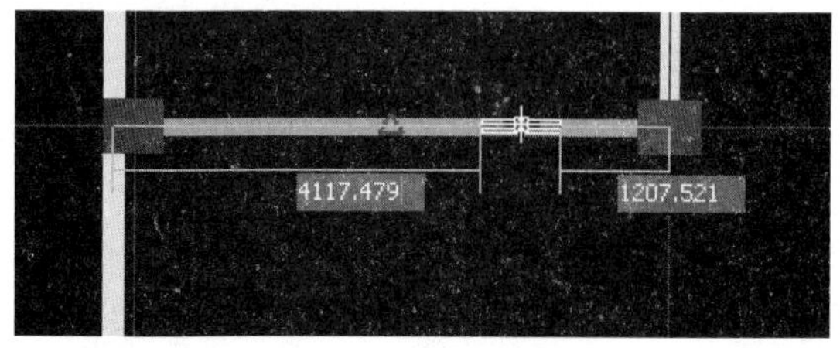


图 3.44　门的画法(一)

按 Tab 键，把光标切换到右侧栏里，输入 350，如图 3.45 所示。

按回车键结束，如图 3.46 所示。

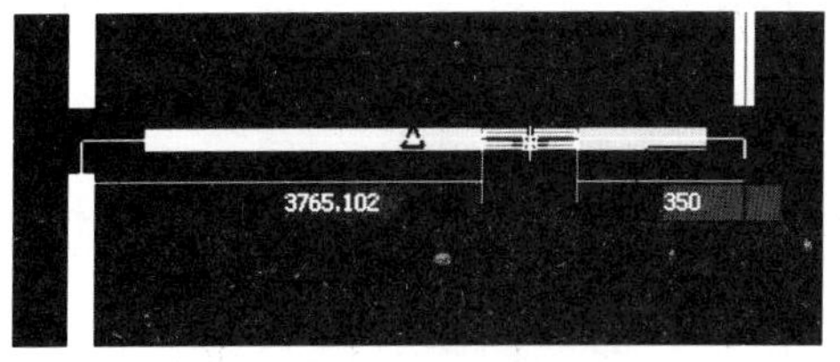


图 3.45 门的画法(二)

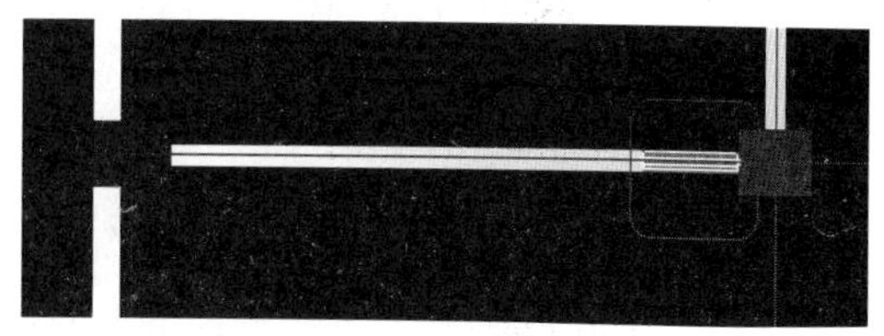

图 3.46 门的完成图(一)

其他门的画法相同，画好的门如图 3.47 所示。

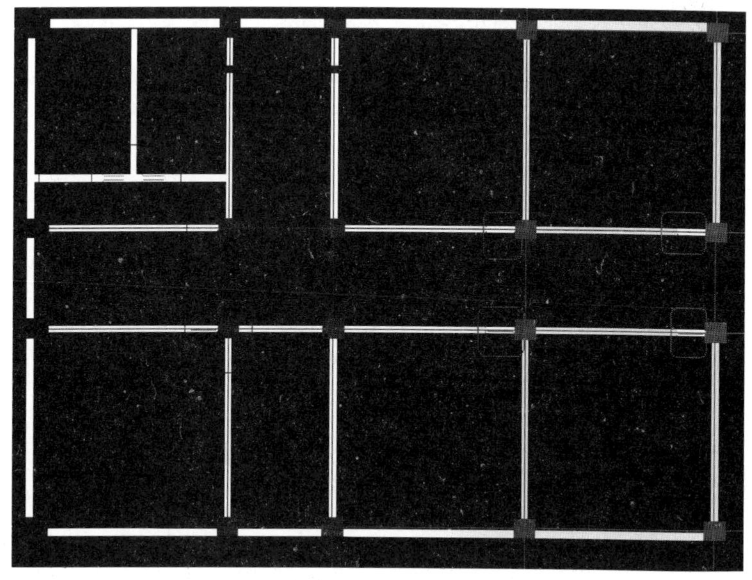

图 3.47 门的完成图(二)

3) 窗的建法

以 C-1 为例：

用建立门的方法建立窗的属性。用建立门的方法建立窗的构件做法，如图 3.48 所示。

添加清单 添加定额 删除 项目特征 查询 换算 选择代码 编辑计算式

| | 编码 | 类别 | 项目名称 | 单位 | 工程量表达式 | 表达式说明 |
|---|---|---|---|---|---|---|
| 1 | 020406007 | 项 | 塑钢窗1500*2100 | 樘 | SL | SL〈数量〉 |

图 3.48 窗的构件做法

4) 窗的画法

进入到绘图界面后，从构件列表界面中选择 “C-2”，单击“点”按钮，把鼠标拖到 D 轴线上，4、5 轴之间的墙上，按 Tab 键，把光标切换到右侧栏里，输入 1500，按回车键结束，其他窗的画法相同，画好的窗如图 3.49 所示。

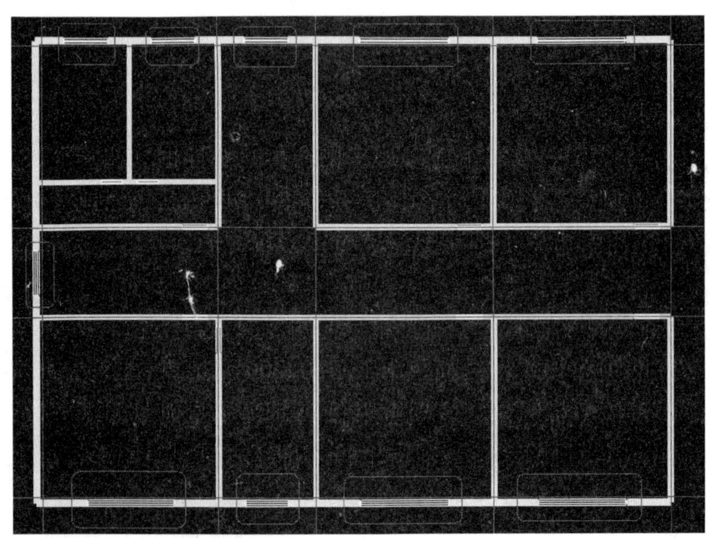

图 3.49　窗的完成图

6. 过梁的画法

1) 过梁的建法

(1) 过梁的属性编辑。单击左侧模块导航栏中的“过梁”，单击“构件列表”中的“新建”按钮后的下三角按钮，单击“新建矩形过梁”选项，在 “属性编辑框”中输入相应属性。

(2) 过梁的构件做法。过梁的构件做法，如图 3.50 所示。

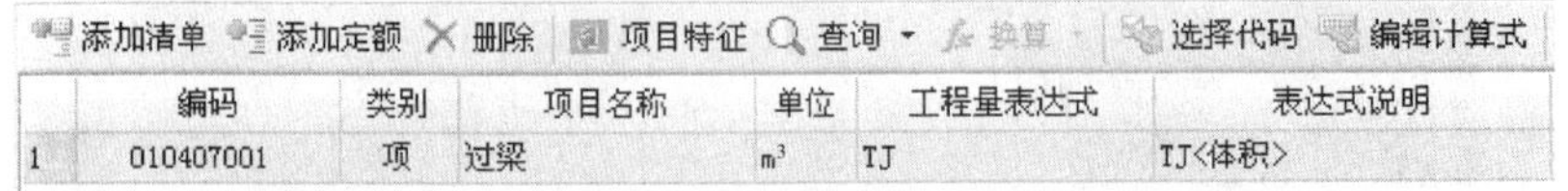

添加清单 添加定额 删除 项目特征 查询 换算 选择代码 编辑计算式

| | 编码 | 类别 | 项目名称 | 单位 | 工程量表达式 | 表达式说明 |
|---|---|---|---|---|---|---|
| 1 | 010407001 | 项 | 过梁 | $m^3$ | TJ | TJ<体积> |

图 3.50　过梁的构件做法

单击“绘图”退出。

2) 过梁的画法

根据图纸所示，只有 M-2、M-3 上方布置过梁，其余门窗均不布置，单击界面上的“智能布置”，选择“门、窗、门联窗、墙洞、带形窗、带形洞”，如图 3.51 所示。

按 F3 键，选择 M-2、M-3，如图 3.52 所示。

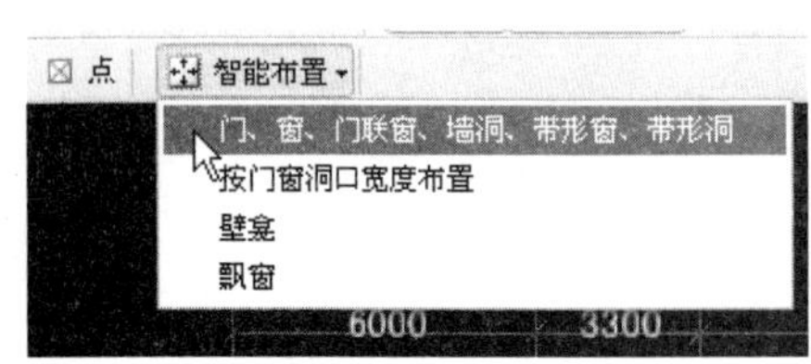


图 3.51 “智能布置”界画

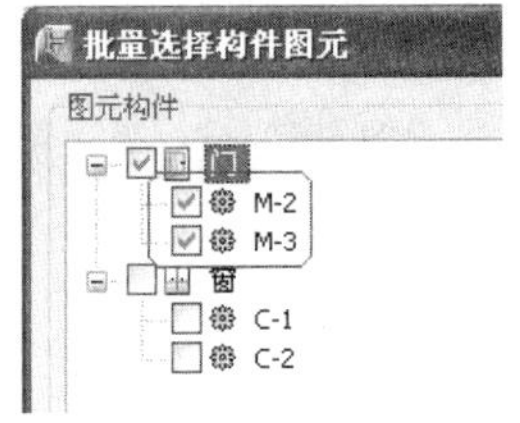


图 3.52　批量选择构件图元

单击“确定”按钮，单击鼠标右键结束。

7. 楼梯的画法

1) 梯梁的建法

(1) 梯梁的建法。单击左侧模块导航栏中的“梁”，选择其下的“梁”，单击 “构件列表”中的“新建”按钮后的下三角按钮，单击“新建矩形梁”选项，在下方“属性编辑框”中输入相应属性。

(2) 梯梁的做法。楼梯的构件做法，如图 3.53 所示。

添加清单 添加定额 删除 项目特征 查询 换算 选择代码 编辑计算式

| | 编码 | 类别 | 项目名称 | 单位 | 工程量表达式 | 表达式说明 |
|---|---|---|---|---|---|---|
| 1 | 010403002 | 项 | 梯梁 | $m^3$ | TJ | TJ<体积> |

图 3.53 楼梯的构件做法

单击“绘图”退出。

2) 梯梁的画法

(1) 梯梁的做法。选择“TL-1”，单击“直线”画法，单击(2，D)，2 轴线 Z1 的中点，单击 3 轴线 Z1 的中点，单击(3，D)，单击鼠标右键结束。

接下来继续画另一处梯梁，按住 Shift 键，单击(2，C)，Y 方向输入“1 225”，单击“确定”按钮，单击 3 轴线的垂点，单击鼠标右键结束。

(2) 梯柱的修改。单击左侧模块导航栏中的“柱”，选择其下的“柱”，选择 “构件列表”对话框中 Z1，在 “属性编辑框”中修改相应属性。

(3) 汇总对梯梁，梯柱的量。

3) 休息平台的建法

(1) 休息平台的建法。单击左侧模块导航栏中的“板”，选择其下的“现浇板”，单击 “构件列表”中的“新建”按钮后的下三角按钮，单击“新建现浇板”选项，在 “属性编辑框”中输入相应属性。

(2) 休息平台的做法。休息平台的构件做法，如图 3.54 所示。

添加清单 添加定额 删除 项目特征 查询 换算 选择代码 编辑计算式

| | 编码 | 类别 | 项目名称 | 单位 | 工程量表达式 | 表达式说明 |
|---|---|---|---|---|---|---|
| 1 | 010405003 | 项 | 楼梯平板 | $m^3$ | TJ | TJ<体积> |

图 3.54 休息平台的构件做法

单击“绘图”退出。

4) 休息平台的画法

选择“休息平台”，单击“矩形”画法，按住 Shift 键，单击(2，D)，Y 方向输入“50”，单击“确定”按钮，按住 Shift 键，单击(3，D)，一方向输入“-1 350”，单击“确定”按钮结束。

单击“矩形”画法，按住 Shift 键，单击(2，C)，Y 方向输入“1 350”，单击“确定”按钮，再选择(3，C)，这样两块休息平台板就画完了

5) 直型梯段的建法

(1) 直型梯段的属性编辑。单击左侧模块导航栏中的“楼梯”，选择其下的“直型楼

梯”，单击“构件列表”中的“新建”按钮后的下三角按钮，单击“新建直段楼梯”选项，楼梯的属性编辑建立。

(2) 直型梯段的构件做法。直型梯段的构件做法，如图 3.55 所示。

添加清单 添加定额 删除 项目特征 查询 换算 选择代码 编辑计算式

| | 编码 | 类别 | 项目名称 | 单位 | 工程量表达式 | 表达式说明 |
|---|---|---|---|---|---|---|
| 1 | 020102001 | 项 | 石材楼地面 | m² | TBLMMJ+TBPMMJ | TBLMMJ<踏步立面面积>+TBPMMJ<踏步平面面积> |

图 3.55　直型梯段的构件做法

单击“绘图”退出。

6) 直型楼梯的画法

单击“矩形”按钮，单击“顶点”、“中点”按钮，选中板的顶点及中点，如图 3.56 所示。

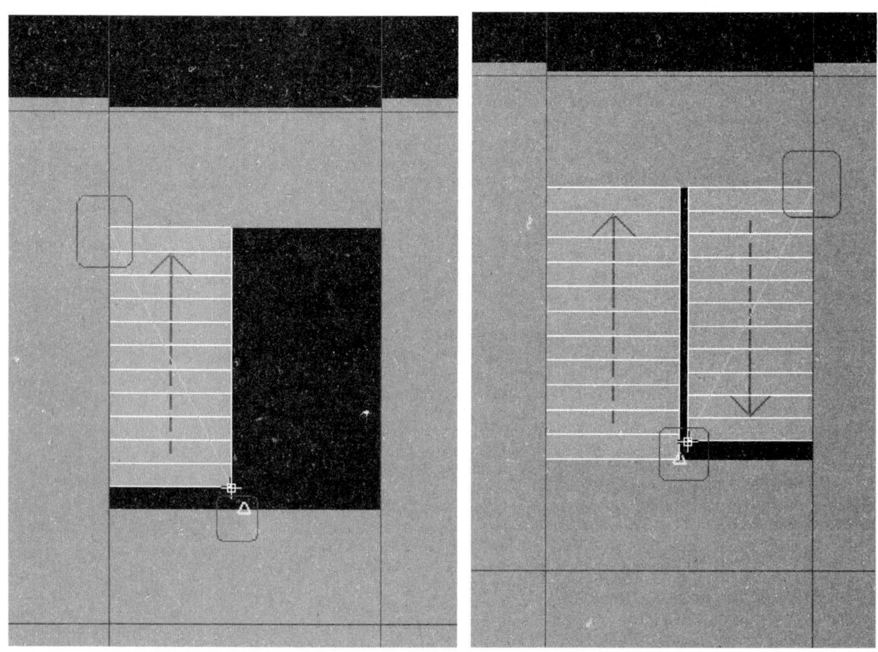

图 3.56　直型楼梯的画法

画完两个直型梯段后，会发现它们的底标高都是层底标高，所以需要调整其中一个直型梯段的底标高，改为“层底标高+1.8”，操作如下。

首先选中右侧的直型梯段，在属性编辑框中修改底标高，如图 3.57 所示，按回车键结束。

7) 靠窗栏杆的建法

(1) 靠窗栏杆的属性编辑。单击左侧模块导航栏“自定义”下拉菜单，单击“自定义线”按钮，单击 “构件列表”对话框中的“新建”下拉菜单，单击“新建直段楼梯”，楼梯的属性编辑建立，如图 3.58 所示。

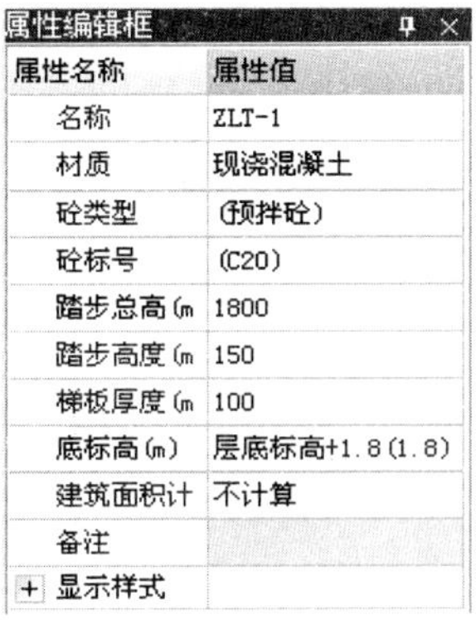

属性编辑框

| 属性名称 | 属性值 |
|---|---|
| 名称 | ZLT-1 |
| 材质 | 现浇混凝土 |
| 砼类型 | (预拌砼) |
| 砼标号 | (C20) |
| 踏步总高(m | 1800 |
| 踏步高度(m | 150 |
| 梯板厚度(m | 100 |
| 底标高(m) | 层底标高+1.8(1.8) |
| 建筑面积计 | 不计算 |
| 备注 | |
| + 显示样式 | |

图 3.57 属性编辑框(四)

属性编辑框

| 属性名称 | 属性值 | 附加 |
|---|---|---|
| 名称 | 靠窗栏杆 | |
| 截面宽度(mm) | 50 | ☐ |
| 截面高度(mm) | 900 | ☐ |
| 起点顶标高(m) | 层底标高+2.7 | ☐ |
| 终点顶标高(m) | 层底标高+2.7 | ☐ |
| 轴线距左边线 | (25) | ☐ |
| 扣减优先级 | 要扣减点，不 | ☐ |
| 备注 | | ☐ |

图 3.58 属性编辑框(五)

(2) 靠窗栏杆的构件做法。靠窗栏杆的构件做法，如图 3.59 所示。

添加清单 添加定额 删除 项目特征 查询 换算 选择代码 编辑计算式

| | 编码 | 类别 | 项目名称 | 单位 | 工程量表达式 | 表达式说明 |
|---|---|---|---|---|---|---|
| 1 | 020107001 | 项 | 金属扶手带栏杆、栏板 | m | CD | CD<长度> |

图 3.59 靠窗栏杆的物件做法

单击“绘图”退出。

8) 靠窗栏杆的画法

在软件中靠窗栏杆是用“自定义线”来定义的，自定义线和柱子没有扣减关系，所以画图的时候不能伸入柱子里，操作步骤如下。

单击“直线”按钮，单击选择(2，D)交点上柱子右侧边线的中点，单击选择(3，D)交点上柱子右侧边线的中点，单击鼠标右键结束。

9) 楼梯的组合

(1) 楼梯的组合。现在我们已经把楼梯的各个部分都画好了，接下来要做的就是把这些构件组合到一起，操作步骤如下。

单击左侧模块导航栏中的“楼梯”，选择其下的“楼梯”，单击界面上方的“新建组合构建”选项，按 F3 键，选择属于楼梯的构件，如图 3.60 所示。

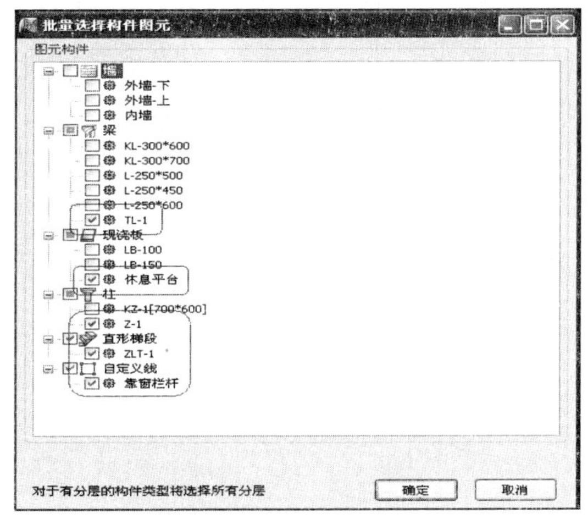


图 3.60 批量选择构件图元

单击“确定”按钮，单击鼠标右键确认选择，单击(2，C)交点，出现如图 3.61 所示构件，单击“确定”按钮，完成组合。

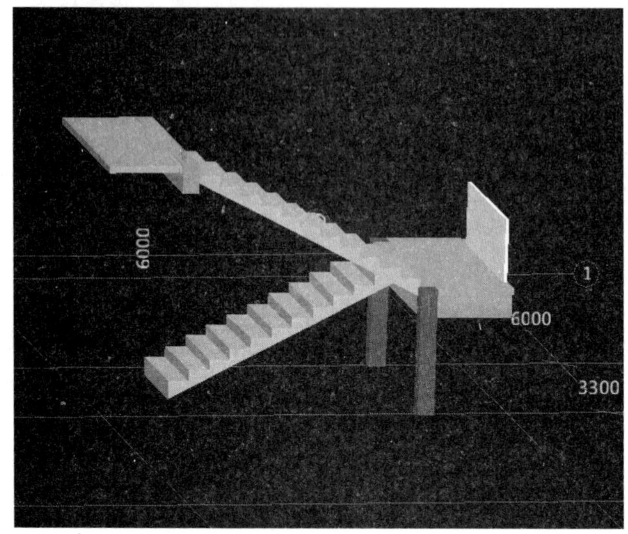


图 3.61　楼梯完成图

(2) 楼梯的构建做法。楼梯的构件做法，如图 3.62 所示。

添加清单　添加定额　删除　项目特征　查询　换算　选择代码　编辑计算式

| | 编码 | 类别 | 项目名称 | 单位 | 工程量表达式 | 表达式说明 |
|---|---|---|---|---|---|---|
| 1 | 010406001 | 项 | 直形楼梯 | m² | TYMJ | TYMJ<水平投影面积> |

图 3.62　楼梯的构件做法

单击“绘图”退出。

(3) 汇总楼梯的量。楼梯工程量，如图 3.63 所示。

构件工程量　做法工程量

| | 编码 | 项目名称 | 单位 | 工程量 |
|---|---|---|---|---|
| 1 | 010406001 | 直形楼梯 | m2 | 18.8225 |
| 2 | 010403002 | 梯梁 | m3 | 0.765 |
| 3 | 010405003 | 楼梯平板 | m3 | 0.637 |
| 4 | 010402001 | 矩形柱(250*250) | m3 | 0.225 |
| 5 | 020102001 | 石材楼地面 | m2 | 15.81 |
| 6 | 020107001 | 金属扶手带栏杆、栏板 | m | 2.6 |

图 3.63　楼梯工程量

8. 首层整楼的画法

1) 单元镜像

从图中我们看出 1-5 轴线与 6-10 轴线是镜像关系，下面具体讲解镜像操作步骤，块镜像：单击“选择”按钮，单击“楼层”下拉菜单，单击“块镜像”，如图 3.64 所示。

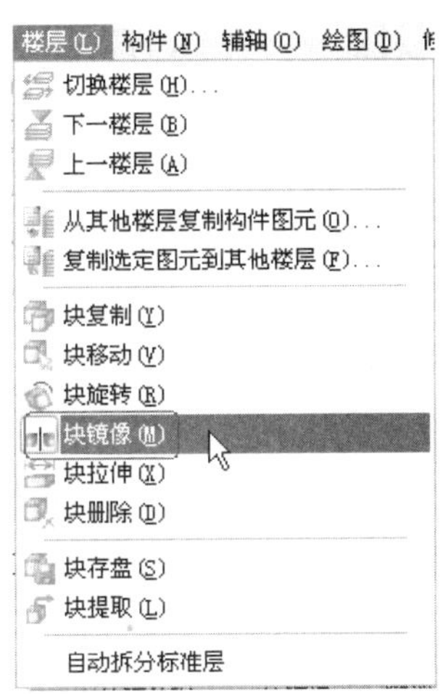


图 3.64 “楼层”下拉菜单

拉框选择镜像的构件，单击右下角捕捉工具栏中的“中点”，如图 3.65 所示。

单击 5～6 轴线间的两处中点(黄色小三角)，出现如图 3.66 所示的对话框。

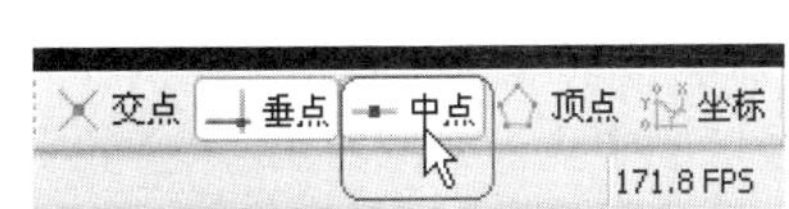


图 3.65 镜像操作

图 3.66 “确认”对话框(一)

单击“否”按钮即可。

2) 画首层 5～6 轴线中间的构件

(1) 画弧形梁。单击模块导航栏中的“梁”，选择其下的“梁”，从构建列表中选择“L250*600”，单击“三点画弧”后面的小三角形出现对话框，选择“逆小弧”，输入半径“5 070”，如图 3.67 所示。

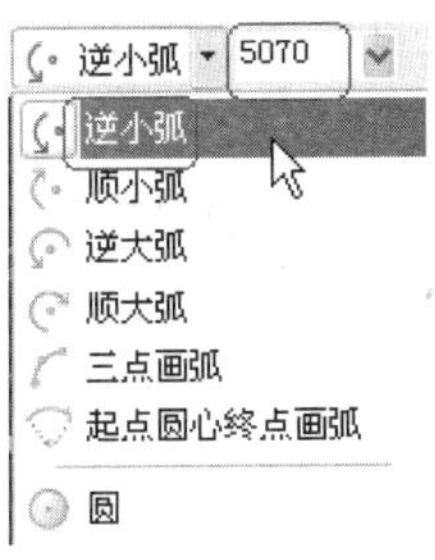


图 3.67 画弧形梁

单击(D，6)的相交点，单击(D，5)交点，单击鼠标右键结束。

汇总计算后，单击 “查看工程量”按钮，单击“弧形梁”，查看弧形梁的工程量。

(2) 画 5～6 轴线处的 4 根直梁。从构建列表中选择 “KL-300*700”，单击“直线”画法，单击(A，5)交点，单击(A，6)交点，单击鼠标右键结束。

单击(B，5)交点，单击(B，6)交点，单击鼠标右键结束。

单击(C，5)交点，单击(C，6)交点，单击鼠标右键结束。

单击(D，5)交点，单击(D，6)交点，单击鼠标右键结束。

A 轴线、D 轴线的梁用对齐的方法使其与柱外侧对齐。

汇总计算后，分别选中 4 个 KL300×700，单击 “查看工程量”按钮，查看 4 个直梁的工程量。

(3) 画弧墙。单击模块导航栏中的“墙”，选择其下的“墙”，从构件列表界面中选择“外墙-下”， 单击“三点画弧”，单击(D，5)的相交点，按 Shift 键，单击 D 轴线的中点(黄色小三角)，Y 方向输入 1 500，单击(D，6)交点，单击鼠标右键结束。

“外墙-上”画法相同。

(4) 画 C 轴线上的墙。在构件列表里选择“内墙”，单击“直线”按钮，单击“直线”按钮，单击(C，5)交点，单击(C，6)交点，单击鼠标右键结束。

(5) 画 A 轴线上的墙。在构件列表里选择“外墙-下”，单击“直线”按钮，单击(A，5)交点，单击(A，6)交点，单击鼠标右键结束。

A 轴线的“外墙-下”用单对齐的方法使其与柱外侧对齐。“外墙-上”画法相同。

(6) 画弧形墙上的窗。单击“门窗洞”菜单的“窗”，在构件列表中选择“C-3”，单击“点”按钮，单击弧形墙中间位置。

(7) 画 A 轴线、C 轴线墙上的门。单击“门窗洞”菜单的“门”，在构件列表中选择“M-1”，单击“点”按钮，单击 A 轴线的 5-6 段墙的中点。

选择“M-2”，单击“点”按钮，把鼠标拖到 C 轴线上 5-6 段墙上，按 Tab 键，把光标切换到左侧栏里，输入 350，按回车键结束，再按 Tab 键，把光标切换到右侧栏里，输入 350，按回车键结束。

(8) 画 C 轴线门上的过梁。单击模块导航栏中的“门窗洞”，选择其下的“过梁”，在构件列表中选择“GL-1”，单击“点”按钮，单击 C 轴线 5-6 段上的“M2”就可以了。

(9) 汇总对 A 轴线、C 轴线/5-6 段以及弧形墙的量。汇总计算后，单击模块导航栏中的“墙”，选择其下的“普通墙”，单击“选择”按钮，选中 A 轴线的 5-6 段、C 轴线/5-6 段以及弧形处的墙，单击“查看工程量”按钮，查看 5～6 轴线之间墙的工程量。

(10) 画 5-6 轴线处的板。

单击模块导航栏中的“板”，选择其下的“板”，在构件列表中选择“LB-100”，单击“点”按钮，分别在 LB-100 的位置单击左键。“LB-150”画法同前。

汇总计算后，单击“选择”按钮，选中 5-6 轴线处的板，单击“查看工程量”按钮，查看 5～6 轴线之间板的工程量。

9. 台阶的画法

1) 台阶的建法

(1) 台阶的属性编辑。单击左侧模块导航栏中的“其他”，选择其下的“台阶”，单击“构件列表”中的“新建”按钮后的下三角按钮，单击“新建台阶”选项，在下方“属性编辑框”中输入相应属性，如图 3.68 所示。

属性编辑框

| 属性名称 | 属性值 | 附加 |
|---|---|---|
| 名称 | TAIJ-1 | |
| 材质 | 现浇混凝 | ☐ |
| 砼类型 | (预拌砼) | ☐ |
| 砼标号 | (C20) | ☐ |
| 顶标高(m) | 层底标高 | ☐ |
| 台阶高度(mm) | 450 | ☐ |
| 踏步个数 | 3 | ☐ |
| 踏步高度(mm) | 150 | ☐ |
| 备注 | | ☐ |

图 3.68 属性编辑框(六)

(2) 台阶的构件做法。台阶的构件做法，如图 3.69 所示。

添加清单 添加定额 删除 项目特征 查询 换算 选择代码 编辑计算式

| | 编码 | 类别 | 项目名称 | 单位 | 工程量表达式 | 表达式说明 |
|---|---|---|---|---|---|---|
| 1 | 020108001 | 项 | 石材台阶面 | m2 | MJ | MJ<台阶整体水平投影面积> |

图 3.69 台阶的构件做法

单击“绘图”退出。

2) 画台阶

选择“台阶”，单击“矩形”按钮，按住 Shift 键，单击(A，5)交点，在“输入偏移量”对话框里输入 X、Y 值，如图 3.70 所示。

按住 Shift 键，单击(A，5)交点，在“输入偏移量”对话框里输入 X、Y 值，如图 3.71 所示。

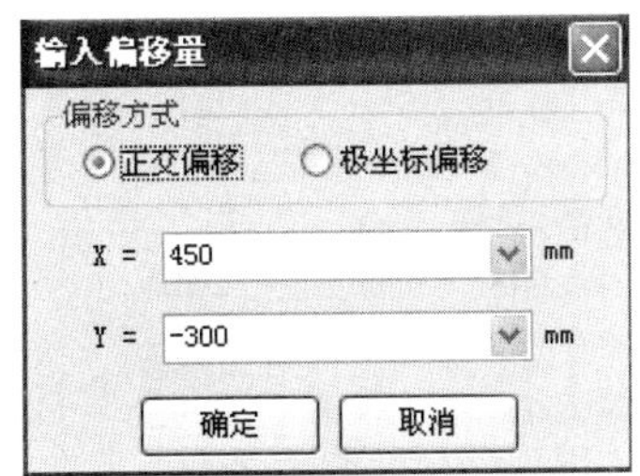


图 3.70 “输入偏移量”对话框(四)

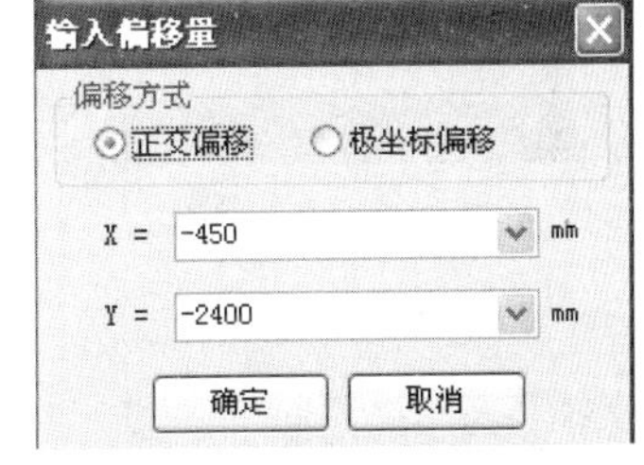


图 3.71 “输入偏移量”对话框(五)

单击“确定”按钮。对照图纸，图纸中的台阶是有踏步的，所以接下来要完成踏步的设置，单击“设置台阶踏步边”，依次单击台阶未靠墙的三侧边，右键确认，输入踏步宽度“300”，单击“确定”按钮，完成台阶绘制。

10. 散水的画法

1) 散水的建法

单击左侧模块导航栏中的“其他”，选择其下的“散水”，单击“构件列表”中的“新建”按钮后的下三角按钮，单击“新建散水”选项，在下方“属性编辑框”中输入相应属性，如图 3.72 所示。

属性编辑框

| 属性名称 | 属性值 | 附加 |
|---|---|---|
| 名称 | 散水 | |
| 材质 | 现浇混凝 | ☐ |
| 厚度(mm) | 100 | ☐ |
| 砼类型 | (预拌砼) | ☐ |
| 砼标号 | (C20) | ☐ |
| 备注 | | ☐ |

图 3.72　属性编辑框(七)

散水的构件做法，如图 3.73 所示。

添加清单　添加定额　删除　项目特征　查询　换算　选择代码　编辑计算式

| | 编码 | 类别 | 项目名称 | 单位 | 工程量表达式 | 表达式说明 |
|---|---|---|---|---|---|---|
| 1 | 010407002 | 项 | 散水、坡道 | m2 | MJ | MJ<面积> |

图 3.73　散水的构件做法

单击“绘图”退出。

2) 画散水

选择“散水”，单击“智能布置”下拉菜单，单击“外墙外边线”出现如图 3.74 所示的对话框，填写偏移值 1 000，单击“确定”按钮，散水就布置好了。

11. 平整场地的建法及画法

1) 平整场地的建法

单击左侧模块导航栏中的“其他”，选择其下的“平整场地”，单击 “构件列表”中的“新建”按钮后的下三角按钮，单击“新建平整场地”选项，在下方“属性编辑框”中输入相应属性，如图 3.75 所示。

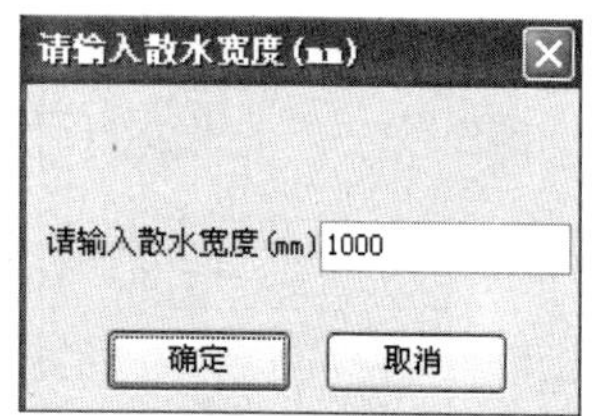


图 3.74　输入散水宽度对话框

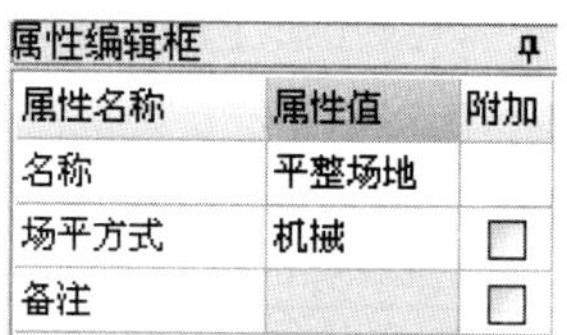

属性编辑框

| 属性名称 | 属性值 | 附加 |
|---|---|---|
| 名称 | 平整场地 | |
| 场平方式 | 机械 | ☐ |
| 备注 | | ☐ |

图 3.75　属性编辑框(八)

平整场地的构件做法，如图 3.76 所示。

添加清单　添加定额　删除　项目特征　查询　换算　选择代码　编辑计算式

| | 编码 | 类别 | 项目名称 | 单位 | 工程量表达式 | 表达式说明 |
|---|---|---|---|---|---|---|
| 1 | 010101001 | 项 | 平整场地 | m2 | MJ | MJ<面积> |

图 3.76　平整场地的构件做法

单击“绘图”退出。

2) 平整场地的画法

画平整场地，通过选择“平整场地”，单击“点”按钮，在墙内任意位置单击即可。

12. 楼层复制及修改

1) 复制一层到二层

画完一层的构件，我们要把一层复制到二层。

将楼层切换到第 2 层，单击“选择”按钮，单击“楼层”下拉菜单，单击“从其他楼层复制构件元图”，如图 3.77 所示。

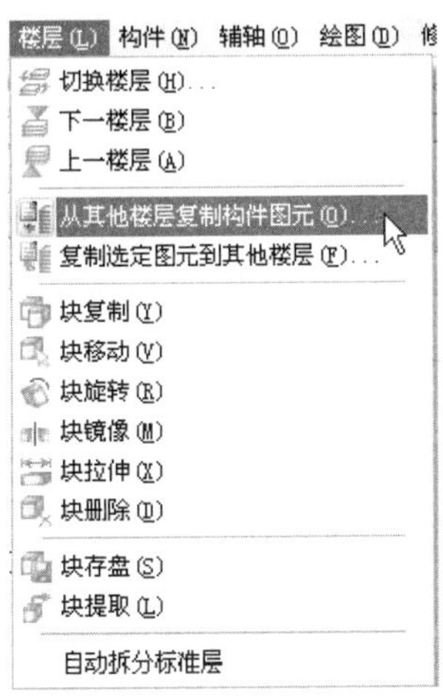


图 3.77 “楼层”下拉菜单

选择需要复制到二层的构件，如图 3.78 所示。

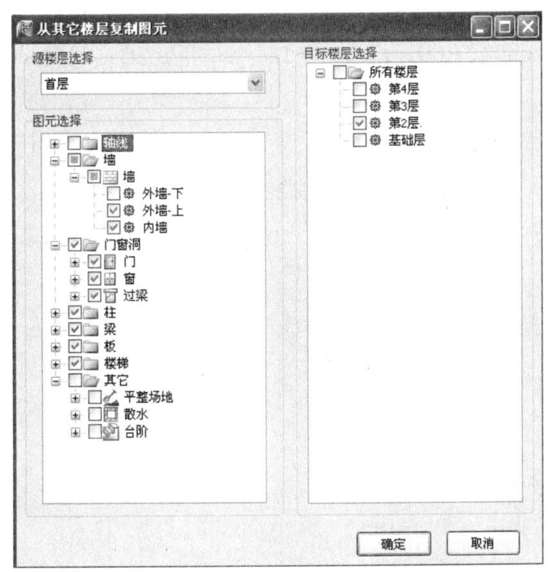


图 3.78 楼层复制

单击“确定”按钮，出现“复制完成”对话框，再单击“确定”按钮。

2) 修改二层的构件

二层构件复制完成后，对照首层、二层的图纸，发现上、下两层有构件不同的，需要修改、添加、删除构件，对于二层构件的修改操作如下。

(1) 改 M-1 为 C-4。在第 2 层中，C-4 并没有新建，但是我们在首层练习画窗的时候已经新建过 C-4，只需要把首层的 C-4 复制上来即可，操作步骤如下。

首先单击“门窗洞”，选择其下的“窗”，单击“定义”按钮，切换到定义界面，单击“从其他楼层复制构件”按钮，选择 C-4，单击“确定”按钮即复制完成，单击“绘图”退出。

单击“门”，单击“选择”按钮，选中图中的“M-1”，单击鼠标右键出现右键菜单，单击“修改构件图元名称”，出现“修改构件图元名称”对话框，如图 3.79 所示，单击“目标构件”下的“C-4”。

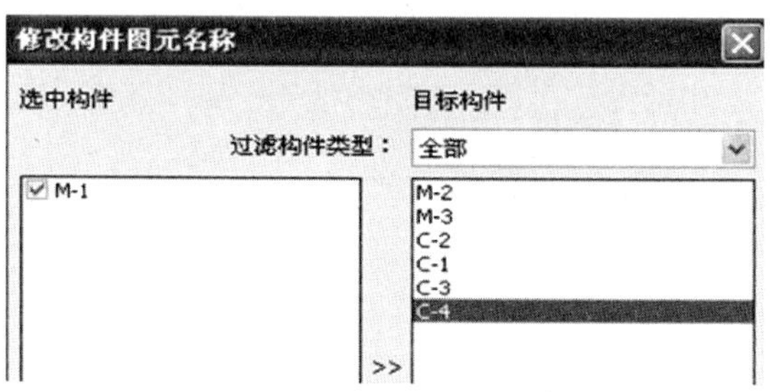


图 3.79　构件图元名称的修改

单击“确定”按钮，完成 C-4 替换 M-1。

(2) 修改二层外墙的底标高。单击“墙”，选择其下的“墙”，单击“选择”按钮，按 F3 键，选择“外墙-上”，在上、下编辑框中修改外墙属性。

(3) 增加 B/5-6 轴线的墙 200。选择“内墙”，单击(B，5)交点，单击(B，6)交点，单击鼠标右键结束。

(4) 增加 B/5-6 轴线墙上的 M2。单击“门”，选择其下的“门”，选择“M-2”，单击“点”按钮，鼠标拖动到 B 轴线上 5-6 轴线之间的位置，按 Tab 键，把光标切换到左侧栏里，输入“350”，按回车键结束，再按 Tab 键，把光标切换到右侧栏里，输入“350”，按回车键结束。

(5) 增加 B/5-6 轴线 M-2 上的过梁。单击“过梁”，选择“GL-1”，单击“点”按钮，单击 B 轴线上 5-6 轴线之间刚画的 M-2。

其余层做法相似。

### 3.1.4　屋面层工程量计算

1. 女儿墙的绘制

(1) 复制三层的墙 250 到四层。将楼层切换到第 4 层，单击“选择”按钮，单击“楼层”，单击“从其他楼层复制构件元图”，只保留“外墙”前面的小方框“√”，如图 3.80 所示，单击“确定”按钮，出现“提示”对话框，单击“确定”按钮。

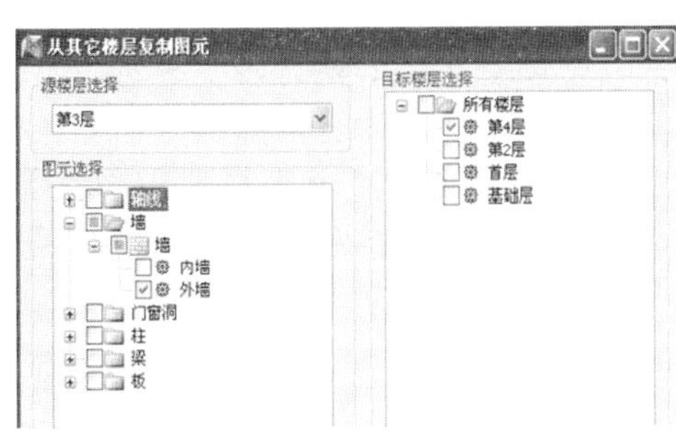


图 3.80　图元的复制

(2) 修剪弧形墙。单击左侧模块导航栏中的“墙”，选择其中的“墙”，单击“选择”，选中 D 轴线上的一段直型墙，单击“修剪”按钮，单击弧形墙的两处端头，右键确认结束。

单击“选择”，单击“弧形墙”，单击“延伸”按钮，单击 D 轴线上的直型墙，右键确认结束

(3) 汇总女儿墙的工程量。女儿墙的工程量，如图 3.81 所示。

构件工程量　做法工程量

| | 编码 | 项目名称 | 单位 | 工程量 |
|---|---|---|---|---|
| 1 | 010304001 | 空心砖墙、砌块墙(外墙) | m³ | 19.7798 |

图 3.81　女儿墙的复制

2. 构造柱的绘制

(1) 构造柱 GZ-1 的属性与做法。

单击左侧模块导航栏中的“柱”，选择其中的“构造柱”，单击“构件列表”中的“新建”按钮后的下三角按钮，单击“新建矩形构造柱”，建立构造柱 GZ-1 的属性与做法，如图 3.82 所示。

添加清单　添加定额　删除　项目特征　查询　换算　选择代码　编辑计算式

| | 编码 | 类别 | 项目名称 | 单位 | 工程量表达式 | 表达式说明 |
|---|---|---|---|---|---|---|
| 1 | 010402001 | 项 | 矩形柱(GZ-1) | m³ | TJ | TJ<体积> |

图 3.82　矩形柱的构件做法

(2) 画构造柱。画构造柱之前需要先画辅助轴线，操作步骤如下。

单击界面上方的“平行”按钮，按照建施－06 画辅助轴线，如图 3.83 所示。

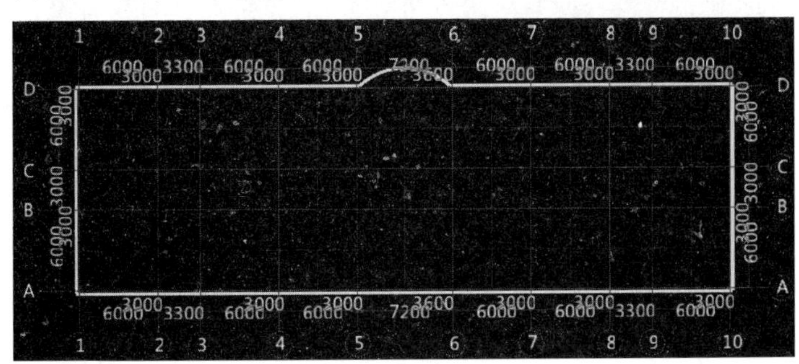


图 3.83　画辅助轴线

画构造柱：选择“GZ-1”，单击“点”按钮，按照建施－06 先把构造柱画到相应的交点上。

设置构造柱靠墙边：单击“选择”按钮，拉框选择 1 轴线的所有柱子，单击左侧“对齐”下拉菜单，单击“多对齐”，出现线框后，单击 1 轴线墙的左侧边线。

构件工程量 | 做法工程量

| | 编码 | 项目名称 | 单位 | 工程量 |
|---|---|---|---|---|
| 1 | 010402001 | 矩形柱(GZ-1) | m3 | 1.9523 |

图 3.84　屋面层构造柱的工程量

其他墙上的构造柱可以直接选中单击鼠标的右键，出现线框后再单击墙边线。

汇总构造柱的量：屋面层构造柱的工程量如图 3.84 所示。

3. 压顶的绘制

(1) 压顶的属性与做法。单击“其他”，选择其下的“压顶”，单击“构件列表”中的“新建”按钮后的下三角按钮，单击“新建异形压顶”选项，出现“多边形编辑器”，单击“定义网格”，输入水平和垂直方向的数据，如图 3.85 所示。

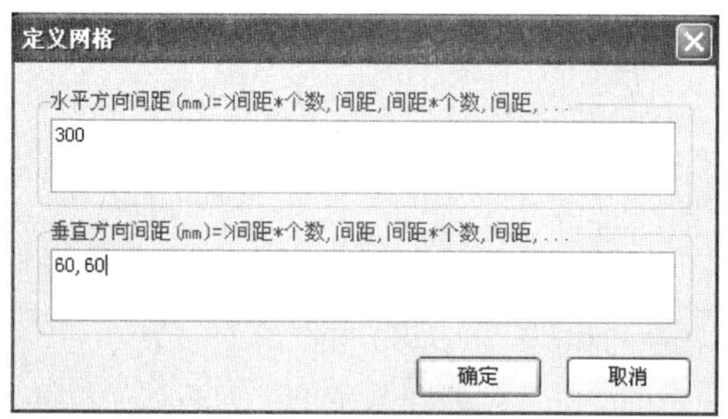


图 3.85　定义网格

单击“确定”按钮，在出现的“多边形编辑器”里画出图纸上所要求的异形截面，如图 3.86 所示。

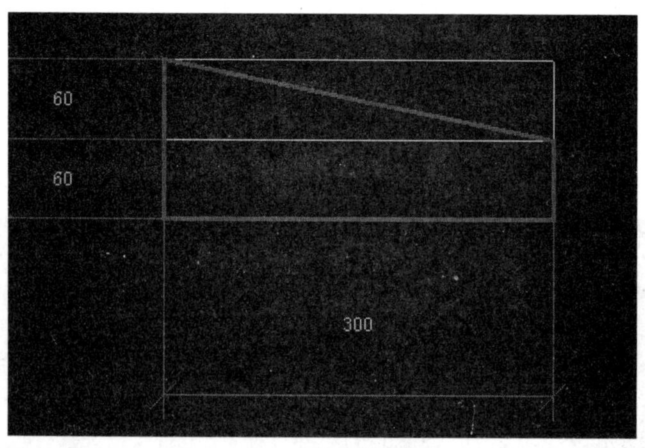


图 3.86　异形截面

压顶的属性与做法，如图 3.87、图 3.88 所示。

属性编辑框

| 属性名称 | 属性值 | 附加 |
|---|---|---|
| 名称 | 压顶 | |
| 材质 | 现浇混凝土 | ☐ |
| 砼类型 | (预拌砼) | ☐ |
| 砼标号 | (C20) | ☐ |
| 截面形状 | 异形 | ☐ |
| 截面宽度(mm) | 300 | ☐ |
| 截面高度(mm) | 120 | ☐ |
| 截面面积(m2) | 0.027 | ☐ |
| 起点顶标高(m) | 层顶标高 | ☐ |
| 终点顶标高(m) | 层顶标高 | ☐ |
| 轴线距左边线 | (150) | ☐ |

图 3.87　属性编辑框(九)

添加清单　添加定额　删除　项目特征　查询　换算　选择代码　编辑计算式

| | 编码 | 类别 | 项目名称 | 单位 | 工程量表达式 | 表达式说明 |
|---|---|---|---|---|---|---|
| 1 | 010407001 | 项 | 压顶 | $m^3$ | TJ | TJ<体积> |

图 3.88　压顶的构件做法

单击“绘图”退出。

(2) 画压顶。选择“压顶”，单击“智能布置”，选择其下的“墙中心线”，拉框选择“外墙”，单击鼠标右键结束。

选择“墙”，选中所有墙，调整墙的顶标高，选择“构造柱”，选中所有构造柱，调整构造柱的顶标高，如图 3.89 所示。

属性编辑框

| 属性名称 | 属性值 |
|---|---|
| 名称 | 外墙 |
| 类别 | 陶粒空心砌块 |
| 材质 | 砖 |
| 砂浆类型 | (混合砂浆) |
| 砂浆标号 | (M5) |
| 厚度(mm) | 250 |
| 轴线距左墙皮距 | (125) |
| 内/外墙标志 | 外墙 |
| 起点顶标高(m) | 层顶标高-0.12( |
| 终点顶标高(m) | 层顶标高-0.12( |
| 起点底标高(m) | 层底标高(10.8) |
| 终点底标高(m) | 层底标高(10.8) |
| 备注 | |

属性编辑框

| 属性名称 | 属性值 |
|---|---|
| 名称 | GZ-1 |
| 类别 | 带马牙槎 |
| 材质 | 现浇混凝土 |
| 砼类型 | (预拌砼) |
| 砼标号 | (C25) |
| 截面宽度(m | 250 |
| 截面高度(m | 250 |
| 截面面积(m | 0.0625 |
| 截面周长(m | 1 |
| 马牙槎宽度 | 60 |
| 顶标高(m) | 层顶标高-0.12( |
| 底标高(m) | 层底标高(10.8) |
| 备注 | |
| + 显示样式 | |

图 3.89　属性编辑框(十)

(3) 汇总对压顶的量。压顶的工程量，如图 3.90 所示。

4. 屋面的绘制

(1) 屋面的属性与做法。单击“其他构件”，选择其下的“屋面”，单击“新建”下拉菜单，单击“新建屋面”，屋面的属性与做法，如图 3.91、图 3.92 所示。

构件工程量 | 做法工程量

| | 编码 | 项目名称 | 单位 | 工程量 |
|---|---|---|---|---|
| 1 | 010407001 | 压顶 | m³ | 3.5604 |

图 3.90　压顶的工程量

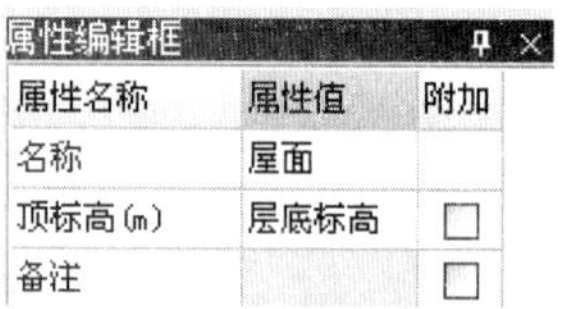

属性编辑框

| 属性名称 | 属性值 | 附加 |
|---|---|---|
| 名称 | 屋面 | |
| 顶标高(m) | 层底标高 | □ |
| 备注 | | □ |

图 3.91　属性编辑框(十一)

添加清单　添加定额　删除　项目特征　查询　换算　选择代码　编辑计算式

| | 编码 | 类别 | 项目名称 | 单位 | 工程量表达式 | 表达式说明 |
|---|---|---|---|---|---|---|
| 1 | 010702001 | 项 | 屋面卷材防水 | m² | FSMJ | FSMJ<防水面积> |
| 2 | 010803001 | 项 | 保温隔热屋面 | m² | MJ | MJ<面积> |

图 3.92　屋面的构件做法

(2) 画屋面。选择“屋面”，单击“点”按钮，单击女儿墙封闭的空间。

设置屋面卷边：单击“选择”按钮，单击画好的屋面，单击“定义屋面卷边”下拉菜单，单击“设置所有边”，出现“请输入屋面卷边高度”对话框，如图 3.93 所示：填写屋面卷边高度 250，单击“确定”按钮。

汇总对屋面的量：屋面的工程量如图 3.94 所示。

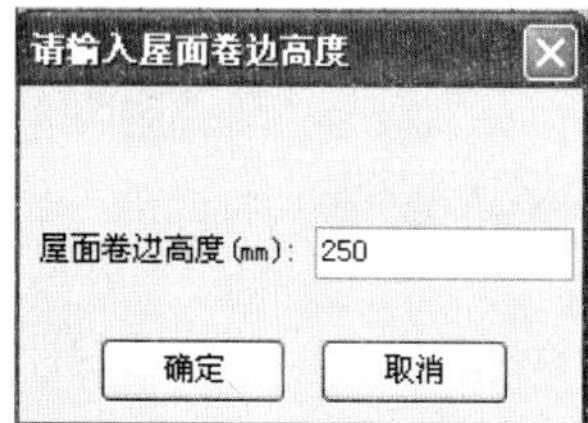


图 3.93　屋面卷边高度对话框

构件工程量 | 做法工程量

| | 编码 | 项目名称 | 单位 | 工程量 |
|---|---|---|---|---|
| 1 | 010803001 | 保温隔热屋面 | m² | 761.1318 |
| 2 | 010702001 | 屋面卷材防水 | m² | 793.8504 |

图 3.94　屋面的工程量

## 3.1.5　基础层工程量计算

1. 一层构件复制到基础层

1) 从其他楼层复制构件元图

单击“选择”按钮，单击“楼层”下拉菜单，单击“从其他楼层复制构件元图”，只复制墙和柱，如图 3.95 所示。

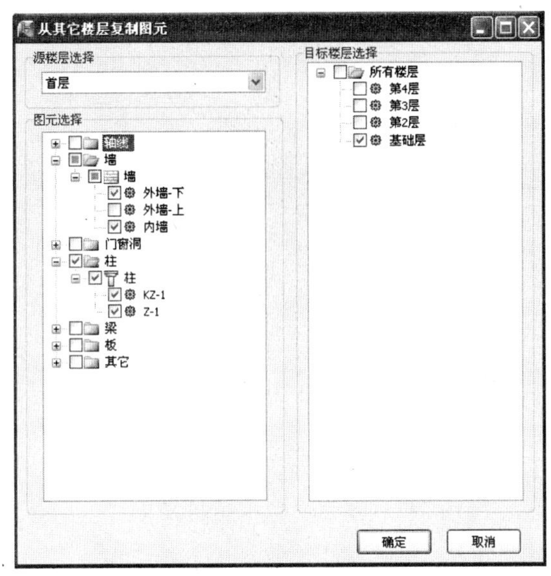


图 3.95　图元的复制

单击“确定”按钮，出现“提示”对话框，再单击“确定”按钮。

2) 修改墙的顶标高

单击左侧模块导航栏中的“墙”，选择其下的“墙”，单击“选择”按钮，拉框选择已经画好的所有的“外墙-下”，在下方的“属性编辑框”中修改墙的顶标高为层顶，按回车键。

2. 筏板基础

(1) 筏板基础的属性编辑。将楼层切换到基础层，单击左侧模块导航栏中“基础”，选择其下的“筏板基础”，单击“构件列表”中的“新建”按钮后的下三角按钮，单击“新建筏板基础”选项，在“属性编辑框”中输入相应属性。

(2) 筏板基础的构件做法，如图 3.96 所示。

| | 编码 | 类别 | 项目名称 | 单位 | 工程量表达式 | 表达式说明 |
|---|---|---|---|---|---|---|
| 1 | 010401003 | 项 | 满堂基础 | $m^3$ | TJ | TJ<体积> |

图 3.96　筏板基础的构件做法

单击“绘图”退出。

(3) 筏板基础的画法。单击“直线”按钮，单击(D，1)交点，单击(D，5)交点，单击“顺小弧”按钮，输入半径“5070”，单击(D，6)交点，单击“直线”按钮，单击(D，10)交点，单击(A，10)交点，单击(A，1)交点，单击(D,1)交点，单击鼠标右键结束。

筏板基础的偏移：单击“选择”按钮，选中画好的筏基，单击鼠标右键出现右键菜单，单击“偏移”按钮，出现“请选择偏移方式” 对话框，单击“整体偏移”按钮，单击“确定”按钮，鼠标往筏板基础的外侧拖动，输入偏移值 800，按回车键。

设置筏板基础的边坡：单击“选择”按钮，选中画好的筏基，单击“设置所有边坡”，选择边坡节点 3，输入相应数值，单击“确定”按钮，筏板基础边坡设置完成。

汇总对满基的量：满基的工程量如图 3.97 所示。

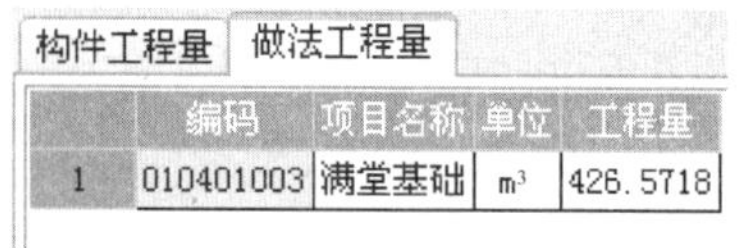

构件工程量 | 做法工程量

| | 编码 | 项目名称 | 单位 | 工程量 |
|---|---|---|---|---|
| 1 | 010401003 | 满堂基础 | m³ | 426.5718 |

图 3.97　满基的工程量

3. 基础梁的建法

1) 基础梁的建法

(1) 基础梁的属性编辑。根据图纸所示，基础梁有 3 个，分别为 JZL-1、JZL-2、JZL-3，这 3 个基础梁的尺寸相同，配筋不一样，在图形软件里对于尺寸一样的构件可以合并，所以我们在这里可以只建一个构件，操作如下。

单击左侧模块导航栏中的“基础梁”，单击“构件列表”中的“新建”按钮后的下三角按钮，单击“新建矩形基础梁”，在“属性编辑框”中输入相应属性。

(2) 基础梁的构件做法，如图 3.98 所示。

添加清单　添加定额　删除　项目特征　查询　换算　选择代码　编辑计算式

| | 编码 | 类别 | 项目名称 | 单位 | 工程量表达式 | 表达式说明 |
|---|---|---|---|---|---|---|
| 1 | 010403001 | 项 | 基础梁 | m³ | TJ | TJ<体积> |

图 3.98　基础梁的构件做法

单击“绘图”退出。

2) 基础梁的画法

根据图纸我们可以看到所有的基础梁都是居中布置在轴线上，而且所有的轴线上都有基础梁，因此很容易想到的一个方法就是“智能布置”，操作如下。

选择“基础梁”，单击“智能布置”，选择其下的“轴线”，拉框选择所有轴线，水平竖直的基础梁就画好了，用“单对齐”的方法将 1、10、A、D 轴线的梁靠柱子边

接下来画弧形部分，单击“顺小弧”按钮，输入半径“5070”，单击(D，5)交点，单击(D，6)交点，单击鼠标右键结束。画好的基础梁如图 3.99 所示。

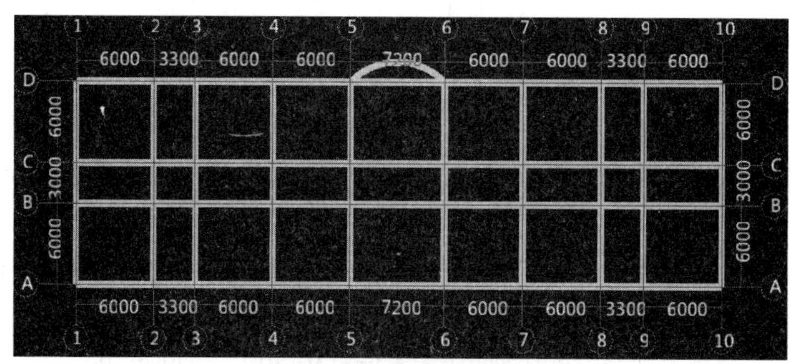


图 3.99　基础梁完成图

4. 垫层

1) 垫层的建法

(1) 垫层的属性编辑。单击左侧模块导航栏中的“垫层”，单击“构件列表”中的“新建”下拉菜单，单击“新建面式垫层”，在“属性编辑框”中输入相应属性。

(2) 垫层的构件做法。垫层的构件做法，如图 3.100 所示。

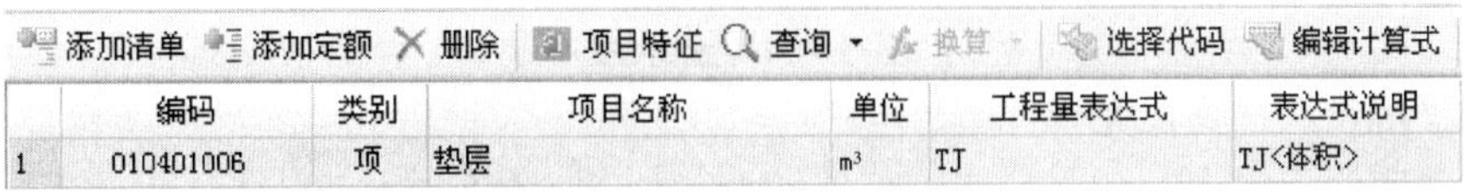

添加清单
添加定额
删除
项目特征
查询
换算
选择代码
编辑计算式
编码
类别
项目名称
单位
工程量表达式
表达式说明
1
010401006
项
垫层
m³
TJ
TJ<体积>

图 3.100 垫层的构件做法

单击“绘图”退出。

2) 垫层的画法

(1) 画满基垫层。选择“垫层”，单击“智能布置”，选择其下的“筏板”，单击画好的筏板基础，单击鼠标右键，出现“请输入出边距离”对话框，输入出边距离 100，单击“确定”按钮。

(2) 汇总满基垫层的量。满基垫层的量如图 3.101 所示。

5. 土方

选择“垫层”，单击“自动生成土方”，如图 3.102 所示。

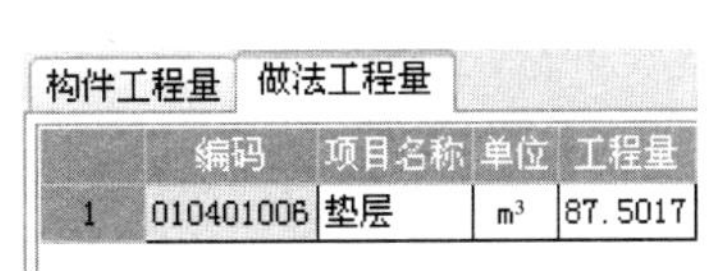

构件工程量
做法工程量
编码
项目名称
单位
工程量
1
010401006
垫层
m³
87.5017

图 3.101 满基垫层的量

请选择生成的土方类型
土方类型
基坑土方
基槽土方
大开挖土方
确定
取消

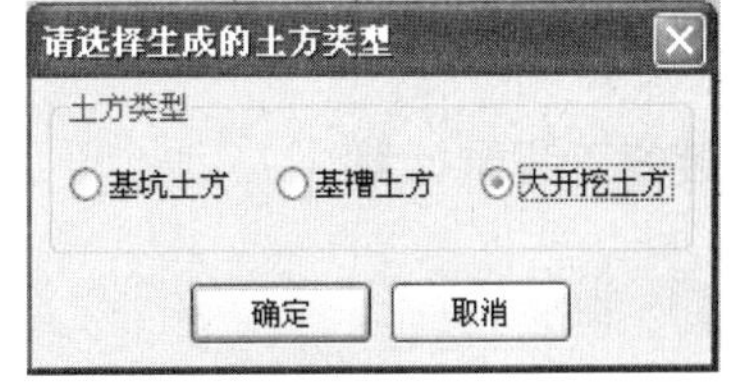

图 3.102 土方类型

选择“大开挖土方”，单击“确定”按钮，如图 3.103 所示。

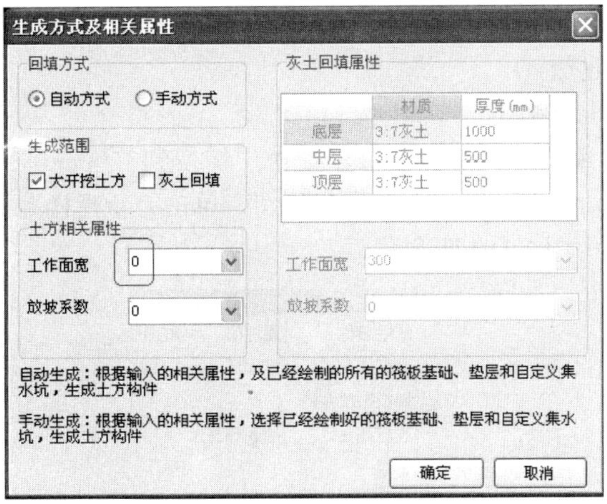

生成方式及相关属性
回填方式
自动方式
手动方式
生成范围
大开挖土方
灰土回填
土方相关属性
工作面宽
0
放坡系数
0
灰土回填属性
材质
厚度(mm)
底层
3:7灰土
1000
中层
3:7灰土
500
顶层
3:7灰土
500
工作面宽
300
放坡系数
0
自动生成：根据输入的相关属性，及已经绘制的所有的筏板基础、垫层和自定义集水坑，生成土方构件
手动生成：根据输入的相关属性，选择已经绘制好的筏板基础、垫层和自定义集水坑，生成土方构件
确定
取消

图 3.103 生成方式及相关属性

把工作面宽改为“0”，单击“确定”按钮，大开挖土方生成，如图 3.104 所示。

图 3.104 土方生成

单击“确定”按钮，完成。

进入“定义”界面，套取土方的构件做法，如图 3.105 所示。

添加清单 添加定额 删除 项目特征 查询 换算 选择代码 编辑计算式

| | 编码 | 类别 | 项目名称 | 单位 | 工程量表达式 | 表达式说明 |
|---|---|---|---|---|---|---|
| 1 | 010101003 | 项 | 挖基础土方 | $m^3$ | TFTJ | TFTJ<土方体积> |
| 2 | 010103001 | 项 | 土(石)方回填 | $m^3$ | STHTTJ | STHTTJ<素土回填体积> |

图 3.105

大开挖土方的工程量，如图 3.106 所示。

构件工程量 做法工程量

| | 编码 | 项目名称 | 单位 | 工程量 |
|---|---|---|---|---|
| 1 | 010103001 | 土(石)方回填 | $m^3$ | 418.5384 |
| 2 | 010101003 | 挖基础土方 | $m^3$ | 1006.2701 |

图 3.106 大开挖土方的工程量

### 3.1.6 装修工程量计算

1. 室内装修

现在我们来做房间装修的工程量，广联达图形 2008 将房间分成了地面、楼面、踢脚、墙面、天棚、吊顶等构件，而房间处理的思路是先定义部位(地面、楼面、踢脚、墙面、天棚、吊顶等构件)，再依附(依附的同时做法也依附了进去)到房间里，再点画房间。定义地面、踢脚等构件的方法和前面定义主体的构件类似，根据图纸我们先来定义房间的各个构件。

1) 首层构件的建法

我们以首层房间为例。

(1) 地面的属性编辑和构件做法。先把楼层切换到首层，单击“装修”，选择其下的“楼地面”，单击“新建”按钮后的下三角按钮，单击“新建楼地面”选项，楼地面的属性编辑建立如图 3.107～图 3.112 所示。

属性编辑框

| 属性名称 | 属性值 | 附加 |
|---|---|---|
| 名称 | 地面1 | |
| 块料厚度(mm) | 0 | ☐ |
| 顶标高(m) | 层底标高 | ☐ |
| 备注 | | ☐ |

图 3.107 属性编辑框(十二)

添加清单 添加定额 × 删除 项目特征 查询 换算 选择代码 编辑计算式

| | 编码 | 类别 | 项目名称 | 单位 | 工程量表达式 | 表达式说明 |
|---|---|---|---|---|---|---|
| 1 | 020102001 | 项 | 石材楼地面(大理石) | $m^2$ | KLDMJ | KLDMJ<块料地面积> |

图 3.108 石材楼地面的构件做法

属性编辑框

| 属性名称 | 属性值 | 附加 |
|---|---|---|
| 名称 | 地面2 | |
| 块料厚度(mm) | 0 | □ |
| 顶标高(m) | 层底标高 | □ |
| 备注 | | □ |

图 3.109 属性编辑框(十三)

添加清单 添加定额 × 删除 项目特征 查询 换算 选择代码 编辑计算式

| | 编码 | 类别 | 项目名称 | 单位 | 工程量表达式 | 表达式说明 |
|---|---|---|---|---|---|---|
| 1 | 020101001 | 项 | 水泥砂浆楼地面 | $m^2$ | DMJ | DMJ<地面积> |

图 3.110 水泥砂浆楼地面的构件做法

属性编辑框

| 属性名称 | 属性值 | 附加 |
|---|---|---|
| 名称 | 地面3 | |
| 块料厚度(mm) | 0 | □ |
| 顶标高(m) | 层底标高 | □ |
| 备注 | | □ |

图 3.111 属性编辑框(十四)

添加清单 添加定额 × 删除 项目特征 查询 换算 选择代码 编辑计算式

| | 编码 | 类别 | 项目名称 | 单位 | 工程量表达式 | 表达式说明 |
|---|---|---|---|---|---|---|
| 1 | 020102002 | 项 | 块料楼地面(防滑地砖) | $m^2$ | KLDMJ | KLDMJ<块料地面积> |

图 3.112 块料楼地面的构件做法

(2) 踢脚的属性编辑和构件做法。用同样的方法建立踢脚，如图 3.113～图 3.116 所示。

属性编辑框

| 属性名称 | 属性值 | 附加 |
|---|---|---|
| 名称 | 踢脚1 | |
| 块料厚度(mm) | 0 | □ |
| 高度(mm) | 120 | □ |
| 起点底标高(m) | 墙底标高 | □ |
| 终点底标高(m) | 墙底标高 | □ |
| 备注 | | □ |

图 3.113 属性编辑框(十五)

添加清单 添加定额 × 删除 项目特征 查询 换算 选择代码 编辑计算式

| | 编码 | 类别 | 项目名称 | 单位 | 工程量表达式 | 表达式说明 |
|---|---|---|---|---|---|---|
| 1 | 020105003 | 项 | 块料踢脚线(地砖) | $m^2$ | TJKLMJ | TJKLMJ<踢脚块料面积> |

图 3.114 块料踢脚线的构件做法

| 属性名称 | 属性值 | 附加 |
| --- | --- | --- |
| 名称 | 踢脚2 | |
| 块料厚度(mm) | 0 | ☐ |
| 高度(mm) | 120 | ☐ |
| 起点底标高(m) | 墙底标高 | ☐ |
| 终点底标高(m) | 墙底标高 | ☐ |
| 备注 | | ☐ |

图 3.115　属性编辑框(十六)

| | 编码 | 类别 | 项目名称 | 单位 | 工程量表达式 | 表达式说明 |
| --- | --- | --- | --- | --- | --- | --- |
| 1 | 020105002 | 项 | 石材踢脚线(大理石) | $m^2$ | TJMHMJ | TJMHMJ<踢脚抹灰面积> |

图 3.116　石材踢脚线的构件做法

(3) 墙面的属性编辑和构件做法。如图 3.117～图 3.120 所示。

| 属性名称 | 属性值 | 附加 |
| --- | --- | --- |
| 名称 | 墙面1 | |
| 所附墙材质 | | ☐ |
| 块料厚度(mm) | 0 | ☐ |
| 内/外墙面标志 | 内墙面 | ☐ |
| 起点顶标高(m) | 墙顶标高 | ☐ |
| 终点顶标高(m) | 墙顶标高 | ☐ |
| 起点底标高(m) | 墙底标高 | ☐ |
| 终点底标高(m) | 墙底标高 | ☐ |
| 备注 | | ☐ |

图 3.117　属性编辑框(十七)

| | 编码 | 类别 | 项目名称 | 单位 | 工程量表达式 | 表达式说明 |
| --- | --- | --- | --- | --- | --- | --- |
| 1 | 020201001 | 项 | 墙面一般抹灰(水泥砂浆) | $m^2$ | QMMHMJ | QMMHMJ<墙面抹灰面积> |

图 3.118　墙面一般抹灰的构件做法

| 属性名称 | 属性值 | 附加 |
| --- | --- | --- |
| 名称 | 墙面2 | |
| 所附墙材质 | | ☐ |
| 块料厚度(mm) | 0 | ☐ |
| 内/外墙面标志 | 内墙面 | ☐ |
| 起点顶标高(m) | 墙顶标高 | ☐ |
| 终点顶标高(m) | 墙顶标高 | ☐ |
| 起点底标高(m) | 墙底标高 | ☐ |
| 终点底标高(m) | 墙底标高 | ☐ |
| 备注 | | ☐ |

图 3.119　属性编辑框(十八)

| | 编码 | 类别 | 项目名称 | 单位 | 工程量表达式 | 表达式说明 |
| --- | --- | --- | --- | --- | --- | --- |
| 1 | 020204003 | 项 | 块料墙面(瓷砖墙面) | $m^2$ | QMKLMJ | QMKLMJ<墙面块料面积> |

图 3.120　块料墙面的构件做法

(4) 吊顶的属性编辑和构件做法。如图 3.121～图 3.124 所示。

属性编辑框

| 属性名称 | 属性值 | 附加 |
| --- | --- | --- |
| 名称 | 吊顶1 | |
| 离地高度(mm) | 2700 | □ |
| 备注 | | □ |

图 3.121　属性编辑框(十九)

添加清单 添加定额 删除 项目特征 查询 换算 选择代码 编辑计算式

| | 编码 | 类别 | 项目名称 | 单位 | 工程量表达式 | 表达式说明 |
| --- | --- | --- | --- | --- | --- | --- |
| 1 | 020302001 | 项 | 天棚吊顶(铝合金条板) | $m^2$ | DDMJ | DDMJ<吊顶面积> |
| 2 | 020302001 | 项 | 天棚吊顶(U型龙骨) | $m^2$ | DDMJ | DDMJ<吊顶面积> |

图 3.122　天棚吊顶的构件做法(一)

属性编辑框

| 属性名称 | 属性值 | 附加 |
| --- | --- | --- |
| 名称 | 吊顶2 | |
| 离地高度(mm) | 2700 | □ |
| 备注 | | □ |

图 3.123　属性编辑框(二十)

添加清单 添加定额 删除 项目特征 查询 换算 选择代码 编辑计算式

| | 编码 | 类别 | 项目名称 | 单位 | 工程量表达式 | 表达式说明 |
| --- | --- | --- | --- | --- | --- | --- |
| 1 | 020302001 | 项 | 天棚吊顶(岩棉吸音板) | $m^2$ | DDMJ | DDMJ<吊顶面积> |
| 2 | 020302001 | 项 | 天棚吊顶(T型龙骨) | $m^2$ | DDMJ | DDMJ<吊顶面积> |

图 3.124　天棚吊顶和构件做法(二)

(5) 房心回填的属性编辑和构件做法。如图 3.125～3.130 所示。

属性编辑框

| 属性名称 | 属性值 | 附加 |
| --- | --- | --- |
| 名称 | 房心回填1 | |
| 厚度(mm) | 850 | □ |
| 顶标高(m) | -0.15 | □ |
| 回填方式 | 夯填 | □ |
| 备注 | | □ |

图 3.125　属性编辑框(二十一)

添加清单 添加定额 删除 项目特征 查询 换算 选择代码 编辑计算式

| | 编码 | 类别 | 项目名称 | 单位 | 工程量表达式 | 表达式说明 |
| --- | --- | --- | --- | --- | --- | --- |
| 1 | 010103001 | 项 | 土(石)方回填(房心回填) | $m^3$ | FXHTTJ | FXHTTJ<房心回填体积> |

图 3.126　土方回填的构件做法(一)

属性编辑框

| 属性名称 | 属性值 | 附加 |
| --- | --- | --- |
| 名称 | 房心回填2 | |
| 厚度(mm) | 820 | □ |
| 顶标高(m) | 0 | □ |
| 回填方式 | 夯填 | □ |
| 备注 | | □ |

图 3.127　属性编辑框(二十二)

添加清单 添加定额 删除 项目特征 查询 换算 选择代码 编辑计算式

| | 编码 | 类别 | 项目名称 | 单位 | 工程量表达式 | 表达式说明 |
|---|---|---|---|---|---|---|
| 1 | 010103001 | 项 | 土(石)方回填(房心回填) | m³ | FXHTTJ | FXHTTJ<房心回填体积> |

图 3.128　土方回填的构件做法(二)

属性编辑框

| 属性名称 | 属性值 | 附加 |
|---|---|---|
| 名称 | 房心回填3 | |
| 厚度(mm) | 780 | ☐ |
| 顶标高(m) | -0.22 | ☐ |
| 回填方式 | 夯填 | ☐ |
| 备注 | | ☐ |

图 3.129　属性编辑框(二十三)

添加清单 添加定额 删除 项目特征 查询 换算 选择代码 编辑计算式

| | 编码 | 类别 | 项目名称 | 单位 | 工程量表达式 | 表达式说明 |
|---|---|---|---|---|---|---|
| 1 | 010103001 | 项 | 土(石)方回填(房心回填) | m³ | FXHTTJ | FXHTTJ<房心回填体积> |

图 3.130　土方回填的构件做法(三)

2) 首层房间的建法

前面我们已经建立好房间各构件的属性和做法，在这里需要把各个构件组合成各个房间。首层房间组合见“建施-01”的“室内装修做法表”。

(1) 办公室的组合。单击“房间” ，单击“新建”，单击“新建房间” ，修改房间名称为“首层办公室” ，单击“定义”按钮 ，进入依附构件类型界面，按照图纸添加构件：地面 1、踢脚 2、内墙面 1、吊顶 1，房心回填 1 ，操作如下。

单击“楼地面”，单击“添加依附构件”，单击“踢脚”，单击“添加依附构件”，单击构件名称下拉菜单，选择“踢脚 2”，单击“墙面”，单击“添加依附构件”，单击“吊顶”，单击“添加依附构件”，单击“房心回填”，单击“添加依附构件”，如图 3.131 所示。

图 3.131　添加依附构件

完成“办公室”的组合，用相同的方法组合大厅、会议室、厕所、走廊等其他房间。单击“绘图”退出。

(2) 办公室的画法。定义完所有房间后，我们需要用虚墙把所有的房间分隔出来，单击左侧模块导航栏中的“墙”，选择其下的“墙”，单击“新建”按钮后的下三角按钮，选择“新建虚墙”选项，单击“直线”，单击(2、C)，(3、C)轴线交点，单击鼠标右键完成，用相同方法完成(8、C)和(9、C)之间，(5、B)和(6、B)之间的虚墙。单击“选择”按钮，选中画好的虚墙，单击“偏移”按钮，鼠标拖动到B/C轴之间，在光标栏里输入“100”，按回车键完成。

单击“房间”，单击“点”，按照图纸建施-02，完成各个房间的绘制。

(3) 汇总对房间的量。房间的工程量，如图3.132所示。

构件工程量 | 做法工程量

| | 编码 | 项目名称 | 单位 | 工程量 |
|---|---|---|---|---|
| 1 | 020102002 | 块料楼地面(防滑地砖) | m² | 66.9835 |
| 2 | 020102001 | 石材楼地面(大理石) | m² | 611.1512 |
| 3 | 020101001 | 水泥砂浆楼地面 | m² | 38.13 |
| 4 | 020302001 | 天棚吊顶(T型龙骨) | m² | 207.22 |
| 5 | 020302001 | 天棚吊顶(U型龙骨) | m² | 475.2019 |
| 6 | 020302001 | 天棚吊顶(铝合金条板) | m² | 475.2019 |
| 7 | 020302001 | 天棚吊顶(岩棉吸音板) | m² | 207.22 |
| 8 | 020204003 | 块料墙面(瓷砖墙面) | m² | 215.0475 |
| 9 | 020201001 | 墙面一般抹灰(水泥砂浆) | m² | 1084.6995 |
| 10 | 020105003 | 块料踢脚线(地砖) | m² | 6.84 |
| 11 | 020105002 | 石材踢脚线(大理石) | m² | 46.0377 |
| 12 | 010103001 | 土(石)方回填(房心回填) | m³ | 586.2077 |

图3.132 房间的工程量

二层、三层的房间画法与首层相同，所以到二层、三层只需把多余的构件删除即可，其他房间的装修做法可以直接在首层用“复制选定构件到其他层”复制上去，再修改地面做法，删除房心回填即可。

2. 室外装修

1) 外墙面的建法

外墙面的属性编辑：单击“墙面”，单击 “构件列表”中的“新建”按钮后的下三角按钮，单击“新建外墙面”选项，在 “属性编辑框”中输入相应属性。

外墙面的构件做法：板的构件做法，如图3.133所示。

添加清单 添加定额 删除 项目特征 查询 换算 选择代码 编辑计算式

| | 编码 | 类别 | 项目名称 | 单位 | 工程量表达式 | 表达式说明 |
|---|---|---|---|---|---|---|
| 1 | 020204003 | 项 | 块料墙面(瓷砖外墙面) | m² | QMKLMJ | QMKLMJ<墙面块料面积> |

图3.133 外墙面的构件做法

2) 外墙裙的建法

外墙裙的属性编辑：单击“墙裙”，单击“构件列表”中的“新建”按钮后的下三角按钮，单击“新建外墙裙”选项，在 “属性编辑框”中输入相应属性。

外墙裙的构件做法：板的构件做法，如图3.134所示。

添加清单 添加定额 删除 项目特征 查询 换算 选择代码 编辑计算式

| | 编码 | 类别 | 项目名称 | 单位 | 工程量表达式 | 表达式说明 |
|---|---|---|---|---|---|---|
| 1 | 020204001 | 项 | 石材墙面(外墙裙) | m² | QQKLMJ | QQKLMJ<墙裙块料面积> |

图3.134 外墙裙的构件做法

外墙面，外墙裙的画法：楼层切换到首层，单击“外墙面”，单击“智能布置”，选择“墙材质”，在出现的“选择附着墙材质”对话框里选择“砌块”和“砖”，单击“确定”按钮。

单击“外墙裙”，单击“智能布置”，选择“墙材质”，在出现的“选择附着墙材质”对话框里选择“砌块”，单击“确定”按钮。这样首层的外墙面，外墙裙就画好了。

其他楼层的外墙面画法相同。

3) 室外装修的工程量

室外装修工程量见表 3-1。

表 3-1 室外装修工程量汇总表

| 序号 | 编码 | 项目名称 | 单位 | 工程量 |
|---|---|---|---|---|
| 1 | 020204001001 | 石材墙面(外墙裙) | $m^2$ | 115.063 6 |
| 2 | 020204003002 | 块料墙面(瓷砖外墙面) | $m^2$ | 1 242.161 9 |
| … | | | | |

## 3.2 钢筋算量软件应用实训

### 3.2.1 钢筋算量准备

1. 新建工程

双击广联达软件图标，弹出欢迎界面。

(1) 单击“新建向导”，进入“新建工程”界面。

(2) 输入工程名称，选择损耗模板、报表类别、计算规则、汇总方式。在这里，工程名称为“办公大楼”，损耗模板为“不计算损耗”，报表类别为“全统(2000)”，计算规则为“03G101”，汇总方式为“按外皮计算钢筋长度”，如图 3.135 所示。

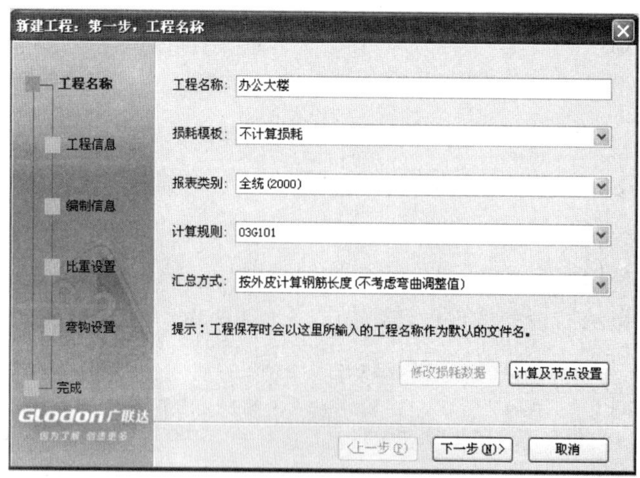


图 3.135 “工程名称”界面

(3) 单击“下一步”按钮，进入“工程信息”界面，如图3.136所示。在此界面按照图纸输入。

提示：在这里大家应注意对话框下方的“提示”信息，提示信息告诉大家这里填入的信息会对软件中的哪些内容产生影响，大家可根据实际工程情况和提示信息，填入信息。

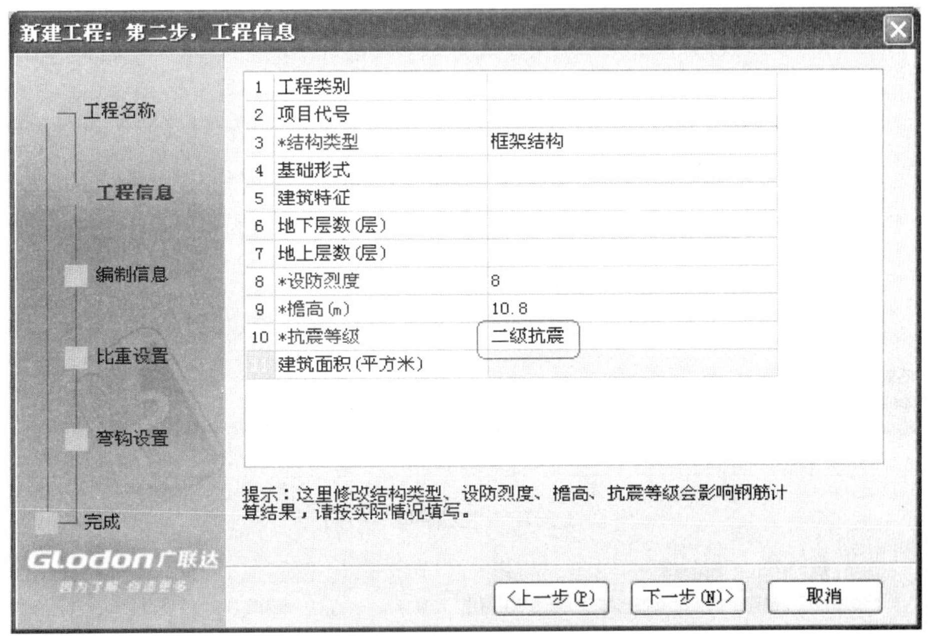


图3.136 “工程信息”界面

(4) 单击“下一步”按钮，进入“编制信息”界面。

(5) 单击“下一步”按钮，进入“比重设置”界面。

**特别提示**

该部分内容图纸没有特殊要求，可以不需要修改。

(6) 单击“下一步”按钮，进入“完成”界面。

(7) 单击“完成”按钮，进入“楼层管理”界面。

2. 建立楼层

进入“楼层管理”界面，如图3.137所示。

(1) 界面分为两部分，“界面1”与“界面2”，根据图纸建施-08设定楼层，在“界面1”单击“插入楼层”按钮，单击3下，根据图纸修改楼层层高，如图3.138所示。

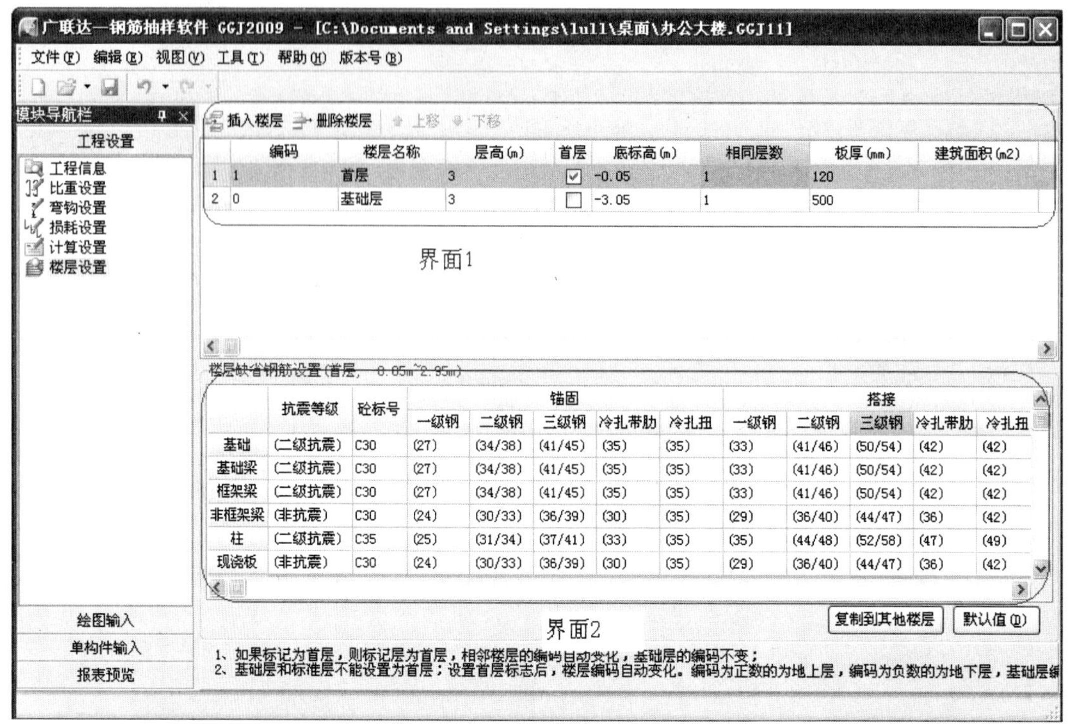


图 3.137 “楼层管理”界面

插入楼层 删除楼层 上移 下移

| | 编码 | 楼层名称 | 层高(m) | 首层 | 底标高(m) | 相同层数 | 板厚(mm) |
|---|---|---|---|---|---|---|---|
| 1 | 4 | 屋面层 | 0.6 | ☐ | 10.75 | 1 | 120 |
| 2 | 3 | 第3层 | 3.6 | ☐ | 7.15 | 1 | 120 |
| 3 | 2 | 第2层 | 3.6 | ☐ | 3.55 | 1 | 120 |
| 4 | 1 | 首层 | 3.6 | ☑ | -0.05 | 1 | 120 |
| 5 | 0 | 基础层 | 1.45 | ☐ | -1.5 | 1 | 500 |

图 3.138 插入楼层

**特别提示**

(1) 这里可以修改“楼层名称”为“屋面层”。

(2) 这里软件默认的板厚 120，可以先不用照图修改，在后面计算板钢筋时再照图修改。

(2) 根据图纸建施-01 与结施-01 设计的混凝土标号与保护层厚度，在软件中设置，如图 3.139 所示。

(3) 现在修改了“首层”的混凝土标号与保护层厚度，修改其他层时，可在目前界面下，单击“复制到其他楼层”，单击“确定”按钮。

楼层缺省钢筋设置(首层，-0.05m~3.55m)

| | 抗震等级 | 砼标号 | 锚固 | | | | | 搭接 | | | | | 保护层厚/mm |
|---|---|---|---|---|---|---|---|---|---|---|---|---|---|
| | | | 一级钢 | 二级钢 | 三级钢 | 冷扎带肋 | 冷扎扭 | 一级钢 | 二级钢 | 三级钢 | 冷扎带肋 | 冷扎扭 | |
| 基础 | (二级抗震) | C30 | (27) | (34/38) | (41/45) | (35) | (35) | (33) | (41/46) | (50/54) | (42) | (42) | 40 |
| 基础梁 | (二级抗震) | C30 | (27) | (34/38) | (41/45) | (35) | (35) | (33) | (41/46) | (50/54) | (42) | (42) | 40 |
| 框架梁 | (二级抗震) | C30 | (27) | (34/38) | (41/45) | (35) | (35) | (33) | (41/46) | (50/54) | (42) | (42) | 30 |
| 非框架梁 | (非抗震) | C30 | (24) | (30/33) | (36/39) | (30) | (35) | (29) | (36/40) | (44/47) | (36) | (42) | 30 |
| 柱 | (二级抗震) | C30 | (27) | (34/38) | (41/45) | (35) | (35) | (38) | (48/54) | (58/63) | (49) | (49) | 30 |
| 现浇板 | (非抗震) | C30 | (24) | (30/33) | (36/39) | (30) | (35) | (29) | (36/40) | (44/47) | (36) | (42) | 15 |
| 剪力墙 | (二级抗震) | C35 | (25) | (31/34) | (37/41) | (33) | (35) | (30) | (38/41) | (45/50) | (40) | (42) | 15 |
| 墙梁 | (二级抗震) | C35 | (25) | (31/34) | (37/41) | (33) | (35) | (30) | (38/41) | (45/50) | (40) | (42) | 25 |
| 墙柱 | (二级抗震) | C35 | (25) | (31/34) | (37/41) | (33) | (35) | (35) | (44/48) | (52/58) | (47) | (49) | 30 |
| 圈梁 | (二级抗震) | C25 | (31) | (38/42) | (46/51) | (41) | (40) | (44) | (54/59) | (65/72) | (58) | (56) | 15 |
| 构造柱 | (二级抗震) | C25 | (31) | (38/42) | (46/51) | (41) | (40) | (44) | (54/59) | (65/72) | (58) | (56) | 15 |
| 其它 | (非抗震) | C25 | (27) | (34/37) | (40/44) | (35) | (40) | (33) | (41/45) | (48/53) | (42) | (48) | 15 |

图 3.139　楼层缺省钢筋设置

**特别提示**

(1) 根据图纸要求选定楼层，目前这个工程整楼全部相同，所以全部“选中”。

(2) 影响钢筋长度计算结果因素的有：锚固、搭接值、保护层厚度、构件长度，但钢筋的锚固与搭接值由砼标号、抗震等级、钢筋直径决定，所以在此要照图纸设定砼标号、抗震等级，这样软件会自动判断锚固、搭接值。

(4) 根据图纸结施-01 要求，单击“计算设置”后，再单击“搭接设置”，出现如下界面，按照图纸要求，修改后界面如图 3.140 所示。

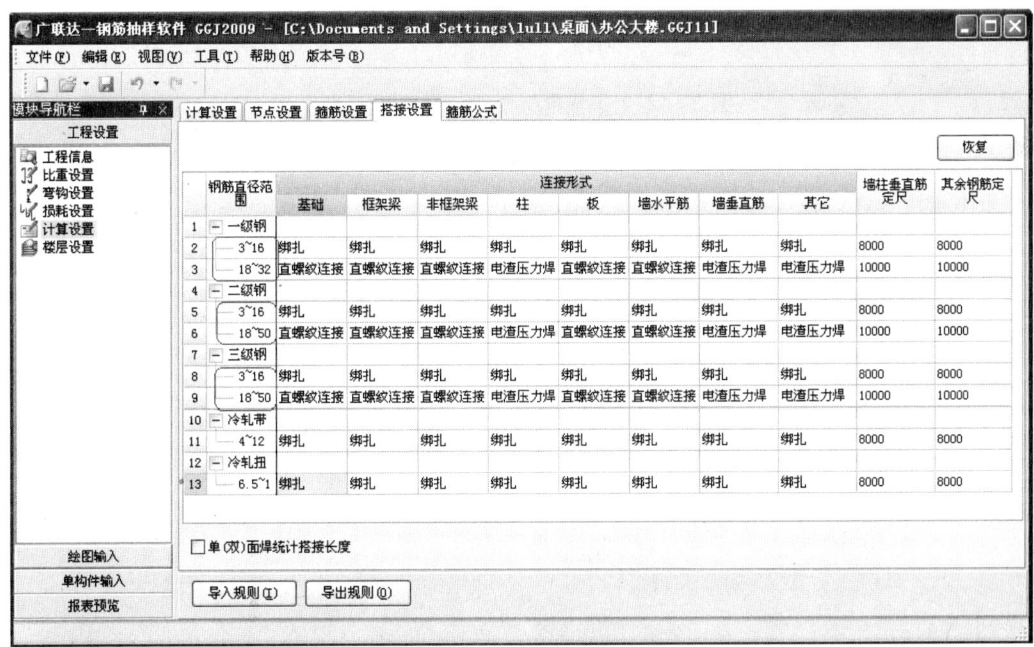


| | 钢筋直径范围 | 连接形式 | | | | | | | | 墙柱垂直筋定尺 | 其余钢筋定尺 |
|---|---|---|---|---|---|---|---|---|---|---|---|
| | | 基础 | 框架梁 | 非框架梁 | 柱 | 板 | 墙水平筋 | 墙垂直筋 | 其它 | | |
| 1 | − 一级钢 | | | | | | | | | | |
| 2 | 3~16 | 绑扎 | 绑扎 | 绑扎 | 绑扎 | 绑扎 | 绑扎 | 绑扎 | 绑扎 | 8000 | 8000 |
| 3 | 18~32 | 直螺纹连接 | 直螺纹连接 | 直螺纹连接 | 电渣压力焊 | 直螺纹连接 | 直螺纹连接 | 电渣压力焊 | 电渣压力焊 | 10000 | 10000 |
| 4 | − 二级钢 | | | | | | | | | | |
| 5 | 3~16 | 绑扎 | 绑扎 | 绑扎 | 绑扎 | 绑扎 | 绑扎 | 绑扎 | 绑扎 | 8000 | 8000 |
| 6 | 18~50 | 直螺纹连接 | 直螺纹连接 | 直螺纹连接 | 电渣压力焊 | 直螺纹连接 | 直螺纹连接 | 电渣压力焊 | 电渣压力焊 | 10000 | 10000 |
| 7 | − 三级钢 | | | | | | | | | | |
| 8 | 3~16 | 绑扎 | 绑扎 | 绑扎 | 绑扎 | 绑扎 | 绑扎 | 绑扎 | 绑扎 | 8000 | 8000 |
| 9 | 18~50 | 直螺纹连接 | 直螺纹连接 | 直螺纹连接 | 电渣压力焊 | 直螺纹连接 | 直螺纹连接 | 电渣压力焊 | 电渣压力焊 | 10000 | 10000 |
| 10 | − 冷轧带 | | | | | | | | | | |
| 11 | 4~12 | 绑扎 | 绑扎 | 绑扎 | 绑扎 | 绑扎 | 绑扎 | 绑扎 | 绑扎 | 8000 | 8000 |
| 12 | − 冷轧扭 | | | | | | | | | | |
| 13 | 6.5~1 | 绑扎 | 绑扎 | 绑扎 | 绑扎 | 绑扎 | 绑扎 | 绑扎 | 绑扎 | 8000 | 8000 |

图 3.140　“搭接设置”界面

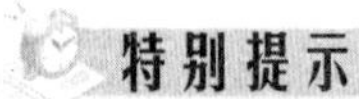


修改时按图纸要求，设定“钢筋直径范围”直径在 18 ~ 50 范围，选择“直螺纹连接”，小于直径 18 的直径 3 ~ 16 的选择“绑扎”，当输入相应的范围数值时，软件会自动判断区域。

3. 建立轴网

(1) 单击“构件列表”、“属性”两个按钮，如图 3.141 所示。

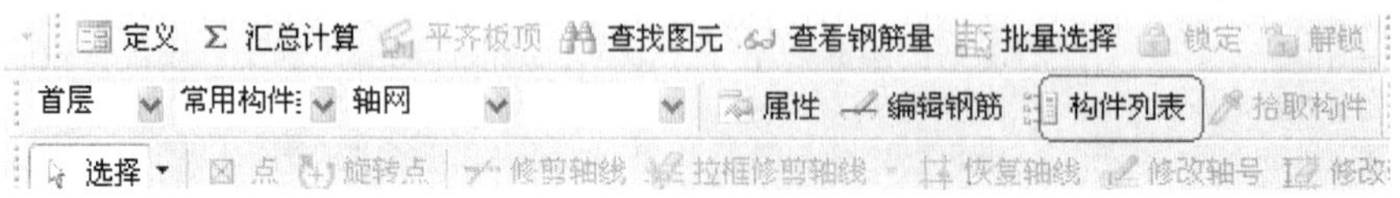


图 3.141 “构件列表”与“属性”

选择模块导航栏中的“轴网”，单击构建列表中的“新建”按钮后的下三角按钮，单击“新建正交轴网”选项，如图 3.142 所示，进入“新建轴网”界面。

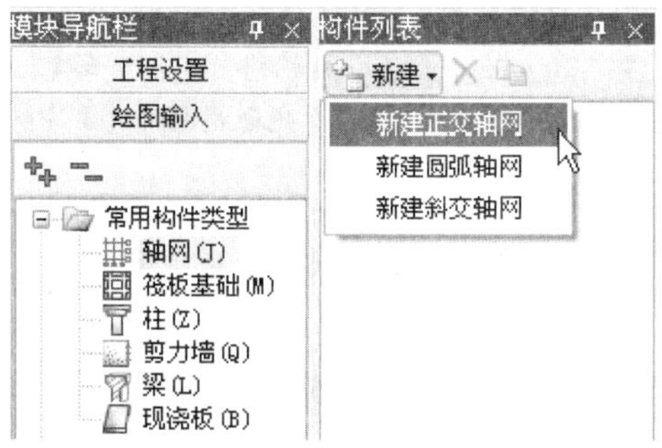


图 3.142 “模块导航栏”与“构件列表”

(2) 根据图纸，单击“下开间”输入所需轴距 6 000，按回车键，如图 3.143 所示。根据图纸依次输入上开间所需的轴距，如图 3.144 所示。

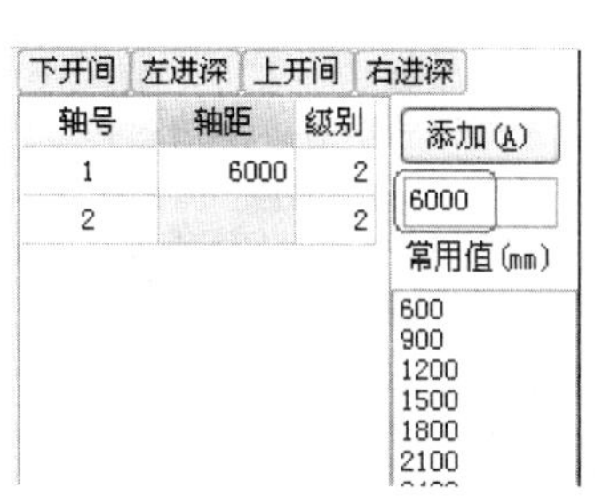


图 3.143 输入上开间轴距

下开间 | 左进深 | 上开间 | 右进深

| 轴号 | 轴距 | 级别 |
| --- | --- | --- |
| 1 | 6000 | 2 |
| 2 | 3300 | 1 |
| 3 | 6000 | 1 |
| 4 | 6000 | 1 |
| 5 | 7200 | 1 |
| 6 | 6000 | 1 |
| 7 | 6000 | 1 |
| 8 | 3300 | 1 |
| 9 | 6000 | 1 |
| 10 |  | 2 |

添加(A)
6000
常用值(mm)
600
900
1200
1500
1800
2100
2400
2700
3000
3300
3600

图 3.144 输入下开间轴距

(3) 同理，根据图纸输入所需的所有轴距，单击“绘图”进入“绘图界面”，单击“确定”按钮，出现如图 3.145 所示的界面。

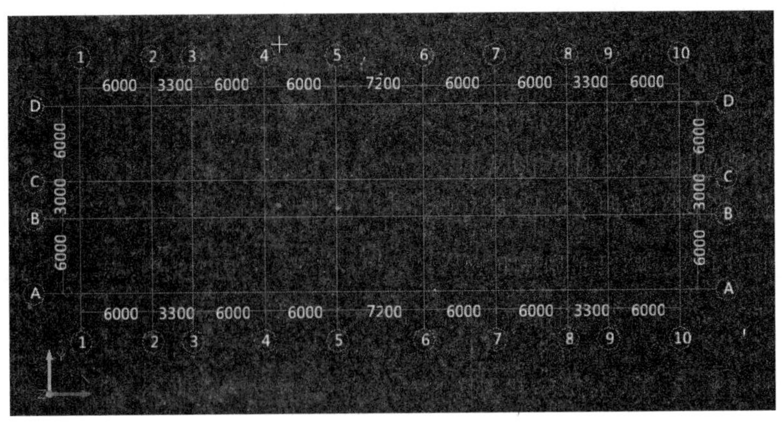

图 3.145　轴网建立完成图

到此轴网建立完成。

### 3.2.2　标准层构件的定义、画法

1. 首层柱子的属性及画法

1) 柱子建法

(1) KZ1 的属新建法，操作步骤如下。

① 单击左侧导航栏中的“柱”，选择其下的“柱”。

② 单击“构件列表”中的“新建”按钮后的下三角按钮，单击“新建矩形柱”选项，如图 3.146 所示。

③ 单击“属性”按钮，出现“属性编辑”对话框，根据图纸结施-02 填写 KZ1 的钢筋信息。

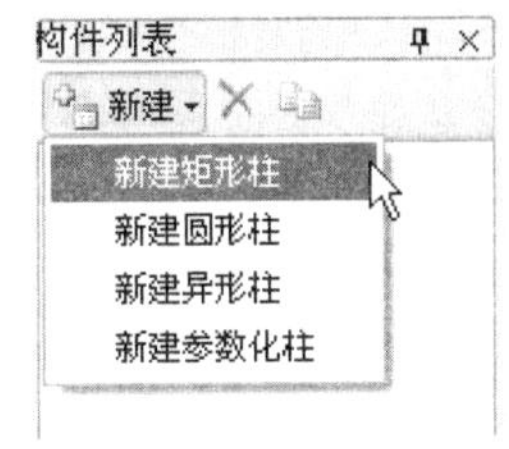


图 3.146　构件列表(四)

(2) Z1250*250 建法。Z1 的建法与 KZ1 的建法完全相同，Z1 建好后单击工具栏中的“选择构件”按钮，退出“属性编辑”界面，进入绘图界面。

2) 柱子的画法

从首层平面图可以看出，1-5 轴与 6-10 轴的构件是完全对称的，我们可以先画 1-5 轴的构件，然后利用“镜像”的功能，把其他构件画好。

(1) KZ1 的画法。打开图纸结施-02，单击模块导航栏中的“柱”，选择其下的“柱”，从构件列表界面中选择 KZ1，单击“点”画法，单击(A，1)交点就可以了，其他 1-5 轴线不偏移柱子的画法同上。

(2) Z1 的画法。首先选择 Z1 后，光标放在(D，2)交点，按 Shift 键，单击鼠标左键，弹出偏移对话框，填写偏移值 X=0，Y=-1 225，如图 3.147 所示单击“确定”按钮，Z1 就画好了，另一个 Z1 画法相同。

再单击“选择”按钮，选中所有柱子，单击鼠标右键，在菜单栏里选择“镜像”，单击界面下方捕捉工具栏中的“中点”，单击 5-6 轴线间的两处中点(黄色小三角)，出现如

图 3.148 所示的对话框，单击“否”按钮即可。

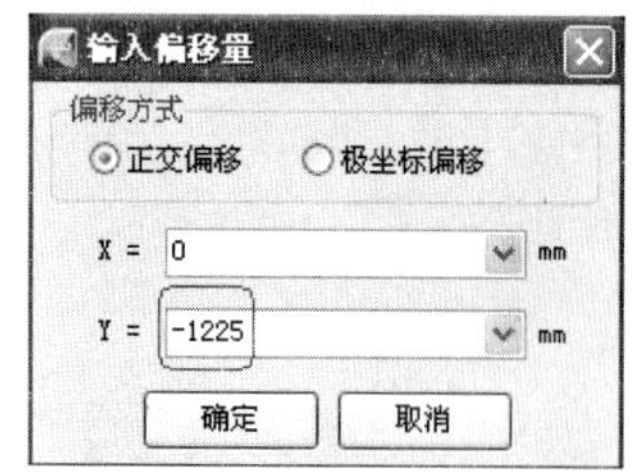


图 3.147 “输入偏移量”对话框(六)

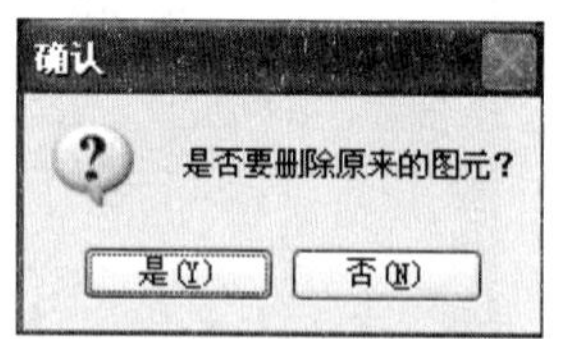


图 3.148 “确认”对话框(二)

2. 首层梁的属性及画法

1) 横梁的属性建法

(1) KL1 的属性建法。现以 KL1 为例：单击左侧模块导航栏中的“梁”，选择其中的“梁”；单击“新建”按钮后的下三角按钮，单击“新建矩形梁”选项，根据图纸结施-03，在“属性编辑”对话框中填写 KL1 的钢筋信息，如图 3.149 所示。

属性编辑器

| | 属性名称 | 属性值 | 附加 |
|---|---|---|---|
| 1 | 名称 | KL1 | |
| 2 | 类别 | 楼层框架梁 | |
| 3 | 截面宽度(mm) | 300 | |
| 4 | 截面高度(mm) | 600 | |
| 5 | 轴线距梁左边线距 | (150) | |
| 6 | 跨数量 | | |
| 7 | 箍筋 | A10@100/200(2) | |
| 8 | 肢数 | 2 | |
| 9 | 上部通长筋 | 4B25 | |
| 10 | 下部通长筋 | 4B25 | |
| 11 | 侧面纵筋 | | |
| 12 | 拉筋 | | |
| 13 | 其他箍筋 | | |
| 14 | 备注 | | |
| 15 | + 其他属性 | | |
| 23 | + 锚固搭接 | | |

图 3.149 属性编辑框(二十四)

KL2、KL3、KL4 建属性方法同 KL1。

(2) L1 的属性建法。L1 的属性建法与 KL1 完全相同，需要区别的是两道梁的“类别”不同。

其余梁属性建法与 L1 完全相同。

2) 横梁的画法

(1) KL1 的画法如下。

① 打开图纸结施-03，选择 KL1，单击“直线”画法，单击(1，A)轴线交点，单击(10，A)轴线相交点，单击鼠标右键结束。

② 其他框架梁的画法：按照图纸位置画入“框架梁”，画法与画“KL1”相同。

③ KL1，KL4 为偏心构件，即构件的中心线与轴线不重合，画完图后需要与柱对齐，单击“选择”按钮，单击“对齐”下拉框中的“单图元对齐”，单击 A 轴线上任意一根柱子的下边线，单击梁下边线的任意一点，单击 D 轴线上任意一根柱子的上边线，单击梁上边线的任意一点，鼠标右键确认即可。

(2) L1 的画法如下。

① 选择 L1，根据图纸所示位置，按住 Shift 键，单击(1，C)轴交点，出现“输入偏移量”对话框，输入偏移值后，如图 3.150 所示，单击“确定”按钮。

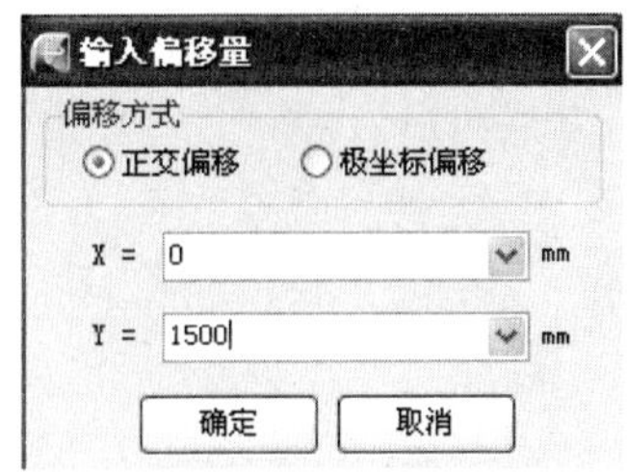


图 3.150 “输入偏移量”对话框(七)

② 单击下方的“垂点”按钮，再单击 2 轴线，单击鼠标右键结束。

**特别提示**

一般“垂点”按钮在进入软件后就是默认点开的，所以可以不用再点“垂点”。

(3) L3 的画法。单击“梁”下拉菜单，选择 L3，根据图纸所示位置，单击(5，D)轴交点，，移动鼠标选择工具栏中“顺小弧”画法，输入半径 5 070，然后单击(6，D)轴交点，单击右键结束。

3) 纵梁的属性建法

打开图纸结施-04，纵梁的属性建法与横梁的属性建法完全相同。

4) 纵梁的画法

(1) 纵梁的画法与横梁完全相同，完成 1～5 纵梁的绘图。由于 1 轴与 10 轴的梁需要与柱平齐，需要利用“单图元对齐”的功能设置，下面就 1 轴线上的 KL5 进行具体操作介绍。

① 单击“选择”按钮，单击 “对齐”下拉框中的“单图元对齐”。

② 单击 1 轴线上任意一根柱子的左边线，单击梁左边线的任意一点，单击鼠标右键确认即可。

(2) 1 轴线的 KL5 与柱平齐后，与其垂直的梁现没有相交，所以下面进行“延伸”操作。

① 在英文状态下按“Z”键取消柱子显示状态，单击“选择”按钮，单击“延伸”；

② 单击 1 轴的梁作为目的线，分别单击与 1 轴垂直的所有梁，单击鼠标右键结束。

③ 单击 A 轴的梁作为目的线，分别单击与 A 轴垂直的所有梁，单击鼠标右键结束。

④ 单击 D 轴的梁作为目的线，分别单击与 D 轴垂直的所有梁，单击鼠标右键结束。

单击工具栏“镜像”按钮，按照状态栏提示进行镜像操作，将 1～5 轴的梁构件镜像到 6～10 轴，画好后如图 3.151 所示。

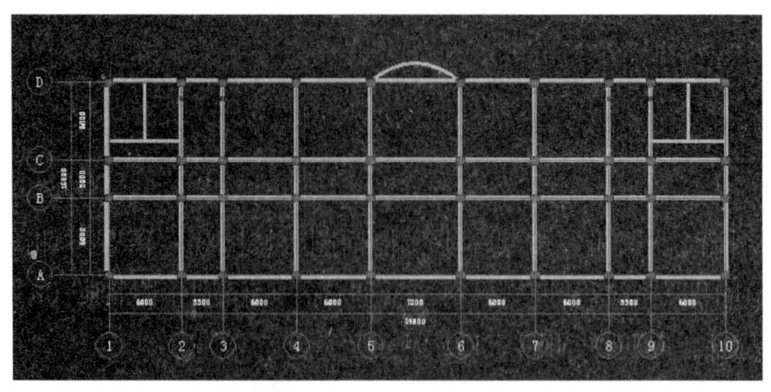


图 3.151　纵梁的完成图

5) 横梁的原位标注

(1) KL1 原位标注。单击工具栏“原位标注”按钮后的下三角按钮，单击“梁平法表格”选项，如图 3.152 所示，出现“梁平法表格”输入框。

图 3.152　原位标注

单击 KL1，对照图纸在“梁平法表格”中输入信息，输入后如图 3.153 所示，单击鼠标右键，KL1 由粉红色变为绿色。

正交 对象捕捉 动态输入 交点 垂点 中点 顶点 坐标 不偏移 旋转

复制跨数据 粘贴跨数据 输入当前列数据 删除当前列数据 页面设置 调换起始跨 悬臂钢筋代号

| | 跨号 | 标高(m) | | 构件尺寸(mm) | | | | | | | 上通长筋 | 上部钢筋 | | | 下 |
|---|---|---|---|---|---|---|---|---|---|---|---|---|---|---|---|
| | | 起点标高 | 终点标高 | A1 | A2 | A3 | A4 | 跨长 | 截面(B*H) | 距左边线距离 | | 左支座钢筋 | 跨中钢筋 | 右支座钢筋 | 下通长筋 |
| 1 | 1 | 3.55 | 3.55 | (150) | (550) | (350) | | (6200) | 300*600 | (150) | 4B25 | | | | 4B25 |
| 2 | 2 | 3.55 | 3.55 | | (350) | (350) | | (3300) | 300*600 | (150) | | | | | |
| 3 | 3 | 3.55 | 3.55 | | (350) | (350) | | (6000) | 300*600 | (150) | | | | | |
| 4 | 4 | 3.55 | 3.55 | | (350) | (350) | | (6000) | 300*600 | (150) | | | | | |
| 5 | 5 | 3.55 | 3.55 | | (350) | (350) | | (7200) | 300*700 | (150) | | | | | |
| 6 | 6 | 3.55 | 3.55 | | (350) | (350) | | (6000) | 300*600 | (150) | | | | | |
| 7 | 7 | 3.55 | 3.55 | | (350) | (350) | | (6000) | 300*600 | (150) | | | | | |
| 8 | 8 | 3.55 | 3.55 | | (350) | (350) | | (3300) | 300*600 | (150) | | | | | |
| 9 | 9 | 3.55 | 3.55 | | (350) | (550) | (150) | (6200) | 300*600 | (150) | | | | | |

图 3.153　输入原位标注(一)

(2) KL2 原位标注。首先单击“梁平法表格”，再单击 KL2，对照图纸输入 KL2 原位标注信息，如图 3.154 所示。

正交 对象捕捉 动态输入 交点 垂点 中点 顶点 坐标 不偏移 旋转

复制跨数据 粘贴跨数据 输入当前列数据 删除当前列数据 页面设置 调换起始跨 悬臂钢筋代号

| | 跨号 | (m) | 构件尺寸(mm) | | | | | | | 上通长筋 | 上部钢筋 | | | 下部钢 |
|---|---|---|---|---|---|---|---|---|---|---|---|---|---|---|
| | | 终点标高 | A1 | A2 | A3 | A4 | 跨长 | 截面(B*H) | 距左边线距离 | | 左支座钢筋 | 跨中钢筋 | 右支座钢筋 | 下通长筋 |
| 1 | 1 | 3.55 | (150) | (550) | (350) | | (6200) | 300*600 | (150) | 2B25 | 4B25 | | | 4B25 |
| 2 | 2 | 3.55 | | (350) | (350) | | (3300) | 300*600 | (150) | | | 4B25 | | |
| 3 | 3 | 3.55 | | (350) | (350) | | (6000) | 300*600 | (150) | | | | | |
| 4 | 4 | 3.55 | | (350) | (350) | | (6000) | 300*600 | (150) | | 4B25 | | | |
| 5 | 5 | 3.55 | | (350) | (350) | | (7200) | 300*700 | (150) | | 4B25 | | | |
| 6 | 6 | 3.55 | | (350) | (350) | | (6000) | 300*600 | (150) | | 4B25 | | | |
| 7 | 7 | 3.55 | | (350) | (350) | | (6000) | 300*600 | (150) | | 4B25 | | | |
| 8 | 8 | 3.55 | | (350) | (350) | | (3300) | 300*600 | (150) | | | 4B25 | | |
| 9 | 9 | 3.55 | | (350) | (550) | (150) | (6200) | 300*600 | (150) | | | | 4B25 | |

图 3.154　输入原位标注(二)

(3) 其他横梁的原位标注输入。输入其他横梁原位标注，KL3 如图 3.155 所示，其余横梁类似。

正交 对象捕捉 动态输入 交点 垂点 中点 顶点 坐标 不偏移 X= 0 mm Y= 0 mm 旋转 0.000

复制跨数据 粘贴跨数据 输入当前列数据 删除当前列数据 页面设置 调换起始跨 悬臂钢筋代号

| | 跨号 | i(m) | 构件尺寸(mm) | | | | | | | 上通长筋 | 上部钢筋 | | | 下部钢 |
|---|---|---|---|---|---|---|---|---|---|---|---|---|---|---|
| | | 终点标高 | A1 | A2 | A3 | A4 | 跨长 | 截面(B*H) | 距左边线距离 | | 左支座钢筋 | 跨中钢筋 | 右支座钢筋 | 下通长筋 |
| 1 | 1 | 3.55 | (150) | (550) | (350) | | (6200) | 300*600 | (150) | 2B25 | 6B25 2/4 | | | 4B25 |
| 2 | 2 | 3.55 | | (350) | (350) | | (3300) | 300*600 | (150) | | | 6B25 2/4 | | |
| 3 | 3 | 3.55 | | (350) | (350) | | (6000) | 300*600 | (150) | | | | | |
| 4 | 4 | 3.55 | | (350) | (350) | | (6000) | 300*600 | (150) | | 6B25 2/4 | | | |
| 5 | 5 | 3.55 | | (350) | (350) | | (7200) | 300*700 | (150) | | 6B25 2/4 | | | |
| 6 | 6 | 3.55 | | (350) | (350) | | (6000) | 300*600 | (150) | | 6B25 2/4 | | | |
| 7 | 7 | 3.55 | | (350) | (350) | | (6000) | 300*600 | (150) | | 6B25 2/4 | | | |
| 8 | 8 | 3.55 | | (350) | (350) | | (3300) | 300*600 | (150) | | | 6B25 2/4 | | |
| 9 | 9 | 3.55 | | (350) | (550) | (150) | (6200) | 300*600 | (150) | | | | 6B25 2/4 | |

图 3.155 输入原位标注(三)

6) 纵梁原位标注

(1) 之轴纵梁的原位标注。KL6 如图 3.156 所示，其余纵梁与此类似。

正交 对象捕捉 动态输入 交点 垂点 中点 顶点 坐标 不偏移 X= 0 mm Y= 0 mm 旋转 0.000

复制跨数据 粘贴跨数据 输入当前列数据 删除当前列数据 页面设置 调换起始跨 悬臂钢筋代号

| | 跨号 | 标高(m) | | 构件尺寸(mm) | | | | | | | 上通长筋 | 上部钢筋 | | | 下部钢筋 | | |
|---|---|---|---|---|---|---|---|---|---|---|---|---|---|---|---|---|---|
| | | 起点标高 | 终点 | A1 | A2 | A3 | A4 | 跨长 | 截面(B*H) | 距左边线 | | 左支座钢 | 跨中钢筋 | 右支座钢筋 | 下通长筋 | 下部钢筋 | 侧面通长筋 |
| 1 | 1 | 3.55 | 3.55 | (150 | (450) | (300) | | (6150) | 300*600 | (150) | 2B25 | 6B25 2/4 | | | | 6B25 2/4 | G4B16 |
| 2 | 2 | 3.55 | 3.55 | | (300) | (300) | | (3000) | 300*600 | (150) | | | 6B25 2/4 | | | 4B25 | |
| 3 | 3 | 3.55 | 3.55 | | (300) | (450) | (150) | (6150) | 300*600 | (150) | | | | 6B25 2/4 | | 6B25 2/4 | |

图 3.156 输入原位标注(四)

**特别提示**

按照图纸上所提供的信息，KL6 是 3 跨，但是软件所显示的是 4 跨，与图纸不符，我们需要做的是把多余的支座删除，操作如下。

(1) 单击“选择”，选中 2 轴线上的 KL6。

(2) 单击“重提梁跨”下拉菜单，选择“删除支座”。

(3) 单击“Z1”所在的支座，右键确认完成。

(4) 3、8、9 轴线上的梁，删除支座的方法相同。

(2) L2 原位标注。先单击工具栏“原位标注”下拉菜单“梁平法表格”，再单击 L2，对照图纸发现 L2 没有原位标注信息，这时只要单击右键，L2 由粉红色变为绿色。

(3) 其他梁原位标注。在图纸中 1-5 轴与 6-10 轴都是对称的，1-5 轴的框架梁进行原位标注后，这时可利用工具栏“应用同名梁”快速把 6-10 轴的梁进行原位标注。现以 KL5 为例操作如下。

单击工具栏“应用同名梁”；单击绘图区 KL5，弹出对话框，如图 3.157 所示，选择“同名称未识别的梁”，单击“确定”按钮。

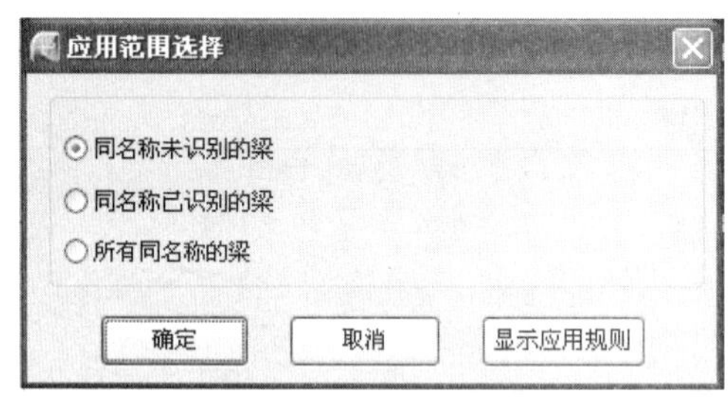


图 3.157　应用范围选择

其他梁的原位标注操作与以上操作完全相同。

7) 汇总对量

单击工具栏“汇总计算”按钮，出现汇总计算对话框，单击“计算”按钮，等计算完毕单击“确定”按钮。

(1) 查看选定范围的梁的钢筋量。单击工具栏“查看钢筋量”后，在绘图区单击选梁或者拉框选择梁，在绘图区下方会出现“钢筋量”表格，显示出你所选梁的钢筋量。

(2) 查看某一道梁的具体计算公式。单击工具栏“编辑钢筋”后，在绘图区单击需要查看的梁 L1，如图 3.158 所示。

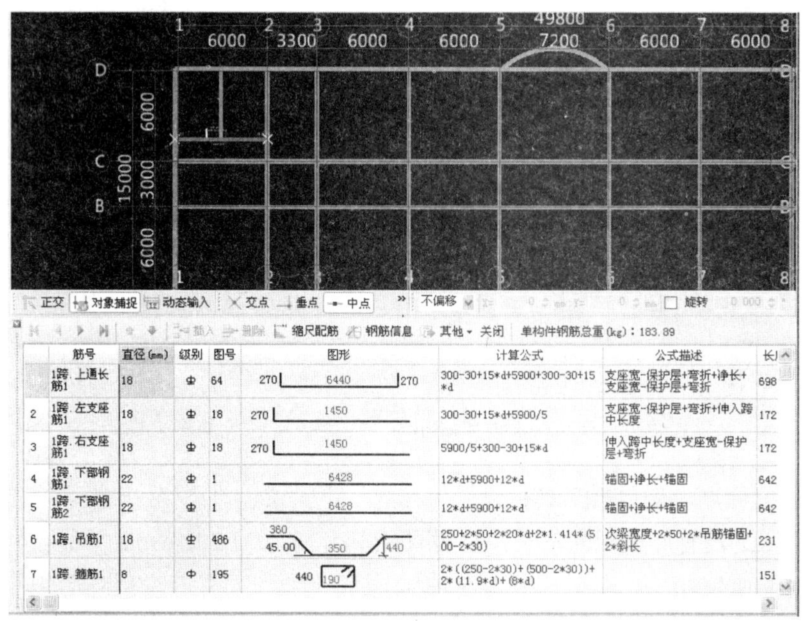


| | 筋号 | 直径(mm) | 级别 | 图号 | 图形 | 计算公式 | 公式描述 | 长 |
|---|---|---|---|---|---|---|---|---|
| | 1跨.上通长筋1 | 18 | Φ | 64 | 270 6440 270 | 300-30+15*d+5900+300-30+15*d | 支座宽-保护层+弯折+净长+支座宽-保护层+弯折 | 698 |
| 2 | 1跨.左支座筋1 | 18 | Φ | 18 | 270 1450 | 300-30+15*d+5900/5 | 支座宽-保护层+弯折+伸入跨中长度 | 172 |
| 3 | 1跨.右支座筋1 | 18 | Φ | 18 | 270 1450 | 5900/5+300-30+15*d | 伸入跨中长度+支座宽-保护层+弯折 | 172 |
| 4 | 1跨.下部钢筋1 | 22 | Φ | 1 | 6428 | 12*d+5900+12*d | 锚固+净长+锚固 | 642 |
| 5 | 1跨.下部钢筋2 | 22 | Φ | 1 | 6428 | 12*d+5900+12*d | 锚固+净长+锚固 | 642 |
| 6 | 1跨.吊筋1 | 18 | Φ | 486 | 360 45.00 350 440 | 250+2*50+2*20*d+2*1.414*(500-2*30) | 次梁宽度+2*50+2*吊筋锚固+2*斜长 | 231 |
| 7 | 1跨.箍筋1 | 8 | φ | 195 | 440 190 | 2*((250-2*30)+(500-2*30))+2*(11.9*d)+(8*d) | | 151 |

图 3.158　绘图区(一)

3. *首层板的属性、画法及板受力筋属性、画法*

1) 板的属性建法及画法

打开图纸结施－06，现以 LB1 为例，首先单击左侧模块导航栏中的“板”，选择其下的“现浇板”；再单击构件列表中“新建”按钮后的下三角按钮，单击“新建现浇板”选项；最后单击“属性”按钮，出现“属性编辑框”，根据图纸结施-06 填写 LB1 的信息。

其他楼板建属性建法方法同 LB1。

2) 板的画法

(1) LB1 的画法如下。

① 单击 “板”，选择“LB1”。

② 单击“点”画法，对照图纸分别单击 LB1 的区域，如图 3.159 所示。

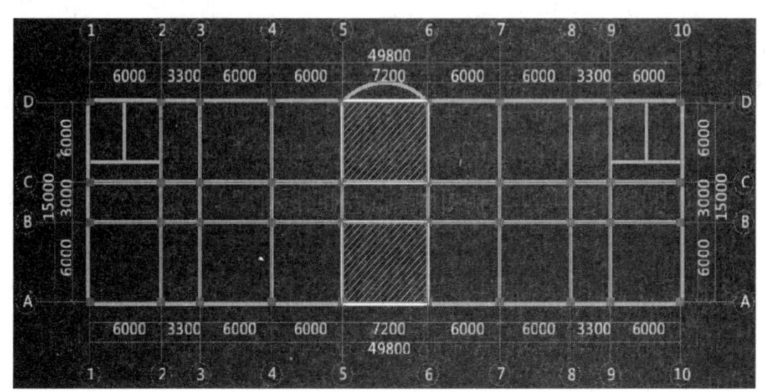


图 3.159 绘图区(二)

(2) 采用同样方法将 LB2、LB3、LB4、LB5 画到对应的位置，如图 3.160 所示。

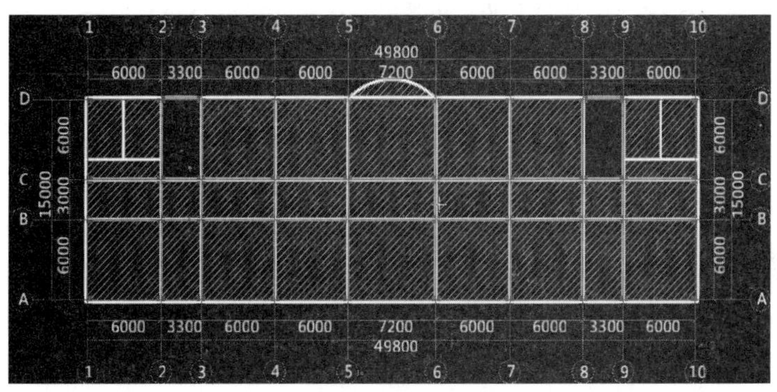


图 3.160 绘图区(三)

3) 板受力筋属性建法

以底筋 A10@120 为例：先单击导航栏“板”下的“板受力筋”；单击“构件列表”中的“新建”按钮后的下三角按钮，选择“新建板受力筋”选项，在“属性编辑”里输入“底筋 A10@120”信息。其他板受力筋的属性建立方法与“底筋 A10@120”完全相同。

4) 板受力筋画法

关于板力筋画法，现讲解两种画法，大家可根据实际情况选择使用。

(1) LB1 的画法。单击“板”下的“板受力筋”，在“构件列表”里选择“A10@120”，再单击工具条“单板”按钮，单击工具条中的“水平”按钮，如图 3.161 所示。

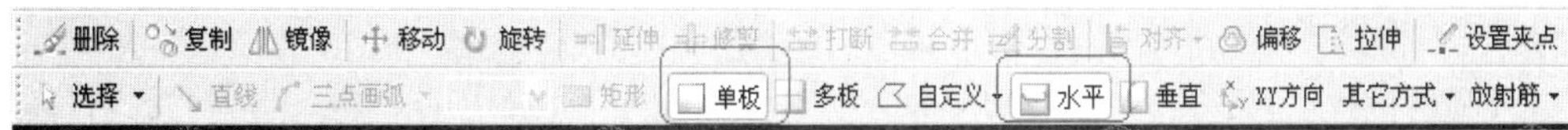


图 3.161 工具条

根据图纸所示位置单击5-6轴与A-B轴相交的板块范围，LB1水平筋布置好；在“构件列表”选择“A10@100”，单击工具条中的“垂直”按钮，单击5-6轴与A-B轴相交的板块范围，LB1垂直筋布置好。LB1布置好的底筋，如图3.162所示。

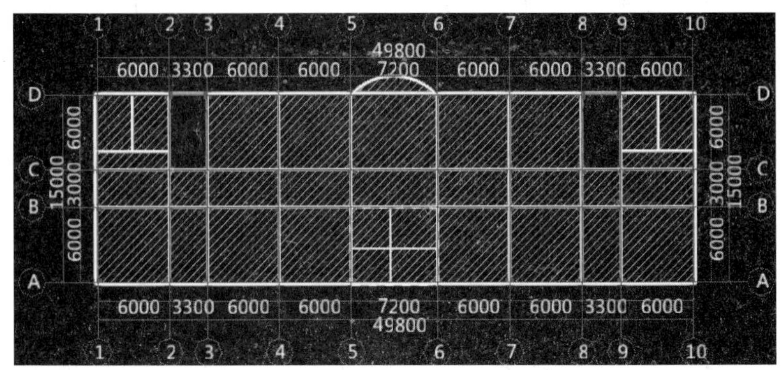

图3.162　绘图区(四)

(2) LB2的画法。单击工具条中的“单板”按钮，单击“XY方向”；根据图纸所示位置单击4-5轴与A-B轴相交的板块范围，弹出对话框，选择钢筋信息后，如图3.163所示。

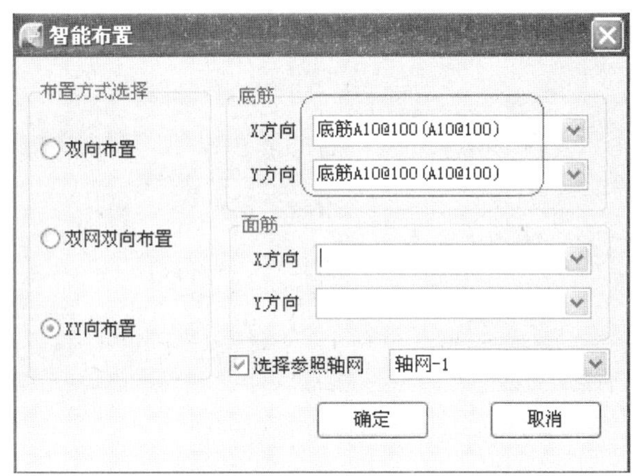


图3.163　智能布置(一)

单击“确定”按钮。LB2的钢筋信息布置好。

**特别提示**

图纸中其他位置的LB2钢筋信息可采用“钢筋复制”功能，快速复制钢筋信息。

(1) 单击工具栏中的“钢筋复制”功能。

(2) 单击选择需要复制的钢筋后，选择完毕后单击鼠标右键。

(3) 在图中单击需要布置钢筋的位置。

采用同样的方法布置其他板的钢筋，布置好后如图3.164所示。

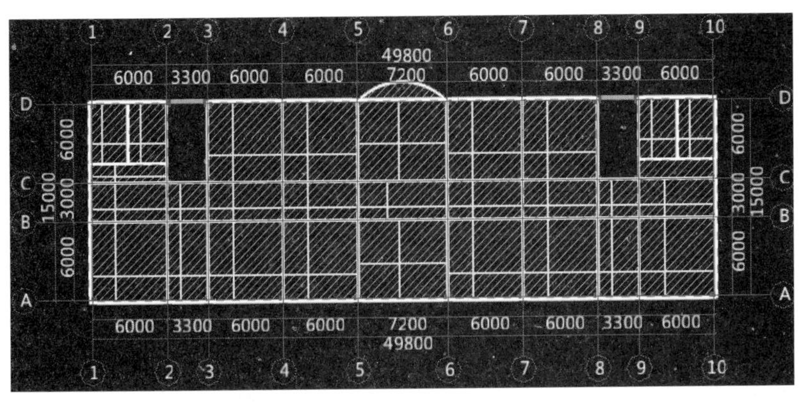


图 3.164 绘图区(五)

**特别提示**

当按照图纸布置受力筋后，可通过单击工具栏“查看布筋”下拉菜单下的“查看受力筋布置情况”进行检查，查看是否有漏画的钢筋信息。

4) 板受力筋汇总对量

单击工具栏中的“汇总计算”按钮，进行计算，查看计算结果。

(1) 查看选定范围的梁的钢筋量。单击工具栏中的“查看钢筋量”，在绘图区单击点选板受力筋或者拉框选择受力筋，在绘图区下方出现“钢筋量”表格。

(2) 查看某一底筋的具体计算公式。单击工具栏“编辑钢筋”后，在绘图区单击需要查看的受力筋。

5) 板负筋属性建立

1 号负筋属于跨板负筋，在软件中按照跨板受力筋建立其属性。 单击模块导航栏中的“板”选择其下的“板受力筋”；再单击 “构件列表”中的“新建”按钮后的下三角按钮，单击“新建跨板受力筋”选项，在“属性编辑”里输入钢筋信息，如图 3.165 所示。

属性编辑器

| | 属性名称 | 属性值 | 附加 |
|---|---|---|---|
| 1 | 名称 | 1号负筋 | |
| 2 | 钢筋信息 | A8@100 | |
| 3 | 左标注(mm) | 1500 | |
| 4 | 右标注(mm) | 0 | |
| 5 | 马凳筋排数 | 2/0 | |
| 6 | 标注长度位置 | 支座轴线 | |
| 7 | 左弯折(mm) | (0) | |
| 8 | 右弯折(mm) | (0) | |
| 9 | 分布钢筋 | A8@200 | |
| 10 | 钢筋锚固 | (24) | |
| 11 | 钢筋搭接 | (29) | |
| 12 | 归类名称 | (1号负筋) | |
| 13 | 汇总信息 | 板受力筋 | |
| 14 | 计算设置 | 按默认计算设置 | |
| 15 | 节点设置 | 按默认节点设置 | |
| 16 | 搭接设置 | 按默认搭接设置 | |
| 17 | 长度调整(mm) | | |
| 18 | 备注 | | |

图 3.165 属性编辑框(二十五)

**特别提示**

(1)“左标注”为从支座处向左侧延伸出的长度。

(2) 在定义负筋时需要填写伸出支座处马登筋的排数，表示左侧负筋延伸长度 1 500mm 下有两排马登筋，马登筋间距在定义板时已定义。右侧长度为 1 000mm 下有一排马登筋。

2 号负筋、3 号负筋、7 号负筋、9 号负筋的属性建立方法与“1 号负筋”完全相同。对 4 号负筋、5 号负筋、6 号负筋、8 号负筋在软件中“板负筋”中建立其属性：单击模块导航栏中的“板”，选择其下的“板负筋”；再单击“构件列表”中的“新建”按钮后的下三角按钮，单击“新建板负筋”选项；在“属性编辑”界面输入钢筋信息。

**特别提示**

按照“平法图集”规定，负筋伸入支座中心，需要把“单边标注位置”改为“支座中心线”。

6) 板负筋画法

(1) 按梁布置。画 1 轴的负筋，首先单击模块导航栏中的“板负筋”，在“构件列表”中选择“4 号负筋”，单击工具栏“按梁布置”按钮，单击一下 1 轴 A–B 段的梁，在板内区域再单击一下，在“构件列表”中选择“5 号负筋”，单击一下 1 轴 B–C 段的梁，在板内区域再单击一下，单击一下 1 轴 C–D 段的梁，在板内区域再单击一下，单击鼠标右键结束。 按照此方法分别布置 2 轴、3 轴、4 轴、5 轴的负筋。

**特别提示**

(1) 布置“6 号负筋”或“8 号负筋”时，只需单击所在区段的梁即可，无需在板内区域单击。

(2) 如果布置单标注负筋时，布置的负筋在板外，可单击工具栏中的“交换左右标注”按钮，然后单击负筋可将方向进行调换。

(2) 画线布置。画 A 轴负筋：单击模块导航栏中的“板负筋”，在“构件列表”中选择“4 号负筋”，单击工具栏“画线布置”按钮，连接 A 轴线梁的在 1 轴和 10 轴位置的端头，在板内区域再单击一下。

画 D 轴负筋：在“构件列表”中选择“4 号负筋”，单击工具栏中的“画线布置”按钮，单击 D 轴线梁的与 3 轴和 5 轴的交点；再在板内区域单击一下。用同样的方法布置 D 轴的其他负筋。

画 B–C 轴与 1–10 的跨板负筋，单击模块导航栏中的“板受力筋”， 从“构件列表”中选择“1 号负筋”，单击工具栏中的“单板”按钮、“垂直”按钮， 在绘图区单击 1–2 轴与 B–C 轴相交的 LB3 板块，然后单击布置好 1 号负筋，用同样的方法布置“2 号负筋”和“3 号负筋”、“7 号负筋”。“9 号负筋”按照布置跨板受力筋如布置“1 号负筋”的方法布置。

7) 板负筋汇总对量

单击工具栏中的“汇总计算”按钮，进行计算后，查看计算结果。

(1) 单击工具栏中的“查看钢筋量”，在绘图区单击点选负筋或者拉框选择负筋，在绘图区下方会出现“钢筋量”表格，如图 3.166 所示。

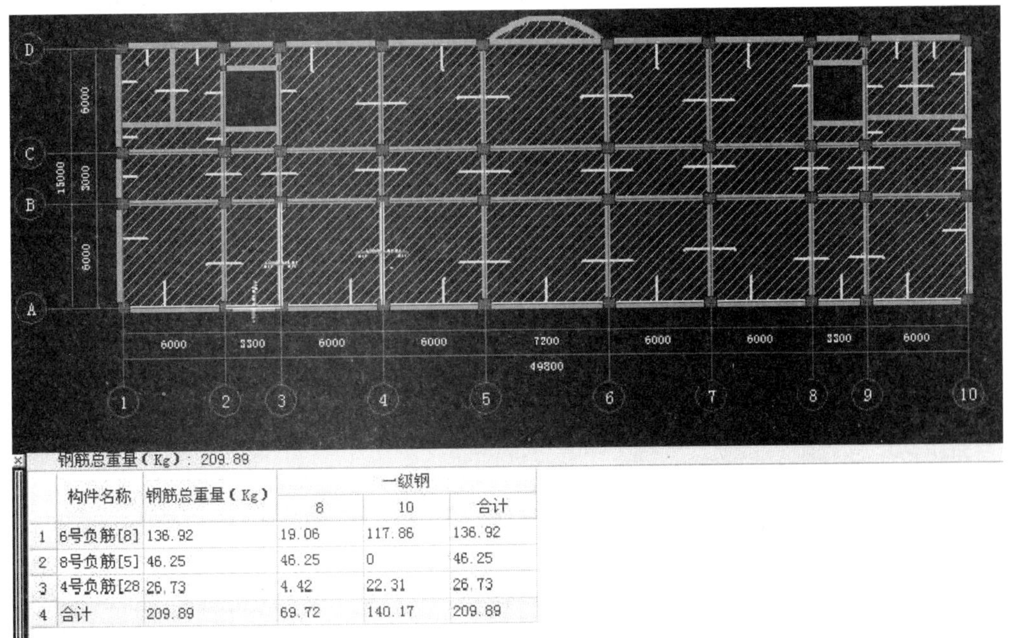

钢筋总重量(Kg)：209.89

| | 构件名称 | 钢筋总重量(Kg) | 一级钢 | | |
|---|---|---|---|---|---|
| | | | 8 | 10 | 合计 |
| 1 | 6号负筋[8] | 136.92 | 19.06 | 117.86 | 136.92 |
| 2 | 8号负筋[5] | 46.25 | 46.25 | 0 | 46.25 |
| 3 | 4号负筋[28 | 26.73 | 4.42 | 22.31 | 26.73 |
| 4 | 合计 | 209.89 | 69.72 | 140.17 | 209.89 |

图 3.166 绘图区(六)

(2) 查看某一负筋的具体计算公式。

单击工具栏“编辑钢筋”后，在绘图区单击需要查看的负筋，如图 3.167 所示。

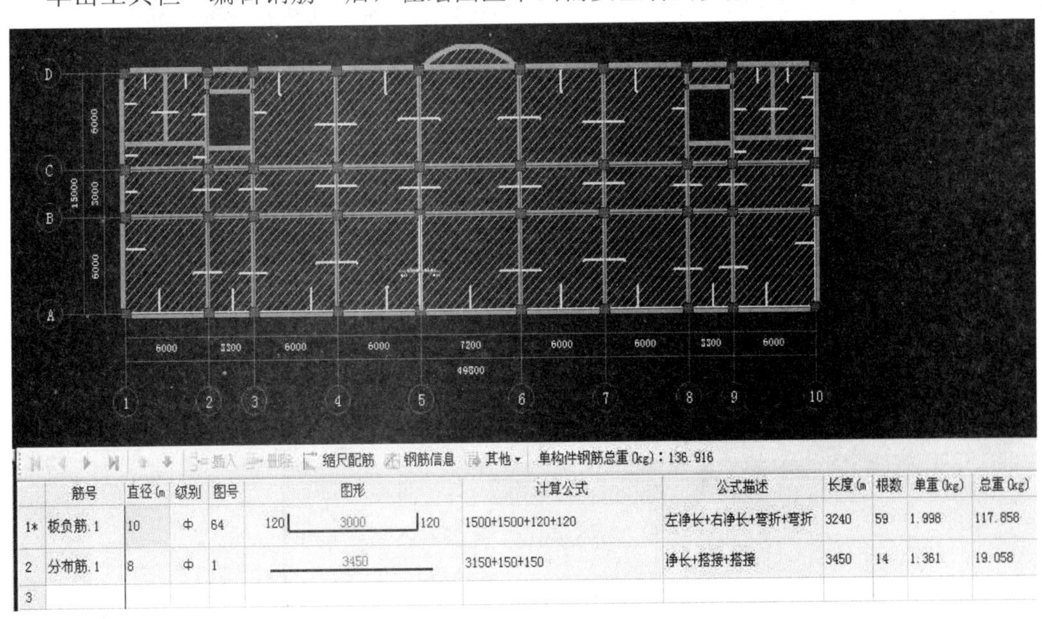

插入 删除 缩尺配筋 钢筋信息 其他 单构件钢筋总重(kg)：136.916

| | 筋号 | 直径(m | 级别 | 图号 | 图形 | 计算公式 | 公式描述 | 长度(m | 根数 | 单重(kg) | 总重(kg) |
|---|---|---|---|---|---|---|---|---|---|---|---|
| 1* | 板负筋.1 | 10 | Φ | 64 | 120 3000 120 | 1500+1500+120+120 | 左净长+右净长+弯折+弯折 | 3240 | 59 | 1.998 | 117.858 |
| 2 | 分布筋.1 | 8 | Φ | 1 | 3450 | 3150+150+150 | 净长+搭接+搭接 | 3450 | 14 | 1.361 | 19.058 |
| 3 | | | | | | | | | | | |

图 3.167 绘图区(七)

4. 首层楼梯的属性及画法、对量

楼梯由梯梁、平台、梯段三部分组成，在软件中梯梁、平台采用画图的方法计算钢筋，梯段用单构件输入方法计算钢筋。

1) 梯梁的属性、画法及对量

梯梁按非框架梁定义，属性定义方法同L1、L2，定义好后的属性如图3.168所示。

属性编辑器

| | 属性名称 | 属性值 | 附加 |
|---|---|---|---|
| 1 | 名称 | TL1 | |
| 2 | 类别 | 非框架梁 | ☐ |
| 3 | 截面宽度(mm) | 250 | ☐ |
| 4 | 截面高度(mm) | 400 | ☐ |
| 5 | 轴线距梁左边线距 | (125) | ☐ |
| 6 | 跨数量 | | ☐ |
| 7 | 箍筋 | A8@200(2) | ☐ |
| 8 | 肢数 | 2 | |
| 9 | 上部通长筋 | 2B20 | ☐ |
| 10 | 下部通长筋 | 4B20 | ☐ |
| 11 | 侧面纵筋 | | ☐ |
| 12 | 拉筋 | | ☐ |
| 13 | 其他箍筋 | | |
| 14 | 备注 | | ☐ |
| 15 | + 其他属性 | | |
| 23 | + 锚固搭接 | | |

图3.168　属性编辑框(二十六)

梯梁的画法：选择“TL1”，单击“直线”画法，分别单击(2，D)交点，单击2轴的“Z1”中心，单击3轴的“Z1”中心，单击(3、D)交点，单击鼠标右键，休息平台处的梯梁画好。选中休息平台处“TL1”，单击鼠标右键出现右键菜单，选择“构件属性缉辑器”，修改其标高。将光标放在(2，C)轴交点，当光标变为“田字形”时，左手按住Shift+鼠标左键，右手单击鼠标左键，出现“输入偏移值”对话框，输入偏移值后，如图3.169所示，单击“确定”按钮。再单击3轴线后，单击鼠标右键结束，楼层平台处的梯梁画好。

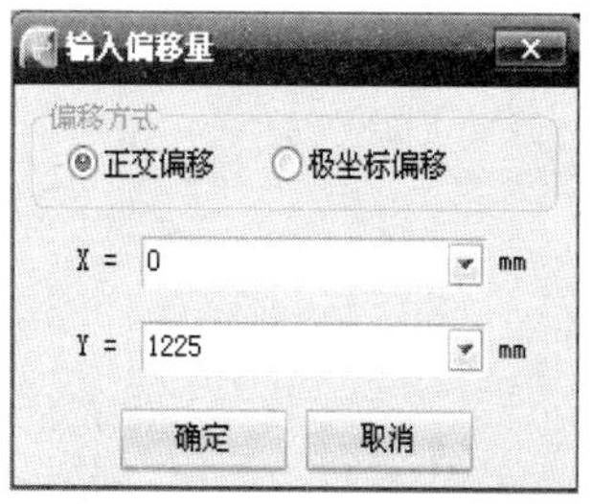


图3.169　“输入偏移量”对话框(八)

梯梁的原位标注：单击工具栏中的“原位标注”，再单击TL1，进行支座识别，弹出对话框，如图3.170所示，选择“否”后，单击鼠标右键结束。

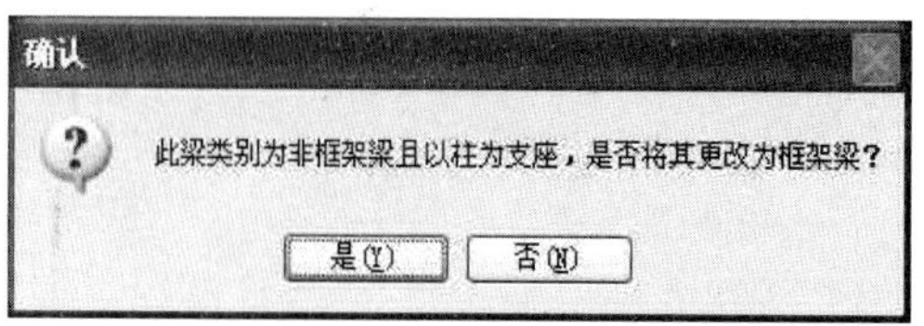


图3.170　“确认”对话框(三)

采用同样的方法绘制 8-9 轴楼梯间的梯梁，或者采用复制或镜像的方法画好梯梁。

汇总计算后查看休息平台的梯梁计算公式，如图 3.171 所示，楼层平台梯梁计算公式及重量，如图 3.172 所示。

缩尺配筋 钢筋信息 其他 关闭 单构件钢筋总重(kg)：68.815

| | 筋号 | 直径(mm) | 级别 | 图号 | 图形 | 计算公式 | 公式描述 | 长度(mm) |
|---|---|---|---|---|---|---|---|---|
| 1 | 1跨.上通长筋1 | 20 | 虫 | 64 | 300 3490 300 | 250-30+15*d+3050+250-30+15*d | 支座宽-保护层+弯折+净长+支座宽-保护层+弯折 | 4090 |
| 2 | 1跨.下部钢筋1 | 20 | 虫 | 64 | 300 3490 300 | 250-30+15*d+3050+250-30+15*d | 支座宽-保护层+弯折+净长+支座宽-保护层+弯折 | 4090 |
| 3 | 1跨.箍筋1 | 8 | 中 | 195 | 340 190 | 2*((250-2*30)+(400-2*30))+2*(11.9*d)+(8*d) | | 1314 |

图 3.171 汇总计算公式图(一)

缩尺配筋 钢筋信息 其他 关闭 单构件钢筋总重(kg)：69.555

| | 筋号 | 直径(mm) | 级别 | 图号 | 图形 | 计算公式 | 公式描述 | 长度(mm) | 根数 |
|---|---|---|---|---|---|---|---|---|---|
| 1 | 1跨.上通长筋1 | 20 | 虫 | 64 | 300 3540 300 | 300-30+15*d+3000+300-30+15*d | 支座宽-保护层+弯折+净长+支座宽-保护层+弯折 | 4140 | 2 |
| 2 | 1跨.下部钢筋1 | 20 | 虫 | 64 | 300 3540 300 | 300-30+15*d+3000+300-30+15*d | 支座宽-保护层+弯折+净长+支座宽-保护层+弯折 | 4140 | 4 |
| 3 | 1跨.箍筋1 | 8 | 中 | 195 | 340 190 | 2*((250-2*30)+(400-2*30))+2*(11.9*d)+(8*d) | | 1314 | 16 |

图 3.172 汇总计算公式图(二)

2) 平台的属性、画法及对量

平台板的属性定义与楼板定义完全相同。与画楼板方法相同，选择“平台板”后，单击楼层平台空间，单击鼠标右键结束。画好后如图 3.173 所示。

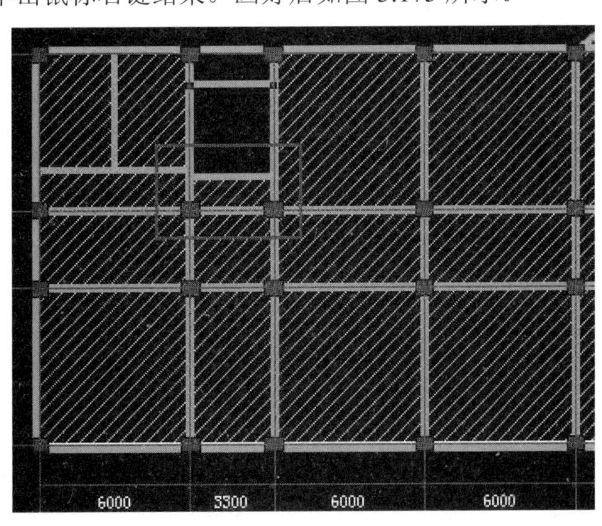


图 3.173 完成图

画休息平台板：单击工具栏 “矩形”画法,按照结施-10 所示，将光标放在(2，D)轴交点，当光标变为“田字形”时，左手按住 Shift 键，右手单击鼠标左键，出现“输入偏移量”对话框，输入偏移值后，单击“确定”按钮，如图 3.174 所示。再移动光标到 3 轴两梁相交处，当光标变为“田字形”时，单击。选中休息平台处板单击鼠标右键出现菜单，选择“构件属性编辑器”命令，修改其顶标高为 1.75，关闭“属性编辑器”。

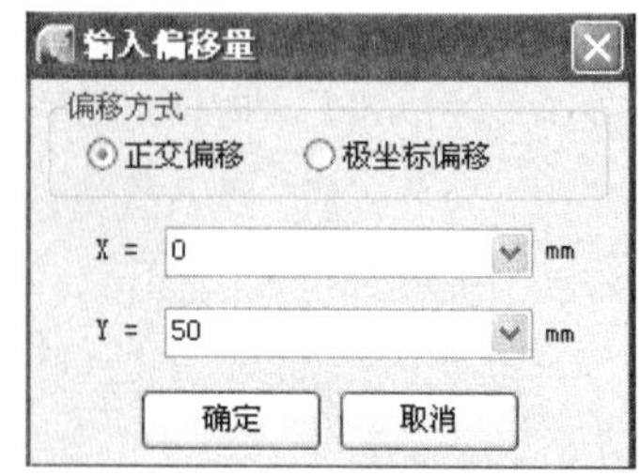


图 3.174 “输入偏移量”对话框(九)

3) 平台板配筋

平台板的受力筋属性建法与楼板的受力筋建法完全相同。平台配筋与楼板配筋完全相同，可采用“X、Y 方向布置受力筋”快速布置受力筋。

4) 汇总计算对量

汇总计算后查看 8 号面筋的计算结果，如图 3.175 所示。

| | 筋号 | 直径(mm) | 级别 | 图号 | 图形 | 计算公式 | 公式描述 | 长度(mm) | 根数 |
|---|---|---|---|---|---|---|---|---|---|
| 1* | 8号面筋[69].1 | 12 | ф | 72 | 70 1355 104 | 1150+27*d-15+100-2*15+6.25*d | 净长+设定锚固-保护层+设定弯折+弯钩 | 1604 | 33 |

图 3.175 查看计算结果(一)

9 号分布筋的计算结果，如图 3.176 所示。

| | 筋号 | 直径(mm) | 级别 | 图号 | 图形 | 计算公式 | 公式描述 | 长度(mm) | 根数 |
|---|---|---|---|---|---|---|---|---|---|
| 1* | 9号分布筋[68].1 | 8 | ф | 3 | 3270 | 3300-15-15+12.5*d | 净长-保护层-保护层+两倍弯钩 | 3370 | 7 |

图 3.176 查看计算结果(二)

其余层与此层相似。

### 3.2.3 基础层构件的定义、画法

#### 1. 基础层柱

将楼层切换到基础层，单击“楼层”下拉菜单，单击“从其他楼层复制构件图元”，弹出对话框，将“梁”前的对钩去掉，将“现浇板”前的对钩去掉，将“板受力筋”前的对钩去掉，如图 3.177 所示。

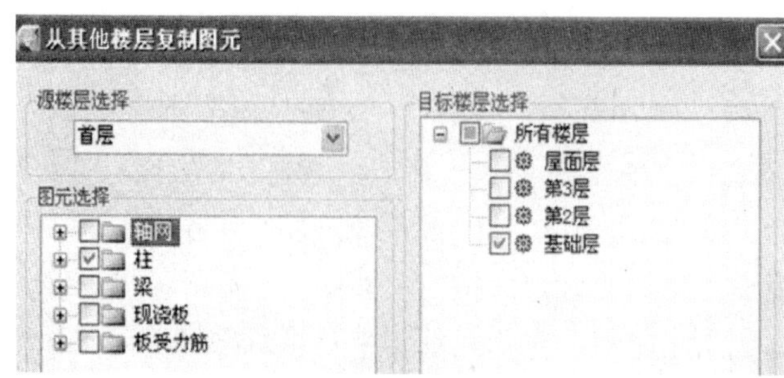


图 3.177 图元的复制

单击“确定”按钮，弹出“复制完成”对话框，单击“确定”按钮。

2. 筏形基础属性及其画法

1) 筏形基础属性建立

单击“基础”下的“筏形基础”，单击 “构件列表”界面的“新建”按钮后的下三角按钮，单击“新建筏形基础”选项，单击“选择构件”退出。

2) 画筏形基础

(1) 从工具栏中选择“筏板基础”，单击“直线”画法。

(2) 依次单击(1，A)交点，(1，D)交点，(5，D)交点(注意不要单击鼠标右键)。

(3) 选择“三点画弧”下拉菜单中的“顺小弧”，输入半径“5 070”，单击(6，D)交点。

(4) 选择“直线”画法，依次单击(10，D)交点，(10，A)交点, (1，A)交点，单击鼠标右键结束。

(5) 单击工具栏“选择”按钮，选中画好的筏板基础，单击鼠标右键，在弹出的菜单中选择“偏移”出现“请选择偏移方式”对话框，单击整体偏移后单击“确定”按钮。

(6) 把鼠标拖到基础外侧，输入“800”，按回车键确认。

3) 筏板边坡的设置

单击工具栏“选择”按钮，选中画好的筏板基础，单击鼠标右键，在弹出的菜单中选择“设置所有边坡”出现“设置筏板边坡”对话框，选择“边坡节点 3”，输入图纸数据，单击“确定”按钮结束。

4) 筏板主筋属性建立

单击“基础”下的“筏板主筋”，单击 “构件列表”中的“新建”按钮后的下三角按钮，单击 “新建筏板主筋”选项，建好属性。

5) 画筏板主筋

单击工具栏“单板”画法及“其他方式”下“按 X、Y 方向布置受力筋”，单击筏板基础弹出对话框，在对话框中选择主筋信息，如图 3.178 所示；单击“确定”按钮。

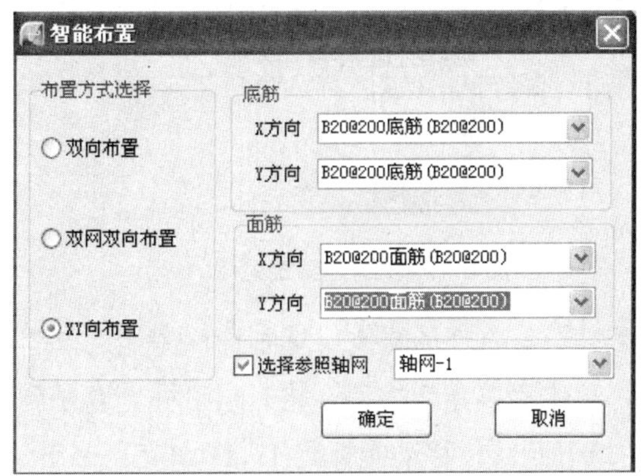


图 3.178 智能布置(二)

3. 基础梁属性建立及画法、对量

1) 基础梁属性建法

单击“基础”下的“基础梁”，单击 “构件列表”中的“新建”按钮后的下三角按钮，单击“新建矩形梁”选项，建好属性。

2) 基础梁画法

画梁时采用先横梁后竖梁的画法。在构建列表里选择“JZL1”单击“直线”画法，移动光标到(1，D)轴交点，当光标变为“田字形”时单击，移动光标到(10，D)轴交点，当光标变为“田字形”时单击。采用同样的方法绘制 A、B、C 轴上的“JZL1”，及 1-10 轴的“JZL2”。在构建列表里选择“JZL3”单击“三点画弧”，选择“顺小弧”。单击(5，D)，再单击(6，D)，单击鼠标右键结束。

3) 基础梁原位标注

单击工具栏“原位标注”，然后单击 A 轴上“JZL1”后，单击右键，JZL1 进行了识别支座，然后单击工具栏“应用同名称梁”，再单击 A 轴上“JZL1”，出现对话框，选择“应用到所有同名称梁”，JZL1 全部进行了原位标注。“JZL2”，“JZL3”原位标注也是同样的方法。

### 3.2.4 屋面层构件的属性、画法

屋面层的构件为女儿墙、压顶、构造柱、砌体加筋，将楼层切换到屋面层。

1. 建立女儿墙的属性及画图

(1) 单击“墙”下的“砌体墙”，单击 “构件列表”中的“新建”按钮后的下三角按钮，单击“新砌体墙”选项，建好后属性如图 3.179 所示。单击“选择构件”退出。

属性编辑器

| | 属性名称 | 属性值 | 附加 |
|---|---|---|---|
| 1 | 名称 | 女儿墙 | |
| 2 | 厚度(mm) | 250 | ☐ |
| 3 | 轴线距左墙皮距离 | (125) | ☐ |
| 4 | 砌体通长筋 | | ☐ |
| 5 | 横向短筋 | | ☐ |
| 6 | 备注 | | ☐ |
| 7 | + 其他属性 | | |

图 3.179 属性编辑框(二十七)

(2) 单击菜单栏“楼层”下的“从其他层复制构件图元”，将“梁”和“板”前的对钩去掉，只留下“柱”，单击“确定”按钮，将三层“柱”复制到当前层。

(3) 单击工具栏“直线”画法，移动光标到(1，D)轴交点单击，单击(5，D)轴交点，移动光标到工具条单击“顺小弧”画法同时输入半径 5 070，单击(6，D)轴交点，再选择“直线”画法，单击(10，D)轴交点，单击(10，A)轴交点，单击(1，A)轴交点，单击(1，D)轴交

点，单击鼠标右键结束。

(4) 单击 “选择”按钮，单击 “对齐”下拉框中的“单图元对齐”，单击 1 轴线上任意一根柱子的左边线，单击墙左边线的任意一点，右击“确认”按钮即可。

用同样的操作方法将 D 轴、A 轴、10 轴的墙体与柱平齐，平齐后，单击导航栏“柱”下的“框架柱”，然后单击“选择”，在选择状态下将柱全部选中，然后单击鼠标右键删除。

(5) 单击“选择”按钮，单击“延伸”，单击 A 轴线的墙作为目的线，分别单击与 A 轴垂直的所有墙，单击右键结束。单击 1 轴的墙作为目的线，分别单击与 1 轴所有垂直的墙，单击右键结束，单击 D 轴的墙作为目的线，分别单击与 D 轴所有垂直的墙，单击鼠标右键结束，单击 10 轴的墙作为目的线，分别单击与 10 轴所有垂直的墙，单击鼠标右键结束。

2. 建立压顶属性及画图

1) 建立压顶属性

软件中没有压顶构件，我们利用圈梁来代替，单击“梁”下拉菜单下“圈梁”，单击“构件列表”中的“新建”按钮后的下三角按钮，选择“新建矩形圈梁”选项，建好的属性如图 3.180 所示。

属性编辑器

| | 属性名称 | 属性值 | 附加 |
|---|---|---|---|
| 1 | 名称 | 压顶 | |
| 2 | 截面宽度(mm) | 300 | □ |
| 3 | 截面高度(mm) | 120 | □ |
| 4 | 轴线距梁左边线距 | (150) | □ |
| 5 | 上部钢筋 | | □ |
| 6 | 下部钢筋 | | □ |
| 7 | 箍筋 | | □ |
| 8 | 肢数 | 1 | |
| 9 | 其他箍筋 | 485 | |
| 10 | 备注 | | □ |
| 11 | + 其他属性 | | |
| 23 | + 锚固搭接 | | |

图 3.180 属性编辑框(二十八)

2) 画压顶

单击“梁”下的“圈梁”，选择“压顶”，单击工具栏“智能布置”下拉菜单下的“砌体墙中心线”，按 F3 键弹出“批量构件图元”对话框，在“女儿墙”框内打上对钩，单击“确定”按钮，单击右键。

3. 建立构造柱属性及画图

1) 建立构造柱属性

单击“柱”下拉菜单下的“构造柱”，单击“定义构件”后单击“新建”下的“新建矩形柱”选项，建好的属性如图 3.181 所示。

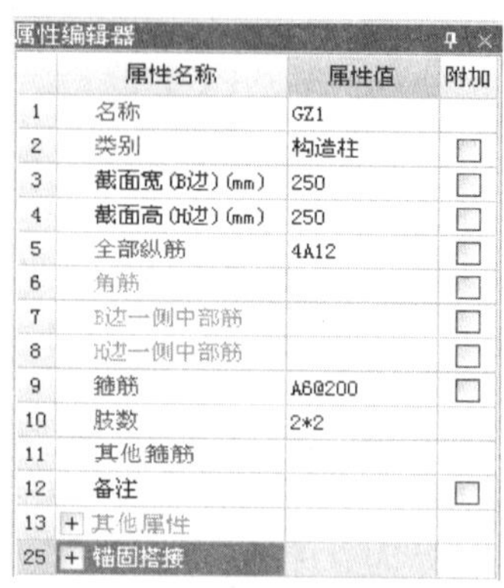

属性编辑器

| | 属性名称 | 属性值 | 附加 |
|---|---|---|---|
| 1 | 名称 | GZ1 | |
| 2 | 类别 | 构造柱 | □ |
| 3 | 截面宽(B边)(mm) | 250 | □ |
| 4 | 截面高(H边)(mm) | 250 | □ |
| 5 | 全部纵筋 | 4A12 | □ |
| 6 | 角筋 | | □ |
| 7 | B边一侧中部筋 | | □ |
| 8 | H边一侧中部筋 | | □ |
| 9 | 箍筋 | A6@200 | □ |
| 10 | 肢数 | 2*2 | |
| 11 | 其他箍筋 | | |
| 12 | 备注 | | □ |
| 13 | + 其他属性 | | |
| 25 | + 锚固搭接 | | |

图 3.181　属性编辑框(二十九)

2) 画构造柱

(1) 画构造柱之前先画辅助轴线，首先单击工具栏中的“平行”按钮，单击“1 轴线”，输入“3 000”，单击“确定”按钮，按照建施-06 画辅助轴线，如图 3.182 所示。

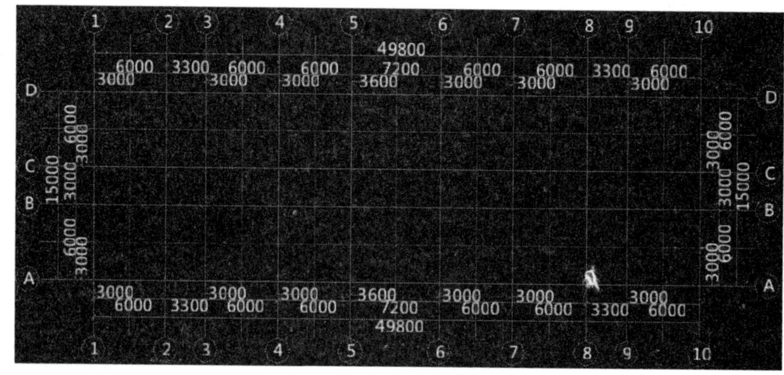


图 3.182　绘图区(八)

(2) 单击“柱”下的“构造柱”，选择 GZ1，单击“智能布置”下拉菜单，单击“轴线”，拉框择所有的轴线，这是所有的轴线交点都布置上了构造柱，单击“选择”按钮，拉框选择多余的构造柱，单击鼠标右键出现的菜单，选择“删除”按钮，单击“是”，所有多余的柱子就删除了。

(3) 单击“选择”按钮，拉框选择 D 轴线的所有柱，单击右键出现右键菜单，单击“批量对齐”，单击 D 轴的墙的外侧边线，弧形墙上的构造柱需要重新画，其他墙上的构造柱设置方法相同。

4. 建立砌体加筋属性及画图

1) 建立砌体加筋属性

单击“墙”下的“砌体加筋”，单击“构件列表”中的“新建”按钮后的下三角按钮，单击“新建砌体加筋”选项，建属性时有 L 形和一字形两种，建好后的属性 L 形如图 3.183、图 3.184 所示，一字形的如图 3.185、图 3.186 所示。

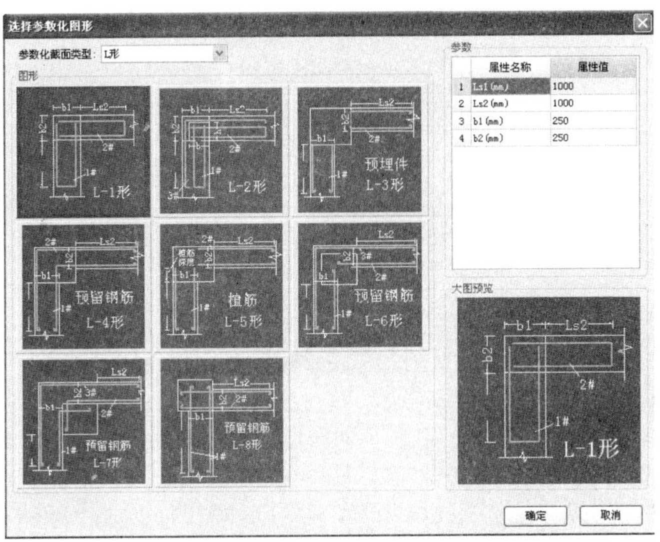


图 3.183　选择参数化图形(一)

| | 属性名称 | 属性值 | 附加 |
|---|---|---|---|
| 1 | 名称 | LJ-1 | |
| 2 | 砌体加筋形式 | L-1形 | ☐ |
| 3 | 1#加筋 | A6@500 | ☐ |
| 4 | 2#加筋 | A6@500 | ☐ |
| 5 | 其他加筋 | | |
| 6 | 计算设置 | 按默认计算设 | |
| 7 | 汇总信息 | 砌体拉结筋 | ☐ |
| 8 | 备注 | | ☐ |

图 3.184　属性编辑框(三十)

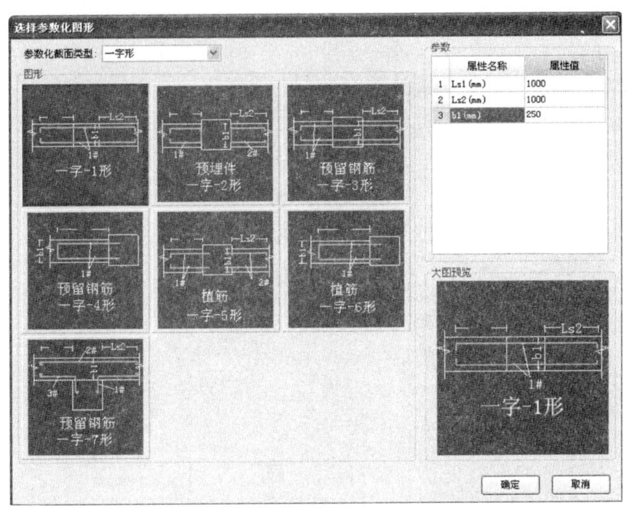


图 3.185　选择参数化图形(二)

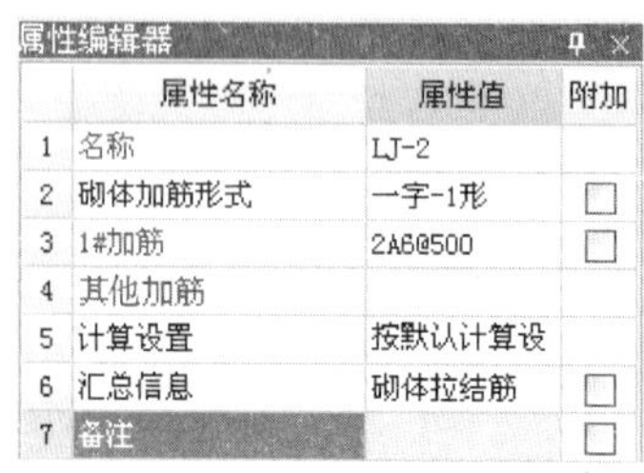

属性编辑器

| | 属性名称 | 属性值 | 附加 |
|---|---|---|---|
| 1 | 名称 | LJ-2 | |
| 2 | 砌体加筋形式 | 一字-1形 | ☐ |
| 3 | 1#加筋 | 2A6@500 | ☐ |
| 4 | 其他加筋 | | |
| 5 | 计算设置 | 按默认计算设 | |
| 6 | 汇总信息 | 砌体拉结筋 | ☐ |
| 7 | 备注 | | ☐ |

图 3.186　属性编辑框(三十一)

2) 画砌体加筋

(1) 单击“墙”下“砌体加筋”选择“L 形”砌体加筋，单击“点”，单击(1，D)墙交点，单击“旋转点”，单击(10，D)处墙交点，再单击 10 轴上任意一个构造柱的中心点，单击(10，A)墙交点，再单击 A 轴上任意一个构造柱的中心点，单击(1，A)墙交点，再单击 1 轴上任意一个构造柱的中心点，单击鼠标右键结束。

(2) 单击“墙”下“砌体加筋”选择“一字形”砌体加筋，单击“智能布置”下的“柱”，在绘图区拉框选中 A 轴、D 轴的构造柱，单击鼠标右键。

(3) 单击“旋转点”画法，单击靠近(1，C)轴交点构造柱中心，然后拖动光标到靠近(1，B)轴构造柱交点单击，单击画好的靠近(1，C)轴交点“一字形”砌体加筋，单击鼠标右键选择“复制”，单击其中心点，然后分别单击 1 轴和 10 轴没有布砌体加筋的构造柱中点。全部单击后，单击鼠标右键。

## 3.3　商务标编制软件应用实训

### 3.3.1　计价软件简介

市场上主流的计价软件都能够融计价、招标管理、投标管理于一体，旨在解决电子招投标环境下的工程计价、招投标业务问题，这使计价更高效、招标更便捷、投标更安全。

以广联达为例，其计价软件包含三大模块，招标管理模块、投标管理模块、清单计价模块。招标管理和投标管理模块是站在整个项目的角度进行招投标工程造价管理。清单计价模块用于编辑单位工程的工程量清单或投标报价。在招标管理和投标管理模块中可以直接进入清单计价模块，软件使用流程如图 3.187 所示。

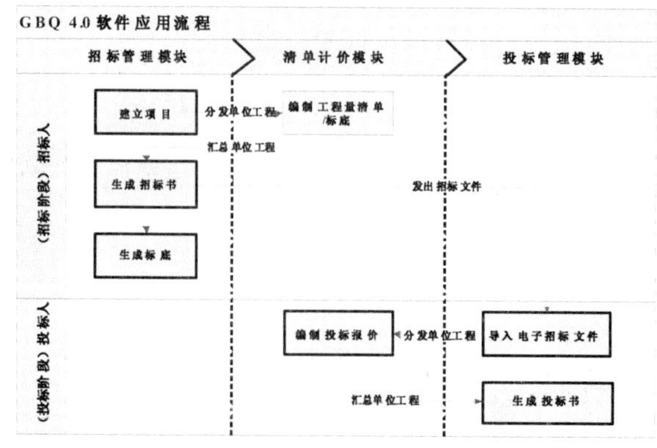


图 3.187　GBQ4.0 软件应用流程

软件操作流程如下。

1. 招标方的主要工作

招标方的主要工作主要由以下七部分组成：新建招标项目包括新建招标项目工程，建立项目结构；编制单位工程分部分项工程量清单，包括输入清单项，输入清单工程量，编辑清单名称，分部整理；编制措施项目清单；编制其他项目清单；编制甲供材料、设备表；查看工程量清单报表；生成电子标书包括招标书自检，生成电子招标书，打印报表，刻录及导出电子标书。

2. 投标人编制工程量清单

1) 新建投标项目

2) 编制单位工程分部分项工程量清单计价

包括套定额子目，输入子目工程量，子目换算，设置单价构成。

3) 编制措施项目清单计价

包括计算公式组价、定额组价、实物量组价 3 种方式。

4) 编制其他项目清单计价

5) 人材机汇总

包括调整人材机价格，设置甲供材料、设备。

6) 查看单位工程费用汇总

包括调整计价程序，工程造价调整。

7) 查看报表

8) 汇总项目总价

包括查看项目总价，调整项目总价。

9) 生成电子标书

包括符合性检查，投标书自检，生成电子投标书，打印报表，刻录及导出电子标书。

### 3.3.2 招标文件制作

1. 编制分部分项工程量清单

1) 进入单位工程编辑界面

选择土建工程，单击【进入编辑窗口】，软件会进入单位工程编辑主界面，如图 3.188 所示。

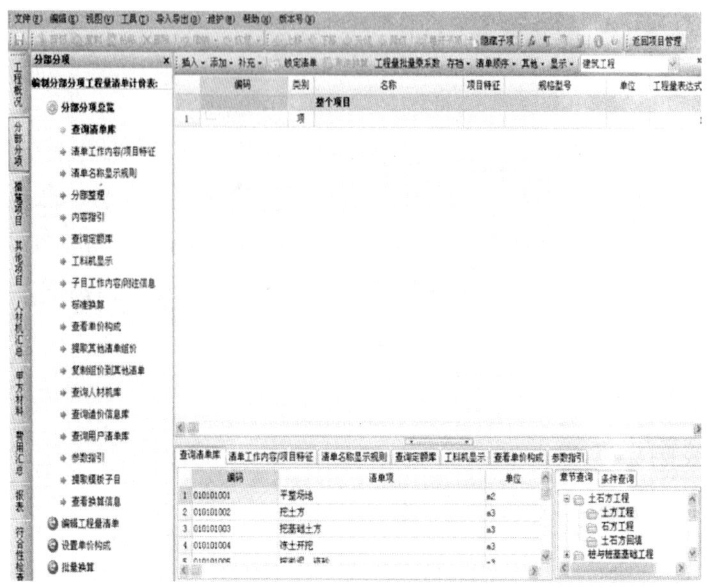

图 3.188　单位工程编辑主界面

2) 输入工程量清单

(1) 查询输入。在查询清单库界面找到平整场地清单项，单击“选择清单”，如图 3.189 所示。

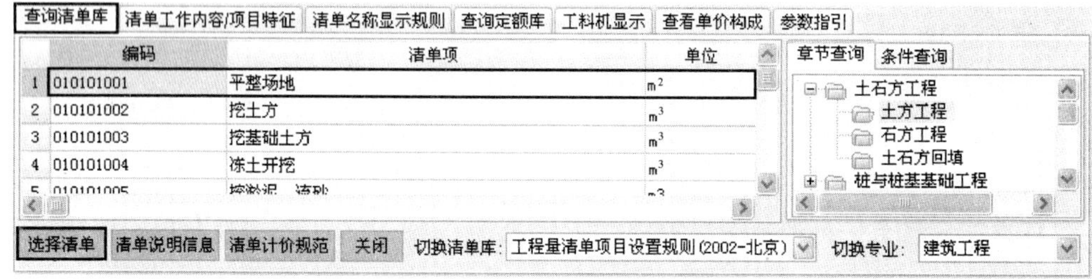


图 3.189　选择清单

(2) 按编码输入。单击鼠标右键，选择“添加”→“添加清单项”，在空行的编码列输入 010101003，按回车键，在弹出的窗口中按回车键即可输入挖基础土方清单项，如图 3.190 所示。

| | 编码 | 类别 | 名称 | 单位 | 工程量表达式 | 工程量 | 单价 | 合价 |
|---|---|---|---|---|---|---|---|---|
| | | | 整个项目 | | | | | |
| 1 | 010101001001 | 项 | 平整场地 | $m^2$ | 1 | 1 | | |
| 2 | 010101003001 | 项 | 挖基础土方 | $m^3$ | 1 | 1 | | |

图 3.190　清单项目编码(一)

**特别提示**

输入完清单后，可以按回车键快速切换到工程量列，再次按回车键，软件会新增一空行，软件默认情况是新增定额子目空行，在编制工程量清单时可以设置为新增清单空行。单击“工具”→“预算书属性设置”，去掉选择“输入清单后直接输入子目”，如图 3.191 所示。

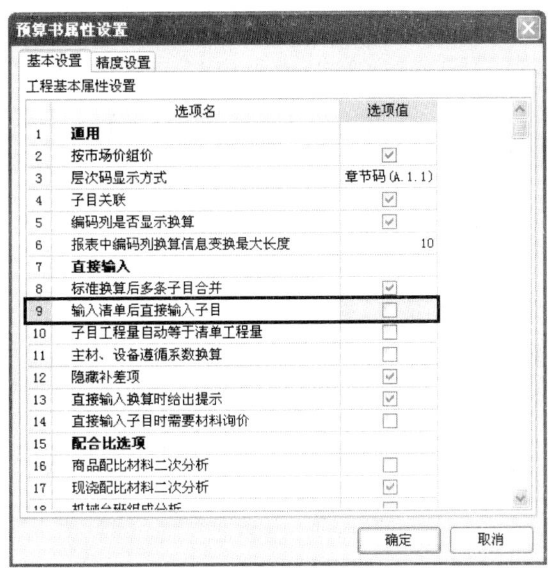


图 3.191 预算书属性设置

(3) 简码输入。对于 010302004001 填充墙清单项，我们输入 1-3-2-4 即可，如图 3.192 所示。清单的前九位编码可以分为四级，附录顺序码 01，专业工程顺序码 03，分部工程顺序码 02，分项工程项目名称顺序码 004，软件把项目编码进行简码输入，提高输入速度，其中清单项目名称顺序码 001 由软件自动生成。

| | 编码 | 类别 | 名称 | 单位 | 工程量表达式 | 工程量 | 单价 | 合价 |
|---|---|---|---|---|---|---|---|---|
| | | | 整个项目 | | | | | |
| 1 | 010101001001 | 项 | 平整场地 | $m^2$ | 1 | 1 | | |
| 2 | 010101003001 | 项 | 挖基础土方 | $m^3$ | 1 | 1 | | |
| 3 | 010302004001 | 项 | 填充墙 | $m^3$ | 1 | 1 | | |

图 3.192 清单项目编码(二)

同理，如果清单项的附录顺序码、专业工程顺序码等相同，我们只需输入后面不同的编码即可。例如：对于 010306002001 砖地沟、明沟清单项，我们只需输入 6-2 按回车键即可，因为它的附录顺序码 01、专业工程顺序码 03 和前一条挖基础土方清单项一致，如图 3.193 所示。输入两位编码 6-2，按回车键。软件会保留前一条清单的前两位编码 1-3。

在实际工程中，编码相似也就是章节相近的清单项一般都是连在一起的，所以用简码输入方式处理起来更方便快速。

| | 编码 | 类别 | 名称 | 单位 | 工程量表达式 | 工程量 | 单价 | 合价 |
|---|---|---|---|---|---|---|---|---|
| | | | 整个项目 | | | | | |
| 1 | 010101001001 | 项 | 平整场地 | $m^2$ | 1 | 1 | | |
| 2 | 010101003001 | 项 | 挖基础土方 | $m^3$ | 1 | 1 | | |
| 3 | 010302004001 | 项 | 填充墙 | $m^3$ | 1 | 1 | | |
| 4 | 010306002001 | 项 | 砖地沟、明沟 | m | 1 | 1 | | |

图 3.193 清单项目编码(三)

按以上方法输入其他清单，如图 3.194 所示。

| | 编码 | 类别 | 名称 | 单位 | 工程量表达式 | 工程量 | 单价 | 合价 |
|---|---|---|---|---|---|---|---|---|
| | 整个项目 | | | | | | | |
| 1 | 010101001001 | 项 | 平整场地 | $m^2$ | 1 | 1 | | |
| 2 | 010101003001 | 项 | 挖基础土方 | $m^3$ | 1 | 1 | | |
| 3 | 010302004001 | 项 | 填充墙 | $m^3$ | 1 | 1 | | |
| 4 | 010306002001 | 项 | 砖地沟、明沟 | m | 1 | 1 | | |
| 5 | 010401003001 | 项 | 满堂基础 | $m^3$ | 1 | 1 | | |
| 6 | 010402001001 | 项 | 矩形柱 | $m^3$ | | 0 | | |
| 7 | 010403002001 | 项 | 矩形梁 | $m^3$ | 1 | 1 | | |
| 8 | 010405001001 | 项 | 有梁板 | $m^3$ | 1 | 1 | | |
| 9 | 010407002001 | 项 | 散水、坡道 | $m^2$ | 1 | 1 | | |

图 3.194　清单项目编码(四)

(4) 补充清单项。在编码列输入 B-1，名称列输入清单项名称截水沟盖板，单位为 m，即可补充一条清单项，如图 3.195 所示。

| 10 | B-1 | 补项 | 截水沟盖板 | m | 1 | 1 | | |
|---|---|---|---|---|---|---|---|---|

图 3.195　补充清单项

提示：编码可根据用户自己的要求进行编写。

3) 输入工程量

(1) 直接输入。平整场地，在工程量列输入 4211，如图 3.196 所示。

| | 编码 | 类别 | 名称 | 单位 | 工程量表达式 | 工程量 | 单价 | 合价 |
|---|---|---|---|---|---|---|---|---|
| | 整个项目 | | | | | | | |
| 1 | 010101001001 | 项 | 平整场地 | $m^2$ | 4211 | 4211 | | |

图 3.196　直接输入

(2) 图元公式输入。选择挖基础土方清单项，双击工程量表达式单元格，使单元格数字处于编辑状态，即光标闪动状态。单击右上角 按钮。在图元公式界面中选择公式类别为体积公式，图元选择 2.2 长方体体积，输入参数值如图 3.197 所示。

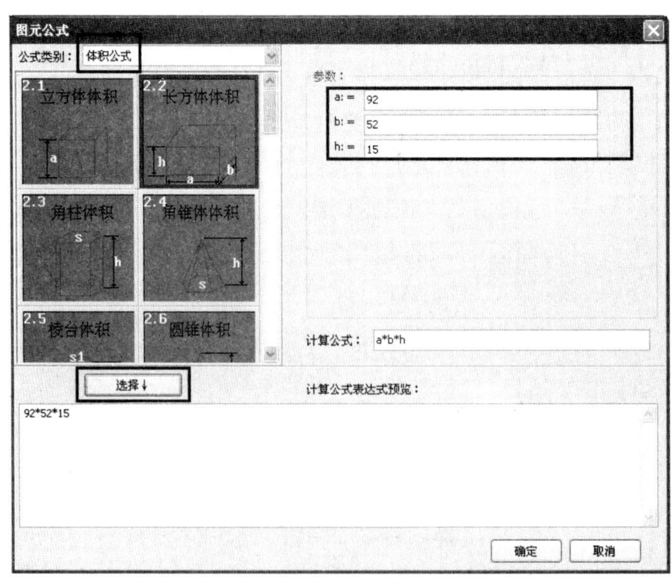


图 3.197　“图元公式”界面

单击“选择”按钮，再单击“确定”按钮，退出“图元公式”界面，输入结果如图3.198所示。

| 1 | 010101001001 | 项 | 平整场地 | $m^2$ | 4211 | 4211 | | |
|---|---|---|---|---|---|---|---|---|
| 2 | 010101003001 | 项 | 挖基础土方 | $m^3$ | 7176 | 7176 | | |

图3.198　图元公式输入

**特别提示**

输入完参数后要单击“选择”按钮，且只单击一次，如果单击多次，相当于对长方体体积结果的一个累加，工程量会按倍数增长。

(3) 计算明细输入。选择填充墙清单项，双击工程量表达式单元格，单击按钮[...]，在工程量计算明细界面，单击“切换到表格状态”按钮。单击鼠标右键选择“插入”命令，连续操作插入两空行，输入计算公式如图3.199所示。

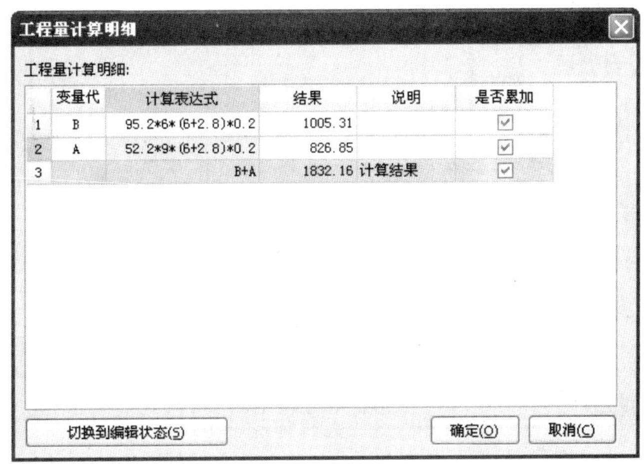
工程量计算明细

工程量计算明细:

| | 变量代 | 计算表达式 | 结果 | 说明 | 是否累加 |
|---|---|---|---|---|---|
| 1 | B | 95.2*6*(6+2.8)*0.2 | 1005.31 | | ☑ |
| 2 | A | 52.2*9*(6+2.8)*0.2 | 826.85 | | ☑ |
| 3 | | B+A | 1832.16 | 计算结果 | ☑ |

切换到编辑状态(S)　确定(O)　取消(C)

图3.199　工程量计算明细

单击“确定”按钮，计算结果如图3.200所示。

| 3 | 010302004001 | 项 | 填充墙 | $m^3$ | B+A | 1832.16 | | |
|---|---|---|---|---|---|---|---|---|

图3.200　计算结果

(4) 简单计算公式输入。选择砖地沟、明沟清单项，在工程量表达式输入2.1×2，如图3.201所示。

| 4 | 010306002001 | 项 | 砖地沟、明沟 | m | 2.1*2 | 4.2 | | |
|---|---|---|---|---|---|---|---|---|

图3.201　公式输入

按以上方法，参照下图的工程量表达式输入所有清单的工程量，如图3.202所示。

| | 编码 | 类别 | 名称 | 单位 | 工程量表达式 | 工程量 | 单价 | 合价 |
|---|---|---|---|---|---|---|---|---|
| | | | 整个项目 | | | | | |
| 1 | 010101001001 | 项 | 平整场地 | $m^2$ | 4211 | 4211 | | |
| 2 | 010101003001 | 项 | 挖基础土方 | $m^3$ | 7176 | 7176 | | |
| 3 | 010302004001 | 项 | 填充墙 | $m^3$ | B+A | 1832.16 | | |
| 4 | 010306002001 | 项 | 砖地沟、明沟 | m | 2.1*2 | 4.2 | | |
| 5 | 010401003001 | 项 | 满堂基础 | $m^3$ | 1958.12 | 1958.12 | | |
| 6 | 010402001001 | 项 | 矩形柱 | $m^3$ | 1110.24 | 1110.24 | | |
| 7 | 010403002001 | 项 | 矩形梁 | $m^3$ | 1848.64 | 1848.64 | | |
| 8 | 010405001001 | 项 | 有梁板 | $m^3$ | 2112.72+22.5+36.93 | 2172.15 | | |
| 9 | 010407002001 | 项 | 散水、坡道 | $m^2$ | 415 | 415 | | |
| 10 | B-1 | 补项 | 截水沟盖板 | m | 35.3 | 35.3 | | |

图 3.202　所有工程量

4) 清单名称描述

选择平整场地清单，单击“清单工作内容/项目特征”，单击土壤类别的特征值单元格，选择为“一类土、二类土”，填写运距如图 3.203 所示。

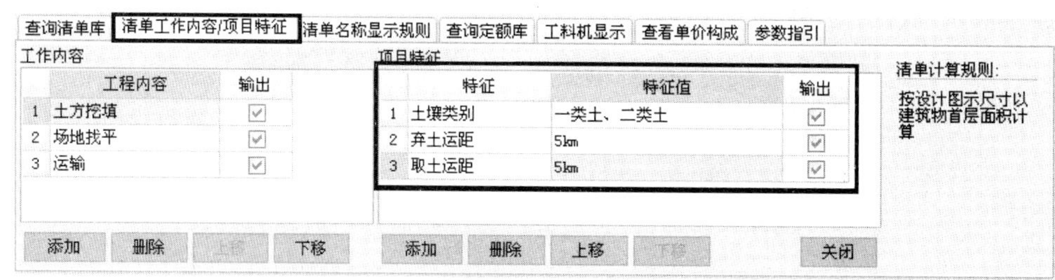


图 3.203　填写运距

单击“清单名称显示规则”，在界面中单击“应用规则到全部清单项”，如图 3.204 所示。

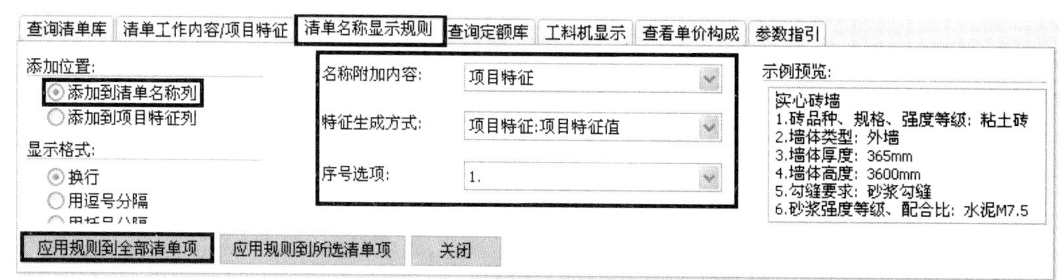


图 3.204　“清单名称显示规则”界面

软件会把项目特征信息输入到项目名称中，如图 3.205 所示。

| | 编码 | 类别 | 名称 | 单位 | 工程量表达式 | 工程量 | 单价 | 合价 |
|---|---|---|---|---|---|---|---|---|
| | | | 整个项目 | | | | | |
| 1 | 010101001001 | 项 | 平整场地<br>1.土壤类别：一类土、二类土<br>2.弃土运距：5km<br>3.取土运距：5km | $m^2$ | 4211 | 4211 | | |

图 3.205　项目特征信息

5) 直接修改清单名称

选择“矩形柱”清单，单击项目名称单元格，使其处于编辑状态，单击单元格右侧的按钮，在“编辑[名称]”界面中输入项目名称，如图 3.206 所示。

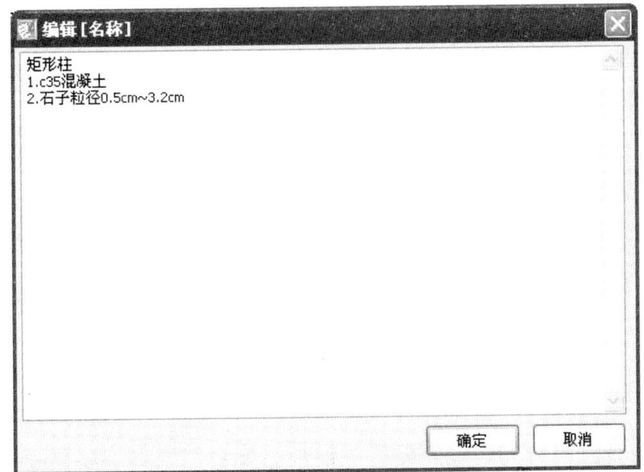


图 3.206 “编辑[名称]”界面

按以上方法，设置所有清单的名称，如图 3.207 所示。

| | 编码 | 类别 | 名称 | 单位 | 工程量表达式 | 工程量 | 单价 | 合价 |
|---|---|---|---|---|---|---|---|---|
| 1 | 010101001001 | 项 | 平整场地<br>1. 土壤类别：一类土、二类土<br>2. 弃土运距：5km<br>3. 取土运距：5km | $m^2$ | 4211 | 4211 | | |
| 2 | 010101003001 | 项 | 挖基础土方<br>1. 土壤类别：一类土、二类土<br>2. 挖土深度：1.5km<br>3. 弃土运距：5km | $m^3$ | 7176 | 7176 | | |
| 3 | 010302004001 | 项 | 填充墙<br>1. 砖品种、规格、强度等级：陶粒空心砖墙，强度小于等于8km/m3<br>2. 墙体厚度：200mm<br>3. 砂浆强度等级：混合M5.0 | $m^3$ | B+A | 1832.16 | | |
| 4 | 010306002001 | 项 | 砖地沟、明沟<br>1. 沟截面尺寸：2080*1500<br>2. 垫层材料种类、厚度：混凝土，200mm厚<br>3. 混凝土强度等级：c10<br>4. 砂浆强度等级、配合比：水泥M7.5 | m | 2.1*2 | 4.2 | | |
| 5 | 010401003001 | 项 | 满堂基础<br>1. C10混凝土（中砂）垫层，100mm厚<br>2. C30混凝土<br>3. 石子粒径0.5cm~3.2cm | $m^3$ | 1958.12 | 1958.12 | | |
| 6 | 010402001001 | 项 | 矩形柱<br>1. c35混凝土<br>2. 石子粒径0.5cm~3.2cm | $m^3$ | 1110.24 | 1110.24 | | |
| 7 | 010403002001 | 项 | 矩形梁<br>1. c30混凝土<br>2. 石子粒径0.5cm~3.2cm | $m^3$ | 1848.64 | 1848.64 | | |
| 8 | 010405001001 | 项 | 有梁板<br>1. 板厚120mm<br>2. c30混凝土<br>3. 石子粒径0.5cm~3.2cm | $m^3$ | 2112.72+22.5+36.93 | 2172.15 | | |
| 9 | 010407002001 | 项 | 散水、坡道<br>1. 灰土3：7垫层，厚300mm<br>2. c15混凝土<br>3. 石子粒径0.5cm~3.2cm | $m^2$ | 415 | 415 | | |
| 10 | B-1 | 补项 | 截水沟盖板<br>1. 材质：铸铁<br>2. 规格：50mm厚，300mm宽 | m | 35.3 | 35.3 | | |

图 3.207 设置所有清单的名称

**特别提示**

对于名称描述有类似的清单项，可以采用 Ctrl+C 和 Ctrl+V 的方式快速复制、粘贴名称，然后进行修改。尤其是给排水工程，很多同类清单名称描述类似。

6) 分部整理

在左侧功能区单击“分部整理”，在右下角属性窗口的分部整理界面选择“需要章分部标题”，如图 3.208 所示。

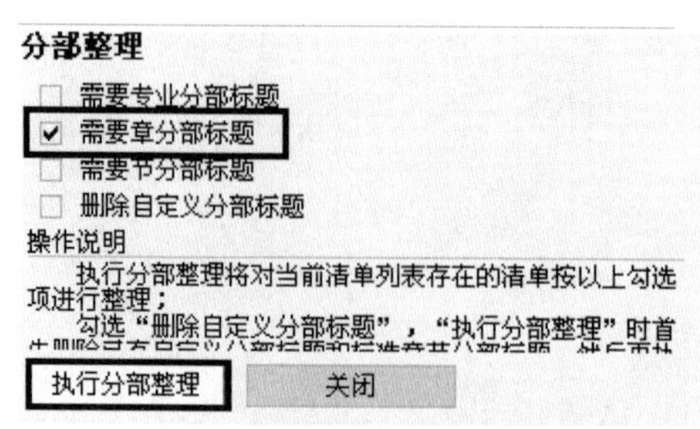


图 3.208 分部整理(一)

单击“执行分部整理”，软件会按照计价规范的章节编排增加分部行，并建立分部行和清单行的归属关系，如图 3.209 所示。

| | 编码 | 类别 | 名称 | 单位 | 工程量表达式 | 工程量 | 单价 |
|---|---|---|---|---|---|---|---|
| | | | 整个项目 | | | | |
| B1 | A.1 | 部 | 土石方工程 | | | | |
| 1 | 010101001001 | 项 | 平整场地<br>1.土壤类别: 一类土、二类土<br>2.弃土运距: 5km<br>3.取土运距: 5km | $m^2$ | 4211 | 4211 | |
| 2 | 010101003001 | 项 | 挖基础土方<br>1.土壤类别: 一类土、二类土<br>2.挖土深度: 1.5km<br>3.弃土运距: 5km | $m^3$ | 7176 | 7176 | |
| B1 | A.3 | 部 | 砌筑工程 | | | | |
| 3 | 010302004001 | 项 | 填充墙<br>1.砖品种、规格、强度等级: 陶粒空心砖墙，强度小于等于8km/m3<br>2.墙体厚度: 200mm<br>3.砂浆强度等级: 混合M5.0 | $m^3$ | B+A | 1832.16 | |
| 4 | 010306002001 | 项 | 砖地沟、明沟<br>1.沟截面尺寸: 2080*1500<br>2.垫层材料种类、厚度: 混凝土，200mm厚<br>3.混凝土强度等级: c10<br>4.砂浆强度等级、配合比: 水泥M7.5 | m | 2.1*2 | 4.2 | |
| B1 | A.4 | 部 | 混凝土及钢筋混凝土工程 | | | | |
| 5 | 010401003001 | 项 | 满堂基础<br>1.C10混凝土（中砂）垫层，100mm厚<br>2.C30混凝土<br>3.石子粒径0.5cm~3.2cm | $m^3$ | 1958.12 | 1958.12 | |
| 6 | 010402001001 | 项 | 矩形柱<br>1.c35混凝土<br>2.石子粒径0.5cm~3.2cm | $m^3$ | 1110.24 | 1110.24 | |
| 7 | 010403002001 | 项 | 矩形梁<br>1.c30混凝土<br>2.石子粒径0.5cm~3.2cm | $m^3$ | 1848.64 | 1848.64 | |
| 8 | 010405001001 | 项 | 有梁板<br>1.板厚120mm<br>2.c30混凝土<br>3.石子粒径0.5cm~3.2cm | $m^3$ | 2112.72+22.5+36.93 | 2172.15 | |
| 9 | 010407002001 | 项 | 散水、坡道<br>1.灰土3：7垫层，厚300mm<br>2.c15混凝土<br>3.石子粒径0.5cm~3.2cm | $m^2$ | 415 | 415 | |
| B1 | | 部 | 补充分部 | | | | |
| 10 | B-1 | 补项 | 截水沟盖板<br>1.材质：铸铁<br>2.规格：50mm厚，300mm宽 | m | 35.3 | 35.3 | |

图 3.209 执行分部整理

在分部整理后，补充的清单项会自动生成一个补充分部，如果想要编辑补充清单项的归属关系，在页面单击鼠标右键选中“页面显示列设置”命令，在弹出的界面对“指定专业章节位置”进行选择，单击“确定”按钮。在页面就会出现“指定专业章节位置”一列(将水平滑块向后拉)，单击单元格，出现 3 个小点…按钮，如图 3.210 所示。

| | 编码 | 类别 | 名称 | 取费专业 | 锁定综合单价 | 指定专业章节位置 |
|---|---|---|---|---|---|---|
| B1 | A.4 | 部 | 混凝土及钢筋混凝土工程 | | | |
| 5 | 010401003001 | 项 | 满堂基础<br>1.C10混凝土(中砂)垫层，100mm厚<br>2.C30混凝土<br>3.石子粒径0.5cm~3.2cm | 建筑工程 | □ | 104010000 |
| 6 | 010402001001 | 项 | 矩形柱<br>1.c35混凝土<br>2.石子粒径0.5cm~3.2cm | 建筑工程 | □ | 104020000 |
| 7 | 010403002001 | 项 | 矩形梁<br>1.c30混凝土<br>2.石子粒径0.5cm~3.2cm | 建筑工程 | □ | 104030000 |
| 8 | 010405001001 | 项 | 有梁板<br>1.板厚120mm<br>2.c30混凝土<br>3.石子粒径0.5cm~3.2cm | 建筑工程 | □ | 104050000 |
| 9 | 010407002001 | 项 | 散水、坡道<br>1.灰土3：7垫层，厚300mm<br>2.c15混凝土<br>3.石子粒径0.5cm~3.2cm | 建筑工程 | □ | 104070000 |
| B1 | | 部 | 补充分部 | | | |
| 10 | B-1 | 补项 | 截水沟盖板<br>1.材质：铸铁<br>2.规格：50mm厚，300mm宽 | | □ | … |

图 3.210　页面显示列设置

单击…按钮，选择章节即可，这里选择混凝土及钢筋混凝土工程中的螺栓、铁件章节，单击“确定”按钮，如图 3.211 所示。

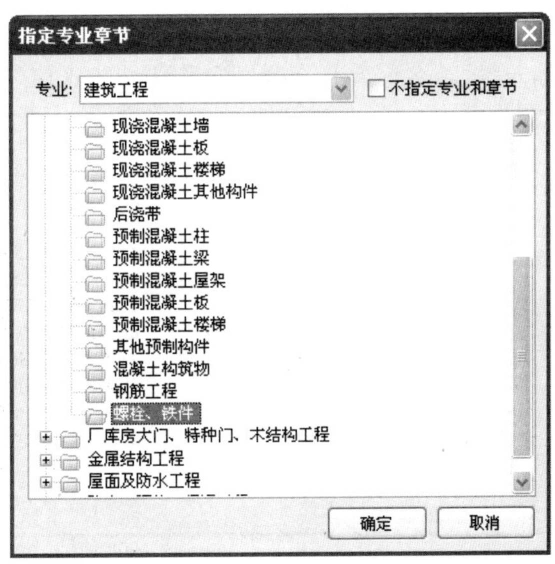


图 3.211　指定专业章节

指定专业章节位置后，再重复进行一次“分部整理”，补充清单项就会归属到选择的章节中了，如图 3.212 所示。

|  | 编码 | 类别 | 名称 | 取费专业 | 锁定综合单价 | 指定专业章节位置 |
|---|---|---|---|---|---|---|
| B1 | A.4 | 部 | 混凝土及钢筋混凝土工程 |  |  |  |
| 5 | 010401003001 | 项 | 满堂基础<br>1.C10混凝土（中砂）垫层，100mm厚<br>2.C30混凝土<br>3.石子粒径0.5cm~3.2cm | 建筑工程 | ☐ | 104010000 |
| 6 | 010402001001 | 项 | 矩形柱<br>1.c35混凝土<br>2.石子粒径0.5cm~3.2cm | 建筑工程 | ☐ | 104020000 |
| 7 | 010403002001 | 项 | 矩形梁<br>1.c30混凝土<br>2.石子粒径0.5cm~3.2cm | 建筑工程 | ☐ | 104030000 |
| 8 | 010405001001 | 项 | 有梁板<br>1.板厚120mm<br>2.c30混凝土<br>3.石子粒径0.5cm~3.2cm | 建筑工程 | ☐ | 104050000 |
| 9 | 010407002001 | 项 | 散水、坡道<br>1.灰土3：7垫层，厚300mm<br>2.c15混凝土<br>3.石子粒径0.5cm~3.2cm | 建筑工程 | ☐ | 104070000 |
| 10 | B-1 | 补项 | 截水沟盖板<br>1.材质：铸铁<br>2.规格：50mm厚，300mm宽 |  | ☐ | 104170000 |

图 3.212　分部整理(二)

**特别提示**

通过以上操作就编制完成了土建单位工程的分部分项工程量清单，接下来就可以编制措施项目。

2. 编制措施项目、其他项目清单

1) 措施项目清单

选择1.11 施工排水、降水措施项，单击鼠标右键，选择“添加”→“添加措施项”命令，插入两空行，分别输入序号，名称为1.12 高层建筑超高费，1.13 工程水电费，如图3.213所示。

| 序号 | 名称 | 机械合价 | 主材合价 | 设备合价 | 单价构成文件 | 不可竞争费 | 备注 |
|---|---|---|---|---|---|---|---|
|  | **措施项目** | **0** | **0** | **0** |  |  |  |
| 1 | 通用项目 | 0 | 0 | 0 |  |  |  |
| 1.1 | 环境保护 | 0 | 0 | 0 | [缺省模板(直接费 | ☐ |  |
| 1.2 | 文明施工 | 0 | 0 | 0 | [缺省模板(直接费 | ☐ |  |
| 1.3 | 安全施工 | 0 | 0 | 0 | [缺省模板(直接费 | ☐ |  |
| 1.4 | 临时设施 | 0 | 0 | 0 | [缺省模板(直接费 | ☐ |  |
| 1.5 | 夜间施工 | 0 | 0 | 0 | [缺省模板(直接费 | ☐ |  |
| 1.6 | 二次搬运 | 0 | 0 | 0 | [缺省模板(直接费 | ☐ |  |
| 1.7 | 大型机械设备进出场及安拆 | 0 | 0 | 0 | 建筑工程 | ☐ |  |
| 1.8 | 混凝土、钢筋混凝土模板及支架 | 0 | 0 | 0 | 建筑工程 | ☐ |  |
| 1.9 | 脚手架 | 0 | 0 | 0 | 建筑工程 | ☐ |  |
| 1.10 | 已完工程及设备保护 | 0 | 0 | 0 | 建筑工程 | ☐ |  |
| 1.11 | 施工排水、降水 | 0 | 0 | 0 | 建筑工程 | ☐ |  |
| 1.12 | 高层建筑超高费 | 0 | 0 | 0 | [缺省模板(直接费 | ☐ |  |
| 1.13 | 工程水电费 | 0 | 0 | 0 | [缺省模板(直接费 | ☐ |  |
| 2 | 建筑工程 | 0 | 0 | 0 |  |  |  |
| 2.1 | 垂直运输机械 | 0 | 0 | 0 | 建筑工程 | ☐ |  |

图 3.213　添加措施项

2) 其他项目清单

选中预留金行，在计算基数单元格中输入 100 000，如图 3.214 所示。

| | 序号 | 名称 | 计算基数 | 费率(%) | 金额 | 费用类别 | 不可竞争费 | 备注 |
|---|---|---|---|---|---|---|---|---|
| 1 | | **其他项目** | | | **100000** | **普通** | | |
| 2 | 1 | 招标人部分 | | | 100000 | 招标人部分 | | |
| 3 | 1.1 | 预留金 | 100000 | | 100000 | 普通费用 | ☐ | |
| 4 | 1.2 | 材料购置费 | | | 0 | 普通费用 | ☐ | |
| 5 | 2 | 投标人部分 | | | 0 | 投标人部分 | | |
| 6 | 2.1 | 总承包服务费 | | | 0 | 总承包服务费 | ☐ | |
| 7 | 2.2 | 零星工作费 | 零星工作费 | | 0 | 零星工作费 | ☐ | |

图 3.214 输入计算基数

3) 查看报表

编辑完成后查看本单位工程的报表，例如“分部分项工程量清单”，如图 3.215 所示。

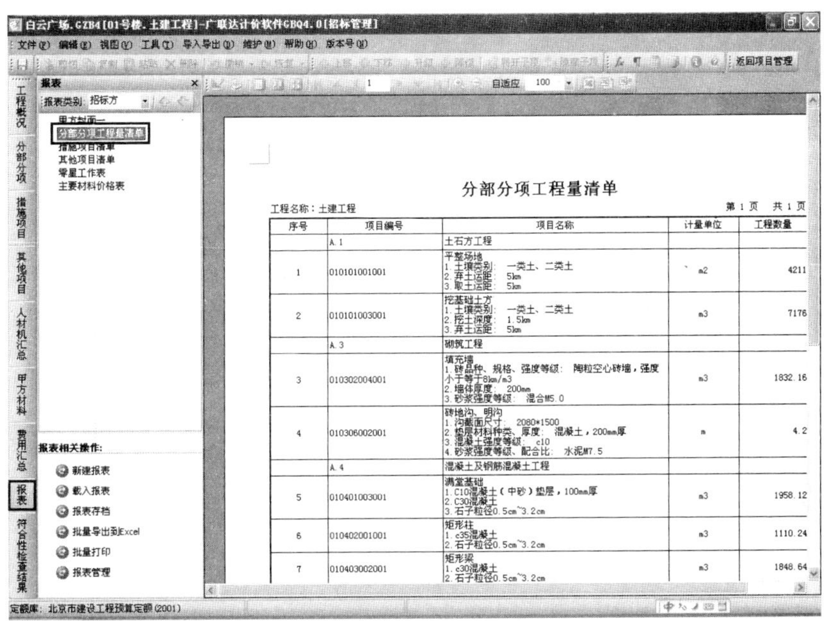

分部分项工程量清单

工程名称：土建工程　　　　第 1 页　共 1 页

| 序号 | 项目编号 | 项目名称 | 计量单位 | 工程数量 |
|---|---|---|---|---|
| | A.1 | 土石方工程 | | |
| 1 | 010101001001 | 平整场地<br>1. 土壤类别：一类土、二类土<br>2. 弃土运距：5km<br>3. 取土运距：5km | m2 | 4211 |
| 2 | 010101003001 | 挖基础土方<br>1. 土壤类别：一类土、二类土<br>2. 挖土深度：1.5km<br>3. 弃土运距：5km | m3 | 7176 |
| | A.3 | 砌筑工程 | | |
| 3 | 010302004001 | 填充墙<br>1. 砖品种、规格、强度等级：陶粒空心砖墙，强度小于等于8km/m3<br>2. 墙体厚度：200mm<br>3. 砂浆强度等级：混合M5.0 | m3 | 1832.16 |
| 4 | 010306002001 | 砖地沟、明沟<br>1. 沟截面尺寸：2080*1500<br>2. 垫层材料种类、厚度：混凝土，200mm厚<br>3. 混凝土强度等级：c10<br>4. 砂浆强度等级、配合比：水泥M7.5 | m | 4.2 |
| | A.4 | 混凝土及钢筋混凝土工程 | | |
| 5 | 010401003001 | 满堂基础<br>1. C10混凝土（中砂）垫层，100mm厚<br>2. C30混凝土<br>3. 石子粒径0.5cm~3.2cm | m3 | 1958.12 |
| 6 | 010402001001 | 矩形柱<br>1. c35混凝土<br>2. 石子粒径0.5cm~3.2cm | m3 | 1110.24 |
| 7 | 010403002001 | 矩形梁<br>1. c30混凝土<br>2. 石子粒径0.5cm~3.2cm | m3 | 1848.64 |



图 3.215 查看报表

单张报表可以导出为 Excel，单击右上角的“导出到 Excel 文件”，在保存界面输入文件名，单击保存。

也可以把所有报表批量导出为 Excel，单击“批量导出到 Excel”，如图 3.216 所示。

新建报表

载入报表

报表存档

**批量导出到Excel**

批量打印

报表管理

图 3.216 批量导出到 Excel

选择需要导出的报表，如图 3.217 所示。

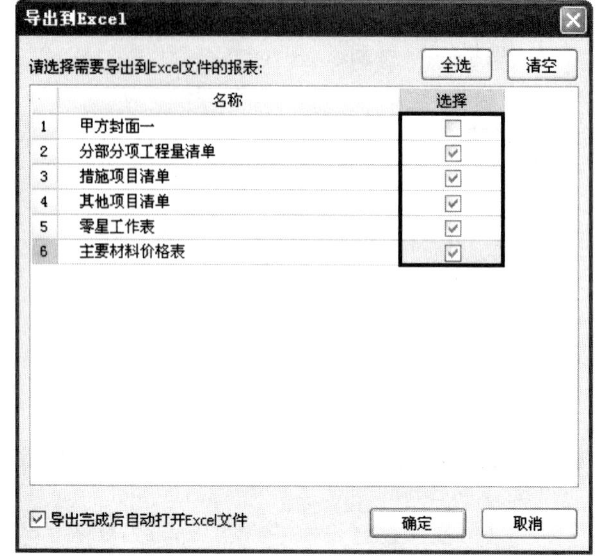


图 3.217　导出到 Excel

单击“确定”按钮，输入文件名后单击“保存”按钮即可。

4) 保存退出

通过以上方式就编制完成了土建单位工程的工程量清单。单击，然后单击，返回招标管理主界面。

3. 编制招标文件

1) 招标书自检

单击发布招标书导航栏，单击【招标书自检】，如图 3.218 所示。

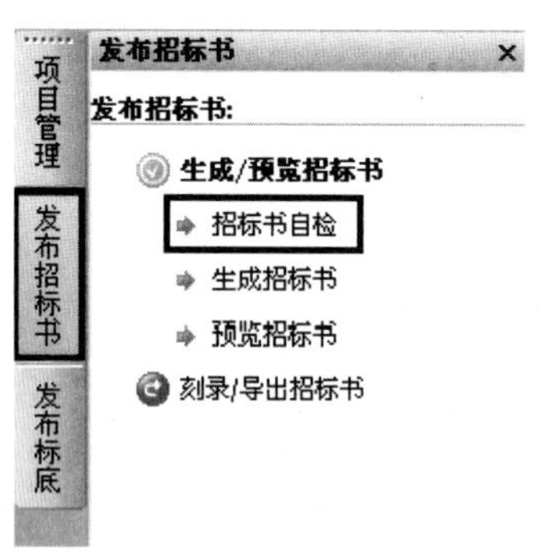


图 3.218　招标书自检

在设置检查项界面中选择分部分项工程量清单，并单击“确定”按钮，如图 3.219 所示。

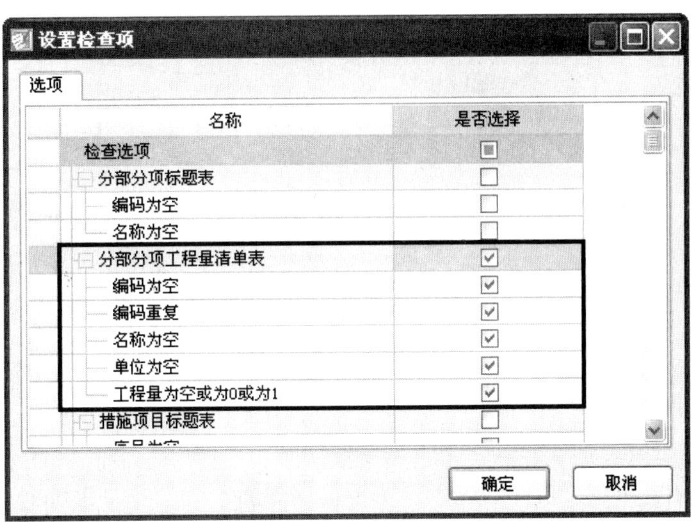


图 3.219 设置检查项

如果工程量清单存在错漏、重复项，软件会以网页文件显示出来，如果没有问题，则会提示如图 3.220 所示。

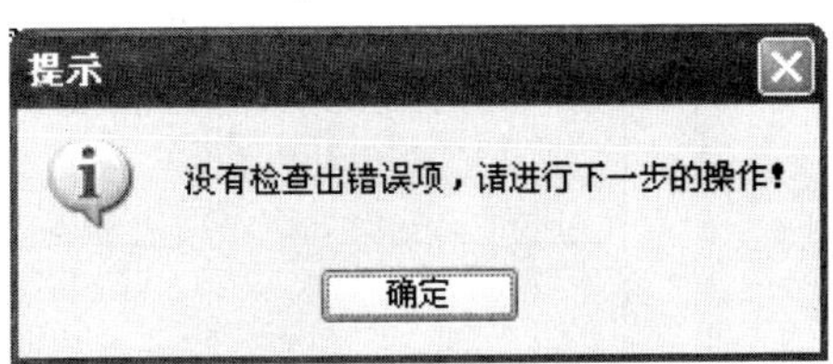


图 3.220 “提示”对话框(一)

2) 生成电子招标书

单击“生成招标书”，如图 3.221 所示。

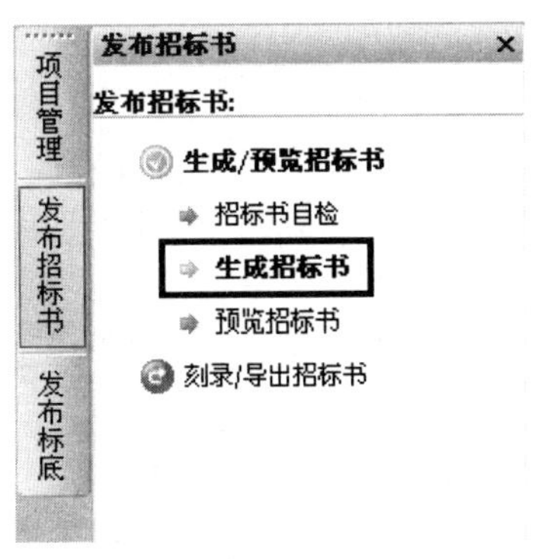


图 3.221 生成招标书(一)

在“生成招标书”界面单击“确定”按钮，软件会生成电子标书文件，如图 3.222 所示。

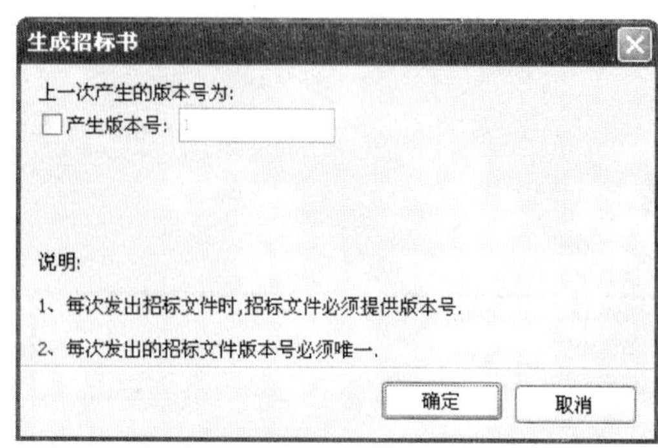


图 3.222　生成招标书(二)

3) 预览和打印报表

单击“预览招标书”，软件会进入预览招标书界面，这个界面会显示本项目所有报表，包括建设项目、单项工程、单位工程的报表，如图 3.223 所示。

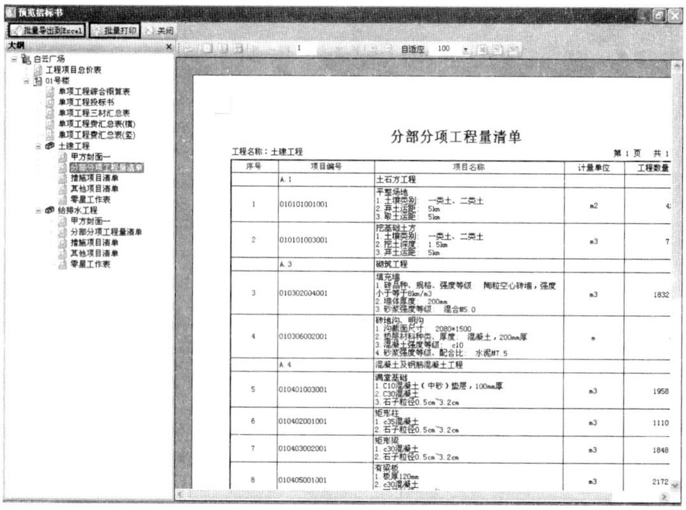

图 3.223　预览招标书

单击“批量导出到 Excel”，选择导出文件夹的保存路径，单击“确定”按钮。

单击“批量打印”，选择需要打印的报表，单击“打印选中表”。

4) 刻录、导出电子招标书

单击“刻录/导出招标书”→“导出招标书”，如图 3.224 所示。

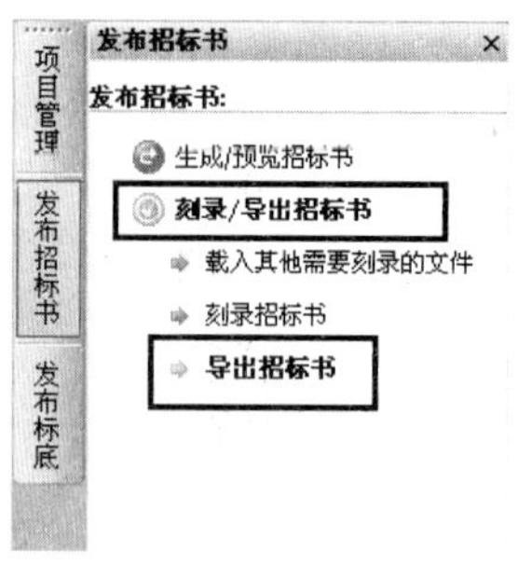


图 3.224　刻录、导出招标书

选择导出路径，如桌面，单击“确定”按钮。

**特别提示**

通过以上操作就编制完成了一个招标项目的工程量清单。温馨提示：如果招标文件有变更，软件可以多次生成招标书，并且对每次生成招标书之间的差异进行对比，生成变更文件。

### 3.3.3 商务投标文件制作

1. 分部分项工程组价

1) 新建投标项目

在工程文件管理界面，单击“新建项目”→“新建投标项目”命令，在新建投标工程界面，单击“浏览”按钮，在桌面找到电子招标书文件，单击“打开”按钮，软件会导入电子招标文件中的项目信息。单击“确定”按钮，软件进入投标管理主界面，可以看出项目结构也被完整导入进来了。

**特别提示**

除项目信息、项目结构外，软件还导入了所有单位工程的工程量清单内容。

2) 进入单位工程界面

选择土建工程，单击“进入编辑窗口”，在新建清单计价单位工程界面选择清单库、定额库及专业，单击“确定”按钮后，软件会进入单位工程编辑主界面，能看到已经导入的工程量清单，如图3.225所示。

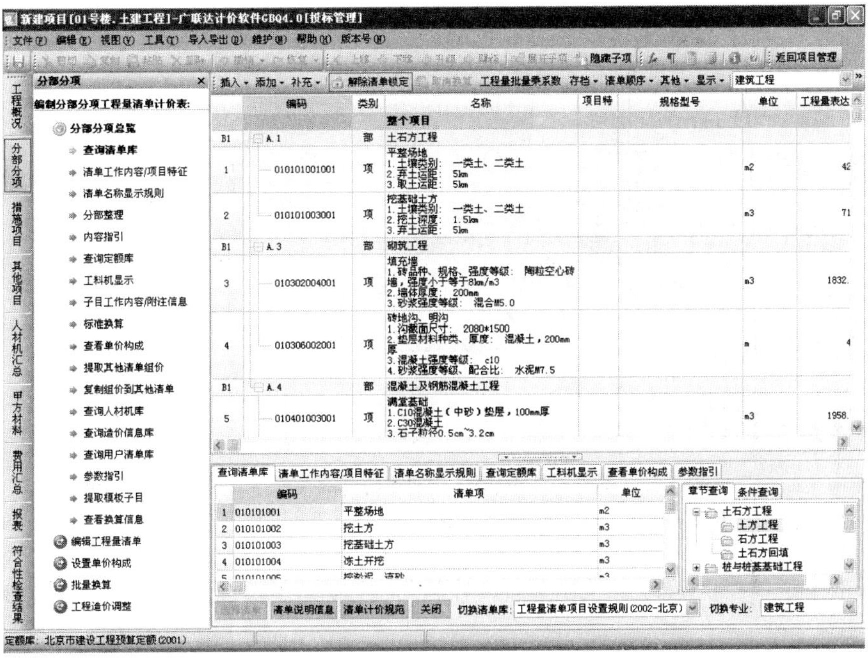

图 3.225 单位工程编辑主界面

**特别提示**

输入建筑面积后，单位工程的工程概况中会保存这个信息，如图 3.226 所示。

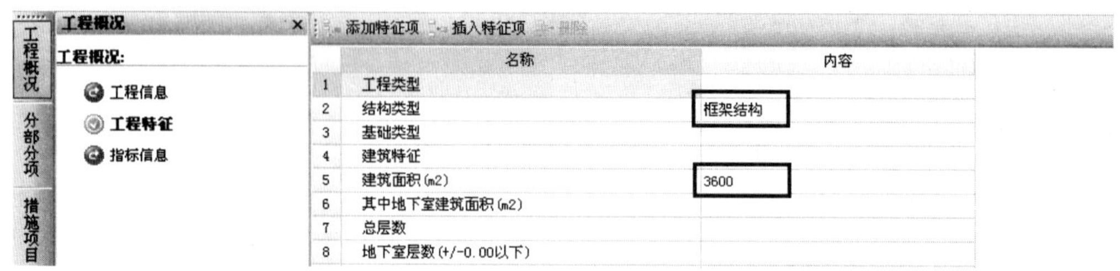


| | 名称 | 内容 |
|---|---|---|
| 1 | 工程类型 | |
| 2 | 结构类型 | 框架结构 |
| 3 | 基础类型 | |
| 4 | 建筑特征 | |
| 5 | 建筑面积(m2) | 3600 |
| 6 | 其中地下室建筑面积(m2) | |
| 7 | 总层数 | |
| 8 | 地下室层数(+/-0.00以下) | |

图 3.226　工程概况

3) 套定额组价

在土建工程中，套定额组价通常采用的方式有以下 6 种。

(1) 内容指引。选择平整场地清单，单击“内容指引”，选择 1-1 子目，如图 3.227 所示。

查询清单库　清单工作内容/项目特征　清单名称显示规则　内容指引　查询定额库　工料机显示　查看单价构成　参数指引

| | 编码 | 子目名称 | 单位 | 单价 |
|---|---|---|---|---|
| 1 | 1-1 | 人工土石方 场地平整 | m2 | 0.75 |
| 2 | 1-2 | 人工土石方 人工挖土 土方 | m3 | 11.33 |
| 3 | 1-6 | 人工土石方 回填土 松填 | m3 | 2.02 |
| 4 | 1-15 | 人工土石方 余(亏)土运输 | m3 | 20.37 |
| 5 | 1-17 | 机械土石方 机挖土方 | m3 | 3.72 |

平整场地
平整场地

图 3.227　内容指引

单击“选择”，软件即可输入定额子目，输入子目工程量如图 3.228 所示。

| | 编码 | 类别 | 名称 | 项目特征 | 规格型号 | 单位 | 工程量表达式 | 工程量 |
|---|---|---|---|---|---|---|---|---|
| | | | 整个项目 | | | | | |
| B1 | A.1 | 部 | 土石方工程 | | | | | |
| 1 | 010101001001 | 项 | 平整场地<br>1. 土壤类别：　一类土、二类土<br>2. 弃土运距：　5km<br>3. 取土运距：　5km | | | m² | 4211 | 4211 |
| | 1-1 | 定 | 人工土石方　场地平整 | | | m² | 5895.4 | 5895.4 |

图 3.228　子目工程量

**特别提示**

清单项下面都会有主子目，其工程量一般和清单项的工程量相等，如果子目计量单位和清单项相同，可以设置定额子目工程量和清单项一致，设置方式如下。

单击下拉菜单“工具”→“预算书属性设置”，在预算书属性设置界面中设置如图 3.229 所示。

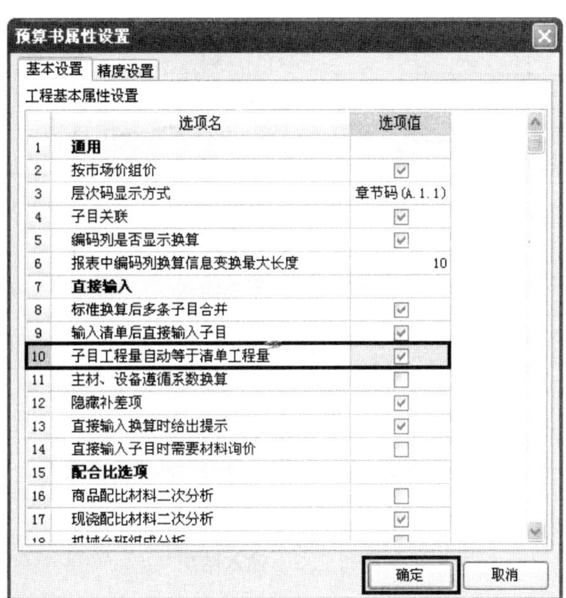


图 3.229　预算书属性设置

(2) 直接输入。选择填充墙清单，单击“插入”→“插入子目”，如图 3.230 所示。

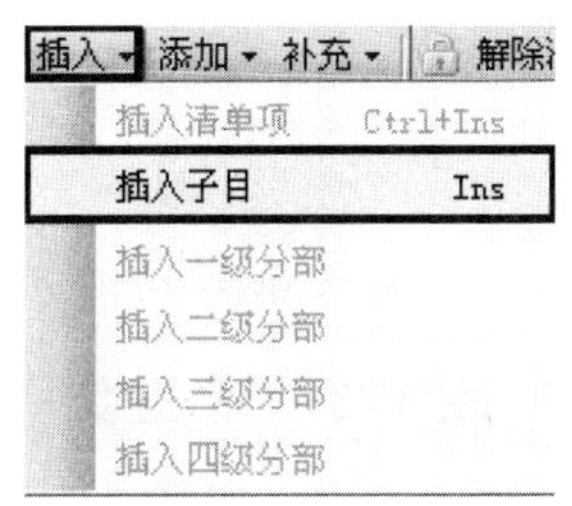


图 3.230　插入子目

在空行的编码列输入 4-42，工程量为 1 832.16，如图 3.231 所示。

| | | | | | | | | |
|---|---|---|---|---|---|---|---|---|
| 3 | 010302004001 | 项 | 填充墙<br>1.砖品种、规格、强度等级：陶粒空心砖墙，强度小于等于8kn/m³<br>2.墙体厚度：200mm<br>3.砂浆强度等级：混合M5.0 | | | m³ | 1832.16 | 1832.16 |
| | 4-42 | 定 | 砌块 陶粒空心砌块 框架间墙 厚度(mm) 190 | | | m³ | QDL | 1832.16 |

图 3.231　直接输入

**特别提示**

输入完子目编码后，按回车键光标会跳格到工程量列，再次按回车键软件会在子目下插入一空行，光标自动跳格到空行的编码列，这样能通过按回车键快速切换。

(3) 查询输入。选中 010401003001 满堂基础清单，单击“查询定额库”，选择“垫层、基础”，选中 5-1 子目，单击“选择子目”，输入工程量为 385.434。用相同的方式输入 5-4 子目，如图 3.232 所示。

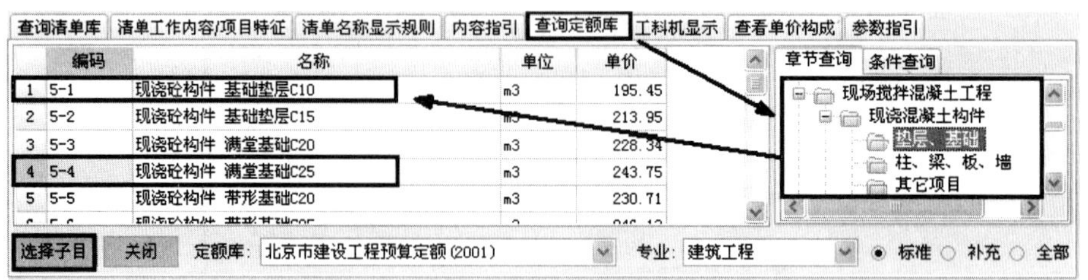


图 3.232 查询输入

输入结果如图 3.233 所示。

| B1 | A.4 | 部 | 混凝土及钢筋混凝土工程 | | | | | |
|---|---|---|---|---|---|---|---|---|
| 5 | 010401003001 | 项 | 满堂基础<br>1.C10混凝土(中砂)垫层，100mm厚<br>2.C30混凝土<br>3.石子粒径0.5cm~3.2cm | | | m3 | 1958.12 | 1958.12 |
| | 5-1 | 定 | 现浇砼构件 基础垫层C10 | | | m3 | 385.434 | 385.434 |
| | 5-4 | 定 | 现浇砼构件 满堂基础C25 | | | m3 | QDL | 1958.12 |

图 3.233 输入结果

(4) 补充子目。选中挖基础土方清单，单击“补充”→“补充子目”，如图 3.234 所示。

图 3.234 补充子目

在弹出的对话框中输入编码、专业章节、名称、单位、工程量和人材机等信息。单击“确定”按钮，即可补充子目。

(5) 输入子目工程量。输入定额子目的工程量，如图 3.235 所示。

| | 编码 | 类别 | 名称 | 项目特征 | 规格型号 | 单位 | 工程量表达式 | 工程量 |
|---|---|---|---|---|---|---|---|---|
| | | | 整个项目 | | | | | |
| B1 | A.1 | 部 | 土石方工程 | | | | | |
| 1 | 010101001001 | 项 | 平整场地<br>1.土壤类别：一类土、二类土<br>2.弃土运距：5km<br>3.取土运距：5km | | | m2 | 4211 | 4211 |
| | 1-1 | 定 | 人工土石方 场地平整 | | | m2 | 5895.4 | 5895.4 |
| 2 | 010101003001 | 项 | 挖基础土方<br>1.土壤类别：一类土、二类土<br>2.挖土深度：1.5km<br>3.弃土运距：5km | | | m3 | 7176 | 7176 |
| | 1-17 | 定 | 机械土石方 机挖土方 | | | m3 | QDL | 7176 |
| | 1-57 | 定 | 打钎拍底 | | | m2 | 4211 | 4211 |
| | 补子目1 | 补 | 打地藕井 | | | m3 | 497 | 497 |
| B1 | A.3 | 部 | 砌筑工程 | | | | | |
| 3 | 010302004001 | 项 | 填充墙<br>1.砖品种、规格、强度等级：陶粒空心砖墙，强度小于等于8km/m3<br>2.墙体厚度：200mm<br>3.砂浆强度等级：混合M5.0 | | | m3 | 1832.16 | 1832.16 |
| | 4-42 | 定 | 砌块 陶粒空心砌块 框架间墙 厚度(mm) 190 | | | m3 | QDL | 1832.16 |
| 4 | 010306002001 | 项 | 砖地沟、明沟<br>1.沟截面尺寸：2080*1500<br>2.垫层材料种类、厚度：混凝土，200mm厚<br>3.混凝土强度等级：c10<br>4.砂浆强度等级、配合比：水泥M7.5 | | | m | 4.2 | 4.2 |
| | 5-1 | 定 | 现浇砼构件 基础垫层C10 | | | m3 | 1.83 | 1.83 |
| | 4-32 | 定 | 砌砖 砖砌沟道 | | | m3 | 1.953 | 1.953 |

图 3.235 输入子目工程量

| | | | | | | | | |
|---|---|---|---|---|---|---|---|---|
| B1 | A.4 | 部 | 混凝土及钢筋混凝土工程 | | | | | |
| 5 | 010401003001 | 项 | 满堂基础<br>1.C10混凝土（中砂）垫层，100mm厚<br>2.C30混凝土<br>3.石子粒径0.5cm~3.2cm | | | m3 | 1958.12 | 1958.12 |
| | 5-1 | 定 | 现浇砼构件 基础垫层C10 | | | m3 | 385.434 | 385.434 |
| | 5-4 | 定 | 现浇砼构件 满堂基础C25 | | | m3 | QDL | 1958.12 |
| 6 | 010402001001 | 项 | 矩形柱<br>1.c35混凝土<br>2.石子粒径0.5cm~3.2cm | | | m3 | 1110.24 | 1110.24 |
| | 5-17 | 定 | 现浇砼构件 柱 C30 | | | m3 | QDL | 1110.24 |
| 7 | 010403002001 | 项 | 矩形梁<br>1.c30混凝土<br>2.石子粒径0.5cm~3.2cm | | | m3 | 1848.64 | 1848.64 |
| | 5-24 | 定 | 现浇砼构件 梁 C30 | | | m3 | QDL | 1848.64 |
| 8 | 010405001001 | 项 | 有梁板<br>1.板厚120mm<br>2.c30混凝土<br>3.石子粒径0.5cm~3.2cm | | | m3 | 2172.15 | 2172.15 |
| | 5-29 | 定 | 现浇砼构件 板 C30 | | | m3 | QDL | 2172.15 |
| 9 | 010407002001 | 项 | 散水、坡道<br>1.灰土3：7垫层，厚300mm<br>2.c15混凝土<br>3.石子粒径0.5cm~3.2cm | | | m2 | 415 | 415 |
| | 1-1 | 定 | 垫层 灰土3:7 | | | m3 | 124.5 | 124.5 |
| | 1-7 | 定 | 垫层 现场搅拌 混凝土 | | | m3 | 24.9 | 24.9 |
| 10 | B-1 | 补项 | 截水沟盖板<br>1.材质：铸铁<br>2.规格：50mm厚，300mm宽 | | | m | 35.3 | 35.3 |

图 3.235 输入子目工程量(续)

**特别提示**

补充清单项不套定额，直接给出综合单价。选中补充清单项的综合单价列，单击“其他”→“强制修改综合单价”，如图 3.236 所示。

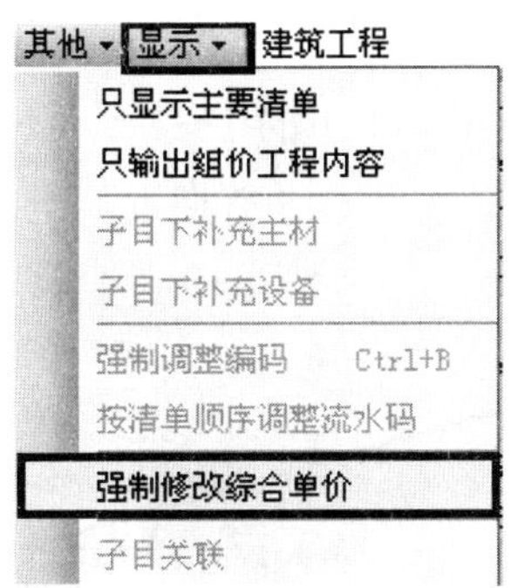


图 3.236 强制修改综合单价(一)

在弹出的对话框中输入综合单价，如图 3.237 所示。

强制修改综合单价

原综合单价: 0

调整综合单价为: 1765

保留组价内容　分摊到子目工程量　分摊到工料机含量

确定　取消

图 3.237 强制修改综合单价(二)

(6) 换算。

① 系数换算。选中挖基础土方清单下的 1-17 子目，单击子目编码列，使其处于编辑状态，在子目编码后面输入*1.1，如图 3.238 所示。

| | 编码 | 类别 | 名称 | 综合单价 | 综合合价 |
|---|---|---|---|---|---|
| 2 | 010101003001 | 项 | 挖基础土方<br>1. 土壤类别: 一类土、二类土<br>2. 挖土深度: 1.5km<br>3. 弃土运距: 5km | 9.13 | 65516.88 |
| | 1-17 *1.1 | 定 | 机械土石方 机挖土方 | 3.84 | 27555.84 |
| | 1-57 | 定 | 打钎拍底 | 1.42 | 5979.62 |
| | 补子目1 | 补 | 打地藕井 | 64.2 | 31907.4 |

图 3.238　系数换算(一)

软件就会把这条子目的单价乘以 1.1 的系数，如图 3.239 所示.

| | 编码 | 类别 | 名称 | 综合单价 | 综合合价 |
|---|---|---|---|---|---|
| 2 | 010101003001 | 项 | 挖基础土方<br>1. 土壤类别: 一类土、二类土<br>2. 挖土深度: 1.5km<br>3. 弃土运距: 5km | 9.5 | 68172 |
| | 1-17 *1.1 | 换 | 机械土石方 机挖土方 子目乘以系数1.1 | 4.22 | 30282.72 |
| | 1-57 | 定 | 打钎拍底 | 1.42 | 5979.62 |
| | 补子目1 | 补 | 打地藕井 | 64.2 | 31907.4 |

图 3.239　系数换算(二)

② 标准换算。选中散水、坡道清单下的 1－7 子目，在左侧功能区单击“标准换算”，在右下角属性窗口的标准换算界面选择 C15 普通混凝土，如图 3.240 所示。

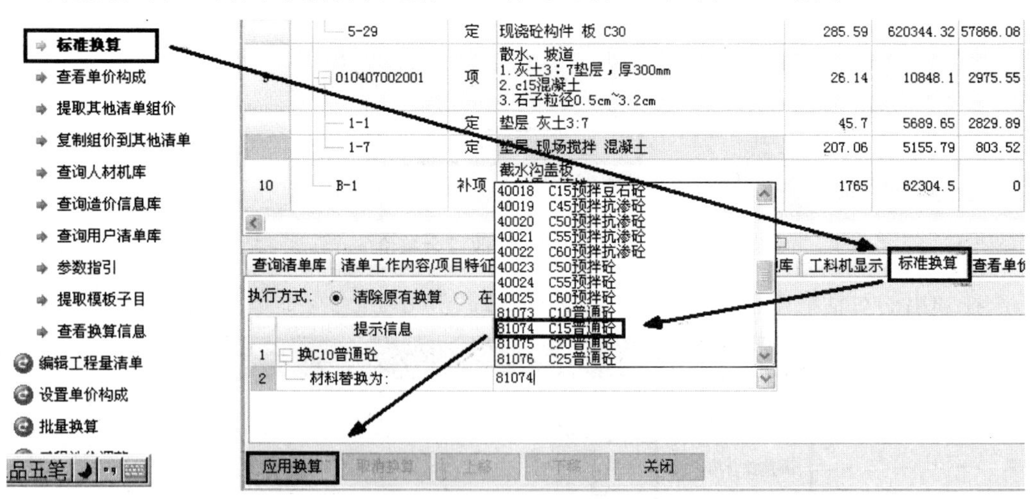


图 3.240　标准换算

单击“应用换算”，则软件会把子目换算为 C15 普通混凝土，如图 3.241 所示。

| | | | | | |
|---|---|---|---|---|---|
| 9 | 010407002001 | 项 | 散水、坡道<br>1.灰土3：7垫层，厚300mm<br>2.c15混凝土<br>3.石子粒径0.5cm~3.2cm | 27.3 | 11329.5 |
| | 1-1 | 定 | 垫层 灰土3:7 | 45.7 | 5689.65 |
| | 1-7 H81073 81 | 换 | 垫层 现场搅拌 混凝土 换C10普通砼为【C15普通砼】 | 226.39 | 5637.11 |

图 3.241 应用换算

**特别提示**

标准换算可以处理的换算内容包括：定额书中的章节说明、附注信息，混凝土、砂浆标号换算，运距、板厚换算。在实际工作中，大部分换算都可以通过标准换算来完成。

4) 设置单价构成

在左侧功能区单击“设置单价构成”→“单价构成管理”，如图 3.242 所示。

分部分项总览
编辑工程量清单
设置单价构成
单价构成管理
按专业匹配单价构成
查看单价构成
批量换算
工程造价调整


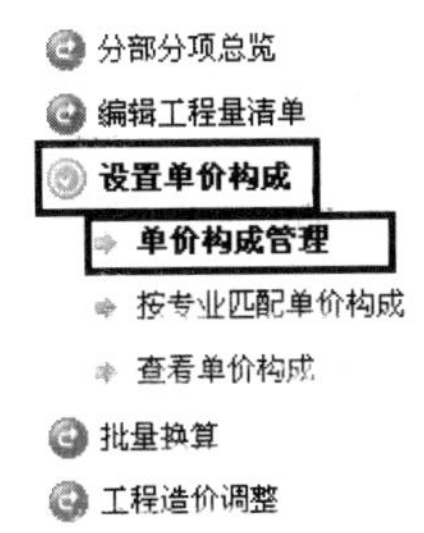

图 3.242 设置单价构成

在“管理取费文件”界面输入现场经费率 5.4%及企业管理费的费率 6.74%，如图 3.243 所示。

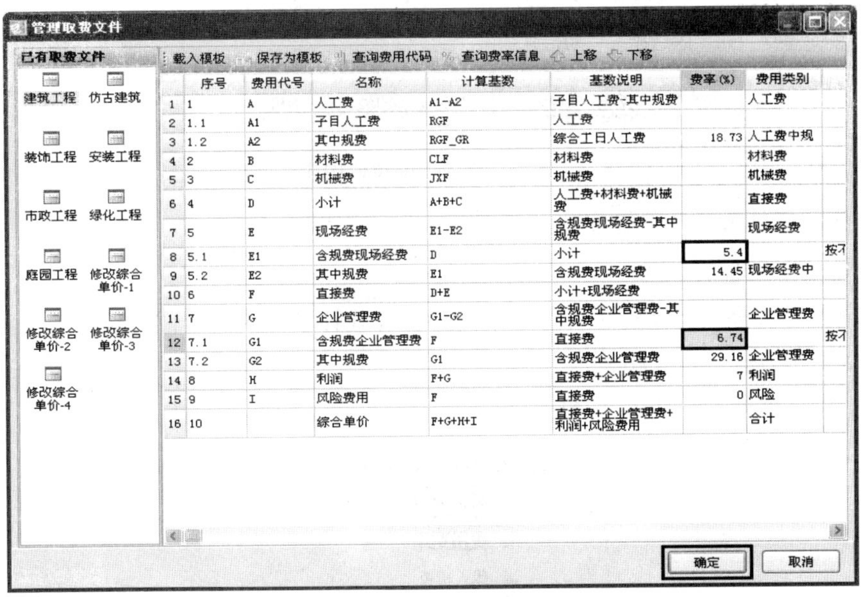

管理取费文件
已有取费文件
建筑工程
仿古建筑
装饰工程
安装工程
市政工程
绿化工程
庭园工程
修改综合单价-1
修改综合单价-2
修改综合单价-3
修改综合单价-4
载入模板
保存为模板
查询费用代码
查询费率信息
上移
下移
确定
取消


| | 序号 | 费用代号 | 名称 | 计算基数 | 基数说明 | 费率(%) | 费用类别 | |
|---|---|---|---|---|---|---|---|---|
| 1 | 1 | A | 人工费 | A1-A2 | 子目人工费-其中规费 | | 人工费 | |
| 2 | 1.1 | A1 | 子目人工费 | RGF | 人工费 | | | |
| 3 | 1.2 | A2 | 其中规费 | RGF_GR | 综合工日人工费 | 18.73 | 人工费中规 | |
| 4 | 2 | B | 材料费 | CLF | 材料费 | | 材料费 | |
| 5 | 3 | C | 机械费 | JXF | 机械费 | | 机械费 | |
| 6 | 4 | D | 小计 | A+B+C | 人工费+材料费+机械费 | | 直接费 | |
| 7 | 5 | E | 现场经费 | E1-E2 | 含规费现场经费-其中规费 | | 现场经费 | |
| 8 | 5.1 | E1 | 含规费现场经费 | D | 小计 | 5.4 | | 按不 |
| 9 | 5.2 | E2 | 其中规费 | E1 | 含规费现场经费 | 14.45 | 现场经费中 | |
| 10 | 6 | F | 直接费 | D+E | 小计+现场经费 | | | |
| 11 | 7 | G | 企业管理费 | G1-G2 | 含规费企业管理费-其中规费 | | 企业管理费 | |
| 12 | 7.1 | G1 | 含规费企业管理费 | F | 直接费 | 6.74 | | 按不 |
| 13 | 7.2 | G2 | 其中规费 | G1 | 含规费企业管理费 | 29.16 | 企业管理费 | |
| 14 | 8 | H | 利润 | F+G | 直接费+企业管理费 | 7 | 利润 | |
| 15 | 9 | I | 风险费用 | F | 直接费 | 0 | 风险 | |
| 16 | 10 | | 综合单价 | F+G+H+I | 直接费+企业管理费+利润+风险费用 | | 合计 | |

图 3.243 管理取费文件

软件会按照设置后的费率重新计算清单的综合单价。

**特别提示**

如果工程中有多个专业，并且每个专业都要按照本专业的标准取费，可以利用软件中的“按专业匹配单价构成”功能快速设置。

单击“设置单价构成”→“按专业匹配单价构成”，如图3.244所示。

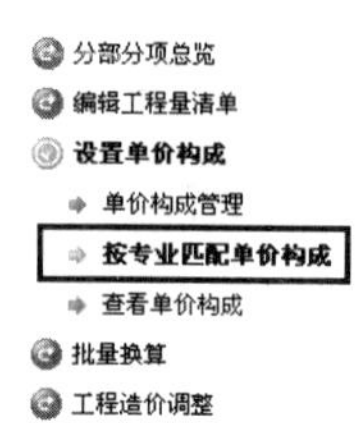


图3.244 按专业匹配单价构成(一)

在“按专业匹配单价构成”界面单击“按取费专业自动匹配单价构成文件”，如图3.245所示。

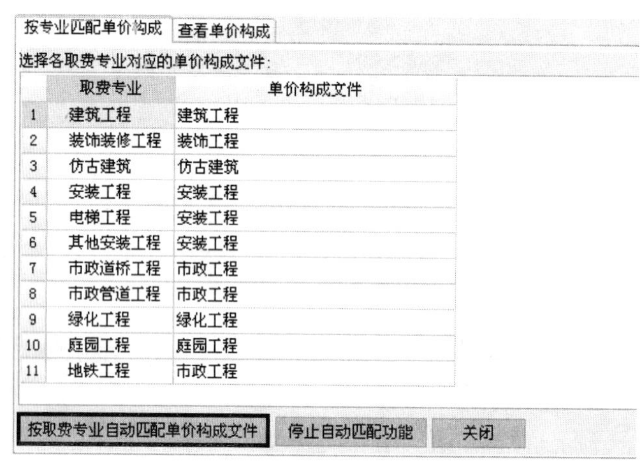

按专业匹配单价构成 | 查看单价构成

选择各取费专业对应的单价构成文件:

| | 取费专业 | 单价构成文件 |
|---|---|---|
| 1 | 建筑工程 | 建筑工程 |
| 2 | 装饰装修工程 | 装饰工程 |
| 3 | 仿古建筑 | 仿古建筑 |
| 4 | 安装工程 | 安装工程 |
| 5 | 电梯工程 | 安装工程 |
| 6 | 其他安装工程 | 安装工程 |
| 7 | 市政道桥工程 | 市政工程 |
| 8 | 市政管道工程 | 市政工程 |
| 9 | 绿化工程 | 绿化工程 |
| 10 | 庭园工程 | 庭园工程 |
| 11 | 地铁工程 | 市政工程 |

按取费专业自动匹配单价构成文件 | 停止自动匹配功能 | 关闭

图3.245 按专业匹配单价构成(二)

2. 措施、其他项目清单组价

1) 措施项目组价方式

措施项目的计价方式包括3种，分别为计算公式计价方式、定额计价方式、实物量计价方式，这3种方式可以互相转换。

单击“组价内容”，如图3.246所示。

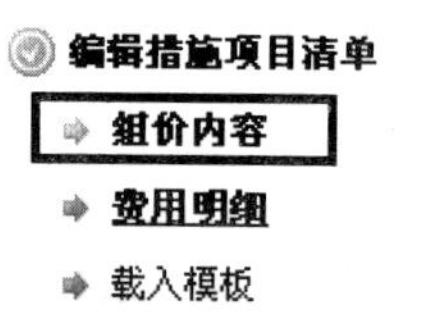


图3.246 组价内容(一)

选择高层建筑超高费措施项，在“组价内容”界面，单击当前的计价方式下拉框，选择定额计价方式，如图 3.247 所示。

| | | |
|---|---|---|
| 1.6 | 二次搬运 | 项 |
| 1.12 | 高层建筑超高费 | 项 |
| 1.13 | 工程水电费 | 项 |
| 1.7 | 大型机械设备进出场及安拆 | 项 |
| 1.8 | 混凝土、钢筋混凝土模板及支架 | 项 |
| 1.9 | 脚手架 | 项 |
| 1.10 | 已完工程及设备保护 | 项 |
| 1.11 | 施工排水、降水 | 项 |
| 2 | 建筑工程 | |
| 2.1 | 垂直运输机械 | 项 |

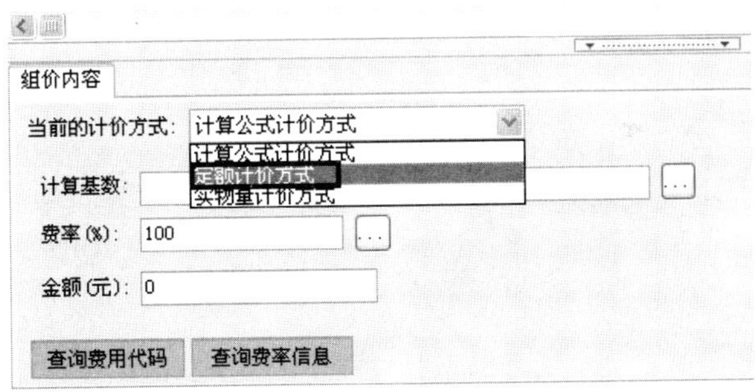


图 3.247 选择定额计价方式

在弹出的的确认界面单击“是”按钮，如图 3.248 所示。

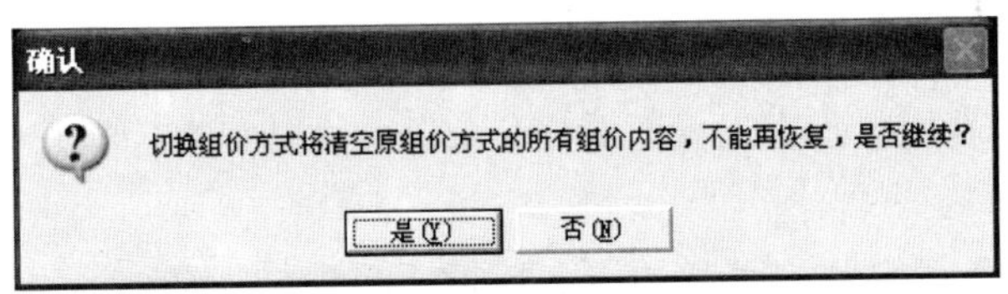


图 3.248 “确认”对话框(四)

**特别提示**

如果当前措施项已经组价，切换计价方式会清除已有的组价内容。

通过以上方式就把高层建筑超高费措施项的计价方式由计算公式计价方式修改为定额计价方式，如图 3.249 所示。

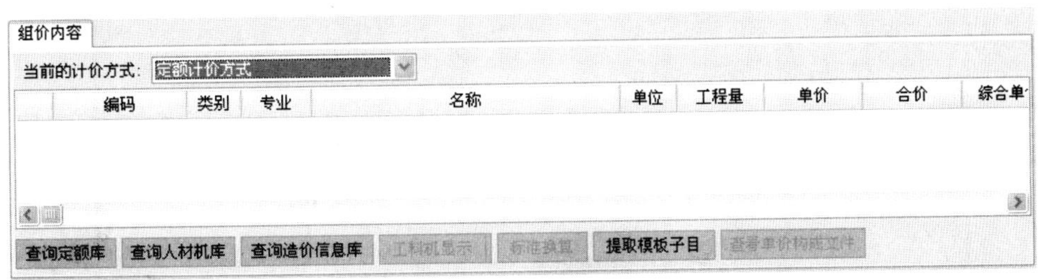


图 3.249 修改计价方式

2) 措施项目组价

(1) 计算公式组价方式。

① 直接输入。输入费用：选中文明施工项，单击“组价内容”，在组价内容界面计算基数中输入 7 500，如图 3.250 所示。

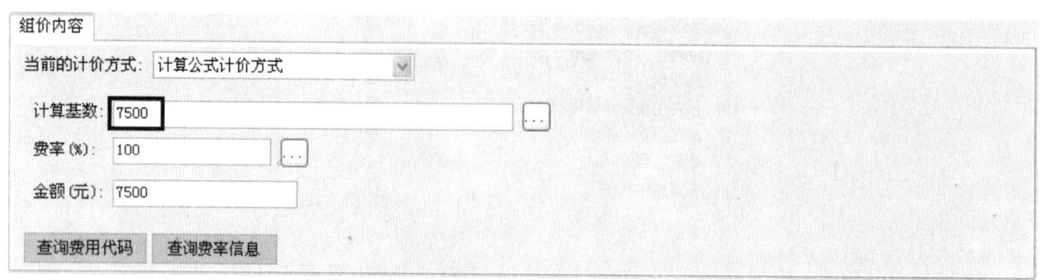


图 3.250　组价内容(二)

以同样的方式设置安全施工费用，如图 3.251 所示。

| 序号 | 名称 | 单位 | 合价 | 综合合价 | 人工合价 | 材料合价 |
|---|---|---|---|---|---|---|
| | **措施项目** | | | **15000** | **0** | **15000** |
| 1 | 通用项目 | | | 15000 | 0 | 15000 |
| 1.1 | 环境保护 | 项 | | 0 | 0 | 0 |
| 1.2 | 文明施工 | 项 | | 7500 | 0 | 7500 |
| 1.3 | 安全施工 | 项 | | 7500 | 0 | 7500 |
| 1.4 | 临时设施 | 项 | | 0 | 0 | 0 |

图 3.251　设置安全施工费用

② 按取费基数输入。选择临时设施措施项，在组价内容界面单击计算基数后面的小三点按钮，在弹出的费用代码查询界面选择分部分项合计，然后单击“选择”，如图 3.252 所示。

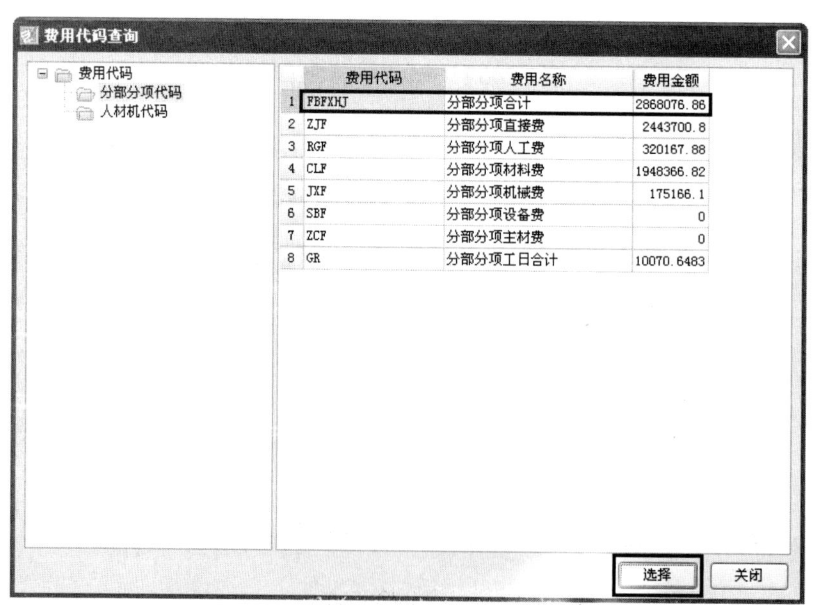
费用代码查询

费用代码
- 分部分项代码
- 人材机代码

| | 费用代码 | 费用名称 | 费用金额 |
|---|---|---|---|
| 1 | FBFXHJ | 分部分项合计 | 2868076.86 |
| 2 | ZJF | 分部分项直接费 | 2443700.8 |
| 3 | RGF | 分部分项人工费 | 320167.88 |
| 4 | CLF | 分部分项材料费 | 1948366.82 |
| 5 | JXF | 分部分项机械费 | 175166.1 |
| 6 | SBF | 分部分项设备费 | 0 |
| 7 | ZCF | 分部分项主材费 | 0 |
| 8 | GR | 分部分项工日合计 | 10070.6483 |

选择　关闭

图 3.252　费用代码查询

输入费率为 1.5%，软件会计算出临时设施的费用，如图 3.253 所示。

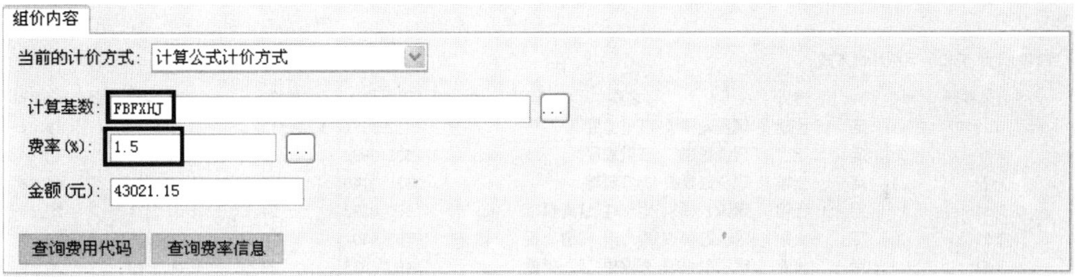

组价内容

当前的计价方式：计算公式计价方式

计算基数：FBFXHJ

费率(%)：1.5

金额(元)：43021.15

查询费用代码　查询费率信息

图 3.253　计算临时设施的费用

(2) 定额组价方式。

① 混凝土模板。选择混凝土模板措施项，单击“组价内容”→“提取模板子目”，如图 3.254 所示。

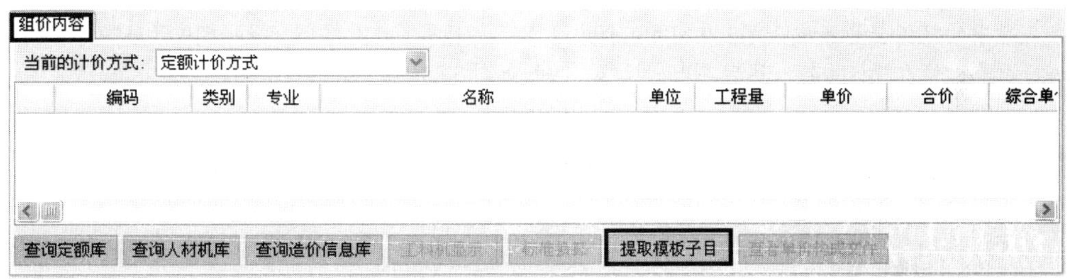


图 3.254　组价内容(三)

在模板类别列选择相应的模板类型，单击“提取”按钮，如图 3.255 所示。

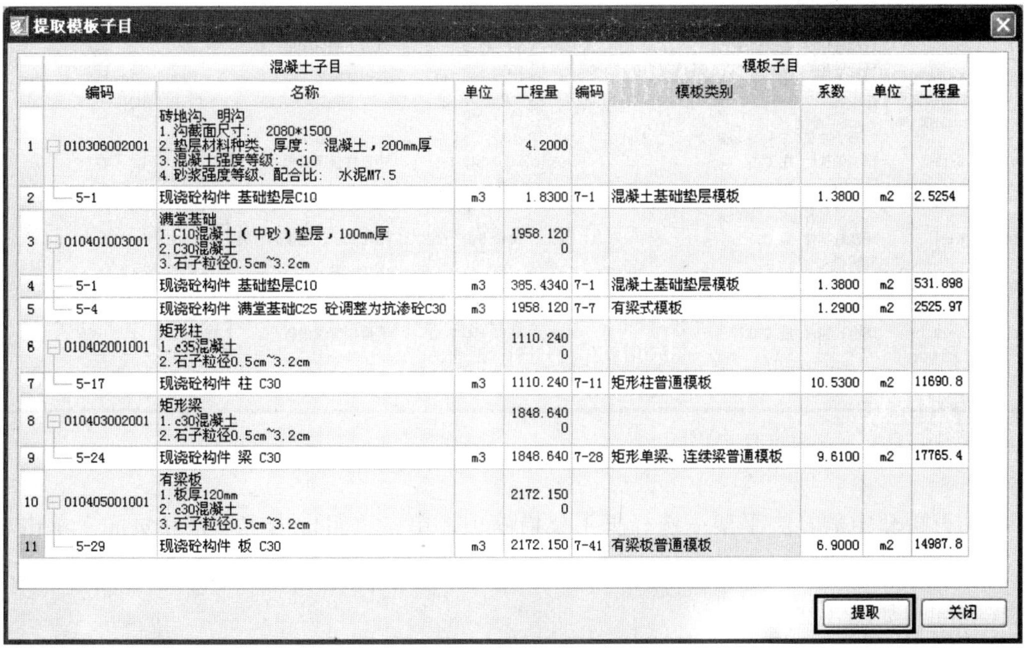

提取模板子目

| | 混凝土子目 | | | | 模板子目 | | | | |
|---|---|---|---|---|---|---|---|---|---|
| | 编码 | 名称 | 单位 | 工程量 | 编码 | 模板类别 | 系数 | 单位 | 工程量 |
| 1 | 010306002001 | 砖地沟、明沟<br>1.沟截面尺寸： 2080*1500<br>2.垫层材料种类、厚度： 混凝土，200mm厚<br>3.混凝土强度等级： c10<br>4.砂浆强度等级、配合比： 水泥M7.5 | | 4.2000 | | | | | |
| 2 | 5-1 | 现浇砼构件 基础垫层C10 | m3 | 1.8300 | 7-1 | 混凝土基础垫层模板 | 1.3800 | m2 | 2.5254 |
| 3 | 010401003001 | 满堂基础<br>1.C10混凝土（中砂）垫层，100mm厚<br>2.C30混凝土<br>3.石子粒径0.5cm~3.2cm | | 1958.120<br>0 | | | | | |
| 4 | 5-1 | 现浇砼构件 基础垫层C10 | m3 | 385.4340 | 7-1 | 混凝土基础垫层模板 | 1.3800 | m2 | 531.898 |
| 5 | 5-4 | 现浇砼构件 满堂基础C25 砼调整为抗渗砼C30 | m3 | 1958.120 | 7-7 | 有梁式模板 | 1.2900 | m2 | 2525.97 |
| 6 | 010402001001 | 矩形柱<br>1.c35混凝土<br>2.石子粒径0.5cm~3.2cm | | 1110.240<br>0 | | | | | |
| 7 | 5-17 | 现浇砼构件 柱 C30 | m3 | 1110.240 | 7-11 | 矩形柱普通模板 | 10.5300 | m2 | 11690.8 |
| 8 | 010403002001 | 矩形梁<br>1.c30混凝土<br>2.石子粒径0.5cm~3.2cm | | 1848.640<br>0 | | | | | |
| 9 | 5-24 | 现浇砼构件 梁 C30 | m3 | 1848.640 | 7-28 | 矩形单梁、连续梁普通模板 | 9.6100 | m2 | 17765.4 |
| 10 | 010405001001 | 有梁板<br>1.板厚120mm<br>2.c30混凝土<br>3.石子粒径0.5cm~3.2cm | | 2172.150<br>0 | | | | | |
| 11 | 5-29 | 现浇砼构件 板 C30 | m3 | 2172.150 | 7-41 | 有梁板普通模板 | 6.9000 | m2 | 14987.8 |

提取　关闭

图 3.255　提取模板子目(一)

在组价内容界面查看提取的模板子目，如图 3.256 所示。

组价内容

当前的计价方式：定额计价方式

| 编码 | 类别 | 专业 | 名称 | 单位 | 工程量 | 单价 | 合价 | 综合单价 |
|---|---|---|---|---|---|---|---|---|
| 7-1 | 定 | 土建 | 现浇砼模板 基础垫层 | m2 | 2.5254 | 12.42 | 31.37 | 13.64 |
| 7-1 | 定 | 土建 | 现浇砼模板 基础垫层 | m2 | 531.8989 | 12.42 | 6606.18 | 13.64 |
| 7-7 | 定 | 土建 | 现浇砼模板 满堂基础 | m2 | 2525.9748 | 13.89 | 35085.79 | 14.78 |
| 7-11 | 定 | 土建 | 现浇砼模板 矩形柱 普通模板 | m2 | 11690.8272 | 24.23 | 283268.74 | 25.58 |
| 7-28 | 定 | 土建 | 现浇砼模板 矩形梁 普通模板 | m2 | 17765.4304 | 26.94 | 478600.69 | 28.04 |
| 7-41 | 定 | 土建 | 现浇砼模板 有梁板 普通模板 | m2 | 14987.835 | 28.32 | 424455.49 | 30.15 |

查询定额库　查询人材机库　查询造价信息库　工料机显示　标准换算　提取模板子目　查看单价构成文件

图 3.256　查看模板子目

**特别提示**

定额中的模板含量普遍偏高，在实际工程中经常需要下调。再次单击“提取模板子目”，在提取模板子目界面修改模板系数，然后单击“提取”按钮如图 3.256 所示。

提取模板子目

| | 混凝土子目 | | | | 模板子目 | | | | |
|---|---|---|---|---|---|---|---|---|---|
| | 编码 | 名称 | 单位 | 工程量 | 编码 | 模板类别 | 系数 | 单位 | 工程量 |
| 1 | 010306002001 | 砖地沟、明沟<br>1.沟截面尺寸：2080*1500<br>2.垫层材料种类、厚度：混凝土，200mm厚<br>3.混凝土强度等级：c10<br>4.砂浆强度等级、配合比：水泥M7.5 | | 4.2000 | | | | | |
| 2 | 5-1 | 现浇砼构件 基础垫层C10 | m3 | 1.8300 | 7-1 | 混凝土基础垫层模板 | 1.3800 | m2 | 2.5254 |
| 3 | 010401003001 | 满堂基础<br>1.C10混凝土（中砂）垫层，100mm厚<br>2.C30混凝土<br>3.石子粒径0.5cm~3.2cm | | 1958.120<br>0 | | | | | |
| 4 | 5-1 | 现浇砼构件 基础垫层C10 | m3 | 385.4340 | 7-1 | 混凝土基础垫层模板 | 1.3800 | m2 | 531.898 |
| 5 | 5-4 | 现浇砼构件 满堂基础C25 砼调整为抗渗砼C<br>30 | m3 | 1958.120<br>0 | 7-7 | 有梁式模板 | 1.2900 | m2 | 2525.97<br>48 |
| 6 | 010402001001 | 矩形柱<br>1.c35混凝土<br>2.石子粒径0.5cm~3.2cm | | 1110.240<br>0 | | | | | |
| 7 | 5-17 | 现浇砼构件 柱 C30 | m3 | 1110.240 | 7-11 | 矩形柱普通模板 | 7.0000 | m2 | 7771.68 |
| 8 | 010403002001 | 矩形梁<br>1.c30混凝土<br>2.石子粒径0.5cm~3.2cm | | 1848.640<br>0 | | | | | |
| 9 | 5-24 | 现浇砼构件 梁 C30 | m3 | 1848.640 | 7-28 | 矩形单梁、连续梁普通 | 6.0000 | m2 | 11091.8 |
| 10 | 010405001001 | 有梁板<br>1.板厚120mm<br>2.c30混凝土<br>3.石子粒径0.5cm~3.2cm | | 2172.150<br>0 | | | | | |
| 11 | 5-29 | 现浇砼构件 板 C30 | m3 | 2172.150 | 7-41 | 有梁板普通模板 | 5.0000 | m2 | 10860.7 |

提取　关闭

图 3.257　提取模板子目(二)

② 直接套定额。脚手架：选择脚手架措施项，单击“组价内容”，在页面上单击右键，单击“插入”，在编码列输入 15-7 子目。软件会读取建筑面积信息，工程量自动输入为 3 600m$^2$，如图 3.258 所示。

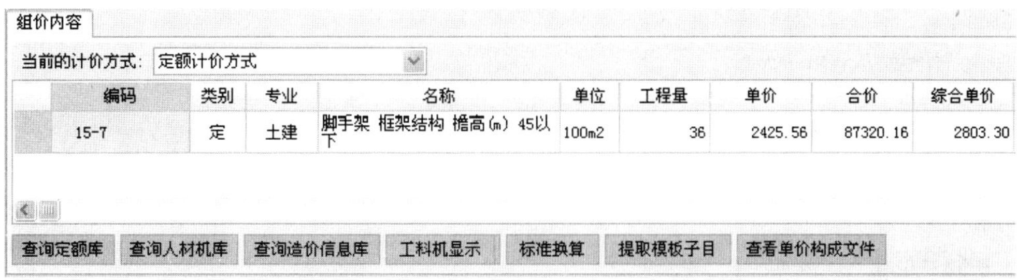

组价内容

当前的计价方式：定额计价方式

| 编码 | 类别 | 专业 | 名称 | 单位 | 工程量 | 单价 | 合价 | 综合单价 |
|---|---|---|---|---|---|---|---|---|
| 15-7 | 定 | 土建 | 脚手架 框架结构 檐高(m) 45以下 | 100m2 | 36 | 2425.56 | 87320.16 | 2803.30 |

查询定额库 查询人材机库 查询造价信息库 工料机显示 标准换算 提取模板子目 查看单价构成文件

图 3.258　组价内容(四)

高层建筑增加费：用以上同样的方式输入 17-1 子目，工程量为 3 600。

工程水电费：用以上同样的方式输入 18-12 子目，工程量输入为 3 600m$^2$。

垂直运输机械：用以上同样的方式输入 16-8 子目，工程量为 3 600，如图 3.259 所示。

| 序号 | 名称 | 单位 | 合价 | 综合合价 | 人工合价 | 材料合价 | 机械合价 |
|---|---|---|---|---|---|---|---|
|  | **措施项目** |  |  | **1173852.28** | **393807.** | **486391.** | **129182.** |
| 1 | 通用项目 |  |  | 1113388 | 393807.8 | 486391.6 | 77630.2 |
| 1.1 | 环境保护 | 项 |  | 0 | 0 | 0 | 0 |
| 1,2 | 文明施工 | 项 |  | 7500 | 0 | 7500 | 0 |
| 1.3 | 安全施工 | 项 |  | 7500 | 0 | 7500 | 0 |
| 1.4 | 临时设施 | 项 |  | 43021.15 | 0 | 43021.15 | 0 |
| 1.5 | 夜间施工 | 项 |  | 0 | 0 | 0 | 0 |
| 1.6 | 二次搬运 | 项 |  | 0 | 0 | 0 | 0 |
| 1.12 | 高层建筑超高费 | 项 |  | 24709.31 | 15919.22 | 0 | 5148 |
| 1.13 | 工程水电费 | 项 |  | 47670.51 | 0 | 40644 | 0 |
| 1.7 | 大型机械设备进出场及安拆 | 项 |  | 0 | 0 | 0 | 0 |
| 1.8 | 混凝土、钢筋混凝土模板及支架 | 项 |  | 882068.45 | 371753.3 | 308675.8 | 71624.68 |
| 1.9 | 脚手架 | 项 |  | 100918.58 | 6135.33 | 79050.6 | 857.52 |
| 1.10 | 已完工程及设备保护 | 项 |  | 0 | 0 | 0 | 0 |
| 1.11 | 施工排水、降水 | 项 |  | 0 | 0 | 0 | 0 |
| 2 | 建筑工程 |  |  | 60464.28 | 0 | 0 | 51552 |
| 2.1 | 垂直运输机械 | 项 |  | 60464.28 | 0 | 0 | 51552 |

图 3.259　工程量输入

(3) 实物量组价方式。选中环境保护项，将当前计价方式修改为实物量计价方式，如图 3.260 所示。

组价内容

当前的计价方式：计算公式计价方式

计算公式计价方式

定额计价方式

实物量计价方式

计算基数：

费率(%)：100

金额(元)：0

查询费用代码 查询费率信息

图 3.260　修改计价方式

单击“载入模板”，如图 3.261 所示。

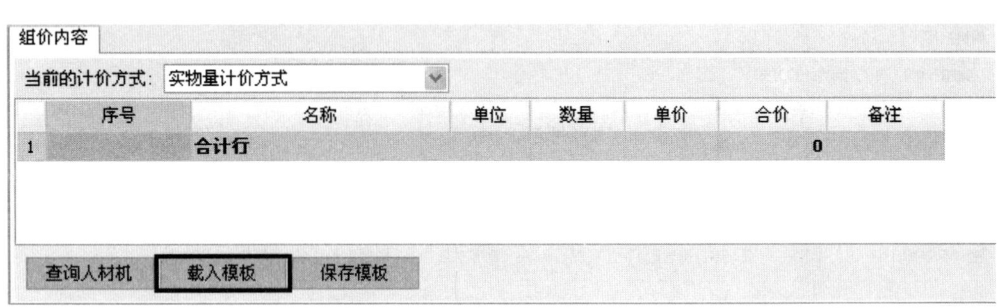


| | 序号 | 名称 | 单位 | 数量 | 单价 | 合价 | 备注 |
|---|---|---|---|---|---|---|---|
| 1 | | 合计行 | | | | 0 | |

图 3.261　载入模板

选择“环境保护措施项目模板”，单击“打开”，如图 3.262 所示。

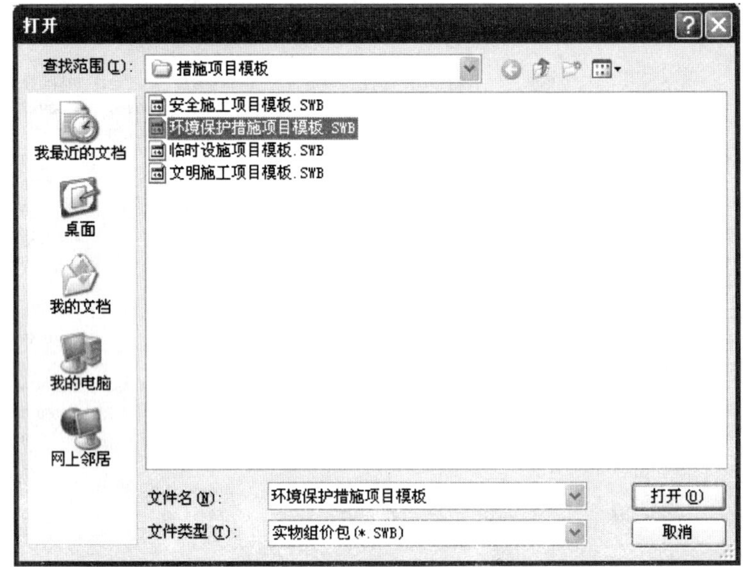


图 3.262　选择“环境保护措施项目模板”

根据工程填写实际发生的项目即可，如图 3.263 所示。

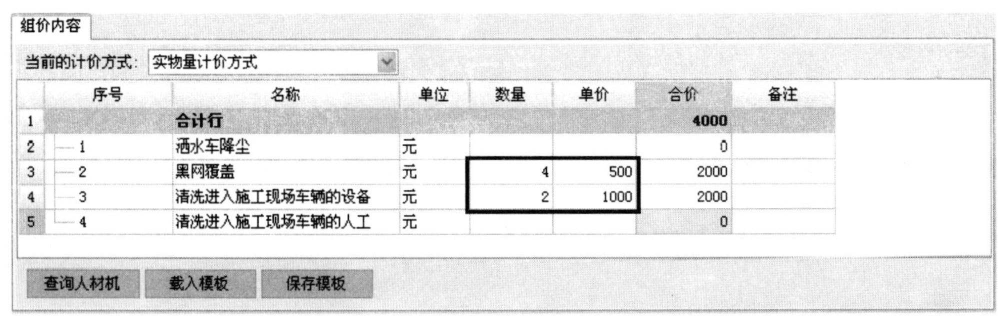


| | 序号 | 名称 | 单位 | 数量 | 单价 | 合价 | 备注 |
|---|---|---|---|---|---|---|---|
| 1 | | 合计行 | | | | 4000 | |
| 2 | 1 | 洒水车降尘 | 元 | | | 0 | |
| 3 | 2 | 黑网覆盖 | 元 | 4 | 500 | 2000 | |
| 4 | 3 | 清洗进入施工现场车辆的设备 | 元 | 2 | 1000 | 2000 | |
| 5 | 4 | 清洗进入施工现场车辆的人工 | 元 | | | 0 | |

图 3.263　项目填写

3) 其他项目清单

如果有发生的费用，可以直接在相应项目上输入相应的金额即可。

4) 人材机汇总

(1) 载入造价信息。在人材机汇总界面，选择材料表，单击“载入造价信息”，如图 3.264 所示。

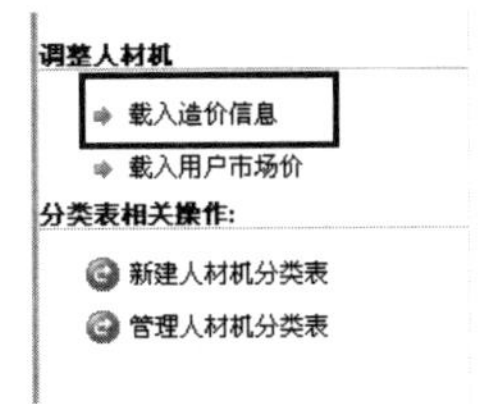


图 3.264　载入造价信息

在“载入造价信息”界面，单击信息价右侧下拉选项，选择“当月工程造价信息”，单击“确定”按钮。

软件会按照信息价文件的价格修改材料市场价，如图 3.265 所示。

| | 编码 | 类别 | 名称 | 规格型号 | 单位 | 数量 | 预算价 | 市场价 | 价差 | 供货方式 | 甲供 |
|---|---|---|---|---|---|---|---|---|---|---|---|
| 1 | 02001 | 材 | 水泥 | 综合 | kg | 3119118.72 | 0.366 | 0.366 | 0 | 自行采购 | |
| 2 | 04001 | 材 | 红机砖 | | 块 | 1053.8388 | 0.177 | 0.177 | 0 | 自行采购 | |
| 3 | 04023 | 材 | 石灰 | | kg | 34444.61 | 0.097 | 0.14 | 0.043 | 自行采购 | |
| 4 | 04025 | 材 | 砂子 | | kg | 5388347.05 | 0.036 | 0.049 | 0.013 | 自行采购 | |
| 5 | 04026 | 材 | 石子 | 综合 | kg | 8974999.42 | 0.032 | 0.042 | 0.01 | 自行采购 | |
| 6 | 04037 | 材 | 陶粒混凝土空心 | | m3 | 1579.3219 | 120 | 120 | 0 | 自行采购 | |
| 7 | 04048 | 材 | 白灰 | | kg | 28418.37 | 0.097 | 0.14 | 0.043 | 自行采购 | |
| 8 | 11298 | 材 | 抗渗剂 | | kg | 83474.6556 | 1.1 | 1.1 | 0 | 自行采购 | |
| 9 | 81004 | 浆 | 1:2水泥砂浆 | 1:2 | m3 | 34.4174 | 251.02 | 269.76 | 18.74 | 自行采购 | |
| 10 | 81067 | 浆 | M5混合砂浆 | M5 | m3 | 344.4461 | 142.33 | 167.43 | 25.1 | 自行采购 | |
| 11 | 81070 | 浆 | M7.5水泥砂浆 | M7.5 | m3 | 0.4453 | 159 | 180.2 | 21.2 | 自行采购 | |
| 12 | 81073 | 砼 | C10普通砼 | C10 | m3 | 393.073 | 148.81 | 171.23 | 22.42 | 自行采购 | |
| 13 | 81074 | 砼 | C15普通砼 | C15 | m3 | 25.149 | 166.7 | 188.47 | 21.77 | 自行采购 | |
| 14 | 81077 | 砼 | C30普通砼 | C30 | m3 | 5175.7985 | 214.14 | 233.88 | 19.74 | 自行采购 | |
| 15 | 81116 | 砼 | C30抗渗砼 | C30 | m3 | 1987.4918 | 246.12 | 266.48 | 20.36 | 自行采购 | |
| 16 | 84004 | 材 | 其他材料费 | | 元 | 119583.815 | 1 | 1 | 0 | 自行采购 | |
| 17 | 84006 | 材 | 水费 | | t | 4528.8 | 3.2 | 5.6 | 2.4 | 自行采购 | |
| 18 | 84007 | 材 | 电费 | | 度 | 48423.6 | 0.54 | 0.67 | 0.13 | 自行采购 | |
| 19 | 84015 | 材 | 脚手架租赁费 | | 元 | 74999.16 | 1 | 1 | 0 | 自行采购 | |
| 20 | 84017 | 材 | 材料费 | | 元 | 72634.3091 | 1 | 1 | 0 | 自行采购 | |
| 21 | 84018 | 材 | 模板租赁费 | | 元 | 158499.863 | 1 | 1 | 0 | 自行采购 | |

图 3.265　修改材料市场价

(2) 直接修改材料价格。直接修改红机砖材料的市场价格为 0.23 元/块，陶粒混凝土空心砌块的市场价格为 145 元/$m^3$。如图 3.266 所示。

| | | | | | | | | | | |
|---|---|---|---|---|---|---|---|---|---|---|
| 1 | 02001 | 材 | 水泥 | 综合 | kg | 3119118.72 | 0.366 | 0.34 | -0.026 | 自行采购 |
| 2 | 04001 | 材 | 红机砖 | | 块 | 1053.8388 | 0.177 | 0.23 | 0.053 | 自行采购 |
| 3 | 04023 | 材 | 石灰 | | kg | 34444.61 | 0.097 | 0.14 | 0.043 | 自行采购 |
| 4 | 04025 | 材 | 砂子 | | kg | 5388347.05 | 0.036 | 0.049 | 0.013 | 自行采购 |
| 5 | 04026 | 材 | 石子 | 综合 | kg | 8974999.42 | 0.032 | 0.042 | 0.01 | 自行采购 |
| 6 | 04037 | 材 | 陶粒混凝土空心 | | m3 | 1579.3219 | 120 | 145 | 25 | 自行采购 |
| 7 | 04048 | 材 | 白灰 | | kg | 28418.37 | 0.097 | 0.14 | 0.043 | 自行采购 |

图 3.266　直接修改材料价格

(3) 设置甲供材。设置甲供材料有两种，逐条设置或批量设置。

① 逐条设置：选中水泥材料，单击供货方式单元格，在下拉选项中选择“完全甲供”，如图 3.267 所示。

| | 编码 | 类别 | 名称 | 规格型号 | 单位 | 数量 | 预算价 | 市场价 | 价差 | 供货方式 |
|---|---|---|---|---|---|---|---|---|---|---|
| 1 | 02001 | 材 | 水泥 | 综合 | kg | 3119118.72 | 0.366 | 0.34 | -0.026 | 完全甲供 |

图 3.267 逐条设置

② 批量设置：通过拉选的方式选择多条材料，如图 3.268 所示。

| | 编码 | 类别 | 名称 | 规格型号 | 单位 | 数量 | 预算价 | 市场价 | 价差 | 供货方式 |
|---|---|---|---|---|---|---|---|---|---|---|
| 1 | 02001 | 材 | 水泥 | 综合 | kg | 3119118.72 | 0.366 | 0.34 | -0.026 | 完全甲供 |
| 2 | 04001 | 材 | 红机砖 | | 块 | 1053.8388 | 0.177 | 0.23 | 0.053 | 自行采购 |
| 3 | 04023 | 材 | 石灰 | | kg | 34444.61 | 0.097 | 0.14 | 0.043 | 自行采购 |
| 4 | 04025 | 材 | 砂子 | | kg | 5388347.05 | 0.036 | 0.049 | 0.013 | 自行采购 |

图 3.268 批量设置甲供材料

单击“批量修改”，在弹出的界面中单击“设置值”下拉选项，选择为完全甲供，如图 3.269 所示。

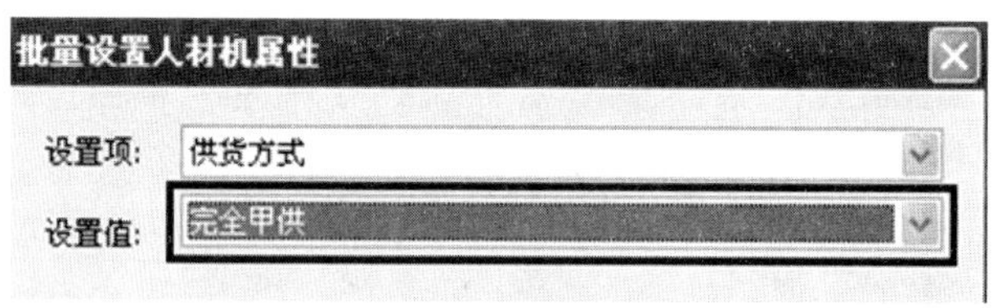


图 3.269 批量设置人材机属性

单击“确定”按钮，其设置结果如图 3.270 所示。

| | 编码 | 类别 | 名称 | 规格型号 | 单位 | 数量 | 预算价 | 市场价 | 价差 | 供货方式 |
|---|---|---|---|---|---|---|---|---|---|---|
| 1 | 02001 | 材 | 水泥 | 综合 | kg | 3119118.72 | 0.366 | 0.34 | -0.026 | 完全甲供 |
| 2 | 04001 | 材 | 红机砖 | | 块 | 1053.8388 | 0.177 | 0.23 | 0.053 | 自行采购 |
| 3 | 04023 | 材 | 石灰 | | kg | 34444.61 | 0.097 | 0.14 | 0.043 | 自行采购 |
| 4 | 04025 | 材 | 砂子 | | kg | 5388347.05 | 0.036 | 0.049 | 0.013 | 完全甲供 |
| 5 | 04026 | 材 | 石子 | 综合 | kg | 8974999.42 | 0.032 | 0.042 | 0.01 | 完全甲供 |
| 6 | 04037 | 材 | 陶粒混凝土空心 | | m3 | 1579.3219 | 120 | 145 | 25 | 自行采购 |
| 7 | 04048 | 材 | 白灰 | | kg | 28418.37 | 0.097 | 0.14 | 0.043 | 自行采购 |

图 3.270 设置结果

单击导航栏“甲方材料”，选择“甲供材料表”，查看设置结果，如图 3.271 所示。

甲方材料
甲方材料:
- 甲供材料表
- 主要材料指标表
- 甲方评标主要材料表
- 主要材料表

显示对应子目

| | 编码 | 类别 | 名称 | 规格型号 | 单位 | 甲供数量 | 单价 | 合价 | 甲供材料分类 |
|---|---|---|---|---|---|---|---|---|---|
| 1 | 02001 | 材 | 水泥 | 综合 | kg | 3119118.7257 | 0.34 | 1060500.37 | |
| 2 | 04025 | 材 | 砂子 | | kg | 5388347.0576 | 0.049 | 264029.01 | |
| 3 | 04026 | 材 | 石子 | 综合 | kg | 8974999.4247 | 0.042 | 376949.98 | |

图 3.271 查看设置结果

(4) 新建常用材料表。在人材机汇总界面，单击“新建人材机分类表”，如图 3.272 所示。

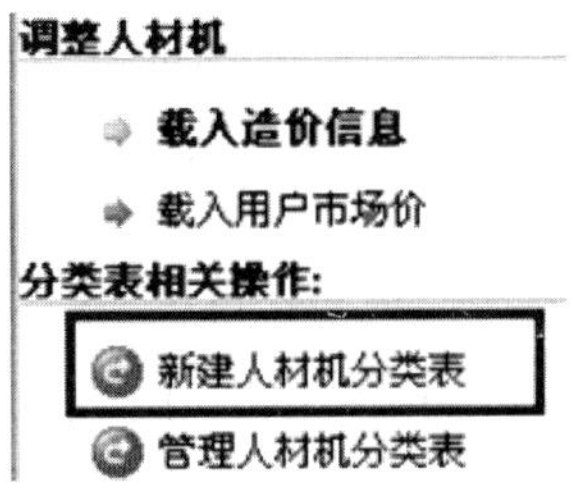


图 3.272 人材机汇总界面

在“新建人材机分类表”界面，分类表类别选择自定义类别，如图 3.273 所示。

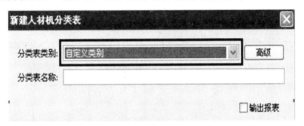

图 3.273 新建人材机分类表

软件会自动弹出对话框，在“人材机类别”选择“材料费”，单击“下一步”按钮，如图 3.274 所示。

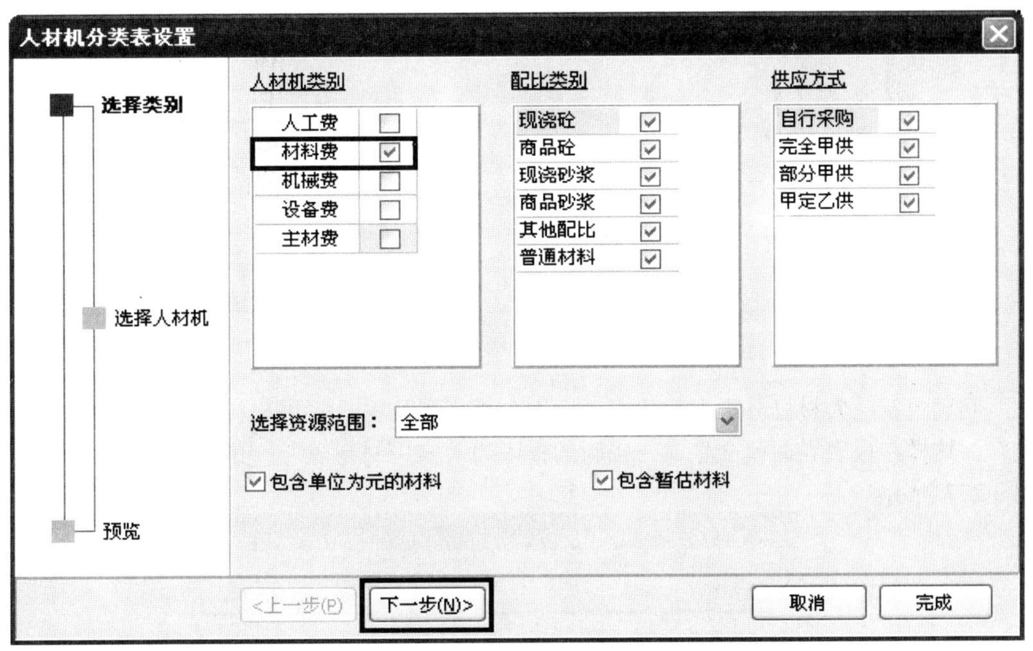


图 3.274 人材机分类表设置

选择“选定人材机”，选择需要的项，单击“下一步”按钮，如图 3.275 所示。

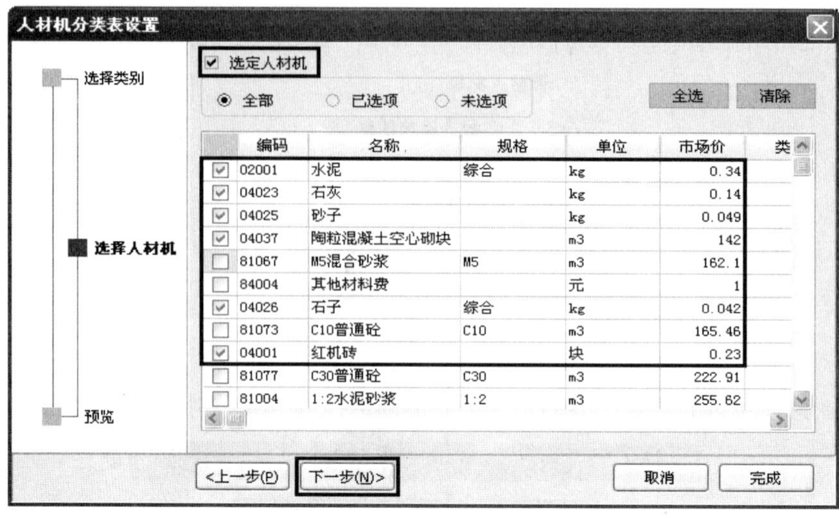


图 3.275　勾选需要的项

预览人材机列表，单击“完成”按钮，如图 3.276 所示。

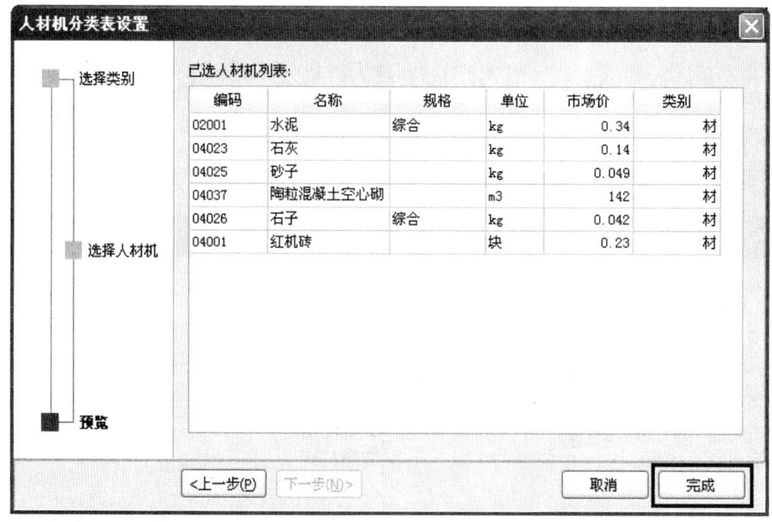


图 3.276　完成界面

回到“新建人材机分类表”界面，输入分类表名称为“常用材料表”，选择“输出报表”，这样在报表界面就会生成一张新的报表为“常用材料表”，单击“确定”按钮，如图 3.277 所示。

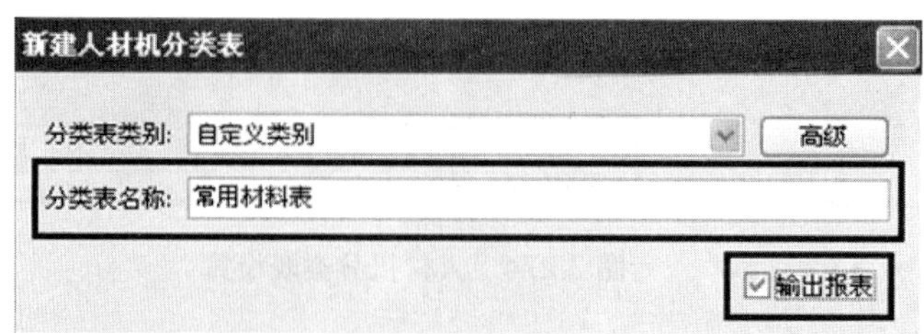


图 3.277　生成常用材料表

回到人材机汇总界面，就会出现新建的“常用材料表”，选中后右方显示表的内容，其他操作同已有表，如图 3.278 所示。

5) 费用汇总

(1) 查看费用。单击“费用汇总”，如图 3.279 所示。

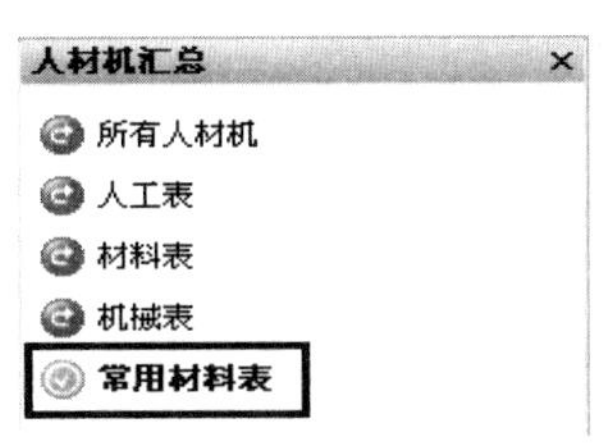


图 3.278 常用材料表

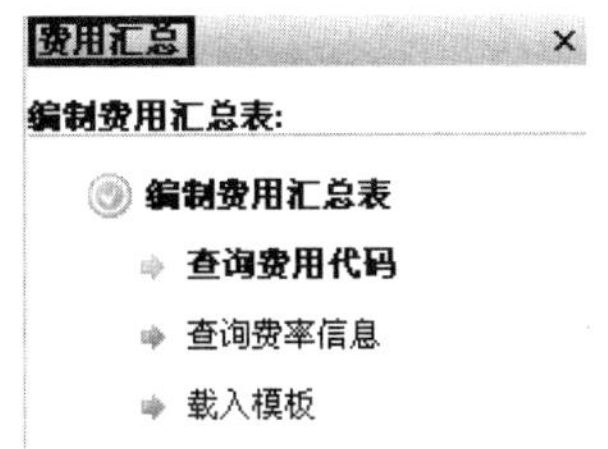


图 3.279 费用汇总

查看及核实费用汇总表，如图 3.280 所示。

| | 序号 | 费用代号 | 名称 | 计算基数 | 基数说明 | 费率(%) | 金额 | 费用类别 |
|---|---|---|---|---|---|---|---|---|
| 1 | 一 | A | 分部分项工程量清单计价合计 | FBFXHJ | 分部分项合计 | 100 | 3,004,388. | 分部分项合计 |
| 2 | 二 | B | 措施项目清单计价合计 | CSXMHJ | 措施项目合计 | 100 | 1,200,037. | 措施项目合计 |
| 3 | 三 | C | 其他项目清单计价合计 | QTXMHJ | 其他项目合计 | 100 | 100,000.00 | 其他项目合计 |
| 4 | 四 | D | 规费 | D1+D2+D3+D4 | 列入规费的人工费部分+列入规费的现场经费部分+列入规费的企业管理费部分+其他 | 100 | 239,501.33 | 规费 |
| 5 | 1 | D1 | 列入规费的人工费部分 | GF_RGF | 人工费中规费 | 100 | 140,870.25 | |
| 6 | 2 | D2 | 列入规费的现场经费部分 | GF_XCJF | 现场经费中规费 | 100 | 27,147.67 | |
| 7 | 3 | D3 | 列入规费的企业管理费部分 | GF_QYGLF | 企业管理费中规费 | 100 | 71,483.41 | |
| 8 | 4 | D4 | 其他 | | | 100 | 0.00 | |
| 9 | 五 | E | 税金 | A+B+C+D | 分部分项工程量清单计价合计+措施项目清单计价合计+其他项目清单计价合计+规费 | 3.4 | 154,493.54 | 税金 |
| 10 | | F | 含税工程造价 | A+B+C+D+E | 分部分项工程量清单计价合计+措施项目清单计价合计+其他项目清单计价合计+规费+税金 | 100 | 4,698,421.12 | 合计 |

图 3.280 查看及核实费用汇总表

(2) 工程造价调整。如果工程造价与预想的造价有差距，可以通过工程造价调整的方式快速调整。

回到分部分项界面，单击“工程造价调整”→“调整人材机单价”，如图 3.281 所示。

图 3.281 工程造价调整

在调整人材机单价界面，输入材料的调整系数为 0.9，然后单击“预览”按钮，如图 3.282 所示。

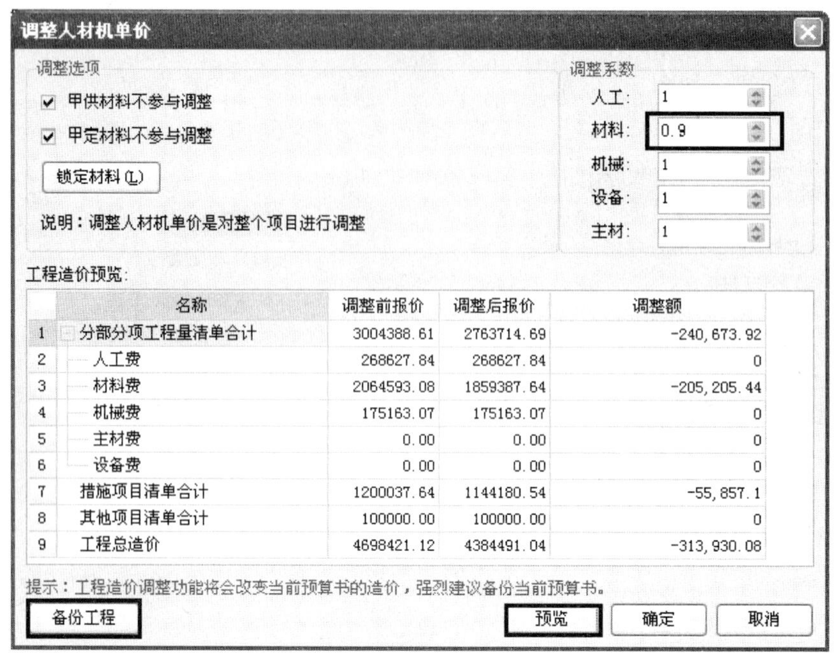


图 3.282　调整人材机单价

提示：注意备份原来工程，单击“确定”按钮后，工程造价将会进行调整。

单击“确定”按钮，软件会重新计算工程造价，如图 3.283 所示。

|  | 序号 | 费用代号 | 名称 | 计算基数 | 基数说明 | 费率(%) | 金额 | 费用类别 |
|---|---|---|---|---|---|---|---|---|
| 1 | 一 | A | 分部分项工程量清单计价合计 | FBFXHJ | 分部分项合计 | 100 | 2,763,714. | 分部分项合计 |
| 2 | 二 | B | 措施项目清单计价合计 | CSXMHJ | 措施项目合计 | 100 | 1,144,180. | 措施项目合计 |
| 3 | 三 | C | 其他项目清单计价合计 | QTXMHJ | 其他项目合计 | 100 | 100,000.00 | 其他项目合计 |
| 4 | 四 | D | 规费 | D1+D2+D3+D4 | 列入规费的人工费部分+列入规费的现场经费部分+列入规费的企业管理费部分+其他 | 100 | 232,424.92 | 规费 |
| 5 | 1 | D1 | 列入规费的人工费部分 | GF_RGF | 人工费中规费 | 100 | 140,870.25 |  |
| 6 | 2 | D2 | 列入规费的现场经费部分 | GF_XCJF | 现场经费中规费 | 100 | 25,197.44 |  |
| 7 | 3 | D3 | 列入规费的企业管理费部分 | GF_QYGLF | 企业管理费中规费 | 100 | 66,357.23 |  |
| 8 | 4 | D4 | 其他 |  |  | 100 | 0.00 |  |
| 9 | 五 | E | 税金 | A+B+C+D | 分部分项工程量清单计价合计+措施项目清单计价合计+其他项目清单计价合计+规费 | 3.4 | 144,170.89 | 税金 |
| 10 |  | F | 含税工程造价 | A+B+C+D+E | 分部分项工程量清单计价合计+措施项目清单计价合计+其他项目清单计价合计+规费+税金 | 100 | 4,384,491.04 | 合计 |

图 3.283　重新计算工程造价

6) 报表

在导航栏单击“报表”，软件会进入报表界面，选择报表类别为“投标方”，如图 3.284 所示。

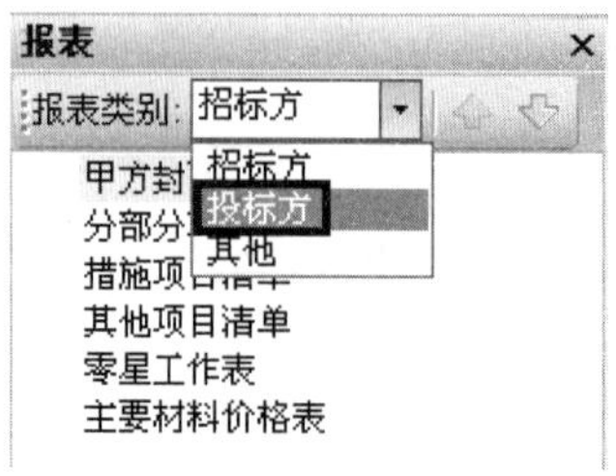


图 3.284　报表

选择“分部分项工程量清单计价表”，显示如图 3.285 所示。

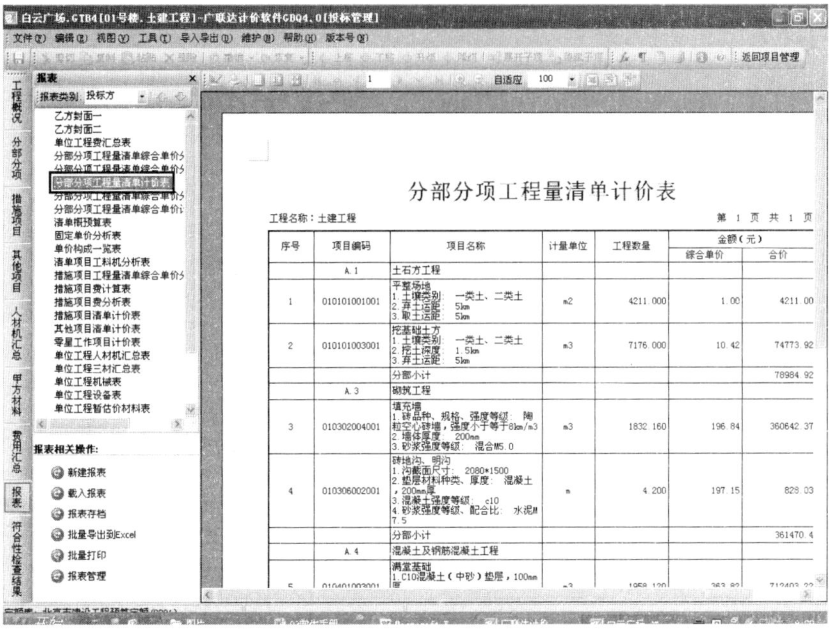

图 3.285　分部分项工程量清单计价表

7) 保存、退出

通过以上操作就完成了土建单位工程的计价工作，单击[保存图标]，然后单击[关闭图标]，回到投标管理主界面。

3. 汇总、定价、商务标生成

1) 汇总报价

土建、给排水工程编制完毕后，可以在投标管理查看投标报价。由于软件采用了建设项目、单项工程、单位工程三级结构管理，所以可以很方便地查看各级结构的工程造价。

在项目结构中选择相应的单项工程，在右侧查看单项工程费用汇总，如图 3.286 所示。

| | 序号 | 名称 | 金额 | 其中 | | | | | 占造价比例(%) | 建筑面积 |
|---|---|---|---|---|---|---|---|---|---|---|
| | | | | 分部分项合计 | 措施项目合计 | 其他项目合计 | 规费 | 税金 | | |
| 1 | 一 | 土建工程 | 4384491.0 | 2763714.69 | 1144180.54 | 100000.00 | 232424.92 | 144170.89 | 98.06 | 3600 |
| 2 | 二 | 给排水工程 | 86684.19 | 80541.12 | 342.08 | 0.00 | 2950.64 | 2850.35 | 1.94 | 3600 |
| 3 | | | | | | | | | | |
| 4 | | 合计 | 4471175.2 | | | | | | | |

图 3.286　查看单项工程费用汇总

在项目结构中选择本项目，在右侧查看建设项目费用汇总，如图 3.287 所示。

| | 序号 | 名称 | 金额 | 其中 | | | | | 占造价比例(%) |
|---|---|---|---|---|---|---|---|---|---|
| | | | | 分部分项合计 | 措施项目合计 | 其他项目合计 | 规费 | 税金 | |
| 1 | 一 | 01号楼 | 4471175.23 | 2844255.81 | 1144522.62 | 100000.00 | 235375.56 | 147021.24 | 100 |
| 2 | | | | | | | | | |
| 3 | | 合计 | 4471175.23 | | | | | | |

图 3.287　查看建设项目费用汇总

**特别提示**

本项目只有一个单项工程，所以上图的“占造价比例”为100%，如果包含多个单项工程，软件会计算各单项工程的造价比例。

2) 统一调整人材机单价

单击“统一调整人材机单价”，如图3.288所示。

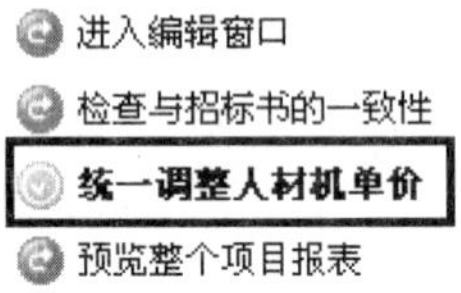

进入编辑窗口
检查与招标书的一致性
统一调整人材机单价
预览整个项目报表

图3.288　统一调整人材机单价

在弹出的“调整设置范围”界面中单击“确定”按钮，如图3.289所示。

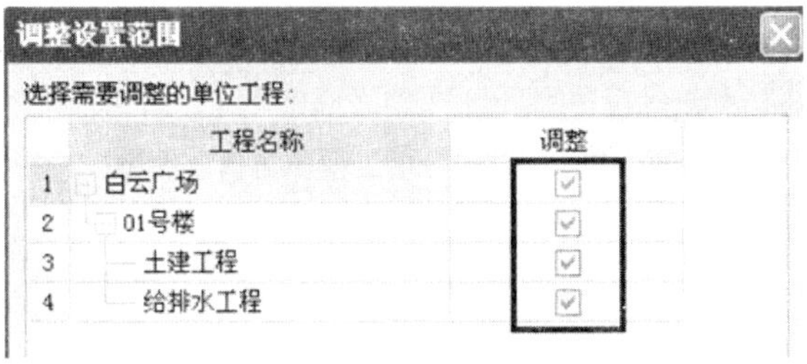

调整设置范围

选择需要调整的单位工程：

| | 工程名称 | 调整 |
|---|---|---|
| 1 | 白云广场 | ☑ |
| 2 | 01号楼 | ☑ |
| 3 | 土建工程 | ☑ |
| 4 | 给排水工程 | ☑ |

图3.289　调整设置范围

软件会进入“统一调整人材机”界面，在人材机分类中选择材料，然后在右侧界面修改PVC-U下水塑料管100的价格为20，如图3.290所示。

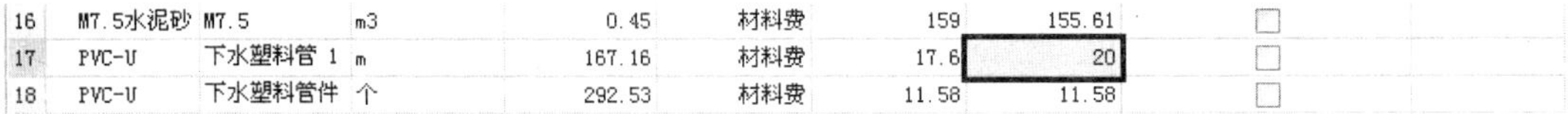

| | | | | | | | | |
|---|---|---|---|---|---|---|---|---|
| 16 | M7.5水泥砂 | M7.5 | m3 | 0.45 | 材料费 | 159 | 155.61 | ☐ |
| 17 | PVC-U | 下水塑料管 1 | m | 167.16 | 材料费 | 17.6 | 20 | ☐ |
| 18 | PVC-U | 下水塑料管件 | 个 | 292.53 | 材料费 | 11.58 | 11.58 | ☐ |

图3.290　修改价格

**特别提示**

选择材料后，在界面的下方能显示有哪些单位工程使用了该材料，如图3.290所示。上述选择的PVC-U管只有给排水单位工程使用了。如果有多个单位工程使用了该材料，以上面的方式修改了材料价格后，所有单位工程的该条材料价格都会被修改。

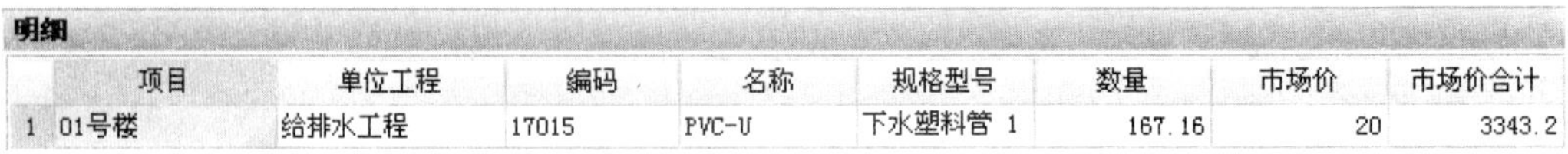

明细

| | 项目 | 单位工程 | 编码 | 名称 | 规格型号 | 数量 | 市场价 | 市场价合计 |
|---|---|---|---|---|---|---|---|---|
| 1 | 01号楼 | 给排水工程 | 17015 | PVC-U | 下水塑料管 1 | 167.16 | 20 | 3343.2 |

图3.291　明细

单击 重新计算 →“确定”，然后单击“关闭”返回主界面，软件会按修改后的价格重新汇总投标报价，关闭返回主界面，选择 01 号楼，查看价格变化如图 3.292 所示。

| | 序号 | 名称 | 金额 | 其中 | | | | | 占造价比例(%) | 建筑面积 |
|---|---|---|---|---|---|---|---|---|---|---|
| | | | | 分部分项合计 | 措施项目合计 | 其他项目合计 | 规费 | 税金 | | |
| 1 | 一 | 土建工程 | 4384491.0 | 2763714.69 | 1144180.54 | 100000.00 | 232424.92 | 144170.89 | 98.05 | 3600 |
| 2 | 二 | 给排水工程 | 87128.48 | 80970.80 | 342.08 | 0.00 | 2950.64 | 2864.96 | 1.95 | 3600 |
| 3 | | | | | | | | | | |
| 4 | | 合计 | 4471619.5 | | | | | | | |

图 3.292 查看价格变化

3) 符合性检查

通过符合性检查功能能检查投标人是否误修改了招标人提供的工程量清单。

单击“检查与招标书一致性”，如图 3.293 所示。

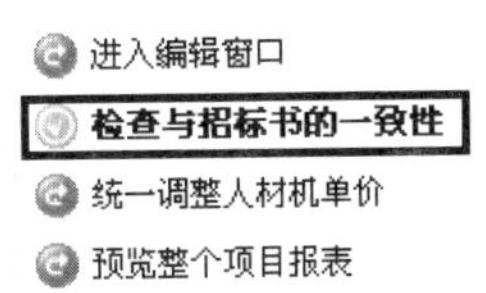


图 3.293 检查与招标书的一致性

如果没有符合性错误，软件会提示没有错误，如图 3.294 所示。

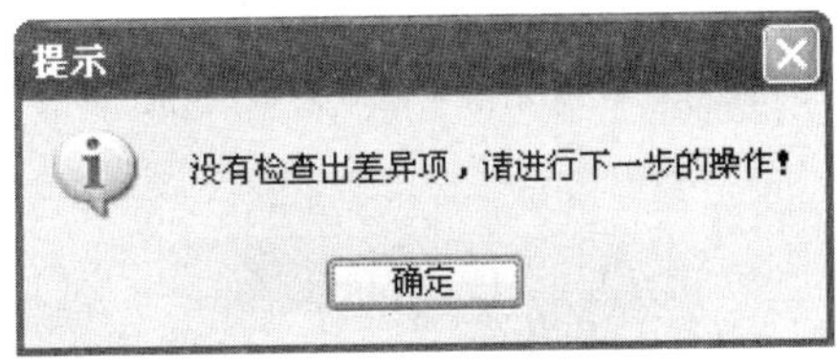


图 3.294 “提示”对话框(二)

**特别提示**

如果检查到有不符合的项，软件会弹出界面提示具体的不符合项，如图 3.295 所示。

标准接口数据检查报告

项目结构

| 节点名称 | 不符合说明 |
|---|---|

项目内容

01号楼给排水工程

| 分部分项工程量清单表 | | | | | | | | |
|---|---|---|---|---|---|---|---|---|
| 当前标书 | | | | 不符合说明 | 招标书 | | | |
| 编码 | 名称 | 单位 | 数量 | | 编码 | 名称 | 单位 | 数量 |
| 030802001001 | 管道支架制作安装，除锈，刷防锈漆两道，银粉漆两道 | Kg | 600 | 数量不符 | 030802001001 | 管道支架制作安装，除锈，刷防锈漆两道，银粉漆两道 | Kg | 628 |

图 3.295 软件提示

接下来需要修改不符合项，首先进入单位工程编辑主界面，单击导航栏“符合性检查结果”，选中需要修改的项，单击“更正错项”，如图 3.296 所示。

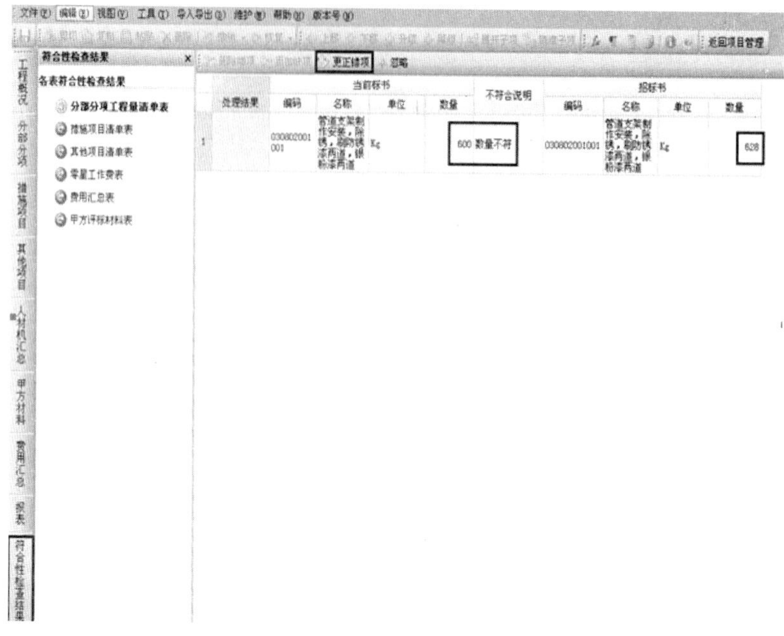


图 3.296　修改不符合项

软件会弹出选择更正项界面，由于此清单项是数量需要修改，选择数量，如图 3.297 所示。

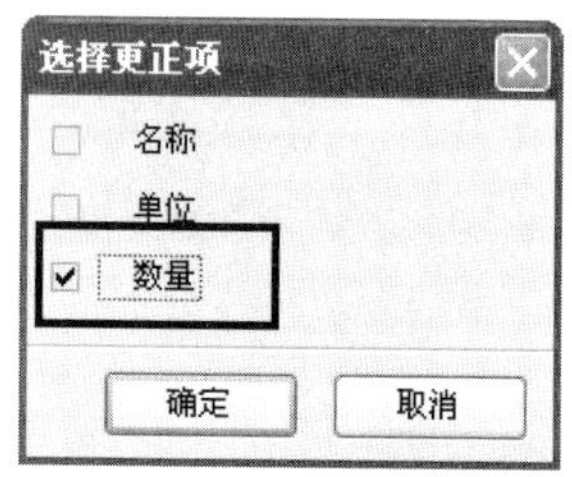


图 3.297　选择更正项

单击“确定”按钮后，处理结果单元格会显示“更正错项”，光标定位在处理结果时，软件会显示备注信息，如图 3.298 所示。

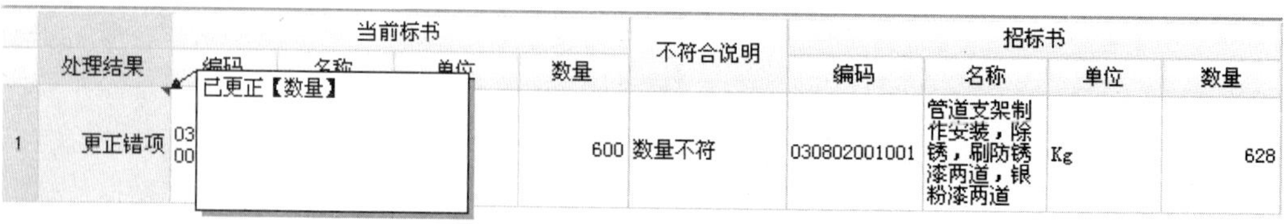

| | 处理结果 | 当前标书 | | | | 不符合说明 | 招标书 | | | |
|---|---|---|---|---|---|---|---|---|---|---|
| | | 编码 | 名称 | 单位 | 数量 | | 编码 | 名称 | 单位 | 数量 |
| 1 | 更正错项 | 03<br>00 | 已更正【数量】 | | 600 | 数量不符 | 030802001001 | 管道支架制作安装，除锈，刷防锈漆两道，银粉漆两道 | Kg | 628 |

图 3.298　更正错项

4) 投标书自检

回到“投标管理”界面，单击“发布投标书”→“投标书自检”，如图 3.299 所示。

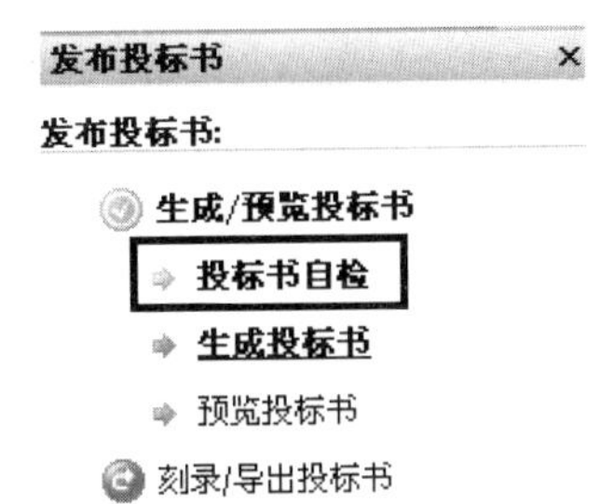


图 3.299 投标书自检

设置要选择的项，如图 3.300 所示。

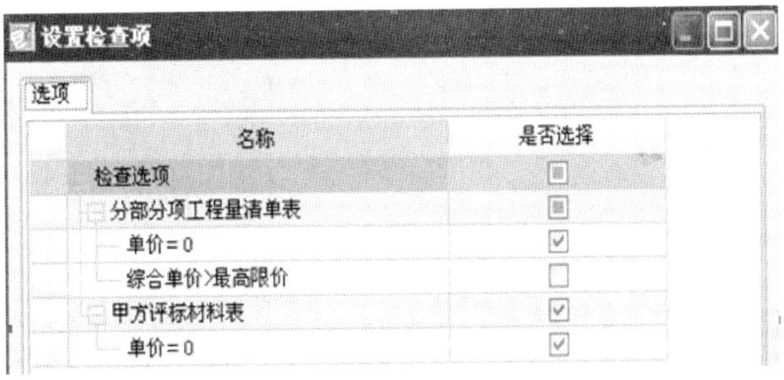

设置检查项

选项

| 名称 | 是否选择 |
|---|---|
| 检查选项 | ■ |
| 分部分项工程量清单表 | ■ |
| 单价=0 | ☑ |
| 综合单价>最高限价 | ☐ |
| 甲方评标材料表 | ☑ |
| 单价=0 | ☑ |

图 3.300 设置检查项

如果没有错误，软件提示如图 3.301 所示。

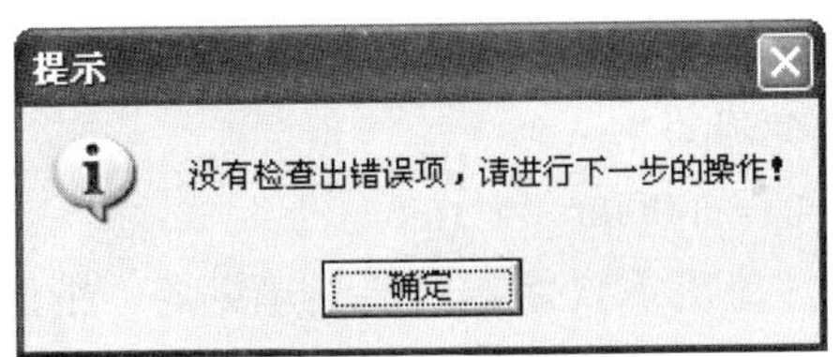


图 3.301 “提示”对话框(三)

如果检查出错误，软件会弹出界面提示具体的不符合项。

5) 生成电子投标书

单击“生成投标书”，如图 3.302 所示。

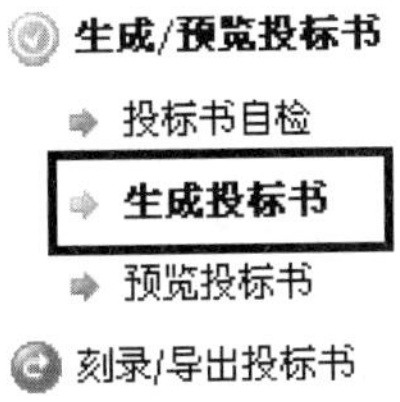

生成/预览投标书
- 投标书自检
- 生成投标书
- 预览投标书

刻录/导出投标书

图 3.302 生成投标书

在“投标信息”界面输入信息，如图 3.303 所示。

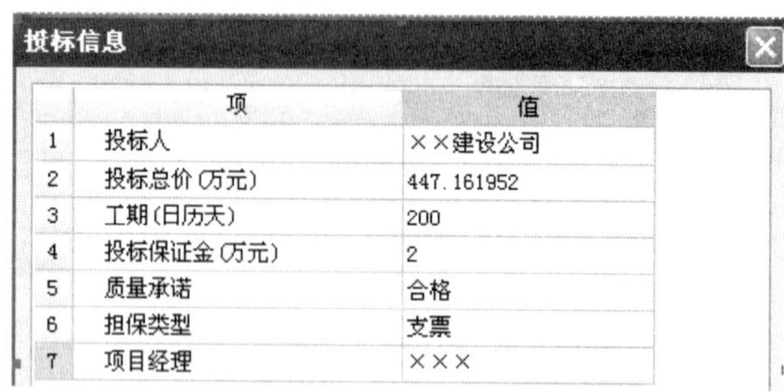

投标信息

| | 项 | 值 |
|---|---|---|
| 1 | 投标人 | ××建设公司 |
| 2 | 投标总价(万元) | 447.161952 |
| 3 | 工期(日历天) | 200 |
| 4 | 投标保证金(万元) | 2 |
| 5 | 质量承诺 | 合格 |
| 6 | 担保类型 | 支票 |
| 7 | 项目经理 | ××× |

图 3.303　输入信息

单击“确定”按钮，软件会生成电子标书文件。

6) 预览、打印报表

同招标文件。

7) 刻录/导出电子投标书

同招标文件。

## 实训项目三：工程造价软件应用于商务标编制

教师选择相应案例，尽量选择多样化，以利于分组、学生相互学习以及成绩评定，具体要求如下。

(1) 本项目实训共安排为 30 课时。

(2) 实训项目要求建筑面积 3 000$m^2$ 以上。

(3) 机房要安装广联达、鲁班等软件，包括土建算量、钢筋算量、计价和商务标编制系列软件。

(4) 图纸要求完整，具有建筑图、结构图，框架结构或者剪力墙结构为宜。

### 子任务 1　土建算量软件应用实训

**【实训目标】**

土建算量软件应用部分是对前一项目工程量计算知识的进一步提升和综合，从软件应用层面对工程量计算能力进一步巩固。本次实训可以提高学生整体识图的能力、工程量计算规则理解能力以及土建算量软件的应用能力。

**【实训要求】**

(1) 根据提供的图纸，确定软件绘制流程。

(2) 每个构件都必须套用正确的清单编码。

(3) 对于每一个构件必须准确绘制以及查看工程量，并思考实现的多种方法和快捷键。

**【实训步骤】**

(1) 对施工图进行整体识读，建立楼层，填写室外地坪标高、每层层高以及楼层结构底标高。

(2) 主体工程量计算，包括柱、梁、板、墙、门窗、过梁、楼梯、台阶、散水、平整场地等项目。

(3) 屋面层工程量计算，包括女儿墙、构造柱、压顶、屋面等项目。

(4) 基础层工程量计算。

(5) 装修工程量计算。

【上交成果】

(1) 建立的算量模型。

(2) 算量报表导出到 Excel 并打印成纸质上交。

### 子任务 2　钢筋算量软件应用实训

【实训目标】

钢筋算量软件应用部分是对前一项目钢筋计算知识的进一步提升和综合，现在的施工图都用平法标注，不易看懂，通过钢筋算量软件对照图纸先进行“抄图”，然后三维显示钢筋，能有助于进一步理解施工图中钢筋搭接、锚固、节点构造等相关知识，并能提高钢筋算量的能力，为正确编制投标报价文件打下基础。

【实训要求】

(1) 根据提供的图纸，确定软件绘制流程。

(2) 对照图集和图纸，正确理解平法标注的钢筋信息。

(3) 对于每一个构件必须准确绘制，并思考实现的多种方法和快捷键以及思考与土建算量软件的异同。

【实训步骤】

(1) 对结构施工图进行整体识读，建立楼层，填写抗震等级、搭接、锚固、混凝土等级等信息。

(2) 正确建立轴网。

(3) 分别定义并绘制柱、梁、板、墙的钢筋。

(4) 汇总计算。

【上交成果】

(1) 建立的钢筋算量模型。

(2) 钢筋计算报表导出到 Excel 并打印成纸质上交。

### 子任务 3　商务标编制软件应用实训

【实训目标】

在工程量计算完之后，正确地编写清单，手工补充软件中不好计算的项目，导出完成的工程量清单，接下来就是套价、调价、编制报价表，编制商务标。通过商务标编制软件的应用实训，将理解招标文件中工程量清单如何编制，商务投标文件中投标报价如何调整、确定、商务标如何生成。

**【实训要求】**

(1) 确定软件编写招标文件、商务标书的流程。

(2) 计价时原则按照定额组价，编制招标控制价，然后在老师指导下应用相应的投标策略进行调整价格，调价要有根据。

**【实训步骤】**

(1) 填写项目概况，编制招标文件中分部分项工程量清单、措施项目清单、其他项目清单。

(2) 分部分项工程组价、措施项目、其他项目组价，编制招标控制价。

(3) 调价，汇总，商务投标文件制作。

**【上交成果】**

(1) 建立的套价文件(电子)。

(2) 工程量清单(电子+纸质)。

(3) 招标控制价(电子+纸质)。

(4) 相应投标策略下的商务投标报价文件(电子+纸质)。

## 项目小结

本项目重点讲解了土建工程算量软件应用、钢筋算量软件应用以及商务标编制软件应用。主要内容如下。

(1) 土建算量软件部分，主要包括主体部分工程量计算、基础部分工程量计算、装饰装修工程量计算等方面的内容。

(2) 钢筋算量软件部分，主要包括柱、梁、板、墙钢筋工程量计算、基础钢筋工程量计算、女儿墙压顶钢筋工程量计算以及构造柱等钢筋工程量计算等方面的内容。

(3) 商务标编制软件部分，主要包括招标文件制作、计价软件应用，以及商务投标文件制作等方面的内容。

## 习　题

1. 室外地坪相对标高的调整会对哪些工程量产生影响？
2. 土建算量软件中“点画”和“线画”各适用于什么构件？
3. 土建算量软件中“智能布置”有哪几种方法？
4. 过梁与框架柱相交软件能否自动扣减？谁的级别大？
5. 土建算量软件中如何画板洞？
6. 弧形轴网如何绘制？
7. 钢筋算量软件中“平法标注”按钮有什么功能？
8. 钢筋算量软件框架梁与非框架梁如何识别？

9. 简述室内外高差会影响哪些量。

10. 写出钢筋算量软件中柱子中外侧箍筋与内侧箍筋直径不同时的输入方式。

11. 工程的抗震等级由哪几个因素决定？抗震等级对钢筋计算有哪几个方面的影响？

12. 一级抗震等级的框架柱(中柱)，*hc* 柱宽，*hb* 梁高，*c* 保护层，并且直锚长度＜*la* 时。顶层钢筋的锚固值是多少？

13. 某工程抗震等级为二级，楼层框架梁的截面尺寸为 300×700，端支座的截面尺寸为 1 100×1 100，支座负筋为 4B16，砼标号为 C30，二级钢筋的锚固长度为 34D，保护层为 25MM，则端支座负筋的锚固长度是多少？

14. 写出钢筋搭接形式及各自的适用范围。

15. 写出措施项目清单中的通用项目并列出其他项目清单所包括的内容。

# 项目4

# 招投标过程模拟实训

商务标编制的目的就是参加招投标并中标，但是仅仅编好商务标却并不一定能够中标。如果投标人不清楚招投标过程中的一些规则，就不容易中标，甚至前功尽弃。怎么才能知道有工程要招标？如何获得招标文件？招标文件出现了问题该怎么办？如何避免废标的出现？标书是如何评定的？投标文件除了商务标还有哪些组成部分？这些都将在本项目中找到答案。

## 教学目标

了解建筑工程招投标的相关概念；
掌握建筑工程招投标的基本程序；
掌握投标文件的主要内容。

## 教学步骤

| 知识要点 | 能力要求 | 相关知识 |
|---|---|---|
| 投标的相关概念 | (1) 了解哪些项目需要招标<br>(2) 了解不同项目招标时应采用的方式<br>(3) 了解什么情况下可以自行招标，什么情况下应该委托代理招标<br>(4) 了解工程项目施工招标应具备的条件 | |
| 建筑工程招投标的基本程序 | 能及时正确地参加招投标过程中的各项工作 | 招标文件的编制、评标方法 |
| 建筑工程施工投标简介 | 基本掌握投标文件的编写 | |

基本概念

招标是指在一定范围内公开货物、工程或服务采购的条件和要求，邀请众多投标人参加投标，并按照规定程序从中选择交易对象的一种市场交易行为。

投标则是把自己的商品(包括货物、工程或服务)所能达到的各种性能和价格信息供应给招标的人，希望对方能和自己签订合同的行为。

## 小知识：招标投标的起源

招标投标起源于1782年的英国。当时的英国政府首先从政府采购入手，在世界上第一次进行了货物和服务类别的招标采购。由于具有其他交易方式所不具备的公开性、公平性、公正性、组织性和一次性等特点，以及符合社会通行的、规范的操作程序，招标投标从诞生之日起就具备了旺盛的生命力，并被世界各国沿用至今。

特别提示

**建设工程招投标和施工投标的关系**

建设工程招投标所交易的商品是工程项目建设任务，包括勘察、设计、设备安装、施工、装饰装修、材料设备供应、监理和工程总承包等。而施工投标仅仅是对施工这一内容进行的投标。

引例

## 比三个商人更精明的专家(http://www.cmmo.cn/article-45464-1.html)

1999年4月5日，美国谈判专家史帝芬斯决定建个家庭游泳池，建筑设计的要求非常简单：长30英尺，宽15英尺，有温水过滤设备，并且在6月1日前竣工。

隔行如隔山。虽然谈判专家史帝芬斯在游泳池的造价及建筑质量方面是个彻头彻尾的外行，但是这并没有难倒他。史帝芬斯首先在报纸上登了个建造游泳池的招商广告，具体写明了建造要求。很快有A、B、C三位承包商前来投标，各自报上了承包详细标单，里面有各项工程的费用及总费用。史帝芬斯仔细地看了这3张标单，发现所提供的抽水设备、温水设备、过滤网标准和付钱条件等都不一样，总费用也有不小的差距。

于是4月15日，史帝芬斯约请这三位承包商到自己家里商谈。第一个约定在上午9点钟，第二个约定在9点15分，第三个则约定在9点30分。三位承包商如约准时到来，但史帝芬斯客气地说，自己有件急事要处理，一会儿一定尽快与他们商谈。三位承包商只得坐在客厅里一边彼此交谈，一边耐心地等候。10点钟的时候，史帝芬斯出来请一个承包商A先生进到书房去商谈。A先生一进门就介绍自己干的游泳池工程一向是最好的，建史帝芬斯家庭游泳池实在是小菜一碟。同时，还告诉史帝芬斯，B先生通常使用陈旧的过滤网，C先生曾经丢下许多未完的工程，现在正处于破产的边缘。

接着，史帝芬斯出来请第二个承包商B先生进行商谈。史帝芬斯从B先生那里又了解到，其他人所提供的水管都是塑胶管，只有B先生所提供的才是真正的铜管。

后来，史帝芬斯出来请第三个承包商C先生进行商谈。C先生告诉史帝芬斯，其他人所使用的过滤网都是品质低劣的，并且往往不能彻底做完，拿到钱之后就不认真负责了，而自己则绝对能做到保质、保量、保工期。

不怕不识货，就怕货比货，有比较就好鉴别。史帝芬斯通过耐心地倾听和旁敲侧击的提问，基本上弄清楚了游泳池的建筑设计要求，特别是掌握了三位承包商的基本情况：A先生的要价最高、B先生的建筑设计质量最好、C先生的价格最低。经过权衡利弊，史帝芬斯最后选中了B先生来建造游泳池，但只给C先生提出的标价。经过一番讨价还价之后，谈判终于达成一致。就这样，三个精明的商人，没斗过一个谈判专家。史帝芬斯在极短的时间内，不仅使自己从外行变成了内行，而且还找到了质量好、价钱便宜的建造者。

这个质优价廉的游泳池建好之后，亲朋好友对其赞不绝口，对史帝芬斯的谈判能力也佩服得五体投地。史帝芬斯却说出了下面发人深省的话："与其说我的谈判能力强，倒不如说用的竞争机制好。我之所以成功，主要是设计了一个公开竞争的舞台，并请这三位商人在竞争的舞台上做了充分的表演。竞争机制的威力，远远胜过我驾驭谈判的能力。一句话，我选承包商，不是靠相马，而是靠赛马。"

道高一尺魔高一丈，史帝芬斯这位"魔头"实施的正是一种简约版的招标，他有效地利用了招标所带来的竞争效应。这也正是我们建筑工程实行招投标制度的意义所在。

## 4.1　工程招投标概述

通过引例我们可以看出建设工程招标投标的目的，就是要利用招投标带来的竞争效应，择优选定商品(主要有勘察、设计、设备安装、施工、装饰装修、材料设备供应、监理和工程总承包)的供应单位(如设计单位、施工单位)，达到"物美价又廉"的目的。

### 4.1.1　建设工程招标范围与规模

正因为招投标有如此重要的作用，《招标投标法》就作出了规定，要求一些比较重要的工程必须进行招标。具体请见表 4-1。

表 4-1　工程建设项目招标范围

| | |
|---|---|
| 关系社会公共利益、公众安全的基础设施项目 | (1) 煤炭、石油、天然气、电力、新能源等能源项目<br>(2) 铁路、公路、管道、水运、航空以及其他交通运输业项目<br>(3) 邮政、电信枢纽、通信、信息网络等邮电通信项目<br>(4) 防洪、灌溉、排涝、引(供)水、滩涂治理、水土保持、水利枢纽等水利项目<br>(5) 道路、桥梁、地铁和轻轨交通、污水排放及处理、垃圾处理、地下管道、公共停车场等城市设施项目<br>(6) 生态环境保护项目<br>(7) 其他基础设施项目 |
| 关系社会公共利益、公众安全的公用事业项目 | (1) 供水、供电、供气、供热等市政工程项目<br>(2) 科技、教育、文化等项目<br>(3) 体育、旅游等项目<br>(4) 卫生、社会福利等项目<br>(5) 商品住宅，包括经济适用房<br>(6) 其他公用事业项目 |
| 全部或部分使用国有资金投资的项目 | (1) 使用各级财政预算资金的项目<br>(2) 使用纳入财政管理的各种政府性专项建设基金的项目<br>(3) 使用国有企业事业单位自有资金，并且国有资产投资者实际拥有控制权的项目 |
| 国家融资项目 | (1) 使用国家发行债券所筹资金的项目<br>(2) 使用国家对外借款或者担保所筹资金的项目<br>(3) 使用国家政策性贷款的项目<br>(4) 国家授权投资主体融资的项目<br>(5) 国家特许的融资项目 |
| 使用国际组织或者外国政府资金的项目 | (1) 使用世界银行、亚洲开发银行等国际组织贷款资金的项目<br>(2) 使用外国政府及其机构贷款资金的项目<br>(3) 使用国际组织或者外国政府援助资金的项目 |

但是即使项目属于以上列表中的范围，也不一定要招标，比如学校属于“关系社会公共利益、公众安全的公用事业项目”中的“科技、教育、文化”项目，但学校不至于连买一张椅子都要招标。这还涉及规模大小的问题。

国家计委 3 号令第 7 条规定：上述各类工程建设项目，包括项目的勘察、设计、施工、监理以及与工程建设有关的重要设备、材料等的采购，达到下列标准之一的，才必须进行招标。

(1) 施工单项合同估算在 200 万元人民币以上的。

(2) 重要设备、材料等货物的采购，单项合同估算价在 100 万元人民币以上的。

(3) 勘察、设计、监理等服务的采购，单项合同估算价在 50 万元人民币以上的。

(4) 单项合同估算价低于第(1)、(2)、(3)项规定的标准，但项目总投资在 3 000 万元人民币以上的。

在范围之外设置规模的原因：因为招标标需要一定的费用和时间，如果项目的价值过低，采取招标的形式就不合算了。所以国家才又制定了建设工程招标的规模。

### 4.1.2 建设工程招标投标的方式

**案例**

## 国家大剧院设计方案的招标采购

国家大剧院(图 4.1)的设计方案在重要程度和建设规模上都满足了招标的条件，并且采取了国际招标。国家大剧院工程业主委员会于 1998 年 4 月开始进行国际邀请竞赛。从 1998 年 4 月 13 日招标开始，共有来自 10 个国家和地区的 36 家顶尖级设计单位参加，其中邀请参加的 17 家，自愿参加的 19 家，法国巴黎机场公司(简称 ADP)为自愿参加，其首席建筑师为保罗 · 安德鲁。

经过两轮竞赛和多次修改，一共有 69 个方案参加了评选。经过专家们的反复论证、筛选，又广泛征求了各方面的意见，最后由国家大剧院建设领导小组报请中央审定。1999 年 7 月 22 日，中央政治局常委会经讨论研究，最终选定了法国巴黎机场公司设计、清华大学配合的建筑设计方案，其主持设计者正是自愿参加的保罗 · 安德鲁(图 4.2)。

图 4.1 保罗·安德鲁设计的国家大剧院

图 4.2 保罗·安德鲁在施工现场

建设工程招标投标的方式有两种：公开招标、邀请招标。这也是《招标投标法》第 10 条所明确规定的。

公开招标有个别名——无限竞争招标。这个别名反映了公开招标的特性，该招标方式就是在国家指定的媒介上发布招标公告，只要符合投标条件的潜在投标人都可以来参加。

### 应当公开招标的项目

(1) 国务院发展计划部门确定的国家重点建设项目。

(2) 省、市区的人民政府确定的地方重点建设项目。

(3) 全部使用国有资金投资的项目；国有资金投资占控股或者主导地位的项目。

(4) 法律、法规规定的其他应当公开招标的项目。

邀请招标也有个别名——有限竞争招标。同样地，这个别名也反映了邀请招标的特性，该招标方式就是以投标邀请书的方式邀请特定的法人或组织投标。也就是说，一般情况下没有受到邀请的不得参加投标。

### 可以邀请招标的项目

对于应当招标的工程招标项目，如遇以下情况，经批准可以进行邀请招标。

(1) 项目技术复杂或有特殊要求，只有少量几家潜在投标人可供选在的。

(2) 受自然地域环境限制的。

(3) 涉及国家安全、国家机密或者抢险救灾，适宜招标但不宜公开招标的。

(4) 法律、法规规定不宜公开招标的。

注意上文中“应当招标的工程招标项目”这句话，也就是说，如果不是应当招标的项目，那么实行公开招标还是邀请招标就可以自行决定了。

### 4.1.3 招标组织形式

招标过程中还涉及谁来组织招标的问题，这就是招标组织形式。招标组织形式一般有两种，自行组织招标和委托招标代理机构来招标。

其中，自行组织招标必须满足以下条件。

(1) 工程建设项目具有法人资格。

(2) 具有与招标项目规模和复杂程度相适应的工程技术、概预算、财务和工程管理等方面的专业技术力量。

(3) 有同类工程建设项目招标的经验。

(4) 设有专门的招标机构或者有 3 名以上专职招标业务人员。

(5) 拟使用的专家库符合条件。

(6) 熟悉和掌握招标投标法及有关法律法规规章。

招标人具备组织招标能力时可以自行办理招标，任何单位和个人不能强制要求其委托招标代理机构来招标。

而招标代理机构则是指依法设立、从事招标代理业务并提供相关服务的社会中介组织。该组织与国家机关并不存在隶属和其他利益关系，但其资质必须由国务院或省级人民政府的建设行政主管部门认定。如果招标人不具备自行招标的条件或是不愿自行招标，就可以委托招标代理机构代为招标。

**招标代理机构可以在其资格等级范围内承担招标事宜**

(1) 拟订招标方案，编制和出售招标文件、资格预审文件。

(2) 审查投标人资格。

(3) 编制标底。

(4) 组织投标人踏勘现场。

(5) 组织开标、评标，协助招标人定标。

(6) 草拟合同。

(7) 招标人委托的其他事项。

招标代理机构不得无权代理、越权代理，不得明知委托事项违法而进行代理。招标代理机构不得接受同一招标项目的投标代理和投标咨询业务；未经招标人同意，不得转让招标代理业务。

可以说，招标代理机构提供的是“一条龙”服务。委托招标虽然要多花些费用，但却省心又省力。当然，招标人也可以只选择其中的部分内容委托招标。

### 4.1.4 工程项目施工招标应具备的条件

如果是依法必须招标的工程建设项目，应当具备下列条件。

(1) 招标人已经依法成立。

(2) 初步设计及概预算应当履行审批手续的已经核准。

(3) 招标方式、招标范围和招标组织形式等应当核准手续的已经核准。

(4) 有相应资金准备或资金来源已落实。

(5) 有招标所需的设计图纸及技术资料。

## 4.2 建筑工程施工招标程序

在详细了解工程项目施工招投标程序之前，我们先来对该程序做一个大致的介绍。虽然工程项目施工招投标并无统一的程序模式，但一般情况下都有以下步骤，如图4.3所示。

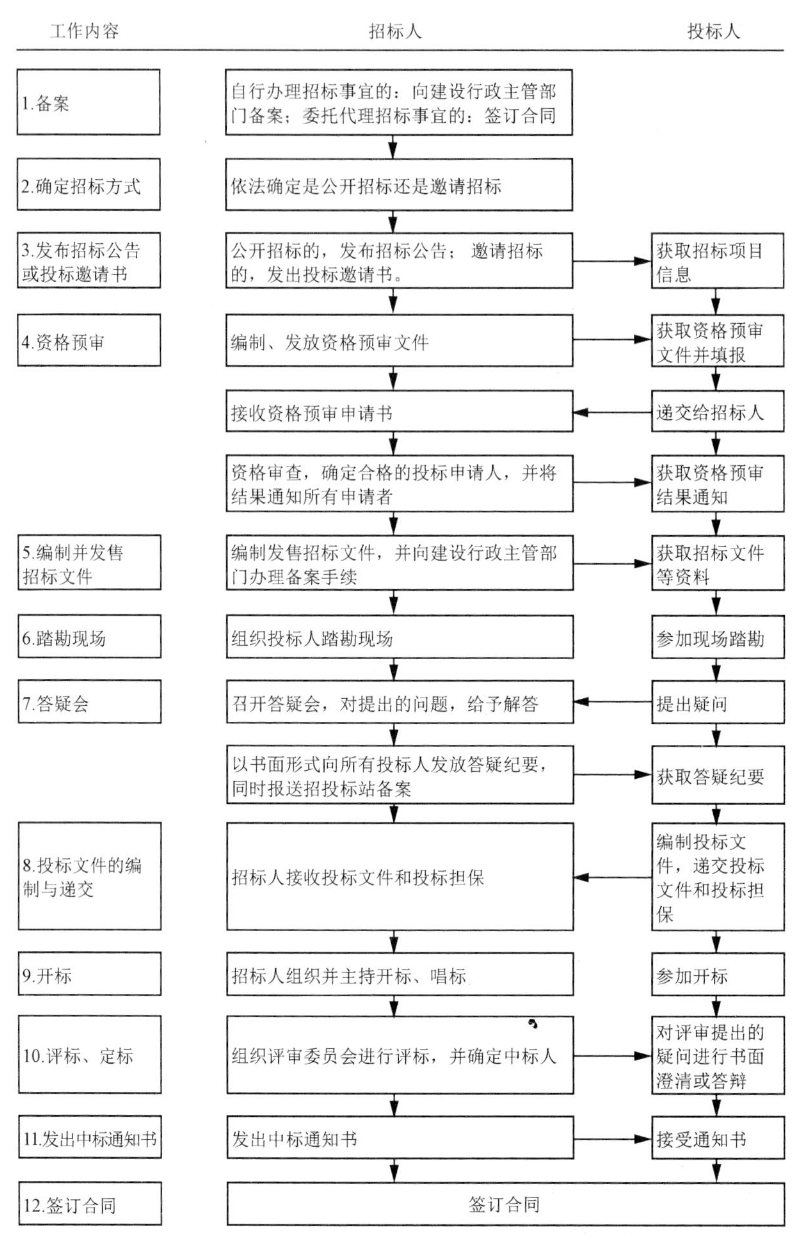


图 4.3　工程项目施工招投标程序图

### 4.2.1　招标准备

招标阶段的工作主要有备案和确定招标方式两项。

备案有两种情况：一种是自行办理招标事宜，这种情况就需按当地建设主管部门的要求准备好相应的资料，直接去备案；还有一种是委托代理招标，那么除了要签订委托代理合同外，也同样需要到建设主管部门备案。

之后还需确定招标方式，这是召开招标工作的重要条件。除了国家强制要求公开招标的项目之外，其余项目招标人可以根据工程特点、进度安排等确定招标方式。

**小技巧**

如果工程项目的技术要求比较高，只有少数几家能够施工，那么采用邀请招标要好些；反之项目的技术要求不高，大部分的企业都能够做，那么宜采用公开招标，这样能够充分利用招投标的竞争效应。如果工程的进度十分紧张，就可以考虑邀请招标，因为公开招标往往耗时要比邀请招标长些，采用邀请招标可以节约一定的时间。

### 4.2.2 发布招标公告(或投标邀请书)

招标公告(或投标邀请书)的作用有两个，对招标人来说，它是一个邀请的信息，希望各潜在投标人能够来参与竞争；而对潜在投标人来说，它可以让投标人了解项目的基本信息，以初步决定是否参与竞争。

如果是公开招标，发布的就是招标公告。依法必须公开招标的项目，招标公告必须在国家指定的报刊和信息网络上发布。这也是招投标公开的体现。

而如果是邀请招标，发布的则是投标邀请书。邀请招标应向三家以上(此处“三家以上”含三家，也就是说要≥3)具备相应能力的法人或其他组织发出投标邀请书。

**特别提示**

《工程建设项目施工招标投标办法》14条规定，招标公告或投标邀请书应当载明下列内容。

(1) 招标人的名称和地址。

(2) 招标项目的内容、规模、资金来源。

(3) 招标项目的实施地点和工期。

(4) 获取招标文件或者资格预审文件的地点和时间。

(5) 对招标文件或者资格预审文件收取的费用。

(6) 对投标人的资质等级的要求。

招标公告的编写可参见本书附录。

### 4.2.3 资格审查

资格审查是为了审查潜在投标人或投标人是否具有承担招标项目的能力，以保证合同义务能够得到履行。资格审查有两种：资格预审和资格后审。

资格预审是在投标前对潜在投标人进行的资格审查。采用该方式的，会发布资格预审文件。资格预审后，招标人会向符合资格要求的发出资格预审通知书。注意，招标人还须同时向资格审查不通过的申请人告知预审结果。

**知识在线：链接自“中华人民共和国国家发展和改革委员会”网站**

网址：http://www.sdpc.gov.cn/zcfb/zcfbl/2007ling/t20071221_180057.html

为了规范施工招标资格预审文件、招标文件编制活动，促进招标投标活动的公开、公平和公正，国家发展和改革委员会、财政部、建设部、铁道部、交通部、信息产业部、水利部、民用航空总局、广播电影电视总局联合制定了《〈标准施工招标资格预审文件〉和〈标准施工招标文件〉试行规定〉》及相关附件，现予发布，自2008年5月1日起施行。

该网页下端试行规定，并有相应附件可供下载。

附件：一、《中华人民共和国标准施工招标资格预审文件》(2007 年版)

二、《中华人民共和国标准施工招标文件》(2007 年版)

而资格后审则是在开标后进行的审查。进行资格预审的，一般不再进行资格后审，但招标文件另有规定的除外。两种审查方式的主要内容基本一样，包括以下几项。

(1) 具有独立订立合同的权利。

(2) 具有履行合同的能力，包括专业、技术资格和能力，资金、设备和其他物质设施状况，管理能力，经验、信誉和相应的从业人员。

(3) 没有处于被责令停业，投标资格被取消，财产被接管、冻结，破产状态。

(4) 在最近 3 年内没有骗取中标和严重违约及重大工程质量问题。

(5) 法律、行政法规规定的其他资格条件。

**思考：两种资格审查方式应该如何选择？**

资格预审可以通过评审优选综合实力较强的一批申请投标人(不少于 7 家)，再请他们参加投标竞争，以减小评标的工作量，但是这样一来招标的耗时会多一些；而资格后审则刚好相反。因此资格预审适用于潜在投标人比较多，或者对投标人实力要求比较严格的工程；而资格后审则适用于那些工期紧迫，工程较为简单的项目。

### 4.2.4 编制发售招标文件

招标文件是一份招标人根据招标项目特点和需要，详细表述招标项目情况、有什么技术要求、招标程序和规则是怎样的、投标有什么要求、如何评标以及拟签订合同的书面文书。

在中华人民共和国国家发展和改革委员会发布的《<中华人民共和国标准施工招标文件>(2007 年版)》中，招标文件共四卷八章，包括以下内容。

(1) 招标公告(投标邀请书)。

(2) 投标人须知，该部分主要介绍项目情况、招标程序和规则、投标要求等。

(3) 评标办法。

(4) 合同条款及格式，本部分包括通用合同条款和专用合同条款。

(5) 采用工程量清单招标的，应当提供工程量清单。

(6) 设计图纸。

(7) 投标文件格式。

**知识链接**

1999 年，建设部和国家工商行政管理局颁布了新版《建设工程施工合同(示范文本)》(GF—99—0201)，示范文本主要由《协议书》、《通用条款》、《专用条款》三部分组成。其中通用条款是根据《建筑法》、《合同法》等法律、行政法规规定及建设工程施工需要订立，通用于建设工程施工的条款，同时也考虑了工程施工中的惯例以及施工合同的签定，履行和管理中的通常做法，具有较强的普遍性和通用性，是通用于各类建设工程施工的基础性合同条款。而专用条款则是双方结合实际情况定制的，是对通用条款的补充和修订，如工期的约定就属于专用条款。

招标文件编好后就可以发售了。如果有资格预审，一般在资格预审合格通知书中会有如何领取招标文件的信息；如果没有，则在招标公告中会有相应信息。投标人在领取招标文件后应认真核对，并以书面形式确认。招标文件会收取一定的费用，一般等于编制、印刷这些文件的成本价，其他费用则不能计入招标文件购买的费用中去。注意，购买招标文件的费用一般不会退还，但图纸部分会采用押金的形式，如果没有中标，投标人可以退还图纸，拿回押金。

如果招标文件需要进行澄清或修改(文件中有歧义或言语含糊不清则需澄清，而有错误或是要变动则要进行修改)，则应在提交投标文件截止时间至少 15 日前以书面形式通知所有招标文件收受人，投标人则应在规定时间内以书面形式通知招标人，表示已经收到该澄清修改文件。如果在距离投标文件截止时间不足 15 日时发现招标文件有问题需要进行澄清或修改，就要顺延投标截止时间。这是为了保证投标人有足够的反应时间来编制投标书。注意，澄清和修改的内容同样属于招标文件，具有法律效力。

**知识链接**

**标底和招标控制价**

一般在编制招标文件时还需编制标底或招标控制价。

简单地来说，标底是业主或其委托的造价咨询公司对其项目的一个基本估价，是来衡量招标价的一个依据。我国国内大部分工程在招标评标时，均以标底上下的一个幅度为判断投标是否合格的条件。比如业主计算标底为 100 万，在评标时设置了 10%的合理幅度，则报价在 90~110 万之间的才为合格标书。由此可见，标底十分重要。标底还有两个特点，它在开标前是保密的而且其设置是非强制性的。

而招标控制价从性质上来说是(国家)对该项任务的最高估价，在投标时要求报价不能超过该价，否则就是废标。与标底相比，它也有两个特点，首先招标控制价是必须要公开的，其次国有资金投资的工程应编制招标控制价，是带有一定强制性的。

### 4.2.5 踏勘现场

踏勘现场就是招标人组织投标人去项目现场进行考察，以了解现场情况和周围环境，从而可以更好地编制投标书。招标人一般会就现场的地理位置、地形、水文、地址、土质等情况进行介绍，供投标人参考。招标文件的投标须知中一般会规定有踏勘现场的时间和地点。

**案例分析**

在一次勘探会上，招标人根据自己的印象介绍附近的一条马路是一级路面。而中标人在施工时发现该路面不是一级而是二级，他以路面达不到招标人在现场踏勘时介绍的等级为由提出了费用索赔。该施工单位索赔是否合理?

分析：不合理。因为招标人在踏勘现场中介绍的工程场地和相关的周边环境情况，仅供投标人在编制投标文件时参考，招标人不需要对投标人据此作出的判断和决策负责。

### 4.2.6 投标预备会

投标预备会也称答疑会、标前会议。在该会议上，招标人可以澄清或解答招标文件中或现场踏勘中投标人提出的问题(投标人须以书面形式提出问题)，同时借此对图纸进行交底和解释。招标文件的投标须知中一般会规定有召开投标预备会的时间和地点。

会后，招标人会编制会议纪要，将解答内容送达所有获得招标文件的投标人，该文件也是招标文件的组成部分，也具有法律效力。

**特别提示**

不管投标人是否参加了预备会，是否提出了问题，招标人都必须向其提供会后的会议纪要。这是招投标公开公平原则的重要体现之一。

### 4.2.7 接受投标文件

由于编制投标文件需要有合理的时间，《招标投标法》就规定："依法必须进行招标的项目，自招标文件开始发出之日起至投标人提交投标文件截止之日止，最短不得少于二十日。"

**特别提示**

上文中"二十日"时间间隔要求前还有一个前提，就是"依法必须进行招标的项目"。也就是说，如果项目不是"依法必须进行招标的项目"，就可以不受"二十日"的限制了，可以短于二十日，当然也不可过短，还是必须要留给投标人适当的编制时间，这是对招投标双方都负责的做法。

一般在招标文件中，还会有一个"提交投标文件的截止时间"，如果投标人超过了这个时间递交标书，招标人应当拒收。招标人收到投标文件后，应当签收，但是不得开启。如果截止时间过了，投标人少于 3 个的，招标人应当依法重新招标。如果"不幸"重新招标后投标人仍少于 3 个的，属于必须审批的工程建设项目，报经原审批部门批准后可以不再进行招标。

此外，如果投标人在"提交投标文件的截止时间"前撤回标书或对投标文件作出修改都是允许的。但一旦超过了该时间 ，就不能随意撤回和修改了，这还涉及 "投标有效期"的概念。

投标有效期，是招标文件规定的投标文件有效期。在投标有效期内，投标人的投标文件对投标人具有法律约束力，投标人在投标有效期内补充、修改、撤回投标文件，招标人有权没收其投标保证金并要求其赔偿损失。投标有效期的设置是为了减少开标后可能对招标人产生的一些不利事件，并规范招投标秩序。如某投标人在中标后觉得自己的报价过低，拒绝签合同，使得招标人不得不和其他报价要高的候选人签合同而造成损失；甚至在某些情况下，会造成此次招标失败，使招标人不得不重新招标，从而造成工期的延误和招标费用的浪费。

因此，该有效期的开始时间是“提交投标文件截止时间”，而结束时间招标人会根据从评标、定标到签合同所需要的时间来制定，具体期限一般会在招标文件的“投标人须知”中列出。如果在原投标有效期结束前，有特殊情况的，招标人可以书面形式要求所有投标人要延长投标有效期。投标人同意延长的，投标保证金相应延长，拒绝延长的，其投标失效，但投标人有权收回投标保证金，因延长投标有效期造成投标人损失的，招标人应当给予补偿，但因不可抗力需要延长的除外。

知识链接

**投标保证金**

投标保证金，是指投标人按照招标文件的要求向招标人出具的，以一定金额表示的投标责任担保。投标人保证其投标在投标有效期内对其投标书中规定的责任不得撤消或者反悔。否则，招标人将对投标保证金予以没收。从国外通行的做法看，投标保证金的数额一般为投标价的2%左右。对于未中标的投标保证金，招标人会在签好合同后的5个工作日内，退还给投标人。

投标保证金有多种形式，如现金、银行保函、保兑支票、银行汇票或现金支票。具体采用什么保证金形式，金额为多少，招标人会在招标文件中列出。

投标人一定要按照招标人要求的形式来提交保证金，保证金额则只能多不能少。如果形式不对或金额不足，就是废标。

### 4.2.8 开标

“提交投标文件截止时间”一到，就应该马上开标，开标的地点在招标文件的“投标人须知”中也会事先写明，一般为建设工程交易中心。开标应该由招标人主持，委托招标时，可由招标代理人主持，应邀请所有投标人参加，此外还可以邀请有关单位的代表参加，如公正机关的公证员等。

开标顾名思义就是打开标书。当然这前后还有一些其他的事情要做，具体说来，有以下几个步骤。

首先是交代下现场的情况，包括宣布开标纪律，公布在投标截止时间前递交投标文件的投标人名称并点名确认投标人是否派人到场，宣布开标人、唱标人、记录人、监标人等有关人员姓名。

然后要按规定检查投标文件的密封情况，可由投标人或其推选的代表检验投标文件的密封情况；宣布投标文件开标顺序；设有标底的，公布标底。

接下来要按照宣布的开标顺序当众开标，公布投标人名称、标段名称、投标保证金的递交情况、投标报价、质量目标、工期及其他内容。所有在投标致函中提出的附加条件、补充声明、优惠条件、替代方案等均应宣读，且要作出记录。招标人在招标文件要求提交投标文件的截止时间前收到的所有投标文件，开标时都应当众拆封、宣读。这也是开标最核心的内容，把所有投标人的核心信息宣读出来就是为了能够最大程度地做到公开公平公正。

最后投标人代表、招标人代表、监标人、记录人等有关人员要在开标记录上(表4-2)签字确认。开标就结束了。开标记录填好后，应该让投标人对各自的内容进行签字确认。该记录将会作为正式记录，保存于开标机构。

表 4-2 开标记录表示例

××市农村公路标志、标线等设置工程开标记录表

招标单位：××市公路段　　　　开标时间：2010 年 3 月 14 时 30 分

| 编号 | 投标 | 送达情况 | 密封情况 | 投标报价（万元） | 是否超过投标控制价上限 | 质量目标 | 工期 | 备注 | 签名 |
|---|---|---|---|---|---|---|---|---|---|
| 1 | 富阳市××交通设施有限公司 | 按时送达 | 密封 | 1 445 138 | 否 | 合格 | 60 | | |
| 2 | 浙江××××工程有限工司 | 按时送达 | 密封 | 1 342 121 | 否 | 合格 | 60 | | |
| 3 | 杭州××××工程有限公司 | 按时送达 | 密封 | 1 356 636 | 否 | 合格 | 60 | | |
| … | | | | | | | | | |
| 招标人编制的投票控制价上限　（万元）： | | 145.094226 | | | 调整系数：0.95、0.96、0.97 | 0.97 | 下浮系数：1、2 | 2 | |
| | | | | | 复合系数：0.40、0.45、0.50 | 0.4 | | | |

招标人代表：　　　　记录人：　　　　监标人：

### 4.2.9 评标

评标就是对各投标书进行比较，从而确定中标人。

《招标投标法》第 37 条第 1 款规定，评标由招标人依法组建的评标委员会负责。评标委员会负责评标活动，向招标人推荐中标候选人或者根据招标人的授权直接确定中标人。

评标委员会是由招标人负责组建的。评标委员会成员在开标前就应当确定，但是成员名单在中标结果确定前必须是保密的。评标委员会由招标人或其委托的招标代理机构熟悉相关业务的代表，以及有关技术、经济等方面的专家组成，成员人数为五人以上且为单数，其中专家不得少于成员总数的 2/3。评标委员会专家应当由政府有关部门提供的专家名册或招标代理机构专家库内相关专业的专家名单中确定；一般招标项目可以采取随机抽取方式选定成员，技术特别复杂、专业性要求特别高的招标项目可以由招标人直接确定。此外，与投标人有近亲属关系、经济利益关系、来自项目主管部门或者行政监督部门或者在招标投标有关活动中因违法行为而受过行政处罚或刑事处罚的人员均不能加入评审委员会。

**特别提示**

“评标委员成员人数为五人以上且为单数”，此处含 5 人，即 $\geq 5$；“专家不得少于成员总数的 2/3”，小数位只入不舍，如 $5\times(2/3)\approx 3.3$，则至少需要 4 人。

评标时如果工程比较小、比较简单，可采取即开、即评、即定的方式，由评标委员会及时确定中标人。而如果是国内的大型工程项目，则通常分成初步评审和详细评审两个阶段进行。

初步评审也称对投标书的响应性审查，此阶段并不会比较各投标书的优劣，而是以投标须知为依据，检查各投标书是否为响应性投标，确定投标书的有效性。初步评审的目的在于通过剔除无效投标来减少详细评审的工作量，保证评审工作的有效进行。评审的内容详见表 4-3。

表 4-3 初步评审的主要内容一览表

| 评审方面 | 具体评审内容 |
|---|---|
| 符合性 | (1) 投标人资格。核对是否为通过资格预审或进行资格后审的投标人<br>(2) 投标保证的有效性，即投标保证的形式、内容、金额等是否符合招标文件要求<br>(3) 投标文件的完整性。投标文件是否提交了招标文件规定应提交的全部文件，有无遗漏<br>(4) 与招标文件的一致性。具体是指与招标文件的所有条款、条件和规定相符，对招标文件的任何条款、数据或说明是否有任何修改、保留和附加条件 |
| 技术性 | 施工方案、工程进度与技术措施、质量管理体系与措施、安全保证措施、环境保护管理体系与措施、资源(劳务、材料、机械设备)、技术负责人等方面是否与国家相应规定及招标项目符合 |
| 商务性 | 审查全部报价数据计算的准确性。如投标书中存在计算或统计的错误，由招标委员会予以修正后请投标人签字确认。如投标人拒绝确认，则按投标人违约对待，没收其投标保证金 |

## 答疑解惑

标书内容非常多，要保证不出问题很难，那岂不是很容易就会在初步评审中被淘汰？

事实上，投标文件对招标文件实质性要求和条件响应的偏差分为重大偏差和细微偏差，只有重大偏差才会被当做废标而被淘汰。下列情况属于重大偏差。

(1) 担保：没有按照招标文件要求提供投标担保或者所提供的投标担保有瑕疵。

(2) 签字和盖章：投标文件没有投标人授权代表签字并加盖公章。

(3) 工期：投标文件载明的招标项目完成期限超过招标文件规定的期限。

(4) 技术：明显不符合技术规格、技术标准的要求。

(5) 投标文件载明的货物包装方式、检验标准和方法等不符合招标文件的要求。

(6) 格式、印刷：未按规定的格式填写，内容不全或关键字字迹模糊、无法辨认的。

(7) 多份文件：投标人递交两份或多份内容不同的投标文件，或在一份投标文件中对同一招标项目报有两个或多个报价，且未声明哪一个有效，按招标文件规定提交备选投标方案的除外。

(8) 投标人资格：投标人名称或组织结构与资格预审时不一致的。

(9) 联合体投标未附联合体各方共同投标协议的。

(10) 其他情况：如投标文件附有招标人不能接受的条件。

而细微偏差是指投标文件在实质上响应招标文件的要求，但在个别地方存在漏项或提供了不完整的技术信息和数据等情况，并且补上这些遗漏或者不完整信息不会对其他投标人造成不公平的结果。比如，投标报价的大写写的是“贰佰伍拾叁万”，而小写则是“253000.00 万”，则明显是小数点位置有误。在这种情况下，评标委员会应当书面要求存在细微偏差的投标人在评标结束前予以补正。拒不补正的，在详细评审时可以对细微偏差作不利于该投标人的量化，量化标准应在招标文件中规定。

详细评审则是按照招标文件确定的评标标准和方法，对其技术部分(技术标)和商务部分(商务标)进一步审查，对各投标书分项进行量化比较，从而评定出优劣次序。详细评审方法常见的有经评审的最低投标价法及综合评估法。

经评审的最低投标价法是指对符合招标文件规定的技术标准，满足招标文件实质性要求的投标，根据招标文件规定的量化因素及量化标准进行价格折算，按照经评审的投标价由低到高的顺序推荐中标候选人，或根据招标人授权直接确定中标人，但投标报价低于其成本的除外。这种方法一般适用于技术难度不大、能够施工的公司比较多的项目。

## 具体运用实例

岳阳市房屋建筑和市政基础设施工程“经评审的最低投标价法”评标定标规则(2005 年发)

(http://www.law110.com/law/city2/yueyang/law11020069405032.html)

2005 年 4 月岳阳市发布了岳阳市房屋建筑和市政基础设施工程“经评审的最低投标价法”评标定标规则。文中关于初步评审部分的规则节选如下。

评标委员会依据招标文件的规定，对投标文件进行系统的初步评审和比较，确定不合格投标人和进入详细评审阶段的投标人名单。主要评审内容是施工方案合格性评议、资格性检查、符合性检查。

第十一条 实施本规则的详细评审办法

详细评审是评标委员会对投标报价进行详细的审查，修正投标报价偏差，对清单项目综合单价比较、计算、分析和质询，防止中标价格低于企业成本。

(一) 审查投标报价文件，修正报价偏差

评标委员会按照招标文件的要求对进入详细评审阶段的投标报价文件进行详细审查，要求投标人修正计算错误、数据打印或书写错误和其他报价中存在的细微偏差。

除招标文件另有约定外，投标报价应按照下述原则进行修正。

(1) 用数字表示的数额与用文字表示的数额不一致时，以文字数额为准。

(2) 单价与工程量的乘积与合价之间不一致时，以单价为准。若单价有明显小数点错位，应以合价为准，并修改单价。

(3) 累计汇总出现错误，以核实正确的为准。

下列情况不允许修正，有情况之一的，投标报价无效。

(1) 经修正后的投标报价 > 最高限价的。

(2) 不可竞争费用未按计价规定计算的。

(3) 人工工日单价低于工程所在地造价管理部门发布的最低工资标准的。

(4) 营业税未按计价规定计算的。

(5) 工程量清单报价有漏项或零报价的。

(6) 拒绝修正投标报价的。

(二) 确定投标报价评审范围

(1) 计算投标报价评审基准价，基准价 = 最高限价 × 40% + 投标报价平均值 × 60%。

其中，进入平均计算的投标报价是有效投标报价。但经评标委员会集体评审认定的不符合评标规则所鼓励的合理低价中标原则、明显没有中标可能的投标报价不能参与基准价计算。

(2) 房屋建筑工程投标报价比基准价低 6%的，其他工程(指单独发包的土石方工程、安装工程、装饰工程以及市政基础设施工程、园林绿化工程、地基及基础处理工程等)投标报价比基准价低 8%的，不进入评审范围。

(3) 投标报价高于基准价的，不进入评审范围。

(三) 发出询价提纲

评标委员会就下列情况，对评审范围内的最低投标报价发出询价提纲，要求投标人予以澄清、解释、补正，并提供书面证明。

(1) 项目清单综合单价 < 0.85 × 最高限价中相应项目清单综合单价的。

(2) 项目清单综合单价 > 最高限价中相应项目清单综合单价的。

(3) 评标委员会认为项目清单综合单价明显低于市场行情的。

(4) 投标人所计取的综合措施项目费费率低于现行最低费率标准的。

(四) 询价原则

(1) 评标委员会必须按照投标报价从低到高的排序依次进行询价。

(2) 评标委员会在询价时可以就需要投标人予以澄清或解释的报价问题和内容，向投标人提交询价提纲。但评标委员会在询价时不应寻求、提出允许更改投标报价或投标文件的实质性内容，不应允许投标人通过修正或撤消其不符合要求的差异或保留使之成为实质性响应招标文件的投标文件。

(3) 询价过程中，评标委员会成员不能与投标人直接接触，所有有关评委提出的询价提纲及投标人作出的相应澄清、解释或修正均应采用书面形式，由组织评标的相关人员递交，并由提供方予以签字确认。所有的分析、判断应在询价后由评标委员会集体研究、讨论完成。

(五) 否定不合理投标报价

评标委员会询价后，如果投标人不合理的项目报价之和超过其投标报价总价的5%(含5%)时，评标委员会应认定该投标报价低于企业成本，予以否决。

第十二条 推荐中标候选人和定标

(一) 中标候选人

询价过程中被否决的投标人不能推荐为中标候选人，评标委员会应依次对下一排序的投标报价进行评审，直至确定合格的第一中标候选人。当投标报价评审范围内的投标报价均被否决时，评标委员会应推荐高于基准价的最低投标报价的投标人为第一中标候选人。

评标委员会评标后，将评审后的投标报价(被否决的除外)按照由低至高的顺序进行排序，排序在前三位的投标人为中标候选人。

另一种评价方法则是综合评估法。综合评估法，是对工程的相关因素，如价格、施工组织设计(或施工方案)、项目经理的资历和业绩、质量、工期、信誉和业绩等进行综合评价，从而确定中标人的评标定标方法，其适用性比较广泛。

综合评估法应该尽量采用定量评估法，也就是要给各个因素打分。该评估法的步骤如下：确定要评价的因素，并确定各项评价因素的权重和评分标准，这些内容在招标文件中应该事先公布出来；开标后由评评审委员会的各位成员按照评分规则，采用无记名方式打分，然后统计投标人的得分，依得分由高到低的顺序推荐中标候选人。

## 具体运用实例：综合评估法在南京地铁项目评标中的应用

(http://www.exam8.com/lunwen/gongxue/jiaotongyunshu/200812/1177556.html)

南京某地铁土建施工在评标时采用了综合评估法，其具体操作如下。

评标打分满分为100分。

(1) 技术部分(60分)。主要包括：主要材料设备选型与供应方案(14分)；施工组织设计方案与技术重点、难点分析和应对措施(24分)；投标人在本项目上的人员、设备及技术力量的投入(6分)；公司信誉及相关工程业绩(5分)；技术方案优化与合理化建议(2分)；质量、安全及文明施工、工期等保证措施(2分)；投标人答辩(7分)。

(2) 经济部分(40分)。评标因素主要包括以下内容。

① 投标报价(30分)。基准标价=去掉一个最高报价和一个最低报价后的投标人报价的算术平均数。低于基准标价1%～3%的标价为合理低标，其分值为30分，以合理低标为标准，标价每增加1%扣1分，每减1%扣0.5分，中间数按插入法计算，小数点后保留两位。

② 投标报价的合理性(10分)。其中，主要单价合理性为4分，报价构成性合理为6分。主要单价为工程量清单中较重要单价，投标人优惠后的评标所处的位置按下式计算：

$$Di=\left[\frac{Pi}{\sum_{i=1}^{n}\frac{Ti}{n}(1-\alpha)}\right]\times 100\%$$

式中，$Di$——评审中该单价所处的位置；$Pi$——投标人优惠后的评标单价；$Ti$——各投标人优惠后的该单价；$n$——投标人数量；$\alpha$——业主确定的基准价下浮率(2%)。

分值分配：D∈(-10%，0)，分值为100%；D∈(-20%，-10%)，分值为80%；D∈(-30%，-20%)，分值为70%；D∈(0，+10%)，分值为80%；D∈(+10%，+20%)，分值为70%。

按单价落在每个范围的个数比例进行计分，再将5个范围的分数合计乘以主要单价总评分的权重，即为主要单价合理性的最终得分，超出范围的不参与计分。

报价构成合理性评价共分4个评分小项，分别为工作内容是否齐全，取费合理性，单价分析表清晰性，工、料、机消耗量合理性。

其中，工作内容是否齐全(报价说明、工程量清单汇总表、工程量清单、综合单价分析表、包干项目报价计算表、钢筋和水泥含量表)；理解是否正确；报价说明是否有保留等。取费合理性包括相关费率是否合理；是否超出政府有关造价管理规定；主要合价项目费用是否合理等。单价分析表清晰性包括单价分析表填写内容是否齐全；单价分析表的单价是否与工程量清单中的单价一致；单价分析是否按清单计量单位或定额计量单位；材料调差是否列出材料名称、数量、单价。工、料、机消耗量合理性包括人工、材料、机械台班消耗量是否基本合理等。

每个评分小项满分1.5分，根据其满足评价内容的程度分为以下3个层次：一般为0～0.5分(含0.5分)，良好为0.5～1.0分(含1.0分)，优秀为1.0～1.5分(含1.5分)。

南京地铁项目的综合评估法是比较科学、合理的，符合相关的法律及理论依据，能使质量高、信誉好、能力强、报价合理的投标人中标。当然，不是每个项目的都有必要采用这样复杂的综合评估法，每个项目可以根据自己的情况来制定具体的方法。

如果评审中因废标等情况淘汰掉了一批标书，导致最后有效的投标人不足3个，评标委员会可以否决全部投标，招标人就应当重新招标。当然，如果虽然只剩下了不到3家，但是其价格、技术等各方面的条件都很合适，评标委员会不全部否决，也可以继续下去。

标书评审好后，评标委员会应向招标人提出书面评标报告。

### 4.2.10 定标

评标委员会提出书面评标报告后，招标人一般应在15日内确定中标人，最迟应在投标有效期结束日30个工作日前确定。

如果招标人要求评标委员会推荐候选人，则招标人应当接受评标委员会推荐的中标候选人，不得在评标委员会推荐的中标候选人之外确定中标人。如果该项目是依法必须进行招标的项目，招标人应当确定排名第一的中标候选人为中标人；如果排名第一的中标候选人放弃中标，或因不可抗力提出不能履行合同，或者未能按规定提交履约保证金的，招标人可以确定排名第二的中标候选人为中标人，依次类推。

中标人确定后，招标人应当向中标人发出中标通知书，并同时将中标结果通知所有未中标的投标人。中标通知书发出后，招标人再换中标人，或者中标人放弃中标项目的，均应依法承担法律责任。

**案例分析**

某招标人在评标后，觉得排名第一的候选人甲虽然技术、经验、管理、信誉等方面都非常优秀，但报价较排名第二的候选人乙还是偏高。因此招标人私下约见甲，提出如果甲能降价到和乙一样就和甲签约，否则就让乙中标。请问该招标人的行为合法吗？

分析：不合法。因为法律规定在确定中标人之前，招标人不得与投标人就投标价格、投标方案等实质性内容进行谈判。这是招投标公正性的重要体现，是为了维护投标人的合法权益。

**知识链接：中标通知书格式**

中标通知书

______________(中标人名称):

你方于_________(投标日期)所递交的_________(项目名称)_________标段施工投标文件已被我方接受，被确定为中标人。

中标价: __________________元。

工期: ______日历天。

工程质量: 符合______________________标准。

项目经理: ______________(姓名)。

请你方在接到本通知书后的_____日内到______________________(指定地点)与我方_________签订施工承包合同，在此之前按招标文件第二章“投标人须知”第 7.3 款规定向我方提交履约担保。

特此通知。

招标人: ______________(盖单位章)
法定代表人: ____________(签字)
________年________月________日

### 4.2.11 合同的签订

中标通知书发出之日起 30 日内，招标人和中标人就应当订立书面合同。招标人和中标人不得再行订立背离合同实质性内容的其他协议。

签订合同后，如果招标文件有要求中标人提交履约保证金的，中标人应当提交。如果中标人不按规定提交，可视为放弃中标项目。招标人要求中标人提供履约保证金或其他形式履约担保的，招标人也应同时向中标人提供工程款支付担保。

**知识链接：履约保证金和支付担保**

履约担保是由承包人提供的，如果承包人在合同执行过程中违反合同规定或违约，承包人将丧失收回履约担保的权利，且不以此为限。

支付担保是指为保证业主履行合同约定的工程款支付业务，由担保人为业主向承包商担保的，保证业主支付工程款担保。此项业务担保金额一般为建设工程合同总价款(或中标价格)的 10%~15%。

担保形式有履约担保金(又叫履约保证金)、履约银行保函和履约担保书 3 种。履约担保金可用保兑支票、银行汇票或现金支票，额度为合同价格的 10%；履约银行保函是中标人从银行开具的保函，额度是合同价格的 10%；履约担保书由保险公司、信托公司、证券公司、实体公司或社会上担保公司出具担保书，担保额度是合同价格的 30%。

# 4.3 建筑工程施工投标简介

引例

某工程为非洲某国政府的两个学院的建设，资金由非洲银行提供，属技术援助项目，招标范围仅为土建工程的施工。我国某工程承包公司获得该国建设两所学院的招标信息，考虑到准备在该国发展业务，决定参加该项目的投标。由于我国与该国没有外交关系，经过几番周折，投标小组到达该国时离投标截止仅20 天。买了标书后，没有时间进行全面的招标文件分析和详细的环境调查，仅粗略地折算各种费用，仓促投标报价。待开标后发现报价低于正常价格的30%。开标后业主代表、监理工程师进行了投标文件的分析，对授标产生分歧。监理工程师坚持我国该公司的标为废标，因为报价太低肯定亏损，如果授标则肯定完不成。但业主代表坚持将该标授予我国公司，并坚信中国公司信誉好，工程项目一定很顺利。最终我国公司中标。中标后承包商分析了招标文件，调查了市场价格，发现报价太低，合同风险太大，如果承接，至少亏损100 万美元。合同中有如下问题：①没有固定汇率条款，合同以当地货币计价，而经调查发现，汇率一直变动不定。②合同中没有预付款的条款，按照合同所确定的付款方式，承包商要投入很多自有资金，这样不仅造成资金困难，而且财务成本增加。③合同条款规定不免税，工程的税收约为13%的合同价格，而按照非洲银行与该国政府的协议本工程应该免税。在收到中标函后，承包商与业主代表进行了多次接触。一方面谢谢他的支持和信任，决心搞好工程为他争光，另一方面又讲述了所遇到的困难——由于报价太低，亏损是难免的，希望他在几个方面给予支持：①按照国际惯例将汇率以投标截止期前 28 天的中央银行的外汇汇率固定下来，以减少承包商的汇率风险。②合同中虽没有预付款，但作为非洲银行的经援项目通常有预付款。没有预付款承包商无力进行工程。③通过调查了解获悉，在非洲银行与该国政府的经济援助协议上本项目是免税的。而本项目必须执行这个协议，所以应该免税。合同规定由承包商缴纳税赋是不对的，应予修改。由于业主代表坚持将标授予中国的公司，如果这个项目失败，他脸上无光甚至要承担责任，所以对承包商提出的上述3 个要求，他尽了最大努力与政府交涉，并帮承包商讲话。最终承包商的3 点要求都得到满足，这一下扭转了本工程的不利局面。最后在本工程中承包商顺利地完成了合同。业主满意，在经济上不仅不亏损而且略有盈余。本工程中业主代表的立场以及所作出的努力起了十分关键的作用，虽然结果尚好，但实属侥幸。

通过这个工程实例我们可以看出，在投标时必须十分谨慎，比如应该详细地进行环境调查，进行招标文件的分析，才能达到赢利的目的。因此我们很有必要了解 工程投标的基本知识。

首先我们来回顾下施工单位投标的基本程序，包括获取招标项目信息、参加资格预审、获取并研究招标文件、参加现场踏勘、参加答疑会、编制投标文件、递交投标文件和投标担保、参加开标、接受中标通知书、签订合同。该程序可参考 4.2 节。各阶段的具体工作内容则请参见项目 5。

其中投标文件是投标人各项工作的集中的具体化的体现，具体写法请参见附录 B。投标文件最重要的就是商务标和技术标。由于投标文件的前期工作和商务标制作将在项目 5 重点讲解，这里我们就只再稍微介绍下技术标。

技术标是用来评价投标人的技术实力和经验的，主要内容就是施工组织设计。一般来说，技术标可以从以下几个方面来编写。

(1) 编制说明和编制依据，简单介绍下编制的原则、依据等。

(2) 拟投入本标段的主要施工设备情况、拟配备本标段的试验和检测仪器设备情况、劳动力计划等。

(3) 结合工程特点提出切实可行的工程质量、安全生产、文明施工、工程进度、技术组织措施。

(4) 应对关键工序、复杂环节重点提出相应技术措施，如冬雨季施工技术、减少噪音、降低环境污染、地下管线及其他地上地下设施的保护加固措施等。

(5) 其他。

(6) 附表(可参考附件 B)。

在编写技术标时，要注意以下几个方面。

首先一定要按招标文件的要求来编写和包装。一般招标文件会有一些格式要求，编写时应严格对照执行；“正本”和“副本”均应打印清楚、整洁、美观；如有修改，应由投标文件签字人签字并加盖印鉴；包装时应将投标文件的正本和每份副本分别密封在内层包封，再密封在一个外层包封里，内包封上标明“投标文件正本”和“投标文件副本”，内层和外层包封都应写明招标人名称和地址、工程名称、招标编号，并注明开标时间以前不得开封。

内容的编写也有些技巧。评标时间有限，而目录可以说是评委必看也是了解信息最集中的地方，因此，目录应该尽量把重要的项目都包含进来并应做到条理清楚。内容应该详略得当，有的施工组织设计篇幅很长，一般情况体现较多，但对相关重点却一带而过，缺乏具体的措施，就会有流于形式之感。如有技术比较复杂的项目，在涉及关键技术时应该尽量用简单通俗的语言来介绍，因为评审们不可能对所有的技术都很熟悉，在这种情况下，就应该深入浅出，让评委在短时间内了解该技术的实质性内容。

**特别提示**

如果内外层包封没有按上述规定密封并加写标志，一旦招标人将投标文件放错或是提前开封，投标人就不能追究招标人的责任了。

## 实训项目四：招投标过程模拟实训

教师选择相应案例，可以根据学生人数分组，案例应具有代表性，以利于学生尽快掌握招投标的有关过程。具体要求如下。

(1) 本项目实训共安排为 12 课时。

(2) 提供工程概况、现场条件。

(3) 拟定招标人对招标的各项要求、时间评标办法等具体安排。

(4) 拟定常规施工条件、技术措施、组织措施。

(5) 拟定其他各项必要条件。

## 子任务 1 招标文件编制实训

**【实训目标】**

招标文件是招投标活动的重要组成部分，投标人就是通过招标文件来了解有哪些工程将要展开、初步决定是否要参与竞争的。本次实训可以提高学生对于招标文件内容的认识，了解招标文件的编制。

**【实训要求】**

根据给出的条件，填写招标文件。

**【实训步骤】**

(1) 研究给出的条件，了解招标人对招标的各项要求、时间、评标办法等具体安排。

(2) 熟悉招标文件格式，了解格式中空白处的应填内容。

(3) 填写招标文件。

**【上交成果】**

列出招标文件。招标文件格式详见附件 A。

## 子任务 2 投标文件编制实训

**【实训目标】**

投标文件是投标活动的最终成果体现，是关系投标活动能否成功的关键资料。本次实训可以使学生进一步了解投标文件的内容，了解投标文件的编制，为商务标的编制打下基础。

**【实训要求】**

(1) 掌握投标文件的各项组成部分。

(2) 重点掌握第六部分，施工组织设计的编写。

**【实训步骤】**

编写过程中，可适当减少部分内容的编写；此外，由于第五部分已标价工程量清单属于商务标部分，此部分也不需编写。但为了让学生们完整地掌握投标文件的组成，这些部分的标题仍需写上，如可以写“目录(略)”。

(1) 研究给出的条件和附录 B 投标文件格式，熟悉投标文件的各项组成部分。

(2) 封面(略)。

(3) 编写投标函及投标函附录。

(4) 填写法定代表人身份证明。

(5) 投标保证金(略)。

(6) 已标价工程量清单(略)。

(7) 编写施工组织设计，并填写相应附表。

**【上交成果】**

投标文件。格式详见附件 B。

## 子任务3 招投标过程模拟实训

**【实训目标】**

招投标的各个过程都关系投标是否能够成功，熟悉招投标过程是商务标能发挥作用的前提。本次实训可以加深学生对于招投标过程的了解，熟悉各个阶段的工作和注意事项。

**【实训要求】**

(1) 根据本项目第二节所介绍的招投标程序，进行角色扮演，模拟整个招投标过程。

(2) 填写招投标过程记录表。

**【实训步骤】**

本次实训模拟的是公开招标、资格预审。

(1) 分配角色，可分为招标人、建设行政主管部门、投标人(可多人)、开标人(兼任唱标人、记录人、监标人)、评标委员会等；具体可根据学生人数安排。

(2) 熟悉背景资料。

(3) 按照招投标的基本程序进行过程模拟；招标文件可利用子任务1的成果，投标文件可利用子任务2的成果；其余文件可根据情况调整，如中标通知书：如时间允许可以填写整个表格，如时间有限，可以仅仅在纸上写个“中标通知书”表示该过程就可以了。

(4) 在模拟过程中，每个步骤完成，对应的角色应及时填写好投标过程记录表。

**【上交成果】**

投标过程记录表。

投标过程记录表

扮演者：招标人________ 建设行政主管部门

投标人甲________ 、投标人乙 ________ 、……开标人________ 评标委员会

| 序号 | 角色 | 实施的具体活动内容 |
|---|---|---|
| | | |
| | | |

## 项目小结

本项目重点讲解了工程招投标相关知识，主要内容如下。

(1) 招投标的一些基本概念，包括建设工程招标范围与规模、建设工程招标投标的方式、招标组织形式、依法必须招标的工程建设项目有什么条件。

(2) 工程招标有哪些基本程序，每个程序的基本工作和注意事项。

(3) 工程投标的程序，技术标的内容和编写技巧。

# 习　题

一、简答题

1. 建设工程招标的范围与规模分别是什么？

2. 公开招标和邀请招标各有什么优缺点？各自适用什么情况？

3. 依法必须招标的工程建设项目，应当具备的条件有哪些？

4. 招标公告或投标邀请书应当载明的内容有哪些？

5. 资格审查有哪几种形式？各有什么优缺点？

6.《建设工程施工合同(示范文本)》由哪三个部分组成？

7. 什么是标底和招标控制价？它们各有何作用？

8. 投标预备会后，招标人需要向没有提出问题的人寄送会议纪要吗？该会议纪要是不是招标文件的组成部分？

9. 什么是投标保证金？有哪些具体形式？

10. 开标的基本程序是什么？

11. 初步评审一般从哪些方面进行评审？具体评审内容如何？

12. 哪些情况可能造成废标？

13. 常见的详细评审方法有哪两种？各自适用什么情况？

14. 评标委员会提出书面评标报告后，招标人一般应在几日内确定中标人？

15. 中标通知书发出之日起几日内，招标人和中标人就应当订立书面合同？

16. 投标文件最重要的是哪两个部分？

17. 技术标可以从哪几个方面来编写？

二、案例分析题

1. 某国家全额投资的工程项目招标，为抢工期，建设方邀请了两家承包商前来投标。开标时，由公证处人员对各投标者的资质和投标文件进行审查，在确立了所有投标文件均为有效标后，由招标办的人员会同招标单位的人员进行了评标，最后确定高于标底者为废标，余下者中标。

请分析，上述背景资料有哪些不对之处并加以改正。

2. 某办公楼施工招标文件的合同条款中规定：预付款数额为合同价的 30%，开工后三日内支付，上部结构工程完成一半时一次性全额扣回，工程款按季度支付。某承包商通过资格预审后对该项目投标，经造价工程师估算，总价为 9 000 万元，总工期为 24 个月，其中：基础工程估价为 1 200 万元，工期为 6 个月；上部结构工程估价为 4 800 万元，工期为 12 个月；装饰和安装工程估价为 3 000 万元，工期为 6 个月。该承包商为了既不影响中标，又能在中标后取得较好的收益，决定采用不平衡报价法对造价工程师的原估价作适当调整，基础工程调整为 1 300 万元，结构工程调整为 5 000 万元，装饰和安装工程调整为 2 700 万元。

另外，该承包商还考虑到，该工程虽然有预付款，但平时工程款按季度支付不利于资金周转，决定除按上述调整后的数额报价外，还建议业主将支付条件改为：预付款为合同价的 5%，工程款按月支付，其余条款不变。该承包商将技术标和商务标分别封装，在封口处加盖本单位公章和法定代表人签字后，在投标截止日期前 1 天上午将投标文件报送业主。次日(即投标截止日当天)下午，在规定的开标时间前 1 小时，该承包商又递交了一份补充材料，其中声明将原报价降低 4%。但是，招标单位的有关工作人员认为，一个承包商不得递交两份投标文件，因而拒收承包商的补充材料。

开标会由市招标办的工作人员主持，市公证处有关人员到会，各投标单位代表均场。开标前，市公证处人员对各投标单位的资质进行审查，并对所有投标文件进行审查，确认所有投标文件均有效后，正式开标。主持人宣读投标单位名称、投标价格、投标工期和有关投标文件的重要说明。

问题：

(1) 该承包商所运用的不平衡报价法是否恰当？为什么？

(2) 除了不平衡报价法，该承包商还运用了哪些报价技巧?运用是否得当？

(3) 从所介绍的背景资料来看，在该项目招标程序中存在哪些问题？请分别作简单说明。

3. 清华同方(哈尔滨)水务有限公司承建的哈尔滨市太平污水处理厂工程项目已由黑龙江省发改委批准。该工程建设规模为日处理能力 32.5 万立方米二级处理，总造价约为 3.3 亿元，其中土建工程约为 2.0 亿元。工程资金来源为 35%的自有资金和 65%的银行贷款。中化建国际招标有限责任公司受工程总承包单位清华同方股份有限公司委托，就该工程部分土建工程的第五标段、第六标段、第七标段、第八标段、第九标段、第十标段进行国内竞争性公开招标，选定承包人。现邀请合格的土建工程施工投标人参加本工程的投标。要求投标申请人须具备承担招标工程项目的能力和建设行政主管部门核发的市政公用工程施工总承包一级资质，地基与基础工程专业承包三级或以上资质的施工单位，并在近两年承担过 2 座以上(含 2 座)10 万立方米以上污水处理厂主体施工工程。同时作为联合体的桩基施工单位应具有三级或以上桩基施工资质，近两年相关工程业绩良好。

问题：

(1) 建设工程招标的方式有哪几种？各有何特点？

(2) 哪些工程建设项目必须通过招标进行发包？

(3) 该项目采用的招标方式是否合理？为什么？

4. 某医院决定投资一亿余元，兴建一幢现代化的住院综合楼。其中土建工程采用公开招标的方式选定施工单位，但招标文件对省内的投标人与省外的投标人提出了不同的要求，也明确了投标保证金的数额。该院委托某建筑事务所为该项工程编制标底。2000 年 10 月 6 日招标公告发出后，共有 A、B、C、D、E、F 6 家省内的建筑单位参加了投标。投标文件规定 2000 年 10 月 30 日为提交投标文件的截止时间，2000 年 11 月 13 日举行开标会。其中，E 单位在 2000 年 10 月 30 日提交了投标文件，但 2000 年 11 月 1 日才提交投标保证金。开标会由该省建委主持。结果，其所编制的标底高达 6 200 多万元，但是，A、B、C、D 4 个投标人的投标报价均在 5 200 万元以下，与标底相差 1 000 万余元，引起了投标人的异议。这 4 家投标单位向该省建委投诉，称某建筑事务所擅自更改招标文件中的有关规定，多计漏算多项材料价格。为此，该院请求省建委对原标底进行复核。在法院复核标底期间，D 单位向招标人提出撤回投标书的要求。

2001 年 1 月 28 日，被指定进行标底复核的省建设工程造价总站(以下简称总站)拿出了复核报告，证明某建筑事务所在编制标底的过程中确实存在这 4 家投标单位所提出的问题，复核标底额与原标底额相差近 1 000 万元。由于上述问题久拖不决，导致中标书在开标 3 个月后一直未能发出。为了能早日开工，该院在获得了省建委的同意后，更改了中标金额和工程结算方式，确定某省公司为中标单位。

问题：

(1) 上述招标程序中，有哪些不妥之处？请说明理由。

(2) E 单位的投标文件应当如何处理？为什么？

(3) 对 D 单位撤回投标文件的要求应当如何处理？为什么？

(4) 问题久拖不决后，某医院能否要求重新招标？为什么？

(5) 如果重新招标，给投标人造成的损失能否要求该医院赔偿？为什么？

5. 2000 年 11 月 22 日安徽省 A 房地产开发公司就一住宅建设项目进行公开招标。安徽省 B 建筑公司与其他 3 家建筑公司共同参加了投标。结果 B 建筑公司中标。2000 年 12 月 14 日，A 房地产开发公司就该项工程建设向 B 建筑公司发出中标通知书。该通知书载明：工程建筑面积 74 781m$^2$，中标造价人民币 8 000 万元，要求 12 月 25 日签订工程承包合同，12 月 28 日开工。中标通知书发出后 B 建筑公司按 A 房地产开发公司的要求提出，为抓紧工期，应该先做好施工准备，后签工程合同。A 房地产开发公司也就同意了这个意见。

但是，工程开工后，还没有等到正式签订承包合同，双方就因为对合同内容的意见不一而发生了争议。A 房地产开发公司要求 B 建筑公司将工程中的一个专项工程分包给自己信赖的 C 公司，而 B 建筑公司以招标文件没有要求必须分包而拒绝。2001 年 3 月 1 日，A 房地产开发公司明确函告 B 建筑公司将另行落实施工队伍。

问题：

(1) 上述案例中有何不妥之处？

(2) 谁应当对此承担法律责任呢？为什么？

# 项目 5

# 商务标编制方法与实训

如何做好商务标关系能否顺利中标，关系公司的切身利益，是经营部门考虑的重点。商务标的编制程序是什么？投标前期工作从哪几个方面着手？投标的策略包括哪些类型及如何运用？如何进行工程估价？商务标包括哪些内容？标书编制人员需要注意哪些事项？这些问题都可以在本项目找到答案。

## 教学目标

了解投标前期工作的内容；
掌握工程估价的方法；
了解投标策略的类型及运用；
掌握商务标的编制方法。

## 教学步骤

| 知识要点 | 能力要求 | 相关知识 |
|---|---|---|
| 投标前期工作 | (1) 招标信息的来源、管理及分析<br>(2) 报名申请参加投标资格预审<br>(3) 投标的分工与策划<br>(4) 投标的可行性研究<br>(5) 对招标文件的检查与理解研究<br>(6) 工程现场调查<br>(7) 工程询价<br>(8) 生产要素询价 | |
| 工程估价 | (1) 分项工程直接费估算<br>(2) 措施费估算 | |
| 投标策略 | (1) 常用投标策略<br>(2) 投标报价策略的运用 | |
| 商务标编制 | (1) 商务标编制要求<br>(2) 商务标的编制依据<br>(3) 标价自评<br>(4) 商务标的编制方法与内容 | |

**基本概念**

招标投标是国际上普遍应用的、有组织的一种市场交易行为，是贸易中工程、货物或服务的一种买卖方式。投标文件主要内容有技术标和商务标两部分。商务标就是经济标，是投标人想报的价格，以及每一项的报价分析或说明。

**特别提示**

**招标投标的主要特征**

概括地说，招标投标的主要特征是“两明、三公和一锤子买卖”。所谓“两明”，就是用户或业主明确，招标的要求明确；所谓“三公”，就是指招标的全过程做到公开、公平、公正；所谓“一锤子买卖”，就是招标过程是一次性的。

**引例**

某镇政府为了带动地方经济发展，与某化工企业签订了合资新建化工生产厂的协议，由镇政府提供集体建设用地，化工企业出资金、技术并负责管理。项目计划总投资两亿元。在各项审批手续未经批准前，化工企业筹建部门即对新厂房的建设施工进行了公开招标。其委托招标代理公司编制了招标文件，并在某商业报刊和有线电视台进行了公开招标。有 18 家施工企业报名参加资格预审。招标人在招标代理公司的专家库中抽取 5 名专家组建了资格预审委员会，对申请投标的 18 家施工企业进行了资格审查，并向符合资格预审条件的 10 家施工企业发出了投标邀请函。投标人按指定的时间踏勘了现场，参加了招标答疑会并认真编制了投标文件，按招标文件规定缴纳了 50 万元投标保证金。在投标的当日，10 家投标人按时到达投标地点，却被化工生产厂的工作人员告知，由于新建厂房的厂址临近市区且在流经市区河流的上游，在环境影响评价报批过程中，由于达不到环境保护的要求，市政府环境保护部门不批准在该地区建设化工生产厂，项目不能通过环保审批，因此必须取消该项目，故本次招标也接到建设行政主管部门的通知而取消。参加投标的施工企业因为在投标阶段踏勘现场、参加答疑会、编制技术标书和经济标书等过程中耗用了大量的人力、物力和财力，要求招标人作出经济补偿，并投诉到建设行政主管部门要求协调督促解决。最后，建设行政主管部门依据《招标投标法》相关规定，认定此次招标无效，并对招标人给予两万元罚款，对招标代理公司给予 1 万元罚款。考虑到过错方主要为招标人和招标代理公司，协调并要求招标人给予每家投标人两万元经济补偿。

**案例点评**

任何一个施工项目的投标报价都是一项复杂的系统工程，需要周密思考、统筹安排，并遵循一定的程序(图 5.1)。

## 5.1 商务标前期工作

在取得招标信息后，投标人首先要决定是否参加投标，如果确定参加投标，要进行以下前期工作。

图 5.1 所示为施工投标工程量清单报价的程序。

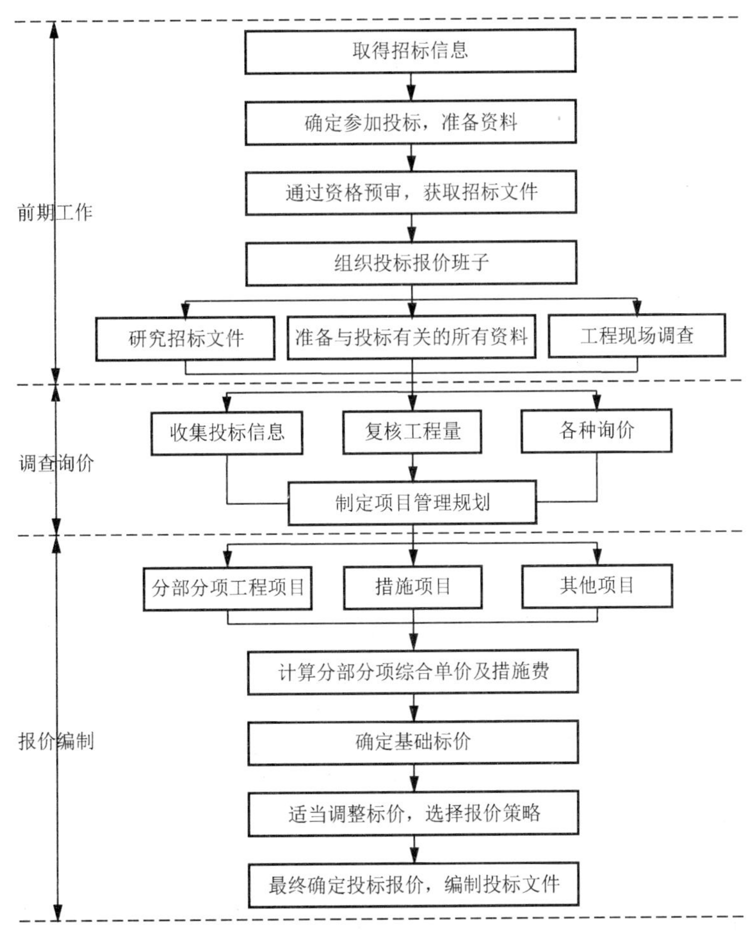


图 5.1　施工投标工程量清单报价的程序

### 5.1.1　招标信息的来源、管理及分析

投标企业一般都在经营部设立工程项目招标信息情况机构，以广泛了解和掌握项目的分布和动态。投标人为了选择适当的投标项目，需要了解的内容有工程项目名称、分布地区、建设规模以及工程项目的组成内容、资金来源、建设要求、招标时间等。投标人通过及时掌握招标项目的情况，派人进行有效跟踪，掌握工程项目前期准备工作的进展情况，选择符合企业资格、技术装备、财务资金状况并能委派合适项目负责人和技术人员的工程项目作为投标目标并做好投标的各项准备工作。

1. 招标信息的来源与管理

投标人要掌握招标项目的情报和信息，必须构建起广泛的信息渠道。根据我国的基本建设程序和法律法规规定，项目建设施工前期准备阶段，要经可行性研究、环境保护评价、建设用地规划、消防及其他专业部门的行政审批或许可，并且政府行政部门在审批前后基本上都要向社会进行公示。在招标阶段，招标人必须在政府指定的媒介发布招标信息。因此，工程项目的分布与动态的信息渠道非常清楚、公开。

**小知识：**招标信息的主要来源如下。

(1) 县级以上人民政府发展计划部门。
(2) 建设、水利、交通、铁道、民航、信息产业等部门。
(3) 县级以上人民政府规划部门。
(4) 省、直辖市、自治区人民政府国土部门。
(5) 县级以上人民政府财政部门。
(6) 勘察设计部门和工程咨询单位。
(7) 建设交易中心、信息工程交易中心、政府采购部门。
(8) 政府指定的其他媒介。

投标人可从上述部门的网站或其他渠道搜集招标项目的信息。投标人要定期跟踪招标信息，可汇总至招标项目信息管理一览表。随着时间的推移，应根据项目行政审批情况和筹建变化情况，及时将招标项目信息管理一览表加以补充和修改，这对投标人在投标中取胜具有重要意义。招标项目信息管理一览表见表 5-1。

表 5-1 招标项目信息管理一览表

| 编号 | 项目名称 | 业主名称 | 地点 | 计划招标时间 | 资金来源 | 建设性质 | 建设规模 | 主要建设内容 | 项目筹建进展 | 跟进责任 | 备注 |
|---|---|---|---|---|---|---|---|---|---|---|---|
| 1 | | | | | | | | | | | |
| 2 | | | | | | | | | | | |
| … | | | | | | | | | | | |

**知识链接**

### 国内主要工程交易中心和政府采购中心网址

一、工程交易中心网址
1. 中国建设工程招标网 www.projectbidding.cn
2. 中国工程建设信息网 www.cein.gov.cn
3. 中国城市建设信息网 www.csjs.gov.cn
4. 铁道部工程交易中心 www.rebcenter.com
5. 中国采购与招标网 www.chinabidding.com.cn

二、政府采购中心网址
1. 中国国际招标网 www.chinabidding.com
2. 中国政府采购网 www.zycg.gov.cn
3. 政府采购信息网 www.caigou2003.com
4. 中国招投标网 www.infobidding.com
5. 浙江政府采购网 www.zjzfcg.gov.cn

2. 招标信息的分析

企业在获得工程项目招标信息后，要对招标信息的准确性，工程项目的政治因素、经济因素、市场因素、地理因素、法律因素、人员因素，以及项目业主的情况、工程项目情况，其他潜在投标人情况作认真全面的调查和研究分析，为项目投标决策提供依据。

企业可以根据投标信息的来源渠道以及核查政府行政审批文件或许可证件的途径，对投标信息的准确性作出判断。

1) 通过发展计划部门调查

根据我国国民经济建设规划和投资方向，建设项目投资必须经发展计划部门核准备案，财政性资金项目的建设需纳入年度计划，并经同级人民代表大会审查通过，建设项目可行性研究分析要报发展计划部门审批。因此，发展计划部门对工程项目的建设性质、建设内容、建设规模、资金来源、建设时间等了解得非常清楚准确。

2) 通过国土管理部门调查

我国的土地利用规划管理以及建设用地的审批均由国土管理部门负责，国土管理部门要对新建项目用地的性质进行审查，看其是否符合土地利用规划。另外，工程项目建设必须取得土地使用证或建设用地批准通知书。因此，建设项目用地的面积、地点、权属关系，建设用地是否通过审批，国土管理部门的信息最准确。

3) 通过城乡规划管理部门调查

按照2008年1月1日施行的《中华人民共和国城乡规划法》，建设项目选地要经规划行政部门审查，并取得用地规划选址意见书，建设用地经国土部门审批后由规划行政部门审批，核发建设工程规划许可证，且在审批前后都向社会进行公示。投标人可以通过规划部门核查投标工程项目的建筑物名称，功能建筑面积，建筑物层数、高度，甚至对外立面装修都可反馈信息。

4) 通过建设行政或行业主管部门调查

按照《关于国务院有关部门实施招投标活动行政监督的职责分工的意见》，工业(含内贸)、水利、交通、铁道、民航、信息产业等行业和产业项目的招标投标活动的监督执法，分别由经贸、水利、交通、铁道、民航、信息等行政主管部门负责；各类房屋建筑及其附属设施的建筑和与其配套的铁路、管道、设备的按照项目和市政工程项目的招投标活动的监督执法，由建设行政主管部门负责；进口机电设备采购项目的招标投标活动的监督执法，由外经贸行政主管部门负责。投标人可以根据投标信息所属行业，核查工程项目招标信息的准确情况。

### 5.1.2 报名申请参加投标资格预审

投标人参加资格预审的目的有两个。第一，投标企业只有通过业主(即业主或委托的招标代理人)主持的资格预审，才有参加投标竞争的资格，也就是说，资格预审合格是投标人参加招标工程项目投标的必要条件。第二，当投标人对拟投标工程项目的情况了解得不全面，尚需进一步研究是否参加投标时，可通过资格预审文件得到有关资料，从而进一步决策是否参加该工程项目投标。

通过研读资格预审文件，可以重新决策对此工程是否投标。当然，仅仅通过资格预审文件，仍然不能全面、系统地掌握招标工程的自然、经济、政治等详细情况，但可以先填报资格预审文件，争取投标资格。通过了资格预审，再购买招标文件，在充分研究招标文件的基础上拟定调查提纲，在参加了业主主持的现场勘察之后，最终确定是否参加投标。

1. 资格预审申请

投标人编报资格预审文件的内容，实际上就是招标人为了考察潜在投标人的资质条件、业绩、信誉、技术、设备、人力、财务经济状况等方面的情况所需的资料。资料预审文件主要包括以下内容。

(1) 资格预审申请表。

(2) 独立法人资格的营业执照(必须附工商行政管理局登记年检页)。

(3) 承接本工程所需的企业资质证书。

(4) 安全生产许可证。

(5) 建造师主持证书以及项目负责人的安全考核合格证，同类工程经验业绩。

(6) 有效的质量管理、环境管理、职业健康安全管理体系认证，重合同守信用荣誉证书和银行信用等级证书。

(7) 企业负责人、项目负责人、专职安全员均取得有效的安全生产合格证书。

(8) 企业在近 3 年的工程项目业绩情况。

(9) 安全文明：近 1 年无重大安全事故，质量事故。

(10) 没有因腐败或欺诈行为而被政府或业主取消投标资格(且在处罚期内)，近 1 年没有发生过质量安全事故。

(11) 企业财务状况，企业财务审计报告。

(12) 拟投入到本工程的组织机构、施工人员、设备等资料表。

招标人在发售的资格预审文件中将所有的表格、要求提交的有关证明文件资料以及通过资格预审的条件都做了详细的说明。这些表格的填报方法在资格预审文件中都逐表予以明确，投标企业取得资格预审文件后应组织经济、技术等有关人员严格按资格预审文件的要求填写。其资料要从本单位最近的统计、财务等有关报表中摘录，不得随意更改文件的格式和内容，对业绩表应结合本企业的实际能力和工程情况认真填写。

**特别提示**

一般来说，凡参加资格预审的投标企业，都希望取得投标资格，因此作为策略，在填报已完成的工程项目表时，投标企业应在实事求是的基础上尽量选择那些评价高、难度大、结构形式多样、工期短、造价低、有利于本企业中标的项目。

2. 参加资格预审取胜的实务

1) 平时积累、加快速度，保证申请文件正确完整

资格预审文件的格式和内容一般变化不大。投标人在平时就应将资格预审的资料准备齐全，有关材料可以通过扫描建立电子文件，在参加资格预审时，结合招标人资格预审文

件和资格预审评审的办法、要求将有关资料调出来，并加以适当补充、完善。这一办法既可以加快资格预审申请文件的速度，又可以提高预审申请文件的正确性和完整性，确保资格预审合格。一般资格预审公告发布 3 日后开始接受资格预审报名申请，接受申请的时间一般只有 2 天，如果平时不将资料准备完善，等到发布招标公告后再来搜集整理资格预审材料，往往会因时间紧迫而仓促上阵，使自己处于被动状态，这样就可能造成失误或失去投标机会。

2) 资格预审申请文件应根据招标项目的特点尽量完善

资格预审文件对投标人的资质范围、业绩、信誉、技术力量、设备、人力、财务经济状况几乎都做了要求，投标申请人除应对照全部要求将它们准备齐全外，还应根据工程项目的特点和性质提供其他材料，尤其是本企业相同工程的经验、技术水平和组织管理能力证明材料，同类工程获奖情况或其他社会评价情况。

3) 提交建设业主特别关注的某些方面的材料要详细

有些业主根据工程特点和施工需要，对投标人的某些方面特别关注，如大型设备安装工程招标时对投标人机械设备情况的关注，大型土石方工程招标时对投标人土方施工机械型号和数量的关注，房地产项目招标时对投标人可调用流动资金的关注等。这时，投标申请人应将这些方面的材料尽可能详细地提供，取得招标人认同，以顺利通过资格预审。

4) 对照评审条件，将相应资料准备齐全

投标申请人应对照招标资格预审文件的条件，将申请文件准备齐全。对于符合性审查(必备条件)，申请文件中必须具备所需资料并符合要求，若达不到要求，就不用参加资格预审了，以免浪费时间，造成经济损失。对于评分审查，申请文件除全部具备所需资料并符合要求外，应尽量增加内容。

5) 灵活沟通，礼貌询问

当招标人在资格预审文件中对投标人的强制性要求过高时，投标申请人可以将自己已完成的类似工程项目的情况以书面形式告知招标人，并礼貌询问，争取招标人对其业绩的认同。

6) 合法诉请，争取机会

在资格预审过程中，招标人无论是在编制资格预审文件还是在评审过程中，都不得抑制和排斥潜在的投标人，更不能排斥已经评审合格的投标人。按照《招标投标法》和各地的招标投标管理办法，招标人设置不合理条件或因其他情况排斥潜在投标人时，投标人可及时向相关行政监督部门投诉，以保护自己的合法权益。

7) 积极参加资格预审，争取更多的投标机会

经过资格预审，一般都能把不够资格、无实力、经济状况差、信誉程度低的投标人排除，使正式投标成为有实力的投标人之间的竞争。这时竞争的对手少了，中标的概率相应也高了，且通过投标竞争，也可以发现企业自身的不足，以便日后提高企业自身的管理水平和专业施工技术水平。

为了能够顺利地通过资格预审，承包商申报资格预审时应当注意以下几点。

(1) 平时对资格预审有关资料注意积累，随时存入计算机内，经常整理，以备填写资格预审表格之用。

(2) 填表时应重点突出，除满足资格预审要求外，还应适当地反映出本企业的技术管理水平、财务能力、施工经验和良好业绩。

(3) 如果资格预审准备中，发现本公司某些方面难以满足投标要求时，则应考虑组成联合体参加资格预审。

### 5.1.3 投标的分工与策划

投标人通过投标取得工程项目承包权是市场经济的必然趋势。投标人都希望能中标，而要想从工程项目中赢得利润，投标人应该在收到招标文件和搜集招标项目信息后进行分工和策划，以决定采用哪些方法措施以长补短、以优胜劣。

1. 组建项目投标报价机构

投标人在确定参加某一项目后，为了确保在投标竞争中获胜，必须在本企业中精心挑选具有丰富投标经验的经济、技术、管理方面的业务骨干组成专项投标组织机构，要抽调计划派往该项目的经济、技术、管理的主要负责人作为投标组织机构成员。该工程项目投标机构应对投标人的企业资质、企业信誉情况、技术力量情况、技术装备情况、企业业绩和在建工程分布情况、技术工人和劳动力组织分布情况、企业财务资金情况等非常了解，对招标项目的审批情况、资金情况、地理环境、人文环境、政治环境、经济环境情况或能准确快捷调查了解清楚；能及时掌握市场动态，了解价格行情和变动趋势；能判断拟投标项目的竞争态势；注意搜集和积累有关资料，熟悉《招标投标法》和国家及地方招标投标管理办法及招标投标的基本程序，认真研究招标文件和图样，善于运用竞争策略；能针对招标项目的具体特点和招标人的具体要求制定出技术先进、组织合理、安全可靠、进度保障、成本较低的施工方案和恰当的投标报价；能让自己的资格审查文件完全符合招标公告和招标文件资格审查的标准，以顺利通过资格审查；能让自己的投标文件具有很强的竞争力，在竞争对手中位列首位。

投标机构的人员应精干，具有丰富的招标投标经验且受过良好的教育培训，有娴熟的投标技巧和较强的应变能力。这些人社会交际要广、信息要灵通、工作要认真、纪律性要强。在投标策划、投标技巧使用、投标决策及投标书汇总定稿时，最好严格控制参与的人数，以确保投标策略和投标报价的机密性。

组织一个专业水平高、经验丰富、精力充沛的投标报价班子是投标获得成功的基本保证。班子中应包括企业决策层人员、估价人员、工程计量人员、施工计划人员、采购人员、设备管理人员、工地管理人员等。一般来说，班子成员可分为 3 个层次，即报价决策人员、报价分析人员和基础数据采集和配备人员。各类专业人员之间应分工明确、通力合作配合，协调发挥各自的主动性、积极性和专长，完成既定投标报价工作。另外，还要注意保持报价班子成员的相对稳定，以便积累经验，不断提高其素质和水平，提高报价工作效率。

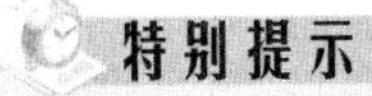

投标工作机构通常应由下列成员组成

(1) 投标决策人。一般工程项目投标时，投标决策人由经营部经理担任；重大工程项目或对投标企业的发展有着重要意义的项目(如投标企业因业务拓展而进入一个新的市场、新区域的第一个项目投标)可由总经济师负责。

(2) 技术负责人。技术负责人由投标企业的总工程师或主任工程师担任，主要是根据投标项目特点、项目环境情况、设计的要求制定施工方案和各种技术措施。

(3) 投标报价负责人。投标报价负责人由经营部门主管工程造价的负责人担任，主要负责复核清单工程量，进行工程项目成本单价分析和综合单价分析，汇总单位工程、单项工程的造价和成本分析，为投标报价决策提出建议和依据。

(4) 综合资料负责人。综合资料负责人可由行政部副经理担任，主要负责资格审查材料的整理，投标过程中涉及企业资料的组合，签署法人证明，并负责投标书的汇总、整理、装订、盖章、密封工作。

2. 投标策划

投标人要增大中标的机会，必须对招标文件进行准确的理解和对项目信息进行深入的调查研究。投标人只有结合投标企业的自身情况，采用适当的技巧和策略，才可以达到出奇制胜的效果。如果投标人在投标阶段就认真、细致、主动地进行投标策划、周密准备，也能为项目中标后在项目实施运作和完成合同约定等方面提供有力的保障。

1) 投标策划的依据与资料

(1) 对招标文件、设计文件的理解和研究。

(2) 熟悉和精通有关法律法规、建设规范。

(3) 深入了解招标工程项目的地理、地质条件和周围的环境因素。

(4) 招标项目所在地材料、设备的价格行情，劳动力的供应情况及劳动力的工资情况。

(5) 业主的信誉情况和资金到位情况。

(6) 投标人企业内部消耗定额及有参考的政府消耗量定额。

(7) 投标人企业内部人工、材料、机械的成本价格体系。

(8) 投标人自身技术力量、技术装备、类似工程承包经验、财务状况等各方面的优势和劣势。

(9) 投标竞争对手的情况及对手常用的投标策略。

投标人只有全面掌握与投标工程项目有关的信息、资料，才能正确地作出投标策划，并采用恰当的投标技巧和策略，显示自身的核心竞争力，以便在投标中获胜。

2) 投标策划的方式

从投标效益来做策划时，可分为盈利标和保本标。

(1) 以赢利为目的的投标。如果招标工程项目是本企业的强项，又是竞争对手的弱项，或者本单位任务饱满、利润丰厚，而招标项目基本不具有竞争性，投标企业在这些情况下考虑让企业超负荷运转，这种情况下的投标称为盈利标。

(2) 以保本为目的的投标。当企业后续工程或已经出现部分窝工，必须争取中标，而招标的工程项目本企业又没有明显优势，竞争对手多，投标人只是考虑稳定施工队伍，减少机械设备闲置，采取按接近施工成本的报价方式投标，称为保本标。

**特别提示**

**投标策划要注意以下几点**

(1) 根据设计文件的深度和齐全情况进行策划。
(2) 结合工程项目的现场条件进行投标策划。
(3) 从工程项目的环境因素进行投标策划。
(4) 根据业主的情况进行投标策划。
(5) 从竞争对手考虑进行投标策划。
(6) 从工程量清单着手作出投标决策。

### 5.1.4 投标的可行性研究

1. 投标人自身的可行性研究

投标人应根据招标文件的规定或工程规模，考虑企业施工资质是否满足规定和需要；研究分析项目负责人和项目部管理人员的专业素质、管理能力、工作业绩情况，看其能否承担招标工程项目管理、指挥、协调的需要，若不能满足，看能否及时通过招聘解决；应研究分析企业各工种技术工人的数量和调配情况，劳动力能否满足工程项目建设施工的需要，工人数量不足时，能否通过招募补充；投标人的机械设备、周转材料能否满足工程项目的需要，不能满足时，在经济上、时间上能否及时解决；投标人的流动资金是否满足需要，是否有流动资金的计划方案。

2. 对项目业主的研究

重点研究工程项目的资金是什么性质，资金是否落实，工程款项是否能够按时支付，还要研究业主的企业实力、管理能力以及社会信誉等。有些项目的业主技术和管理水平都很低，法制意识淡薄，不讲道理，这样的项目业主将会使中标人的计划全部被打乱，进而给中标人带来不可估量的损失。

3. 对竞争对手的研究

研究竞争对手公司的能力和过去几年的工程承包业绩、突出的优点和明显的缺点；研究该公司正在实施的项目情况，其对此投标项目中标的迫切程度；研究该公司在历次投标中的投标策略、方法和手段。

4. 对投标报价的可行性研究

投标人按照招标文件和企业的技术实力、企业定额以及市场价格，对工程量清单进行成本计价核算，并考虑适当的利润，最终形成工程项目的投标报价。一般来说，投标报价不得低于企业成本价，因为投标人参与投标的最终目的是获得合理的利润。报价太低，企业会损失利润，而报价太高又将失去中标机会。可见，投标报价的可行性研究是投标的重要一步。

### 5.1.5 对招标文件的检查与理解研究

认真研究招标文件，旨在搞清承包商的责任和报价的范围，明确招标书中的各种问题，使得在投标竞争中做到报价适当，击败竞争对手；在实施过程中，依据合同文件避免承包失误；在执行过程中能获得相应的赔款，使承包商获得理想的经营效果。

招标文件包括投标者须知，通用合同条件、专用合同条件、技术规范、图纸、工程量清单，以及必要的附件，如各种担保或保函的格式等。这些内容可归纳为两个方面：一是投标者为投标所需了解并遵守的规定；二是投标者投标时所需提供的文件。

招标文件除了明确招标工程的范围、内容、技术要求等技术问题之外，还反映了业主在经济、合同等方面的要求或意愿，这些都是承包商中标后的主要任务。因此，对招标文件进行仔细的分析研究是估价工作中不可忽视的重要环节。

招标书中关于承包商的责任是十分苛刻的。工程业主聘请有经验的咨询公司编制严密的招标文件，对承包商的制约条款几乎达到无所不容的地步，承包商基本上是受限制的一方。但是，有经验的承包商并不是束手无策。既应当接受那些基本合同的限制，同时对那些明显不合理的制约条款，可以在招标价中埋下伏笔，争取在中标后作某些修改，以改善自己的地位。

由于招标文件内容很多，涉及多方面的专业知识，因而对招标文件的研究要作适当的分工。一般来说，经济管理类人员研究投标者须知、图纸和工程量清单；专业技术人员研究技术规范和图纸以及工程地质勘探资料；商务金融类人员研究合同中的有关条款和附件；合同管理类人员研究条件，尤其要对专用合同条件予以特别注意。不同的专业人员所研究的招标文件的内容可能有部分交叉，因此相互配合和及时交换意见相当重要。

1. 研究投标须知

1) 弄清招标项目的资金来源

进行公开招标的工程大多数是政府投资项目。这些项目的建筑工程资金可通过多种形式解决，可以是中央政府提供资金，也可以是地方政府或部门提供资金。招标人通过对资金来源的分析，可以了解建设资金的落实情况和今后的支付实力，并摸清资金提供机构的有关规定。

2) 投标担保

投标担保是对招标者的一个保护。若投标者在投标期间撤销投标，或在中标后拒绝在规定的时间内签署合同，或拒绝在规定时间提供履约保证，则招标者有权没收招标担保金。投标担保一般由银行或其他担保机构出具担保文件(保函)，金额一般为投标价格的1%~3%，或业主规定的某一数额。估价人员要注意招标文件对投标担保形式、担保机构、担保数额和担保有效期的规定，如果其中任何一项不符合要求，均可视为招标文件未作出应有的投标担保而判定为废标。

3) 投标文件的编制和提交

投标须知中对投标文件的编制和提交有许多具体的规定，例如，投标文件的密封方式和要求，投标文件的份数和语种，改动处必须签名或盖章，工程量清单和单价表的每一页页末写明合计金额、最后一页页末写明总计金额等。估价人员必须注意每一个细节，以免被判为废标。若邮寄提交投书，要充分考虑邮递所需的时间，以确保在投标截止之前到达。

4) 更改或备选方案

估价人员必须注意投标须知中对更改或备选方案的规定。一般来说，招标文件中的内容不得更改，如有任何改动，该投标书即不予考虑。若业主在招标文件中鼓励投标者提出不同方案投标。这时，投标者所提出的方案一定要具有比原方案明显的优点，如降低造价、缩短工期等。

5) 评标定标的办法

对于大型、复杂的建设项目来说，在评标时，除考虑投标价格，还需考虑其他因素。有时在招标书中明确规定了评标所考虑的各种因素，如投标价格、工期、施工方法的先进性和可靠性、特殊的技术措施等。若招标文件不给定评定因素的权重，估价人员要对各评标因素的相对重要工作作客观地分析，把估价的计算工作与方案很好地结合起来。需要说明的是，除少数特殊工程以外，投标价格一般是很重要的因素。

2. 合同条件分析

1) 承包商的任务、工作范围和责任

这是工程估价最基本的依据，通常由工程量清单、图纸、工程说明、技术规范所定义。在分项承包中，要注意本公司与其他承包商，尤其是工程范围相邻或工序相衔接的其他承包商之间的工程范围界限和责任界限；在施工总包或主包时，要注意在现场管理和协调方面的责任；另外，要注意为业主管理人员或监理人员提供现场工作和生活条件方面的帮助。

2) 工程变更及相应的合同价格调整

工程变更几乎是不可避免的，承包商有义务按规定完成，但同时也有权利得到合理的补偿。工程变更包括工程数量增减和工程内容变化。一般来说，工程数量增减所引起的合同价格调整关键在于如何调整幅度，这在合同款中并无明确规定。估价人员应预先估计哪些分项工程的工程量可能发生变化、增加还是减少以及幅度大小，并内定相应的合同价格调整计算方式和幅度。至于合同内容变化引起的合同价格调整，究竟调还是不调、如何调，都很容易发生争议。估价人员应注意合同价款中有关工程变更程序、合同价格调整前提等规定。

3) 付款方式、时间

估价人员应注意合同条款中关于工程预付款、材料预付款的规定，如数额、支付时间、起扣时间和方式。估价人员还应注意工程进度款的支付时间、每月保留金扣留的比例、保留金总额及退还时间和条件。根据这些规定和预计的施工进度计划，估价人员可绘制出本工程现金流量图，计算出占有资金的数额和时间，从而可计算出需要支付的利息数额并计入估价。如果合同条款中关于付款的有关规定比较含糊或明显不合理，应要求业主在标前答疑会上澄清或解释，最好能修改。

4) 施工工期

合同条款中关于合同工期、工程竣工日期、部分工程交期付款等规定，是投标者制订施工进度计划的依据，也是估价的重要依据。但是，在招标文件中业主可能并未对施工工期作出明确规定，或仅提出一个最后期限，而将工期作为投标竞争的一个内容，相应的开、竣工日期仅是原则性的规定。估价人员要注意合同条款中有无工期的规定，工期长短与估价结果之间的关系，尽可能做到在工期符合要求的前提下报价有竞争力，或是报价合理的前提下工期有竞争力。

5) 业主责任

通常，业主有责任及时向承包商提供符合开工条件要求的施工场地的设计图纸和说明，及时供应业主负责采购的材料和设备，办理有关手续和及时支付工程款等。投标者所制定的施工进度计划和作出的估价都是以业主正确和完全履行其责任为前提的。虽然估价人员在估价中不必考虑由于业主责任而引起的风险费用，但是应当考虑到业主不能正确和完全履行其责任的可能性以及由此造成的承包商的损失。因此，估价人员要注意合同条款中关于业主责任措辞的严密性以及关于索赔的有关规定。

3. 工程报价以及承包商获得补偿的权利

1) 合同种类

招标项目可以采用总价合同、单价合同、成本加酬金合同、“交钥匙”合同中的一种或几种，有的招标项目可能对不同的分部分项工程内容采用不同的计价合同种类。两种合同方式并用的情况是较为常见的。承包商应当充分注意，承包商在总价合同中承担着工程量方面的风险，应当将工程量核算得准确一些；在单价合同中，承包商主要承担单价不准确的风险，就应对每一项子工程的单价作出详尽细致的分析和综合。

2) 工程量清单

应当仔细研究招标文件中工程量清单的编制体系和方法。例如有无初期付款，是否将临时工程、机具设备、临时水电设备设施等列入工程量表。业主对初期工程单独付款，亦或要求承包商将初期准备工程费用摊入正式工程中，这两种不同报价体系对承包商计算标价有很大影响。

另外，还应当认真考虑招标文件中工程量的分类方法及每一项子工程具体含义和内容。在单价合同方式中，这一点尤为重要。为了正确地进行工程估价，估价人员应对工程清单进行认真分析，主要应注意以下三方面的问题。

(1) 工程量清单复核。工程量清单中的各分部分项工程量并不十分准确，若设计深度不够则可能有较大的误差。工程量清单仅作为投标报价的基础，并不作为工程结算依据，工程结算以经监理工程师审核的实际工程量为依据。因此，估价还要复核工程量，因为工程量的多少，是选择施工方法、安排人力和机械、准备材料必须考虑的因素，也自然影响分项工程的单价。如果工程量不准确，偏差太大，就会影响估价的准确性。若采用固定价合同，对承包商的影响就更大。因此，估价人员一定要复核工程量，若发现误差太大，应要求业主澄清，但不得擅自改动工程量。

(2) 措施项目、其他项目及零星项目计价措施项目清单计价表中的序号、项目名称必须按措施项目清单中的相应内容填写。投标人可根据施工组织设计采取的措施增加项目。其他项目清单计价表中的序号、项目名称必须按其他项目清单中的相应内容填写。投标人部分的金额必须按《计价规范》5.1.3 条中招投标人提出的数额填写。零星工作项目计价表中的人工、材料、机械名称、计量单位和相应数量应按零星工作项目表中相应的内容填写，工程竣工后零星工作费应按实际完成的工程量所需费用结算。

(3) 计日工单价。计日工是指在工程实施过程中，业主有一些临时性的或新增的但未列入工程量清单的工作，需要使用人工、机械(有时还可能包括材料)。投标者应对计日工报出单价，但并不计入总价。估价人员应注意工作费用包括哪些内容、工作时间如何计算。一般来说，计日工单价可报得较高，但不宜太高。

3) 永久工程之外项目的报价要求

如对旧建筑物的拆除、监理工程师的现场办公室的各项开支、模型、广告、工程照片和会议费用等，应视招标文件有何具体规定，正确地列入工程总价中去。总之，要搞清楚一切费用纳入工程总报价的方法，不得有任何遗漏或归类的错误。

4) 承包商可能获得补偿的权利

搞清楚有关补偿的权利可使承包商正确估计执行合同的风险。一般惯例，由于恶劣气候或工程变更而增加工程量等，承包商可以要求延长工期。有些招标文件还明确规定，如果遇到自然条件和人为障碍等不能合理预见的情况而导致费用增加时，承包商可以得到合理的补偿。但是某些招标项目的合同文件，故意删去这一类条款，甚至写明“承包商不得以任何理由而索取合同价格以外的补偿”，这就意味着承包商要承担很大的风险。在这种情况下，承包商投标时不得不增大不可预见费用，而且应当在投标致函中适当提出，以便在商签合同时争取修订。

除索取补偿外，承包商也要承担违约罚款、损害补偿，以及由于材料或工程不符合质量要求等责任。搞清楚责任及赔偿限度等规定，也是估价风险的一个重要方面，承包商也必须在投标前充分注意和估量。

### 5.1.6 工程现场调查

工程现场调查是投标者必须经过的投标程序。业主在招标文件中明确注明投标者进行工程现场调查的时间和地点。投标者所提出的报价一般被认为是在审核招标文件后并在工程现场调查的基础上编制出来的。一旦报价提出以后，投标者就无权因为现场调查不周、情况了解不细或其他因素考虑不全面提出修改报价、调整报价或给予补偿等要求。因此，工程现场调查既是投标者的权利又是投标者的责任，必须慎重对待。

工程现场调查之前一定要做好充分准备。首先，针对工程现场调查所要了解的内容对招标文件的相关内容进行研究，主要是工作范围、专用合同条件、设计图纸和说明等。应拟订尽可能详细的调查提纲，确定重点要解决的问题，调查提纲尽可能标准化、规格化、表格化，以减少工程现场调查的随意性，避免因选派的工程现场调查人员的不同而造成调查结果的明显差异。

现场调查所发生的费用由承包商自行承担，可列入标价内，但对于未中标的承包商将是一笔损失。调查的主要内容包括下列 3 个方面。

1. 一般情况调查

1) 当地自然条件调查

自然条件调查包括年平均气温、年最高气温和年最低气温，风向图、最大风速和风压值，日照，年平均降雨(雪)量和最大降雨(雪)量，年平均湿度、最高和最低湿度，其中尤其要分析全年不能或不宜施工的天数。

2) 交通、运输和通信情况调查。

(1) 当地公路运输情况，如公路、桥梁收费和限速、限载、管理等有关规定，运费、车辆租赁价格、汽车零配件供应情况，油料价格及供应情况。

(2) 当地铁路运输情况，如动力、装卸能力、提货时间限制、运费、运输保险和其他服务内容等。

(3) 当地水路运输情况，如离岸停泊情况(码头吃水或吨位限制、泊位)、装卸能力、平均装卸时间和压港情况，运输公司的选择及港口设施使用的申请手续等。

(4) 当地水、陆联运手续的办理、所需时间、承运人责任、价格等。

(5) 当地空运条件及价格水平。

(6) 当地网络、电话、传真、邮递的可靠性、费用、所需时间等。

3) 生产要素市场调查。

(1) 主要建筑材料的采购渠道、质量、价格、供应方式。

(2) 工程上所需的机、电设备采购渠道、订货周期、付款规定、价格、设备供应商是否负责安装、如何收费，设备质量和安装质量的保证。

(3) 施工用地方材料的货源和价格、供应方式。

(4) 当地劳动力的发展水平、劳动态度和工效水平、雇佣价格及雇佣当地劳务手续、途径等。

2. 工程施工条件调查

(1) 工程现场的用地范围、地形、地貌、地物、标高。

(2) 工程现场周围的道路、进出场条件(材料运输、大型施工机具)、有无特殊交通限制(如单向行驶、夜间行驶、转弯方向限制、货载重量、高度、长度限制等规定)。

(3) 工程施工现场临时设施、大型施工机具、材料堆放场地安排的可能性，是否需要二次搬运。

(4) 工程现场临近建筑物与招标工程的间距、高度。

(5) 市政给水及污水、雨水排放管位置、标高、管径、压力废水、污水处理方式，市政消防供水管管径、压力、位置等。

(6) 当地供电方式、方位、距离、电压等。

(7) 工程现场通信线路的连接和铺设。

(8) 当地政府有关部门对施工现场管理的一般要求及规定，是否允许节假日和夜间施工。

(9) 建筑装饰构件和半成品的加工、制作和供应条件。

(10) 是否可以在工程现场安排工人住宿，对现场住宿条件有无特殊规定和要求。

(11) 是否可以在工程现场或附近搭建食堂，自己供应施工人员伙食，若不能，通过什么方式解决施工人员餐饮问题，尤其费用问题。

(12) 工程现场附近治安情况如何，是否需要采用特别措施加强施工现场保卫工作。

(13) 工程现场附近的生产厂家、商店、各种公司和居民的一般情况，本工程施工可能对他们所造成的不利影响程度。

(14) 工程现场附近各种社会设备设施和条件，如当地的卫生、医疗、保健、通信、公共交通、文化、娱乐设施情况及其技术水平、服务水平、费用等。

3. 对业主方的调查

(1) 对业主方的调查包括对业主、建设单位、咨询公司、设计单位及监理单位的调查。

(2) 工程的资金来源、额度及到位情况。

(3) 工程的各项审批手续是否齐全，是否符合工程所在地关于工程建设管理的各项规定。

(4) 工程业主是首次组织工程建设，还是长期有建设任务，若是后者，要了解该业主在工程招标、评标上的习惯做法、对承包商的基本态度，履行业主责任的可靠程度，尤其是能否及时支付，合理对待承包商的索赔要求等。

(5) 业主项目管理的组织和人员，其主要人员的工作方式和习惯、工程建筑设计和管理方面的知识和经验、性格和爱好等个人特征。

(6) 委托监理的方式，业主项目管理人员和监理的权力和责任分工以及与监理有关的主要工作程序。

(7) 监理工程师的资历，对承包商的基本态度，对承包商的正当要求能否给予合理的补偿，当业主与承包商之间出现合同争端时，能否站在公正的立场提出合理的解决方案等。

### 5.1.7 工程询价

工程询价及价格数据维护是工程估价的基础。承包商在估价前必须通过各种渠道，采用各种手段对所需各种材料、设备、劳务、施工机械等生产要素的价格、质量、供应时间、供应数量等进行系统的调查，这一工作过程称为询价。

询价不仅要了解生产要素价格，还应对影响价格的因素有准确的了解，这样才能够为工程估价提供可靠的依据。因此，询价人员不但应具有较高的专业技术知识，还应熟悉和掌握市场行情并有较好的公共关系能力。

投标报价之前，投标人还要了解分包项目的分包形式、分包范围、分包人报价、分包人履约能力及信誉等。询价是投标报价的基础，它为投标报价提供可靠的依据。询价时要特别注意两个问题：一是产品质量必须可靠，并满足招标文件的有关规定；二是供货方式、时间、地点，有无附加条件和费用。

**特别提示**

**询价的渠道**

(1) 直接与生产厂商联系。

(2) 了解生产厂商的代理人或从事该项业务的经纪人。

(3) 了解经营该项产品的销售商。

(4) 向咨询公司进行询价。通过咨询公司所得到的询价资料比较可靠，但需要支付一定的咨询费用，也可向同行了解。

(5) 通过互联网查询。

(6) 自行进行市场调查或信函询价。

1. 生产要素询价

(1) 材料询价。材料询价的内容包括调查对比材料价格、供应数量、运输方式、保险和有效期、不同买卖条件下的支付方式等。询价人员在施工方案初步确定后，立即发出材料询价单，并催促材料供应商及时报价。收到询价单后，询价人员应将从各种渠道所询得的材料报价及其他有关资料汇总整理。对同种材料从不同经销部门所得到的所有资料进行比较分析，选择合适、可靠的材料供应商的报价，提供给工程报价人员使用。

(2) 施工机械设备询价。在外地施工需用的机械设备，有时在当地租赁或采购可能更为有利。因此，事前有必要进行施工机械设备的询价。必须采购的机械设备，可向供应厂商询价。对于租赁的机械设备，可向专门从事租赁业务的机构询价，并应详细了解其计价方法。

(3) 劳务询价。劳务询价主要有两种情况：一是成建制的劳务公司，相当于劳务分包，一般费用较高，但素质较可靠，工效较高，承包商的管理工作较轻；另一种是劳务市场招募零散劳动力，根据需要进行选择，这种方式虽然劳务价格低廉，但有时素质达不到要求或工效降低，且承包商的管理工作较繁重。投标人应在对劳务市场充分了解的基础上决定采用哪种方式，并以此为依据进行投标报价。

2. 分包询价

总承包商在确定了分包工作内容后，就将分包专业的工程施工图纸和技术说明送交预先选定的分包单位，请他们在约定的时间内报价，以便进行比较选择，最终选择合适的分包人。对分包人询价应注意以下几点：分包标函是否完整；分包工程单价所包含的内容；分包人的工程质量、信誉及可信赖程度；质量保证措施；分包报价。

3. 复核清单工程量

在实行工程量清单计价的施工工程中，工程量清单应作为招标文件的组成部分，由招标人提供。工程量的多少是投标报价最直接的依据。复核工程量的准确程度，将影响承包商的经营行为：一是承包商需根据复核后的工程量与招标文件提供的工程量之间的差距，考虑相应的投标策略，决定报价尺度；二是承包商需根据工程量的大小采取合适的施工方法，选择适用、经济的施工机具设备并投入适用的劳动力数量等。这些都会影响投标人的询价过程。

**特别提示**

**清单工程量与定额工程量区别**

《建设工程工程量清单计价规范》(以下称《计价规范》)是建设部为规范建设工程工程量清单计价行为，统一建设工程工程量清单的编制和计价方法而制定的规范。《计价规范》中的工程量计算规则与各地定额中规定的工程量计算规则有区别，按《计价规范》计算规则计算的工程量清单项目，是工程实体项目。

复核工程量，要与招标文件中所给的工程量进行对比，注意以下几方面。

(1) 投标人应认真根据招标说明、图纸、地质资料等招标文件资料，计算主要清单工程量，复核工程量清单。其中特别注意的是，要按一定顺序进行，避免漏算或重算；正确划分分部分项工程项目，与“清单计价规范”保持一致。

(2) 复核工程量的目的不是修改工程量清单(即使有误，投标人也不能修改工程量清单中的工程量，因为修改了清单就等于擅自修改了合同)。对工程量清单存在的错误，可以向招标人提出，由招标人统一修改，并把修改情况通知所有投标人。

(3) 针对工程量清单中工程量的遗漏或错误，是否向招标人提出修改意见取决于投标策略。投标人可以运用一些报价的技巧提高报价的质量，争取在中标后能获得更大的收益。

(4) 通过工程量计算复核还能准确地确定订货及采购物资的数量，防止由于超量或少购等带来的浪费、积压或停工待料。

在核算完全部工程量清单中的细目后，投标人应按大项分类汇总主要工程总量，以便获得对整个工程施工规模的整体概念，并据此研究采用合适的施工方法，选择适用的施工设备等。

### 5.1.8 确定影响估价的其他因素

确定影响估价的其他因素即确定施工方案。主要包括确定进度计划、主要分部工程施工方案、资源计划及分包计划。

招标文件中一般都明确对工程项目的工期的要求，有时还规定分部工程的交工日期，以及提前工期奖励、拖期惩罚等。

估价前编制的进度计划不是直接指导施工的作业计划，不必十分详细，但都必须标明各项主要工程开始和结束的时间，要合理安排各个工序，体现主要工序间的合理逻辑关系，并在考虑劳动力、施工机械、资金运用的前提下优化进度计划。施工进度计划必须满足招标文件的要求。

另外施工方法影响工程造价，估价前应结合工程情况和企业施工经验、机械设备及技术力量等，选择科学、经济、合理的施工方法，必要时还可进行经济分析，比选适当的施工方法。

1. 资源安排

资源安排是由施工进度计划和施工方法决定的。资源安排涉及劳动力、施工设备、材料和工程设备以及资金的安排。资源安排合理与否，对于保证施工进度计划的实现、保证工程质量和承包商的经济效益有重要意义。

1) 劳动力的安排

劳动力的安排计划一方面取决于施工进度计划，另一方面又影响施工进度计划的实施。因此，施工总进度计划的编制与劳动力的安排应同时考虑，劳动力的安排要尽可能均衡，避免短期内出现劳动力使用高峰，从而增加施工现场临时设施，降低功效。

2) 施工机械设备的安排

施工机械的安排，一方面应尽可能满足施工进度计划的要求，另一方面要考虑本企业的现有机械条件，同时也可以采用租赁的方式。安排施工机械应采用经济分析的方法，并与施工进度计划、施工方法等同时考虑。

3) 材料及工程设备的安排

材料及设备的采购应满足施工进度的要求，时间安排太紧有可能耽误施工进度，购买太早又造成资金的浪费。材料采购应考虑采购地点、产品质量、价格、运输方式、所需时间、运杂费以及合理的储备数量。设备采购应考虑设备价格、订货周期、运输所需时间及费用、付款方式等。

2. 资金的安排

根据施工进度计划、劳动力和施工机械安排以及材料和工程设备采购计划，可以绘制出工程资金需要量图。结合业主支付的工程预付款、材料和设备预付款、工程进度款等，就可以绘制出该工程的资金流量图。要特别注意业主预付款和进度款的数额、支付的方式和时间、预付款起扣时间、扣款方式和数额等因素。此外，贷款利率也是必须考虑的重要因素之一。

3. 分包计划

作为总包商或主承包商，如果对某些分部分项工程由自己施工不能保证工程质量要求或成本过高而引起报价过高，就应当对这些工程内容考虑选择适当的分包商来完成。通常对以下工程内容可考虑分包。

(1) 劳务性工程。对不需要什么技术，也不需要施工机械和设备的工作内容，在工程所在地选择劳务分包公司通常是比较经济的，例如，室外绿化、清理现场施工垃圾、施工现场二次搬运、一般维修工作等。

(2) 需要专用施工机械的工程。这类工程亦可以在当地购置或租赁施工机械由自己施工。但是，如果相应的工程量不大，或专用机械价格或租赁费过高时，可将其作为分包工程内容。

(3) 机电设备安装工程。机电设备供应商负责相应设备的安装在工程承包中是常见的，这比承包商自己安装要经济，而且有利于保证安装工程质量。依据分包内容选择分包商，若分包商报价不低于自己施工的费用可调整分包内容。

## 5.2 投 标 估 价

### 5.2.1 分项工程基础单价的确定

1. 人工工资单价的计算与确定办法

(1) 综合人工单价：个人不分等级，采用综合人工单价。人工预算单价的内容组成是：基础工资、工资性津贴、流动施工津贴、房屋津贴、职工福利费、劳动保护费等。

(2) 分等级分工种工资单价：可以将工人划分为高级熟练工、熟练工、半熟练工和普工，不同等级、不同工种的工作采用不同的工资标准。

工资单价可以由基本工资、辅助工资、工资附加费、劳动保护费 4 部分组成。其中基本工资由技能工资、岗位工资、年功工资 3 部分组成；辅助工资由地区津贴、施工津贴、夜餐津贴、加班津贴等组成；工资附加费包括职工福利基金、工会经费、劳动保险基金、职工待业保险基金 4 项内容。

(3) 人工费价格指数或市场定价：人工费单价的计算还可以采用国家统计局发布的工程所在地人工费价格指数(即职工货币工资指数)，结合工程情况调整确定该工程人工工资的内容是否应包括政策规定的劳动保险或劳保统筹，职工待业保险等内容。

2. 材料、半成品和设备单价的计算

估价人员通过询价可以获得材料、设备的报价，这些报价是材料、设备供应商的销售价格。估价人员还必须仔细确定材料设备的运杂费、损耗费以及采购保管费用。同一种材料来自不同的供应商，则按供应比例加权平均计算单价。

半成品主要是按一定的配合比混合组成的材料，如砂浆等。这些材料应用广泛，可以先计算各种配合比下的混合材料的单价。也可根据各种材料所占总工程量的比例，加权计算出综合单价，作为该工程统一使用的单价。

3. 施工机械使用费

施工机械使用费由基本折旧费、运杂费、安装拆卸费、燃料动力费、机上人工费、维修保养费以及保险费组成。有时施工机械台班费还包括银行贷款利息、车船使用税、牌照税等。

在招标文件中，施工机械使用费可以列入不同的费用项目中，一是在施工措施项目中列出机械使用费的总数，在工程单价中不再考虑；二是全部摊入工程量单价中；三是部分列入施工措施费，如垂直运输机械等；部分摊入工程量单价，如土方机械等。具体处理方法根据招标文件的要求确定。

施工机械若向专业公司租借，其机械使用费就包括付给租赁公司的租金以及机上人员工资、燃料动力费和各种消耗材料费用。若租赁公司提供机上操作人员，且租赁费包含了他们的工资，估价人员可适当考虑他们的奖金、加班费等内容。

**知识链接**

建筑工程预算费用的构成，目前分有按定额计价和工程量清单计价两种不同模式。为了适应工程计价改革工作的需要，国家原建设部(现为住建部)、财政部于2003年10月15日制定了《建筑安装工程费用项目组成》(即建标[2003]206号文)，将建筑工程预算费用项目分为直接费、间接费、利润和税金4大部分。而目前推行的“工程量清单计价”模式中，将建设工程造价分为分部分项工程费、措施项目费、其他项目费、规费和税金5个部分费用。两者具体项目划分不同，但其组成的费用内容基本相同，只是表现形式有别而已。

### 5.2.2 分项工程直接费估算

分项工程直接费包括人工费、材料费和机械使用费。估算分项工程直接费涉及人工、材料、机械的用量和单价。每个建筑工程，可能有几十项甚至几百项分项工程，在这些分项工程中，通常是较少比例的(例如 20%)的分项工程包含合同工程款的绝大部分(例如80%)，因此，可根据不同分项工程所占费用比例的重要程度，采用不同的估价方法。

1. 定额估价法

定额估价法是我国现阶段主要采用的估价方法，有些项目可以直接套用地区计价表中的人工、材料、机械台班用量；有些项目应根据承包商自身情况在地区估价表的基础上进行适当调整，也可自行补充本企业的定额消耗量。人工、材料、机械台班的价格则尽量采用市场价或招标文件指定的价格。

2. 作业估价法

定额估价法以定额消耗为依据，不考虑作业的持续时间。当机械设备所占比重较大，使用均衡性较差，机械设备搁置时间难以在定额估价中进行恰当的考虑时，可以采用作业估价法进行计算。

应用作业估价法应首先制订施工作业计划。即先计算各分项工程的作业量，各分项工程的资源消耗，拟定分项工程作业时间及正常条件下人工、机械的配备及用量，在此基础上计算该分项工程作业时间内的人工、机械、机械费用。

3. 匡算估价法

对于某些分项工程的直接费单价的估算，估价人员可以根据以往的实际经验或有关资料，直接匡算出分项工程中人工、材料的消耗定额，从而估算出分项工程的直接费单价。采用这种方法，估价师的实际经验直接决定了估价的准确程度。因此，往往适用于工程量不大，所占费用比例较小的那些分项工程。

### 5.2.3 措施项目费的估算

措施项目费按招标文件要求单独列项，各个工程的内容可能不一样。如沿海某市将措施项目费确定为施工图纸以外，施工前和施工期间可能发生的费用项目以及特殊项目费用。内容包括：履约担保手续费、工期补偿费、风险费、优质优价补偿费、使用期维护费、临时设施费、夜间施工增加费、雨季施工增加费、高层建筑施工增加费、施工排水费、保险费、维持交通费、工地环卫费、工地保安费、大型施工机械及垂直运输机械使用费、施工用脚手架费、施工照明费、流动津贴、临时停水停电影响费、施工现场招牌围板制作费、职工上下班交通费、特殊材料、设备采购费、原有建筑财产保护费、地盘保管费、业主管理费及其他项目。计算施工措施费时，避免与分项工程单价所含内容重复(如脚手架费、临时设施费等)。施工措施费需逐项分析计算。

### 5.2.4 管理费

工程估价时，有许多内容在招标文件中没有直接开列，但又必须编入工程估价，这些内容包括许多项目，各个工程情况也不尽相同。这里我们将可以分摊到每个分项工程单价的内容，称为管理费，也称分摊费用，而将不宜分摊到每个分项工程单价的内容称为措施项目费用。措施项目费单独列项独立报价。

# 5.3 投标策略确定

## 5.3.1 常用投标策略

投标策略是指投标人在投标竞争中的系统工作部署及其参与投标竞争的方式和手段。投标策略作为投标取胜的方式、手段和艺术，贯穿于投标竞争的始终，内容十分丰富。常用的投标策略主要有以下几种。

1. 根据招标项目的不同特点采用不同报价

投标报价时，既要考虑自身的优势和劣势，也要分析招标项目的特点。按照工程项目的不同特点、类别、施工条件等来选择报价策略。

遇到如下情况报价可高一些：施工条件差、专业要求高的技术密集型工程，而投标人在这方面又有专长，声望也较高；总价低的小工程，以及自己不愿做、又不方便不投标的工程；特殊的工程，如港口码头、地下开挖工程等；工期要求急的工程；投标对手少的工程；支付条件不理想的工程。

遇到如下情况报价可低一些：施工条件好的工程；工作简单、工程量大而其他投标人都可以做的工程；投标人目前急于打入某一市场、某一地区，或在该地区面临工程结束，机械设备等无工地转移时，投标人在附近有工程，而本项目又可利用该工程的设备、劳务，或有条件短期内突击完成的工程；投标对手多，竞争激烈的工程；非急需工程；支付条件好的工程。

2. 不平衡报价法

不平衡报价法是指一个工程项目总报价基本确定后，通过调整内部各个项目的报价，以期既不提高总报价从而影响中标，又能在结算时得到更理想的经济效益。一般可以考虑在以下几个方面采用不平衡报价。

(1) 能够早日结算的项目(如前期措施费、基础工程、土石方工程等)可以适当提高报价，方便资金周转，提高资金时间价值。后期工程项目如设备安装、装饰工程等的报价可适当降低。

(2) 经过工程量复核，预计今后工程量会增加的项目适当提高单价，这样在最终结算时可多赢利，而将来工程量有可能减少的项目降低单价，工程结算时损失不大。

但是，上述两种情况要统筹考虑，即对于清单工程量有错误的早期工程，如果工程量不可能完成而有可能减少的项目，则不能盲目抬高价格，要具体分析后再定。

(3) 设计图纸不明确、估计修改后工程量要增加的，可以提高单价，而工程内容说明不清楚的，则可以降低一些单价，在工程实施阶段通过索赔再寻求提高单价的机会。

(4) 暂定项目又叫任意项目或选择项目，对这类项目要作具体分析。因这一类项目要开工后由发包人研究决定是否实施，以及由哪一家投标人实施。如果工程不分标，不会另由一家投标人施工，则其中确定要施工的单价可高些，不确定要施工的则应该低些。如果工程分标，该暂定项目也可能由其他投标人施工时，则不宜报高价，以免抬高总报价。

(5) 单价与包干混合制合同中，招标人要求有些项目采用包干报价时，宜报高价。一则这类项目多半有风险，二则这类项目在完成后可全部按报价结算，即可以全部结算回来。其余单价项目则可适当降低。

(6) 有时招标文件要求投标人对工程量大的项目报“综合单价分析表”，投标时可将单价分析表中的人工费及机械设备费报得较高，而材料费报得较低。这主要是为了在今后补充项目报价时，可以参考选用“综合单价分析表”中较高的人工费和机械费，而材料则往往采用市场价，因而可获得较高的收益。

3. 计日工单价的报价

如果是单纯报计日工单价，而且不计入总价中，可以报高些，以便在招标人额外用工或使用施工机械时可多赢利。但如果计日工单价要计入总报价时，则需具体分析是否报高价，以免抬高总报价。总之，要分析招标人在开工后可能使用的计日工数量，再来确定报价方案。

4. 可供选择的项目的报价

有些工程项目的分项工程，招标人可能要求按某一方案报价，而后再提供几种可供选择方案进行比较报价。投标时，应对不同规格情况下的价格都进行调查，对于将来有可能被选择使用的规格应适当提高其报价；对于技术难度大或其他原因导致的难以实现的规格，可将价格有意抬高得更多一些，以阻挠招标人选用。但是，所谓“可供选择项目”并非由投标人任意选择，而是招标人才有权进行选择。因此，虽然适当提高了可供选择项目的报价，并不意味着肯定可以取得较高的利润，只是提供了一种可能性，一旦招标人今后选用，投标人即可得到额外加价的收益。

5. 暂定金额的报价

暂定金额有以下3种。

(1) 招标人规定了暂定金额的分项内容和暂定总价款，并规定所有投标人都必须在总报价中加入这笔固定金额，但由于分项工程量不很准确，允许将来按投标人所报单价和实际完成的工程量付款。这种情况下，由于暂定总价款是固定的，对各投标人的总报价水平竞争力没有任何影响，因此，投标时应当对暂定金额的单价适当提高。

(2) 招标人列出了暂定金额的项目数量，但并没有限制这些工程量的估价总价款，也没有要求投标人既列出单价，也应按暂定项目的数量计算总价，当将来结算付款时可按实际完成的工程量和所报单价支付。这种情况下，投标人必须慎重考虑。如果单价定得高了，同其他工程量计价一样，将会增大总报价，影响投标报价的竞争力；如果单价定得低了，将来这类工程量增大，将会影响收益。一般来说，这类工程量可以采用正常价格。如果投标人估计今后实际工程量肯定会增大，则可适当提高单价，使将来可增加额外收益。

(3) 只有暂定金额的一笔固定总金额，将来这笔金额做什么用，由招标人确定。这种情况对投标竞争没有实际意义，按招标文件要求将规定的暂定金额列入总报价即可。

6. 多方案报价法

对于一些招标文件，如果发现工程范围不很明确，条款不清楚或很不公正，或技术规范要求过于苛刻时，则要在充分估计投标风险的基础上，按多方案报价法处理，即按原招标文件先报一个价，如某条款做某些变动，报价可降低多少，由此可报出一个较低的价。这样可以降低总价，吸引招标人。

7. 增加建议方案

有时招标文件中规定，可以提一个建议方案，即可以修改原设计方案，提出投标者的方案。投标人这时应抓住机会，组织一批有经验的设计和施工工程师，对原招标文件的设计和施工方案仔细研究，提出更为合理的方案以吸引招标人，促成自己的方案中标。这种新建议方案可以降低总造价或是缩短工期，或使工程运用更为合理。但要注意对原招标方案一定也要报价。建议方案不要写得太具体，要保留方案的技术关键，防止招标人将此方案交给其他投标人。同时要强调的是，建议方案一定要比较成熟，有很好的可操作性。

8. 分包商报价的采用

总承包商通常应在投标前先取得分包商的报价，并增加总承包商摊入的一定的管理费，而后作为自己投标总价的一个组成部分一并列入报价单中。应当注意，分包商在投标前可能同意接受总承包商压低其报价的要求，但等到总承包商得标后，他们常以种种理由要求提高分包价格，这将使总承包商处于十分被动的地位。解决的办法是，总承包商在投标前找两三家分包商分别报价，而后选择其中一家信誉较好、实力较强和报价合理的分包商签订协议，同意该分包商作为本分包工程的唯一合作者，并将分包商的姓名列到投标文件中，但要求该分包商相应地提交投标保函。如果该分包商认为总承包商确实有可能得标，也许愿意接受这一条件。这种把分包商的利益同投标人捆在一起的做法，不但可以防止分包商事后反悔和涨价，还可能迫使分包商报出较合理的价格，以便共同争取得标。

9. 许诺优惠条件

投标报价附带优惠条件是一种行之有效的手段。招标人评标时，除了主要考虑报价和技术方案外，还要分析别的条件，如工期、支付条件等。所以在投标时主动提出提前竣工、低息贷款、赠给施工设备、免费转让新技术或某种技术专利、免费技术协作、代为培训人员等，均是吸引招标人、利于中标的辅助手段。

10. 无利润报价

缺乏竞争优势的承包商，在不得已的情况下，只好在报价时根本不考虑利润而去夺标。这种办法一般是处于以下条件时采用。

(1) 有可能在得标后，将大部分工程分包给索价较低的一些分包商。

(2) 对于分期建设的项目，先以低价获得首期工程，而后赢得机会创造第二期工程中的竞争优势，并在以后的实施中赢利。

(3) 较长时期内，投标人没有在建的工程项目，如果再不得标，就难以维持生存。因此，虽然本工程无利可图，但只要能有一定的管理费维持公司的日常运转，就可设法渡过暂时的困难，以图将来东山再起。

### 5.3.2 投标报价策略的运用

1. 投标标价的前期工程

投标过程中最重要的一环就是投标的报价阶段，要以科学严谨的态度来对待，不能头脑发热或是领导一句话就草率定价。定价时，要以造价信息和市场实际的调研数据为依据，结合企业的实际情况来分析社会平均成本。

在投标标价的组织机构上，应当将报价小组分为两个层次：一是核心层；二是信息层。核心层是做具体工作的，负责施工图预算的编制和成本价的测算，在人员构成上要专业配套，要选配精通预结算业务、熟悉招投标知识、懂施工的骨干人员，并负责对信息层提供的信息进行筛选和判断。通过对行情的综合分析和对本企业自身及经营目标的权衡，得出工程成本价、预算价及优惠后的最终报价。而信息层应做好以下几项工程。

(1) 对工程的规模、性质以及业主的资金来源和支付能力仔细地进行调查分析。

(2) 了解业主在以往工程招标、评标上的习惯做法，对承包商的态度，尤其是能否及时支付工程款、能否合理对待承包商的索赔要求。

(3) 认真研究招标文件，分清承包商的责任和报价范围，不要发生任何遗漏。

(4) 勘查施工现场，考察其附近的农田房屋、构筑物以及地上地下设施。

要充分理解招标文件和施工图样。在投标决策下达并拿到招标文件和图样后，首先要认真地熟悉和研究招标文件，把握工程建设中的重点和难点。逐行逐字研读招标文件、认真预读其中所列的各项条款、吃透其内涵是编好投标文件的基础。要充分理解招标文件及施工图样，并对文件中清单项目的组成规定以及定额选择的要求了然于心，否则容易造成报价偏离业主及其他投标人的投标而成为废标。对每项条款都要理解透彻，并重新核算清单量，避免漏项或误解。

**特别提示**

如某招标文件清单中的桩基础项目只列出桩基础的总长度，投标人在阅读招标文件时，就应该全面考虑项目应包含有桩孔钻进、混凝土浇筑、钢筋笼制作安装、入岩深度、泥浆外运、凿桩头及外运、钢护筒制作安装、钢筋笼运输等有关细项；还要弄清工程中使用的特殊材料，各项技术要求，以便调查市场价格；对招标文件中有疑问或不清楚的内容，及时提出澄清；弄清各方的责任和报价内容，列出需要业主解答的问题清单和需要在工地现场调查了解的项目清单，以便确定经济可行的施工方案。

2. 不平衡报价策略的运用

投标时为了中标，中标是为了赢利。在规则许可的框架内，通常是投标标价越低中标概率越高，但获取的利润就越低，反之亦然。

不平衡报价策略是指在一个工程项目总报价基本确定后，通过调整内部各个项目的报价，以期在不影响中标的情况下，既不提高总报价，又能在结算时得到更理想的经济效益，一般可以考虑在以下几种情况下采用不平衡报价策略。

(1) 可适当提高能够早日结账收款的费用(如开办费、基础工程、土方开挖、桩基础)。因为一般的工程项目是按工程进度进行结算的，容易结算的、单价高的工程可以先收到款，这样就能加快企业资金的周转和利用。

(2) 预计今后工程量会增加的项目，单价可以适当提高，这样在最终结算时可多赢利，将工程量可能减少的项目单价降低，这样在最终结算时损失也不会太大，因为很多工程项目实行的是综合单价包干，结算时按实际工程量来结算。

**小技巧**

一般招标文件提供的工程量与实际操作中的工程数量都会存在差异，如果承包商在报价过程中分析判断某一条目的实际工程量会增加，则应相应调高单价，而且量增加得越多的条目单价调整幅度越大；同时，对判断为工程量要降低的条目，相应调低单价，从而保证工程实施后获得较好的经济效益。因此，分析判断的正确与否是至关重要的，它取决于对项目充分的调研，丰富准确的信息掌握以及经验的累积，还与最终决策人的水平和魄力是分不开的。

3. 赢利型报价策略的应用

这种报价策略以充分发挥企业自身优势为前提，以实现最佳赢利为目标。采用这种措施时，企业往往已经在市场上打开局面，施工能力强、信誉度高、技术优势明显、竞争对手少，或者工程项目较为复杂，施工条件差、难度大、工期紧。这种报价常被有强大的技术与经济实力的集团采用。

还有一种情况是施工企业的经验业务近期比较饱满，该企业施工设备和施工水平又较高，而投标的项目施工难度较大、工期短、竞争对手少。在这种情况下所投标的标价，可以比一般市场价格高一些以获得较大利润。

**小技巧**

如果投标人独此一家，或没有多少竞争性，还可以把价格报高一些，最后提出某一降价指标。例如，先确定降价系数为5%，填写报价单时可将原计算的单价除以95%(1-5%)，得出填写单价，填入报单，并按此计算总价和编制投标文件，最后在投标函中作出降价承诺，这样，投标人既不吃亏，又有实质性的让步。

4. 低报价，高索赔型报价策略的运用

目前，市场上的招标项目以单价合同发包为主，它强调量价分离，即工程量和单价分开，使用过程中量变价不变。利用设计图样和工程量清单的不够准确有意提出较低的报价，中标后再利用现场与施工图样设计的不符与矛盾，进行工程编报与索赔，从而提高造价，这也是一种报价策略。这种策略就是先中标再说，对于投标人来说，使用这种策略很可能对企业形象和口碑造成损害。为了防止和中标人扯皮、纠缠，现在很多业主和招标人已使用总价包干，避免了低报价、高索赔的风险。

一个有经验的报价者，往往会把报价单中先干条目的单价调高，如进场费、营地设施、土石方工程、基础和结构部分等，而把后干条目的单价调低。这样既能保证不影响总标价中标，又使项目早日收回资金，形成了项目资金的良性周转。同时，还有索赔和防范风险的意义在里面：如果承包商永远处于这种"顺差"状态下，一旦出现对方违约或别的因素，主动权就掌握在承包商手中，随时可向监理或业主发函，提出停止履约和中止合同。当然，这种报价要有个适当的尺度，一般以调高10%～30%较为合理。

## 5.4 商务标编制概述

### 5.4.1 商务标编制要求

投标报价的编制主要是投标人对承建工程所要发生的各种费用的计算。《建设工程工程量清单计价规范》规定，"投标价是投标人投标时报出的工程造价"。具体讲，投标价是在工程招标发包过程中，由投标人按照招标文件的要求，根据工程特点，并结合自身的施工技术、装备和管理水平，依据有关计价规定自主确定的工程造价，是投标人希望达成工程承包交易的期望价格，它不能高于招标人设定的招标控制价。作为投标计算的必要条件，应预先确定施工方案和施工进度，此外，投标计算还必须与采用的合同形式相协调。报价是投标的关键性工作，报价是否合理直接关系到投标的成败。投标报价编制原则如下。

(1) 投标报价由投标人自主确定，但必须执行《建设工程工程量清单计价规范》的强制性规定。投标价应由投标人或受其委托，具有相应资质的工程造价咨询人员编制。

(2) 投标人的投标报价不得低于成本。《中华人民共和国反不正当竞争法》第十一条规定："经营者不得以排挤竞争对手为目的，以低于成本的价格销售商品。"《中华人民共和国招标投标法》第四十一条规定："中标人的投标应当符合下列条件……(二)能够满足招标文件的实质性要求，并且经评审的投标价格最低；但是投标价格低于成本的除外。"《评标委员会和评标方法暂行规定》(原国家计委等七部委第12号令)第二十一条规定："在评标过程中，评标委员会发现投标人的报价明显低于其他投标报价或者在设有标底时明显低于标底的，使得其投标报价可能低于其个别成本的，应当要求该投标人作出书面说明并提供相关证明材料。投标人不能合理说明或者不能提供相关证明材料的，有评标委员会认定该投标人以低于成本报价竞标，其投标应作为废标处理。"根据上述法律、规章的规定，特别要求投标人的投标报价不得低于成本。

(3) 投标报价要以招标文件中设定的承发包双方责任划分，作为考虑投标报价费用项目和费用计算的基础，承发包双方的责任划分不同，会导致合同风险不同的分摊，从而导致投标人选择不同的报价；根据工程承发包模式考虑投标报价的费用内容和计算深度。

(4) 以施工方案、技术措施等作为投标报价计算的基本条件；以反映企业技术和管理水平的企业定额作为计算人工、材料和机械台班消耗量的基本依据；充分利用现场考察、调研成果、市场价格信息和行情资料，编制基础标价。

(5) 报价计算方法要科学严谨，简明适用。

**小知识：商务标概念理解**

商务标包括：工程量清单、投标总计、投标书、履约保函、投标保证金、建议的付款方式、设备材料的选用等，简单地说，就是说明多少钱、怎么付钱、质保金、保留金等的文件。

### 5.4.2 商务标的编制依据

《建设工程工程量清单计价规范》规定，投标报价应根据下列依据编制。

(1) 工程量清单计价规范。

(2) 国家或省级、行业建设主管部门颁发的计价办法。

(3) 企业定额，国家或省级、行业建设主管部门颁发的计价定额。

(4) 招标文件、工程量清单及其补充通知、答疑纪要。

(5) 建设工程设计文件及相关资料。

(6) 施工现场情况、工程特点及拟定的投标施工组织设计或施工方案。

(7) 与建设项目相关的标准、规范等技术资料。

(8) 市场价格信息或工程造价管理机构发布的工程造价信息。

(9) 其他的相关资料。

**趣闻：白话清单造价**

清单到底是什么东西？大家要以一种什么眼光来看待这个古老的新生事物呢？

清单报价就是一种基于工程量的计价方式。清单不是什么新事物，也没有什么高深的理论。比如去自由市场买活鱼。和鱼贩的对话经常是这样的：

顾客：老板，非洲鲫鱼几钱一斤？

鱼贩：活的 20，刚死的 8 块。

顾客：昨天才 15，今天涨 20 了？便宜点吧，18 怎么样？

鱼贩：老板啊，这两天生意不好做啊……你要多少条？

顾客：要两条活的，1 斤半左右的。

鱼贩：这么着，你给 19 得了。

顾客：好吧。

从这段对话里我们可以看出清单报价法的几个要点。

(1) 你需要知道工程量(2 条)。

(2) 工程量要符合一定的习惯(工程量计算规则)。比如鱼的单位是条。如果你说要 2 匹鱼，或者 2 只鱼，鱼贩就可能听不懂。

(3) 工程量要和技术规范一同使用(规范，图纸，补充条款) 。比如活的两条鱼和死的两条鱼，虽然(1)和(2)相同，还是会导致不同报价。

(4) 鱼贩报给你的是综合价。鱼的价格 20(后来你通过议标把价格降到了19)包括了养鱼的成本、打鱼的成本、鱼贩媳妇给他路上吃的早点，卖了鱼回头给媳妇买衣服的钱等都包括在里面。

(5) 如果市场没有规定这鱼必须卖多少钱一斤，这样的报价方式，对你对鱼贩都是最简便的。

(6) 祝贺你，你已经和国际接轨了，因为老外买鱼也是这么买的。

**特别提示**

清单法的使用有以下几个重要步骤。

(1) 根据计算规则、规范、图纸和说明计算工程量。

(2) 根据企业内部定额进行成本分析。

(3) 根据企业经营方式,投标策略，风险评估，市场分析确定最后报价。

(4) 清单和报价构成投标文件之重要部分。

### 5.4.3 商务标的编制方法与内容

投标报价的编制过程，应首先根据招标人提供的工程量清单编制分部分项工程量清单计价表、措施项目清单计价表、其他项目清单计价表、规费、税金项目清单计价表，计算完毕之后，汇总得到单位工程投标报价汇总表，再层层汇总，分别得出单项工程投标报价汇总表和工程项目投标总价汇总表，全部过程如图 5.2 所示。在编制过程中，投标人应按招标人提供的工程量清单填报价格。填写的项目编码、项目名称、项目特征、计量单位、工程量必须与招标人提供的一致。

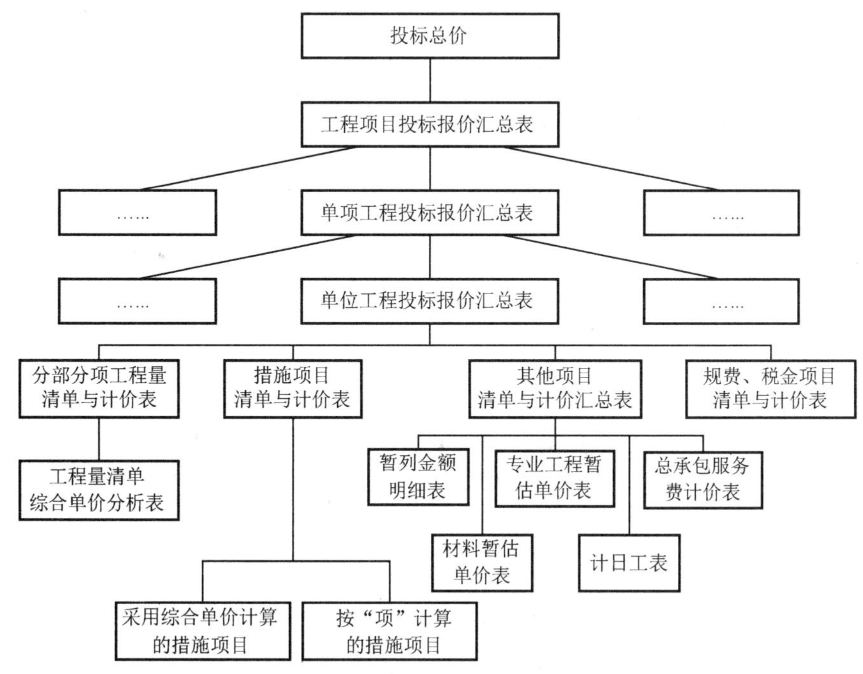


**图 5.2 建设项目施工投标工程量清单报价流程简图**

1. 分部分项工程量清单与计价表的编制

承包人投标价中的分部分项工程费应按招标文件中分部分项工程量清单项目的特征描述确定综合单价计算。因此，确定综合单价是分部分项工程工程量清单与计价表编制过程中最主要的内容。分部分项工程量清单综合单价，包括完成单位分部分项工程所需的人工费、材料费、机械使用费、管理费、利润，并考虑风险费用的分摊。

分部分项工程综合单价=人工费+材料费+机械使用费+管理费+利润

1) 确定分部分项工程综合单价时的注意事项

(1) 以项目特征描述为依据。确定分部分项工程量清单项目综合单价的最重要依据之一是该清单项目的特征描述，投标人投标报价时应依据招标文件中分部分项工程量清单项目的特征描述确定清单项目的综合单价。在招投标过程中，当出现招标文件中分部分项工程量清单特征描述与设计图纸不符时，投标人应以分部分项工程量清单的项目特征描述为准，确定投标报价的综合单价。当施工中施工图纸或设计变更与工程量清单项目特征描述不一致时，发、承包双方应按实际施工的项目特征，依据合同约定重新确定综合单价。

(2) 材料暂估价的处理。招标文件中在其他项目清单中提供了暂估单价的材料，应按其暂估的单价计入分部分项工程量清单项目的综合单价中。

(3) 应包括承包人承担的合理风险。招标文件中要求投标人承担的风险费用，投标人应考虑进入综合单价。在施工过程中，当出现的风险内容及其范围(幅度)在招标文件规定的范围(幅度)内时，综合单价不得变动，工程价款不作调整。

**特别提示**

**风险分摊原则**

根据国际惯例并结合我国工程建设的特点，承发包双方对工程施工阶段的风险宜采用如下分摊原则。

① 对于主要由市场价格波动导致的价格风险，如工程造价中的建筑材料、燃料等价格风险，承、发包双方应当在招标文件中或在合同中对此类风险的范围和幅度予以明确约定，进行合理分摊。根据工程特点和工期要求，建议可一般采取的方式是承包人承担5%以内的材料价格风险、10%以内的施工机械使用费风险。

② 对于法律、法规、规章或有关政策出台导致工程税金、规费、人工发生变化，并由省级、行业建设行政主管部门或其授权的工程造价管理机构根据上述变化发布的政策性调整，承包人不应承担此类风险，应按照有关调整规定执行。

③ 对于承包人根据自身技术水平、管理、经营状况能够自主控制的风险，如承包人的管理费、利润的风险，承包人应结合市场情况，根据企业自身的实际合理确定、自主报价，该部分风险由承包人全部承担。

2) 分部分项工程单价确定的步骤和方法

(1) 确定计算基础。计算基础主要包括消耗量的指标和生产要素的单价。应根据本企业的企业实际消耗量水平，并结合拟定的施工方案确定完成清单项目需要消耗的各种人工、材料、机械台班的数量。计算时应采用企业定额，在没有企业定额或企业定额缺项时，可参照与本企业实际水平相近的国家、地区、行业定额，并通过调整来确定清单项目的人、材、机单位用量。各种人工、材料、机械台班的单价，则应根据询价的结果和市场行情综合确定。

(2) 分析每一清单项目的工程内容。在招标文件提供的工程量清单中，招标人已对项目特征进行了准确、详细的描述，投标人根据这一描述，再结合施工现场情况和拟定的施工方案确定完成各清单项目实际应发生的工程内容。必要时可参照《建设工程工程量清单计价规范》中提供的工程内容，有些特殊的工程也可能发生规范列表之外的工程内容。

(3) 计算工程内容的工程数量与清单单位的含量。每一项工程内容都应根据所选定额的工程量计算规则计算其工程数量，当定额的工程量计算规则与清单的工程量计算规则相一致时，可直接以工程量清单中的工程量作为工程内容的工程数量。

当采用清单单位含量计算人工费、材料费、机械使用费时，还需要计算每一计量单位的清单项目所分摊的工程内容的工程数量，即清单单位含量。

$$\text{清单单位含量} = \frac{\text{某工程内容的定额工程量}}{\text{清单工程量}}$$

(4) 分部分项工程人工、材料、机械费用的计算。以完成每一计量单位的清单项目所需的人工、材料、机械用量为基础计算，即

$$\begin{matrix}\text{每一计量单位清单项目}\\\text{某种资源的使用量}\end{matrix} = \begin{matrix}\text{该种资源的}\\\text{定额单位用量}\end{matrix} \times \begin{matrix}\text{相应定额条目的}\\\text{清单单位含量}\end{matrix}$$

再根据预先确定的各种生产要素的单位价格可计算出每一计量单位清单项目的分部分项工程的人工费、材料费与机械使用费。

$$\text{人工费} = \begin{matrix}\text{完成单位清单项目}\\\text{所需工人的工日数量}\end{matrix} \times \text{每工日的人工日工资单价}$$

$$\text{材料费} = \sum \begin{matrix}\text{完成单位清单项目所需}\\\text{各种材料、半成品的数量}\end{matrix} \times \text{各种材料、半成品单价}$$

$$\text{机械使用费} = \sum \begin{matrix}\text{完成单位清单项目所需}\\\text{各种机械的台班数量}\end{matrix} \times \text{各种机械的台班单价}$$

当招标人提供的其他项目清单中列示了材料暂估价时，应根据招标提供的价格计算材料费，并在分部分项工程量清单与计价表中表现出来。

(5) 计算综合单价。管理费和利润的计算可按照人工费、材料费、机械使用费之和按照一定的费率取费计算。

管理费=(人工费+材料费+机械使用费)×管理费费率

利润=(人工费+材料费+机械使用费+管理费)×利润率

将 5 项费用汇总之后，并考虑合理的风险费用后，即可得到分部分项工程量清单综合单价。

根据计算出的综合单价，可编制分部分项工程量清单与计价分析表，见表 5-2。

**表 5-2　分部分项工程量清单与计价表**

工程名称：某工程　　　　标段：　　　　第×页　共×页

| 序号 | 项目编码 | 项目名称 | 项目特征描述 | 计量单位 | 工程量 | 金额/元 | | |
|---|---|---|---|---|---|---|---|---|
| | | | | | | 综合单价 | 合价 | 其中：暂估价 |
| | | … | | | | | | |
| | | A.4 混凝土及钢筋混凝土工程 | | | | | | |
| 6 | 010403001001 | 基础梁 | C30 混凝土基础梁，梁底标高-1.55m，梁截面 300mm×600mm，250mm×500mm | $m^3$ | 208 | 356.14 | 74 077 | |
| 7 | 010416001001 | 现浇混凝土钢筋 | 螺纹钢 Q235，$\Phi$14 | t | 98 | 5 857.16 | 574 002 | 490 000 |
| | | … | | | | | | |
| | | 分部小计 | | | | | 2 532 419 | 490 000 |
| 合计 | | | | | | | 3 758 977 | 1 000 000 |

(6) 工程量清单综合单价分析表的编制。由于我国目前主要采用经评审的合理低标价法进行评标，为表明分部分项工程量综合单价的合理性，投标人应对其进行单价分析，以作为评标时判断综合单价合理性的主要依据。

综合单价分析表的编制应反映出上述综合单价的编制过程，并按照规定的格式进行，见表 5-3。

**表 5-3　工程量清单综合单价分析表**

工程名称：某工程　　　　标段：　　　　第×页　共×页

<table>
<tr><td colspan="2">项目编码</td><td colspan="2">010416001001</td><td colspan="2">项目名称</td><td colspan="2">现浇构件钢筋</td><td colspan="2">计量单位</td><td colspan="2">t</td></tr>
<tr><td colspan="12">清单综合单价组成明细</td></tr>
<tr><td rowspan="2">定额编号</td><td rowspan="2">定额名称</td><td rowspan="2">定额单位</td><td rowspan="2">数量</td><td colspan="4">单价</td><td colspan="4">合价</td></tr>
<tr><td>人工费</td><td>材料费</td><td>机械费</td><td>管理费和利润</td><td>人工费</td><td>材料费</td><td>机械费</td><td>管理费和利润</td></tr>
<tr><td>AD0899</td><td>现浇螺纹钢筋制安</td><td>t</td><td>1.000</td><td>294.75</td><td>5 397.70</td><td>62.42</td><td>102.29</td><td>294.75</td><td>5 397.70</td><td>62.42</td><td>102.29</td></tr>
<tr><td colspan="4">人工单价</td><td colspan="4">小计</td><td>294.75</td><td>5 397.70</td><td>62.42</td><td>102.29</td></tr>
<tr><td colspan="4">38 元 / 工日</td><td colspan="4">未计价材料费</td><td colspan="4"></td></tr>
<tr><td colspan="8">清单项目综合单价</td><td colspan="4">5 857.16</td></tr>
<tr><td rowspan="5">材料费明细</td><td colspan="3">主要材料名称、规格、型号</td><td colspan="2">单位</td><td colspan="2">数量</td><td>单价/元</td><td>合价/元</td><td>暂估单价/元</td><td>暂估合价/元</td></tr>
<tr><td colspan="3">螺纹钢 Q235，Φ14</td><td colspan="2">t</td><td colspan="2">1.07</td><td></td><td></td><td>5 000.00</td><td>5 350.00</td></tr>
<tr><td colspan="3">焊条</td><td colspan="2">kg</td><td colspan="2">8.64</td><td>4.00</td><td>34.56</td><td></td><td></td></tr>
<tr><td colspan="7">其他材料费</td><td>—</td><td>13.14</td><td>—</td><td></td></tr>
<tr><td colspan="7">材料费小计</td><td>—</td><td>47.70</td><td>—</td><td>5 350.00</td></tr>
</table>

### 2. 措施项目清单与计价表的编制

编制内容主要是计算各项措施项目费，措施项目费应根据招标文件中的措施项目清单及投标时拟定的施工组织设计或施工方案按不同报价方式自主报价。计算时应遵循以下原则。

(1) 投标人可根据工程实际情况结合施工组织设计，自主确定措施项目费。对招标人所列的措施项目可以进行增补。这是由于各投标人拥有的施工装备、技术水平和采用的施工方法有所差异，招标人提出的措施项目清单是根据一般情况确定的，没有考虑不同投标人的“个性”，投标人投标时应根据自身编制的投标施工组织设计或施工方案确定措施项目，对招标人提供的措施项目进行调整。投标人根据投标施工组织设计或施工方案调整和确定的措施项目应通过评标委员会的评审。

(2) 措施项目清单计价应根据拟建工程的施工组织设计，可以计算工程量适宜采用分部分项工程量清单方式的措施项目应采用综合单价计价；其余的措施项目可以“项”为单位的方式计价，应包括除规费、税金外的全部费用。也就是说，可以计算工程量的措施项目，宜采用分部分项工程量清单的方式编制，与之相对应，应采用综合单价计价，见表 5-4；以“项”为计量单位的，按项计价，其价格组成与综合单价相同，应包括除规费、税金以外的全部费用，见表 5-5。

表 5-4　措施项目清单与计价表(一)

工程名称：某工程　　标段：　　第×页　共×页

| 序号 | 项目名称 | 计算基础 | 费率/% | 金额/元 |
|---|---|---|---|---|
| 1 | 安全文明施工费 | 人工费 | 30 | 222 742 |
| 2 | 夜间施工费 | 人工费 | 1.5 | 11 137 |
| 3 | 二次搬运费 | 人工费 | 1 | 7 425 |
| 4 | 冬雨季施工 | 人工费 | 0.6 | 4 455 |
| 5 | 大型机械设备进出场及安拆费 | | | 13 500 |
| 6 | 施工排水 | | | 2 500 |
| 7 | 施工降水 | | | 17 500 |
| 8 | 地上、地下设施、建筑物的临时保护设施 | | | 2 000 |
| 9 | 已完工程及设备保护 | | | 6 000 |
| 10 | 各专业工程的措施项目 | | | 255 000 |
| (1) | 垂直运输机械 | | | 105 000 |
| (2) | 脚手架 | | | 150 000 |
| 合计 | | | | 542 259 |

表 5-5　措施项目清单与计价表(二)

工程名称：某工程　　标段：　　第×页　共×页

| 序号 | 项目编码 | 项目名称 | 项目特征描述 | 计量单位 | 工程量 | 金额/元 | |
|---|---|---|---|---|---|---|---|
| | | | | | | 综合单价 | 合价 |
| 1 | AB001 | 现浇混凝土平板模板及支架 | 矩形板，支模高度 3m | $m^2$ | 1 200 | 18.37 | 22 044 |
| 2 | AB002 | 现浇钢筋混凝土有梁板及支架 | 矩形梁，断面 200mm×400mm，梁底支模高度 2.6m，板底支模高度 3m | $m^2$ | 1 500 | 23.97 | 35 955 |
| | | … | | | | | |
| 本页小计 | | | | | | | 195 998 |
| 合计 | | | | | | | 195 998 |

(3) 措施项目清单中的安全文明施工费应按照国家或省级、行业建设主管部门的规定计价，不得作为竞争性费用。这是因为，根据《中华人民共和国安全生产法》、《中华人民共和国建筑法》、《建设工程安全生产管理条例》、《安全生产许可证条例》等法律、法规的规定，建设部办公厅印发了《建筑工程安全防护、文明施工措施费及使用管理规定》(建办[2005]89 号)，将安全文明施工费纳入国家强制性标准管理范围，其费用标准不予竞争。清单计价规范规定，措施项目清单中的安全文明施工费应按国家或省级、行业建设主管部门的规定费用标准计价，招标人不得要求投标人对该项费用进行优惠，投标人也不得降低该项费用参与市场竞争。

3. 其他项目与清单计价表的编制

其他项目费主要包括暂列金额、暂估价、计日工以及总承包服务费，见表 5-6。投标人对其他项目费投标报价时应遵循以下原则。

表 5-6　其他项目清单与计价汇总表

工程名称：某工程　　　　　　　　　　　　　　标段：　　　　　　　　　　　第×页　　共×页

| 序号 | 项目名称 | 计量单位 | 金额/元 | 备注 |
|---|---|---|---|---|
| 1 | 暂列金额 | 项 | 300 000 | 明细详见表 5.2.6 |
| 2 | 暂估价 | | 100 000 | |
| 2.1 | 材料暂估价 | | — | 明细详见表 5.2.7 |
| 2.2 | 专业工程暂估价 | 项 | 100 000 | 明细详见表 5.2.8 |
| 3 | 计日工 | | 20 210 | 明细详见表 5.2.9 |
| 4 | 总承包服务费 | | 15 000 | 明细详见表 5.2.10 |
| 合计 | | | 435 210 | — |

1) 暂列金额应按照其他项目清单中列出的金额填写，不得变动，见表 5-7。

表 5-7　暂列金额明细表

工程名称：某工程　　　　　　　　　　　　　　标段：　　　　　　　　　　　第×页　　共×页

| 序号 | 项目名称 | 计量单位 | 暂定金额/元 | 备注 |
|---|---|---|---|---|
| 1 | 工程量清单中工程量偏差和设计变更 | 项 | 100 000 | |
| 2 | 政策性调整和材料价格风险 | 项 | 100 000 | |
| 3 | 其他 | 项 | 100 000 | |
| 合计 | | | 300 000 | |
| | | | | |

(2) 暂估价不得变动和更改。暂估价中的材料暂估价必须按照招标人提供的暂估单价计入分部分项工程费用中的综合单价(表 5-6)；专业工程暂估价必须按照招标人提供的其他项目清单中列出的金额填写(表 5-7)。材料暂估单价和专业工程暂估价均由招标人提供，为暂估价格，在工程实施过程中，对于不同类型的材料与专业工程采用不同的计价方法。

① 招标人在工程量清单中提供了暂估价的材料和专业工程属于依法必须招标的，由承包人和招标人共同通过招标确定材料单价与专业工程中标价。材料暂估单价见表 5-8。

② 若材料不属于依法必须招标的，经发、承包双方协商确认单价后计价。

③ 若专业工程不属于依法必须招标的，由发包人、总承包人与分包人按有关计价依据进行计价。专业工程暂估价见表 5-9。

④ 计日工应按照其他项目清单列出的项目和估算的数量，自主确定各项综合单价并计算费用(表 5-6)。计日工见表 5-10。

表 5-8 材料暂估单价表

工程名称：某工程 标段： 第×页 共×页

| 序号 | 材料名称、规格、型号 | 计量单位 | 单价/元 | 备注 |
|---|---|---|---|---|
| 1 | 钢筋(规格、型号综合) | t | 5 000 | 用在所有现浇混凝土钢筋清单项目 |

表 5-9 专业工程暂估价表

工程名称：某工程 标段： 第×页 共×页

| 序号 | 工程名称 | 工程内容 | 金额/元 | 备注 |
|---|---|---|---|---|
| 1 | 入户防盗门 | 安装 | 100 000 | |
| 合计 | | | 100 000 | — |

表 5-10 计日工表

工程名称：某工程 标段： 第×页 共×页

| 序号 | 项目名称 | 单位 | 暂定数量 | 综合单价/元 | 合价/元 |
|---|---|---|---|---|---|
| 一 | 人工 | | | | |
| 1 | 普工 | 工日 | 200 | 35 | 7 000 |
| 2 | 技工(综合) | 工日 | 50 | 50 | 2 500 |
| 人工小计 | | | | | 9 500 |
| 二 | 材料 | | | | |
| 1 | 钢筋(规格、型号综合) | t | 1 | 5 500 | 5 500 |
| 2 | 水泥 42.5 | t | 2 | 571 | 1 142 |
| 3 | 中砂 | $m^3$ | 10 | 83 | 830 |
| 4 | 砾石(5~40mm) | $m^3$ | 5 | 46 | 230 |
| 5 | 页岩砖(240mm×115mm×53mm) | 千匹 | 1 | 340 | 340 |
| 材料小计 | | | | | 8 042 |
| 三 | 施工机械 | | | | |
| 1 | 自升式塔式起重机(起重力矩 1250kN•m) | 台班 | 5 | 526.20 | 2 631 |
| 2 | 灰浆搅拌机(400L) | 台班 | 2 | 18.38 | 37 |
| 施工机械小计 | | | | | 2 668 |
| 总计 | | | | | 20 210 |

⑤ 总承包服务费(表 5-11)应根据招标人在招标文件中列出的分包专业工程内容和供应材料、设备情况，按照招标人提出的协调、配合与服务要求和施工现场管理需要自主确定。

表 5-11 总承包服务费计价表

工程名称：某工程 标段： 第×页 共×页

| 序号 | 项目名称 | 项目价值/元 | 服务内容 | 费率/% | 金额/元 |
|---|---|---|---|---|---|
| 1 | 发包人发包专业工程 | 100 000 | 1.按专业工程承包人的要求提供施工工作面并对施工现场进行统一管理，对竣工资料进行统一整理汇总<br>2. 为专业工程承包人提供垂直运输机械和焊接电源接入点，并承担垂直运输费和电费<br>3. 为防盗门安装后进行补缝和找平并承担相应费用 | 5 | 5 000 |
| 2 | 发包人供应材料 | 1 000 000 | 对发包人供应的材料进行验收及保管和使用发放 | 1 | 10 000 |
| 合计 | | | | | 15 000 |

4. 规费、税金项目清单与计价表的编制

规费和税金应按国家或省级、行业建设主管部门的规定计算，不得作为竞争性费用。这是由于规费和税金的计取标准是依据有关法律、法规和政策规定制定的，具有强制性。因此，投标人在投标报价时必须按照国家或省级、行业建设主管部门的有关规定计算规费和税金。规费、税金项目清单与计价表的编制表 5-12。

表 5-12　规费、税金项目清单与计价表

工程名称：某工程　　　　标段：　　　　第×页　共×页

| 序号 | 项目名称 | 计算基础 | 费率/% | 金额/元 |
|---|---|---|---|---|
| 1 | 规费 | | | |
| 1.1 | 工程排污费 | 按工程所在地环保部门规定按实计算 | | |
| 1.2 | 社会保障费 | (1)+(2)+(3) | | 163 353 |
| (1) | 养老保险费 | 人工费 | 14 | 103 946 |
| (2) | 失业保险费 | 人工费 | 2 | 14 894 |
| (3) | 医疗保险费 | 人工费 | 6 | 44 558 |
| 1.3 | 住房公积金 | 人工费 | 6 | 44 558 |
| 1.4 | 危险作业意外伤害保险 | 人工费 | 0.5 | 3 712 |
| 1.5 | 工程定额测定费 | 税前工程造价 | 0.14 | 10 473 |
| 2 | 税金 | 分部分项工程费+措施项目费+其他项目费+规费 | 3.41 | 262 664 |
| | | | | 484 760 |

投标人的投标总价应当与组成工程量清单的分部分项工程费、措施项目费、其他项目费和规费、税金的合计金额相一致，即投标人在进行工程量清单招标的投标报价时，不能进行投标总价优惠(或降价、让利)，投标人对投标报价的任何优惠(或降价、让利)均应反映在相应清单项目的综合单价中。

### 5.4.4　标价调整

标价自评是在形成最终的商务标之前，在分项工程单价及其汇总表的基础上，对各项计算内容进行仔细检查，对某些单价作出必要的调整，并形成初步标价后，再对初步标价作出盈亏及风险分析，进而提出可能的低标价和可能的高标价，供决策者选择。

1. 影响标价调整的因素

1) 业主及其工程师

实践表明，业主及其工程师对承包商的效益有较大的影响，因此最终标价前应对业主及其工程师作出分析。若业主的资金可靠，标价可适当降低，若业主资金短缺或可能很难及时到位，标价宜适当提高；若业主是政府拨款或是信誉良好的大型企事业单位，则资金风险小，标价可降低；反之标价应提高。其他因素包括业主及工程师是否有建设管理经验、之前是否合作过、是否会为难承包商等。

2) 竞争对手

竞争对手是影响报价的重要因素，承包商不仅要收集分析对手的既往工程资料，更应采取有效措施，了解竞争对手在本工程项目中的各种信息。

3) 分包商

承包商应慎重选择分包商，并对分包商的报价作出严格的比选，以确保分包商的报价科学合理，从而提高总报价的竞争力。

4) 工期

投标阶段应分析造成工期延误的原因，对工期因素进行敏感性分析，测定工期变化对费用增加的影响关系，采取相应的决策。

**特别提示**

**工期的延误有以下两种原因**

一是非承包商原因造成的工期延误，从理论上讲，承包商可以通过索赔获得补偿，但从我国工程实际出发，这种工期延误会给承包商造成的损失往往很难由索赔完全获得，因此报价应对这种延误考虑适当的风险及损失。

二是由于承包商自己原因造成的工期延误，如管理失误、质量问题等导致工期延误，不仅增大承包商的管理费、劳务费、机械费及资金成本，还可能发生违约拖期罚款。

5) 物价波动

物价波动可能造成材料、设备、工资及相关费用的波动，报价前应对当地的物价趋势及幅度作出适当的预测，借助敏感性分析测出物价波动对项目成本的影响。

6) 其他可变因素

影响报价的因素很多，有些难以作出定量分析，有些因素投标人无法控制。但投标人仍应对这些因素作出必要的预测和分析，如政策法规的变化、汇率利率的波动等。

2. 标价风险分析

在项目实施过程中，承包商可能遭遇到各种风险。标价风险分析就是要对影响标价的风险因素进行评价，对风险的危害程度和发生概率作出合理的估计，并采用有效措施来避免或减少风险。

常见的工程风险有两类：一是因估价人员水平低、经验少，在估价计算上有质差、量差、漏项等造成的费用差别；另一类是属于估价时依据不足，工程量估算粗糙造成的费用差别。对这些风险进行估算时可遵循下列原则：现场勘察资料充分，风险系数小，反之风险系数大；标书计算依据完整、详细，风险系数可偏小；工程规模大、工期长的工程，风险系数应偏大；分包多、工人不易控制，风险系数应偏大。

3. 标价盈亏分析

1) 标价盈余分析

标价盈余分析，是指对标价所采用数据中的人工、材料、机械消耗量，人工、材料单价，机械台班价，综合管理费，施工措施费，保证金，保险费，贷款利息等各计价因素逐项分析，重新核实，找出可以挖掘潜力的地方。经上述分析，最后得出总的估计盈余总额。

2) 标价亏损分析

标价亏损分析是对计价中可能少算或低估，以及施工中可能出现的质量问题，可能发生的工期延误等带来的损失的预测。主要内容包括：可能发生的工资上涨，材料设备价格上涨，质量缺陷造成的损失，估价计算失误，业主或监理工程师引起的损失，不熟悉法规、政策而引起的罚款，管理不善造成的损失等。

3) 盈亏分析后的标价调整

估价人员可根据盈亏分析调整标价。

低标价 = 基础标价 − 估计盈余×修正系数

高标价 = 基础标价 + 估计亏损×修正系数

修正系数一般为 0.5~0.7 为宜。

4. 提高报价的竞争力

业主通过招标促使多个承包商在以价格为核心的各个方面(如工期、质量、技术能力、施工等)展开竞争，从而达到工程工期短、质量好、费用低的目的。承包商要击败其他竞争对手而中标，在很大程度上取决于能否迅速报出有竞争力的价格。

提高报价的竞争力，可从以下几个方面入手。

1) 提高报价的准确性

既要注意核实各项报价的原始数据，使报价建立在数据可靠、分析科学的基础上，更要注意施工方案比选、施工设备选择，从而实现价格、工期、质量的优化。

2) 价格水平务求真实准确

对工程所在地的情况应尽最大可能调查清楚，这样报价才有针对性。对于那些专业性强，技术水平要求高的工程，可以报高。在某些特殊情况下，一个高级工的工资可能高于工程师，工种之间的价格也要有区别。对于物资了如指掌，用货比三家的原则选择最低的价格，力争报出有竞争力的价格。

3) 提高劳动生产率

长期以来，我国的承包商往往重视向业主算钱，而轻视企业内部的管理，但是承包商要想提高竞争力，取得好的效益，就必须大力挖掘企业内部的潜力。通过周密科学安排计划，巧妙地减少工序交叉，组织工序衔接，提倡一专多能，使劳动效率能够最大限度地发挥出来；采用先进的施工工艺和方法，提高机械化水平，特别是应用先进的中小型机械及相应的工具，借以加快进度、缩短工期；认真控制质量，减少返工损失也会增加赢利。

4) 加强和改善管理，降低成本

科学的施工组织，合理的平面布置，高效的现场管理，可以减少二次搬运、节省工时和机具、减少临时房屋的面积、提高机械的效率等，从而降低成本。

5) 降低非生产人员的比例

降低非生产人员的比例，并要求非生产人员既懂技术又懂管理，可以减少机构层次，提高工作效率，降低管理费用。

6) 提高生产人员技术素质

生产人员技术素质高，可提高效率并保证质量，这对提高报价竞争力影响很大。

总之，认真分析影响报价的各项因素，充分合理地反映本企业较高的管理、技术和生产水平，可以提高报价的竞争力。

### 5.4.5 商务标编制注意事项

如何做好投标书并能顺利中标，关系公司的切身利益，是经营部门考虑的重点。针对每个工程不同的特点，需要认真细致地了解、研究、编制和复查，作为标书编制人员要掌握其中的一般规律和特点，也要考虑每个招标项目的特殊性，投标书编制的基本要求是要求做到标书符合招标文件要求、报价有竞争力、中标后能获得一定利润。

投标书编制工作的主要内容分为了解工程的外在环境、熟悉工程本身的内在环境、做好标书和认真复查4个方面，从宏观和微观两角度出发做好商务标。

1. 了解工程的外在环境

通过对招标信息进行了解、分析、过滤，选出适合本企业的标去投，了解各方面情况，供商务标编制参考和报价决策。

(1) 了解工程所在地附近的各种材料、构配件的地点价格运费，及可利用的资源、机械设备材料可租用情况。

(2) 通过现场勘察了解三通一平情况。

(3) 了解建设单位的资质、信誉、资金、规划许可、已完工程的运作方式、本工程招标方式。

(4) 了解当地的治安情况、政策和法律的执行公正情况、地方保护主义情况。

(5) 了解招标代理单位的情况。

(6) 其他需要了解的情况。

2. 熟悉工程本身的内在环境

熟悉工程本身的内在环境主要包括：熟悉招标文件和澄清疑问。

1) 熟悉招标文件(招标文件指包括设计图纸、清单、勘察报告等)

对工程开竣工时间、评分方法、履约保证金缴纳、工程价款结算方法、质量标准、安全防护、文明施工等措施费的要求、税金、总包服务费、设计图纸难易程度、地下水及土质情况要仔细了解，对特殊情况要注意。

2) 澄清疑问

投标文件必须对所有实质性内容作出完全响应，要认真搞清楚哪些是招标文件中的实质性内容，不懂可以提问，招标人或招标机构有义务给予答复，直至搞清楚。

必须知道的是，招标文件存在或多或少的问题，很少招标文件没有问题的，原因有多方面：编制人水平低、设计不详、清单规范未完善、编制时间仓促等，所以对不清楚的地方要提出疑问，但注意可以利用的招标文件错误不要盲目提出，如招标清单某项工程量少算，就可利用来进行不平衡报价。

招标文件有误需要提出投标疑问分为几种：用词不周、书面与电子文本不符、清单有误、表格格式有误、自相矛盾、违反政府规定等多方面原因,如某清单的门联窗尺寸注明宽、长，而详图中这个门联窗是门高与窗高不同，清单的门联窗尺寸指的是总宽、总长。如果按照清单去计算，就属于多算了(清单应描述准确)，这属于“清单有误”；土方、桩基础清单子目中已含土方回填、外运，而措施清单中又含有此两项，这属于“自相矛盾”。

3. 实质性响应

做好商务标，主要是要符合实质性内容，投标书若对实质性内容里某一条未作出响应，就可能导致废标；若与实质性内容偏离过大，也可能导致废标，所以要注意作好以下事项。

(1) 暂定部分(暂定综合价、暂定主材价、暂定品牌等)不能擅自变动。

(2) 工程量清单单位或暂定价单位与省消耗定额单位(包括企业定额)不一致的地方注意其区别。

(3) 工程量清单编制说明、答疑针对的子目要落实到位。

(4) 安文环临的取费要符合招标文件和有关文件规定。

(5) 陌生的清单子目、陌生的材料价格不要擅自报价，要了解清楚。

(6) 技术、组织措施费与技术标施工方案对应。

4. 认真复查

复查是必要的制度，防止出现失误是复查的主要目的，“细小项目”莫大意。要做到全面细致、重点检查、及时更正。检查的主要范围如下。

(1) 检查表格格式。

(2) 检查计价部分(重点)。

(3) 报价与工程内外环境特点是否吻合。

(4) 工程费汇总计算是否正确。

(5) 招标清单及消耗量定额子目有否漏、错、误现象。

(6) 页数有否漏页、页面是否模糊等现象。

(7) 检查内外封套及开标书。

(8) 检查投标电子光盘(与书面投标文件是否相符)。

(9) 投标保证金缴纳是否符合招标文件要求。

投标书编制的目的一是为了中标，二是为了获得利润，作为企业，在市场竞争的大环境下，要做到知己知彼，不断地总结经验，在提高中标率的基础上力争达到“标中、效升、质优”的效果。

### 5.4.6 某投资公司报价及商务标评审流程

某投资公司报价及商务标评审流程如图 5.3 所示。

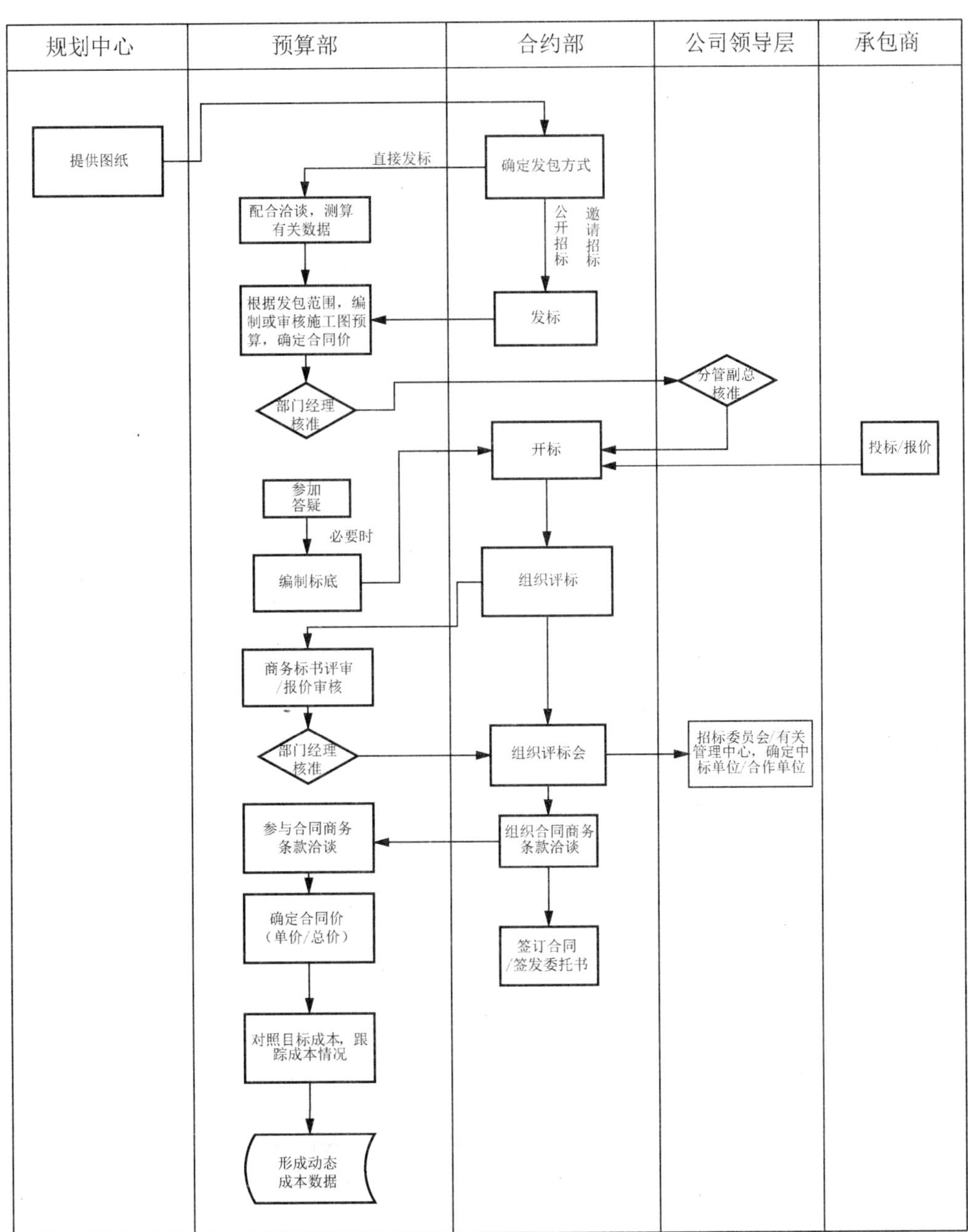


图 5.3　报价及商务标评标流程图

# 实训项目五：商务标书文件编制

教师选择相应案例，尽量选择多样化，以利于分组、学生相互学习以及成绩评定，具体要求如下。

(1) 本项目实训共安排为40课时。

(2) 实训项目要求建筑面积3 000m$^2$以上。

(3) 图纸要求完整，具有建筑图、结构图以及简单的水、暖、电的图纸，结构形式不限。

(4) 提供工程概况、现场条件，必要的地质勘探报告。

(5) 编写并提供相应的招标文件。

(6) 拟定常规施工条件、技术措施、组织措施。

### 子任务1 招标文件研究实训

**【实训目标】**

招标文件中不仅规定了完整的招标程序，而且还提出了各项投标标准和交易条件，拟定了合同的主要条款，招标文件是编制商务标的重要依据，是商务标编制前必须研究透彻的技术文件。通过本次实训，进一步提高学生对于招标文件内容的认识及识读能力。

**【实训要求】**

(1) 根据制定的招标文件，列出各自招标文件对商务标编制的影响条目。

(2) 对于每条目必须写出对商务标编制的有利条件和不利条件以及其他注意事项。

**【实训步骤】**

(1) 弄清招标文件的特殊要求，以便确定投标策略。

(2) 找出需要询价的特殊材料与设备，以利于及时调整价格，以免因盲目估价而失误。

(3) 理出含糊不清的问题，并及时提问，请招标单位(教师扮演)予以澄清。

(4) 找出商务标的评标标准，以利于对号入座，确保拿到最高值。

**【上交成果】**

(1) 列出招标文件特殊要求表格，并提出对策，如下表格可供参考。

(2) 列出需要询价的特殊材料或设备清单。

(3) 列出招标文件中含糊不清的问题清单。

(4) 根据商务标的评标标准，列出相应的努力方向或者决策方法。

| 序号 | 招标文件特殊要求 | 编制商务标书时相应的要求或者对策 | 需要协调的部门 | 跟进人 |
|---|---|---|---|---|
| 1 | | | | |
| 2 | | | | |
| … | | | | |

### 子任务2 投标策略制定与分析实训

**【实训目标】**

投标报价的策略和技巧，是建设工程投标活动中的另一个重要方面，针对标价进行宏观审核、动态分析以及盈亏分析，作出相应的决策。采用一定的策略和技巧，可以提高中标机会，中标后又能获得更多的赢利。通过对各种策略的研究，选择合适的投标策略，可以提高学生的思考能力，并且体会在建筑市场中博弈的氛围。

**【实训要求】**

要求模拟企业的决策人员，对各种投标策略进行 SWOT 分析的基础上，理性判断，并能作出果断和正确的决策。

**【实训步骤】**

(1) 根据指定的招标文件，制定各种可能的投标策略。

(2) 对于每种投标策略，写出各自的 SWOT 分析(优势、劣势、机会和威胁)，加以综合评估与分析得出结论，通过内部资源、外部环境的有机结合来清晰地确定每种策略的资源优势和缺陷，了解所面临的机会和挑战，保障投标的可行性。表格如下所示。

| ××策略分析 | |
|---|---|
| 优势 S： | 劣势 W： |
| 机会 O： | 威胁 T： |

**【上交成果】**

(1) 投标策略及相应的 SWOT 分析表格。

(2) 最终选择的策略及理由。

### 子任务 3　工程量清单计价实训

**【实训目标】**

工程量清单计价是编制商务标的核心和重要环节，本次实训可以提高学生综合单价计算能力，提高学生编制分部分项工程量清单计价、措施项目清单计价、其他项目清单计价、规费项目清单计价以及税金项目清单计价的能力。

**【实训要求】**

(1) 掌握工程量清单计价的费用构成及计算方法。

(2) 能正确计算工程量清单计价的各项费用。

(3) 掌握分析工程综合单价的计算方法，并且能正确组价。

(4) 掌握工程量清单计价编制依据、编制程序和编制方法，按《建设工程工程量清单计价规范》(GB 50500-2008)的要求填写和整理工程量清单计价文件。

**【实训步骤】**

模拟施工企业，在业主提供的工程量清单的基础上，根据企业自身所掌握的信息资料，结合企业定额编制得到工程报价。其计算过程如下。

(1) 确定投标报价时采用的人工、材料、机械的单价，并编制“主要工日价格表”、“主要材料价格表”、“主要机械台班价格表”。

(2) 计算分部分项工程费步骤如下。

① 根据施工图纸复核工程量清单。

② 按当地的消耗量定额工程量计算规则拆分清单工程量。

③ 根据消耗量定额和信息价计算直接工程费，即人工费、材料费、机械使用费。

④ 确定取费基数，计算管理费和利润。

⑤ 汇总形成综合单价，并填写“工程量清单综合单价计算表”以及“工程量清单综合单价工料机分析表”。

⑥ 计算分部分项工程费，计算结果填写“分部分项工程量清单与计价表”。

(3) 计算措施项目费步骤如下。

① 计算工程量的措施项目费用计算方法与分部分项工程费计算方法相同，计算结果填写“措施项目清单与计价表(二)”、“措施项目清单综合单价计算表”、“措施项目清单综合单价工料机分析表”。其中，安全防护、文明施工措施项目费按实计算，并填写“安全防护、文明施工措施项目费分析表”。

② 不能计算工程量的措施项目，确定取费基数后，乘费率系数计价，计算结果填写“措施项目费计算表(一)”。

③ 合计措施项目费用，填写“措施项目清单与计价表”。

(4) 计算其他项目费、规费、税金步骤如下。

① 其他项目费中的费用均为估算、预测数量，填写“其他项目清单与计价汇总表”、“暂列金额明细表”、“材料暂估单价表”、“专业工程暂估单价表”、“计日工表”、“总承包服务费计价表”。

② 规费=计算基数×规费费率

③ 税金=(分部分项工程量清单费+措施项目清单费+其他项目清单费+规费)×综合税率

(5) 计算单位工程报价、计算单项工程报价，填写“工程项目投标报价汇总表”。

**【上交成果】**

上交的成果为一套完整的工程量清单报价，要根据招标文件规定的格式编写并提交，一般包括以下内容。

(1) 封面。

(2) 总说明。

(3) 工程项目投标报价汇总表。

(4) 单位工程投标报价汇总表。

(5) 分部分项工程量清单及计价表。

(6) 工程量清单综合单价计算表。

(7) 工程量清单综合单价工料机分析表。

(8) 措施项目清单与计价表(一)、(二)。

(9) 措施项目清单综合单价计算表。

(10) 措施项目清单综合单价工料机分析表。

(11) 其他项目清单与计价汇总表。

(12) 暂列金额明细表。

(13) 材料暂估单价表;

(14) 专业工程暂估价表。

(15) 计日工表。

(16) 总承包服务费计价表。

(17) 主要工日价格表。

(18) 主要材料价格表。

(19) 主要机械台班价格表。

(20) 安全防护、文明施工措施项目费分析表。

(21) 分部分项工程量清单综合单价分析表。

(22) 分部分项工程量清单综合单价计算表。

### 子任务 4 商务标书编制实训

**【实训目标】**

商务标是投标书的最重要部分，本次实训要求在上述子任务的基础上，编制完整的商务标书，让学生对商务标编制有一个完整的概念，同时培养学生之间的组织协调能力和综合分析能力。

**【实训要求】**

(1) 在教师的指导下按时独立完成各自的商务标编制任务。

(2) 反复核对。完成标书的编制后，一定还要复核单价并逐项审查是否有错误。

(3) 资料齐全，严谨周密，编码完整，不掉页、缺页、错页。

(4) 填标时不能改变标书格式，如果原有的格式不能表达投标意图，可另附补充说明。

(5) 字迹清晰、端正，不应有涂改和留空格的现象，语言讲求科学性和逻辑性。

(6) 要求内容完整，格式规范，并且投标书的装帧要庄重、美观、大方，力求给业主留下严肃认真的良好印象。

(7) 文本要落落大方，不做不起任何作用的“豪华型”标书，不搞奢侈浪费增加投标成本的行为。

【实训步骤】

(1) 按照相应的投标策略以及其他决策对任务 3 的计价进行调整，形成最终的投标标价书及其附录。

(2) 相应的编制说明。

(3) 编制投标报价书封面。

(4) 编制承诺书、法人代表身份证明书、投标文件签署授权委托书。

(5) 商务标封面。

(6) 打印、盖章签字。

(7) 文本装帧。

(8) 对照招标文件进行检查、复核。

【上交成果】

本次实训要求提交包装完整的商务标，一般要包括以下内容。

(1) 封面。

(2) 承诺书。

(3) 法定代表人身份证明书。

(4) 投标文件签署授权委托书。

(5) 编制说明。

(6) 投标函。

(7) 投标函及其附录。

(8) 工程量清单计价书(任务 3 调整后的成果)。

(9) 履约保函。

(10) 投标保证金(实训时可虚拟)。

(11) 建议的付款方式。

(12) 设备材料的选用。

## 项目小结

本项目重点讲解了商务标编制的相关程序及内容、投标过程中的投标技巧和应注意的相关问题。主要内容如下。

(1) 投标的前期工作，包括招标信息的管理、资格预审内容、投标的策划、工程现场调查注意事项以及工程询价的要求等方面的内容。

(2) 工程估计的方法，包括直接费、措施费、管理费估算等方面要求及应该注意的问题。

(3) 常用的投标策略极其在具体情况下的应用。

(4) 商务标的编制要求和依据、编制的方法与内容，以及标价分析和调整的方法。

## 习 题

1. 写出投标前要准备的工作。
2. 写出投标前工程现场要调查的内容。
3. 写出工程估价的程序及每一步所用的方法。
4. 列出规费项目的内容。
5. 列出工程量清单计价表包括的内容及组价方法。
6. 列出通用措施中以“项”为单位的项目。
7. 常用的投标策略有哪些？各自的适用条件如何？
8. 如何准确、快速地进行工程询价？
9. 投标报价的风险因素有哪些？
10. 商务标的评价指标包括哪些方面？
11. 投标报价差异的主要原因有哪些？

# 附录 A

## 某办公楼土建施工图

# 建筑设计说明

一、工程概况：
本建筑物为某办公大楼，框架结构，地上三层，基础为有梁式满堂基础。

二、混凝土标号
1、本工程基础、混凝土墙、梁、板、柱子的标号均为C30。
2、楼梯的混凝土标号为C25。
3、过梁的混凝土标号为C25。
4、构造柱的混凝土标号为C25
三、墙体厚度和砂浆标号
1、外墙：0.9m以下为250厚加气混凝土砌块，
0.9m以上为250厚陶粒空心砖。
2、内墙：均为200厚陶粒空心砖
3、墙体砂浆标号：本工程墙体砂浆标号均为M5混合砂浆。

四、内装修做法

| 层号 | 房间名称 | 地面（楼面） | 踢脚（高120mm） | 墙裙（高1200mm） | 墙面 | 天棚 吊顶（高2700mm） |
|---|---|---|---|---|---|---|
| 一层 | 大厅 | 地面1 | 踢脚2 | | 内墙面1 | 吊顶1 |
| | 办公室 | 地面1 | 踢脚2 | | 内墙面1 | 吊顶1 |
| | 会议室 | 地面1 | 踢脚1 | | 内墙面1 | 吊顶1 |
| | 厕所 | 地面3 | | | 内墙面2 | 吊顶2 |
| | 走廊 | 地面1 | 踢脚2 | | 内墙面1 | 吊顶2 |
| | 楼梯间 | 地面2 | 踢脚1 | | 内墙面1 | |
| 二层 | 办公室 | 楼面3 | 踢脚2 | | 内墙面1 | 吊顶1 |
| | 会议室 | 楼面3 | 踢脚2 | | 内墙面1 | 吊顶1 |
| | 厕所 | 楼面2 | | | 内墙面2 | 吊顶2 |
| | 走廊 | 楼面3 | 踢脚2 | | 内墙面1 | 吊顶2 |
| | 楼梯间 | | | | 内墙面2 | |
| 三层 | 办公室 | 楼面3 | 踢脚2 | | 内墙面1 | 吊顶1 |
| | 会议室 | 楼面3 | 踢脚2 | | 内墙面1 | 吊顶1 |
| | 厕所 | 楼面2 | | | 内墙面2 | 吊顶2 |
| | 走廊 | 楼面3 | 踢脚2 | | 内墙面1 | 吊顶2 |
| | 楼梯间 | | | | 内墙面2 | 顶棚1 |

五、室外装修设计：

1)、屋面：40厚现喷硬质发泡聚氨，防水层不上人屋面
1、满土银粉保护剂
2、SBS防水层，四周上翻高度250
3、20厚1：3水泥砂浆找平
4、最薄30厚1：0.2：3.5水泥粉煤灰页岩陶粒找2坡
5、100厚1：10水泥珍珠岩保温层
6、现浇混凝土屋面板
2）、散水做法：
1、60厚C20细石混凝土面层
2、150厚3-32卵石灌M2.5混合砂浆，宽出面层300
3、素土夯实，向外找坡4%
3）、台阶做法：
1、20厚大理石板铺面，正背面及四周边满涂防污剂，灌稀水泥擦缝
2、撒素水泥面（洒适量清水）
3、30厚1：3干硬性水泥砂浆粘结层
4、素水泥浆一道（内参建筑胶）
5、60厚C15混凝土，台阶向外坡
6、300厚5-32卵石灌M2.5混合砂浆分两步灌注
7、素土夯实
4）、外墙做法：
1、1：1水泥（或）白水泥砂浆（细砂）勾缝
2、贴6-10厚瓷质外墙砖，在砖粘贴面上涂抹5厚粘贴剂
3、6厚1：0.2：2.5水泥石灰膏砂浆刮平扫毛或划出纹道
4、12厚1：3水泥砂浆打底扫毛或划出纹道
5、贴900高花岗岩外墙裙

五、室内装修设计：
1、地面：
1)、地面1：大理石楼面（大理石尺寸800×800）：
1、铺20厚大理石板，稀水泥擦缝
2、撒素水泥面（洒适量清水）
3、30厚1:3干硬性水泥砂浆粘结层
4、100厚C20素混凝土
5、3：7灰土夯实

2)、地面2：水泥地面：
1、20厚1：2.5水泥砂浆磨面压实赶光
2、素水泥浆一道（内掺建筑胶）
3、30厚C15细石混凝土随打随抹
4、3厚高聚物改性沥青涂膜防水层
5、最薄处30厚C15细石混凝土
6、100厚3：7灰土夯实
7、素土夯实，压实系数0.95
3).地面3：防滑地砖地面：
1、2.5厚石塑防滑地砖，建筑胶粘剂粘铺，稀水泥浆碱擦缝
2、20厚1：3水泥砂浆压实抹平
3、素水泥结合层一道
4、50厚C10混凝土
5、150厚5-32卵石灌M2.5混合砂浆，平板振捣器振捣密实
6、素土夯实，压实系数0.95
2.楼面：
1).楼面1：防滑地砖楼面（砖采用400X400）：
1、5-10厚防滑地砖，稀水泥浆擦缝
2、6厚建筑胶水泥砂浆粘结层
3、素水泥浆一道（内掺建筑胶）
4、20厚1：3水泥砂浆找平层
5、素水泥浆一道（内掺建筑胶）
6、钢筋混凝土楼板
2).楼面2：防滑地砖防水楼面（砖采用400X400）：
1、5-10厚防滑地砖，稀水泥浆擦缝
2、撒素水泥面（洒适量清水）
3、20厚1：2干硬性水泥砂浆粘结层
4、1.5厚聚氨酯涂膜防水层
5、20厚1：3水泥砂浆找平层，四周及竖管根部位抹小八字角
6、素水泥浆一道
7、最薄处30厚C15细石混凝土从门口向地漏找1%坡
8、现浇混凝土楼板
3).楼面3：大理石楼面（大理石尺寸800X800）：
1、铺20厚大理石板，稀水泥擦缝
2、撒素水泥面（洒适量清水）
3、30厚1：3干硬性水泥砂浆粘结层
4、40厚1：1.6水泥粗砂焦渣垫层
5、钢筋混凝土楼板

3.踢脚：
1).踢脚1：地砖踢脚：(高度为120)
1、5-10厚防滑地砖踢脚，稀水泥浆擦缝
2、8厚1：2水泥砂浆（内掺建筑胶）粘结层
3、5厚1：3水泥砂浆打底扫毛或划出纹道
2).踢脚2：大理石踢脚：(高度为120)
1、10-15厚大理石踢脚板，稀水泥浆擦缝
2、10厚1：2水泥砂浆（内掺建筑胶）粘结层
3、界面剂一道甩毛（甩前先将墙面用水湿润）

4、窗台：
1)、窗台1:25厚花岗岩窗台

5、内墙面：
1).内墙面1：水泥砂浆墙面：
1、喷水性耐擦洗涂料
2、5厚1：2.5水泥砂浆找平
3、9厚1：3水泥砂浆打底扫毛
4、素水泥浆一道甩毛（内掺建筑胶）

2).内墙面2：瓷砖墙面（面层用200X300高级面砖）：
1、白水泥擦缝
2、5厚釉面砖面层（粘前先将釉面砖浸水两小时以上）
3、5厚1：2建筑水泥砂浆粘结层
4、素水泥浆一道
5、6厚1：2.5水泥砂浆打底压实抹平
6、涂塑中碱玻璃纤维网格布一层

6、顶棚：
1)、顶棚1:涂料顶棚：
1、喷合成树脂乳胶涂料面层二道（每道隔2小时）
2、封底漆一道（干燥后在做面涂）
3、3厚1：0.5：2.5水泥石灰膏砂浆找平
4、5厚1：0.5：3水泥石灰膏砂浆打底扫毛
5、素水泥浆一道甩毛（内掺建筑胶）
7、吊顶：
1).吊顶1：铝合金条板吊顶:燃烧性能为A级
1、0.8-1.0厚铝合金条板，离缝安装带插缝板
2、U型轻钢次龙骨LB45X48，中距≤1500
3、U型轻钢主龙骨LB38X12，中距≤1500与钢筋吊杆固定
4、?6钢筋吊杆，中距横向≤1500纵向≤1200
5、现浇混凝土板底预留?10钢筋吊环，双向中距≤1500
2).吊顶2：岩棉吸音板吊顶:燃烧性能为A级(高800)
1、12厚岩棉吸声板面层，规格592X592
2、T型轻钢次龙骨TB24X28，中距600
3、T型轻钢次龙骨TB24X38，中距600，找平后与钢筋吊杆固定
4、?8钢筋吊杆，双向中距≤1200
5、现浇混凝土板底预留?10钢筋吊环，双向中距≤1200

8.油漆工程做法：
除已特别注明的部位外，其他需要油漆的部位均为：
1).金属面油漆工程做法：
1、刷三宝漆二~三遍
2、满刮腻子砂纸抹平
3、刷防锈漆一遍
4、金属面清理、除锈
2).木材面油漆工程做法：选用L96J002-P119-油41.
1、调和漆二遍
2、局部刮腻子砂纸打磨光凭
3、刷底油一遍
4、基层清理、除污、砂纸打磨
具体各处的油漆颜色将由室内设计确定.

六、门窗表

| 类别 | 名称 | 宽度(mm) | 高度(mm) | 离地高(mm) | 材质 | 数量 首层 | 二层 | 三层 | 总数 |
|---|---|---|---|---|---|---|---|---|---|
| 门 | M1 | 4500 | 2900 | 0 | 全玻门 | 1 | 0 | 0 | 1 |
| | M2 | 900 | 2400 | 0 | 胶合板门 | 16 | 18 | 18 | 52 |
| | M3 | 750 | 2100 | 0 | 胶合板门 | 4 | 4 | 4 | 12 |
| 窗 | C1 | 1500 | 2100 | 900 | 塑钢窗 | 10 | 10 | 10 | 30 |
| | C2 | 3000 | 2100 | 900 | 塑钢窗 | 10 | 10 | 10 | 30 |
| | C3 | 3900 | 2100 | 900 | 塑钢窗 | 1 | 1 | 1 | 3 |
| | C4 | 4500 | 2000 | 900 | 塑钢窗 | 0 | 1 | 1 | 2 |

七、过梁表

| 类别 | 名称 | 洞口宽度(mm) | 过梁高度(mm) | 过梁宽度(mm) | 过梁长度(mm) | 过梁配筋 |
|---|---|---|---|---|---|---|
| 门 | M1 | 4500 | 无 | | | 同墙宽<br>120<br>3?12<br>?6.5@200 |
| | M2 | 900 | 120 | 同墙宽 | 洞口宽+250 | 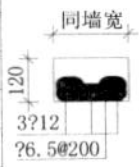 |
| | M3 | 750 | 120 | 同墙宽 | 洞口宽+250 | |
| 窗 | C1 | 1500 | 无 | | | |
| | C2 | 3000 | 无 | | | |
| | C3 | 3900 | 无 | | | |
| | C4 | 4500 | 无 | | | |

| | | | | 工程名称 | 办公大楼 | |
|---|---|---|---|---|---|---|
| 审定 | | 专业负责人 | | 建筑设计说明 | 设计阶段 | 施工图 |
| 审核 | | 校对 | | | 图号 | 建施—01 |
| 项目负责人 | | 设计 | | | 日期 | 2010.3 |

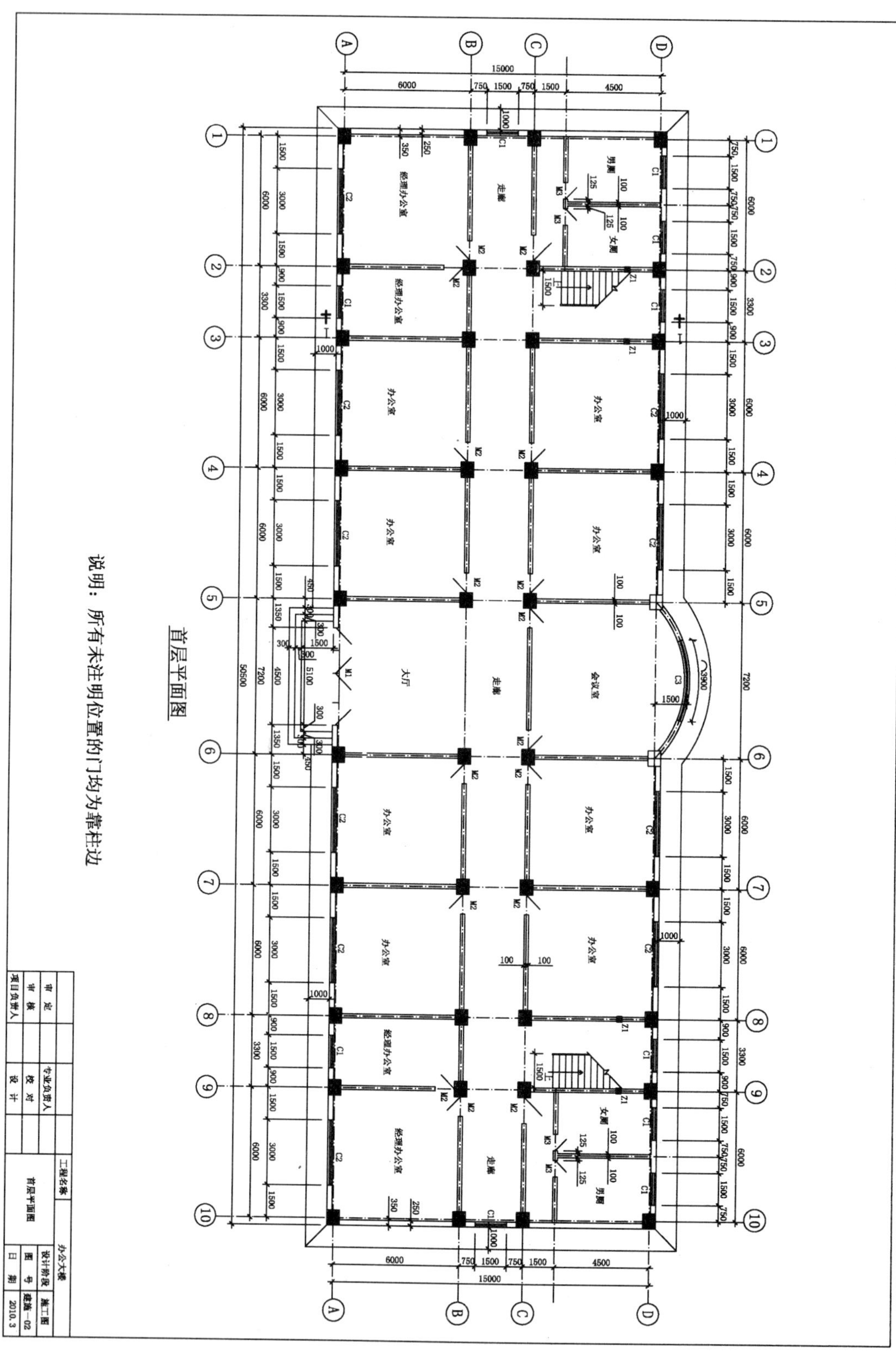
首层平面图
说明：所有未注明位置的门均为靠柱边
总经理办公室
经理办公室
办公室
大厅
走廊
会议室
男厕
女厕
工程名称
办公大楼
首层平面图
设计阶段
施工图
图号
建施—02
日期
2010.3
审定
审核
项目负责人
专业负责人
校对
设计

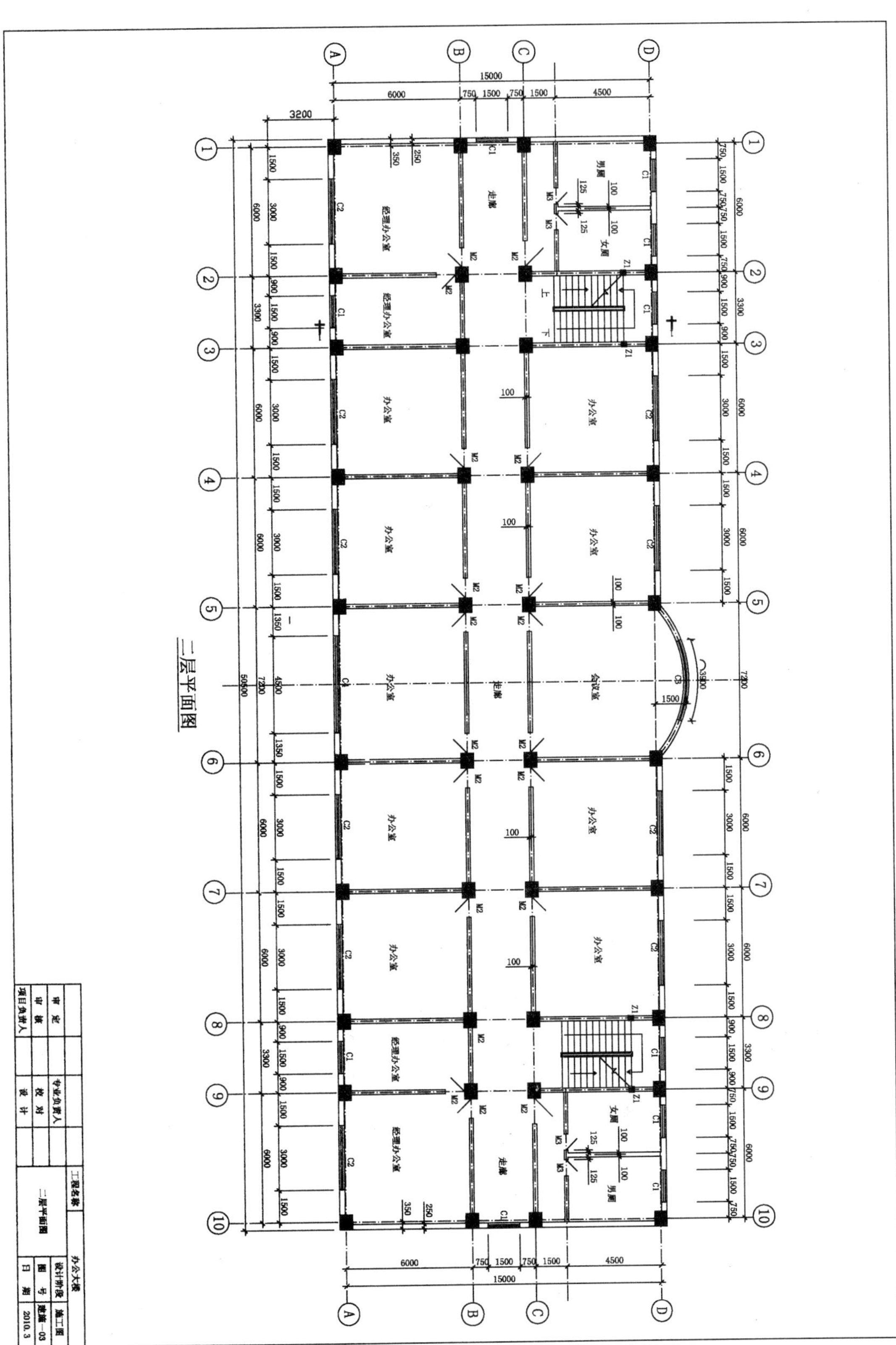

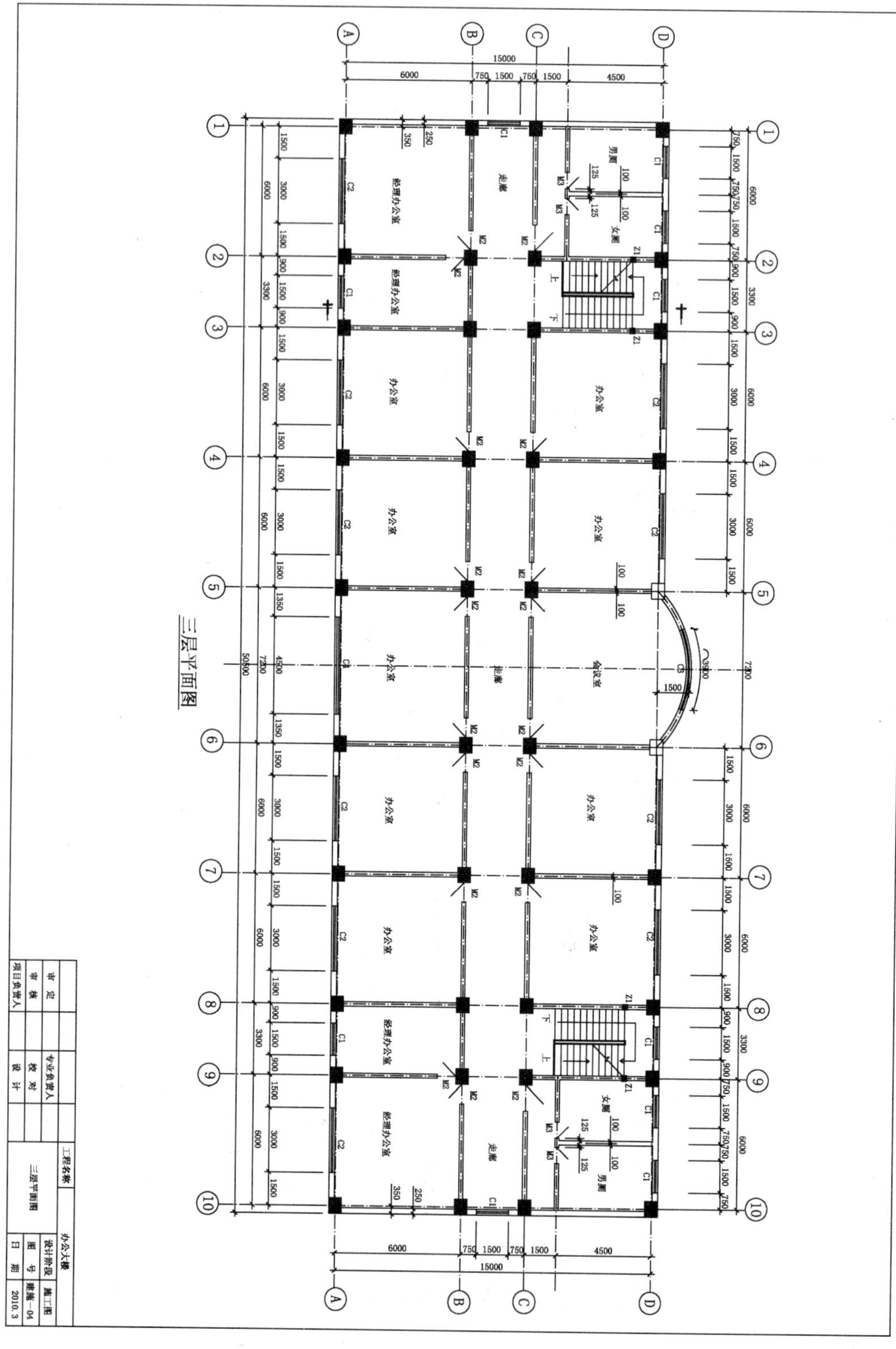
三层平面图
经理办公室
走廊
男厕
女厕
办公室
会议室
工程名称
办公大楼
三层平面图
设计阶段
施工图
图号
建施—04
日期
2010.3
审定
审核
项目负责人
专业负责人
校对
设计

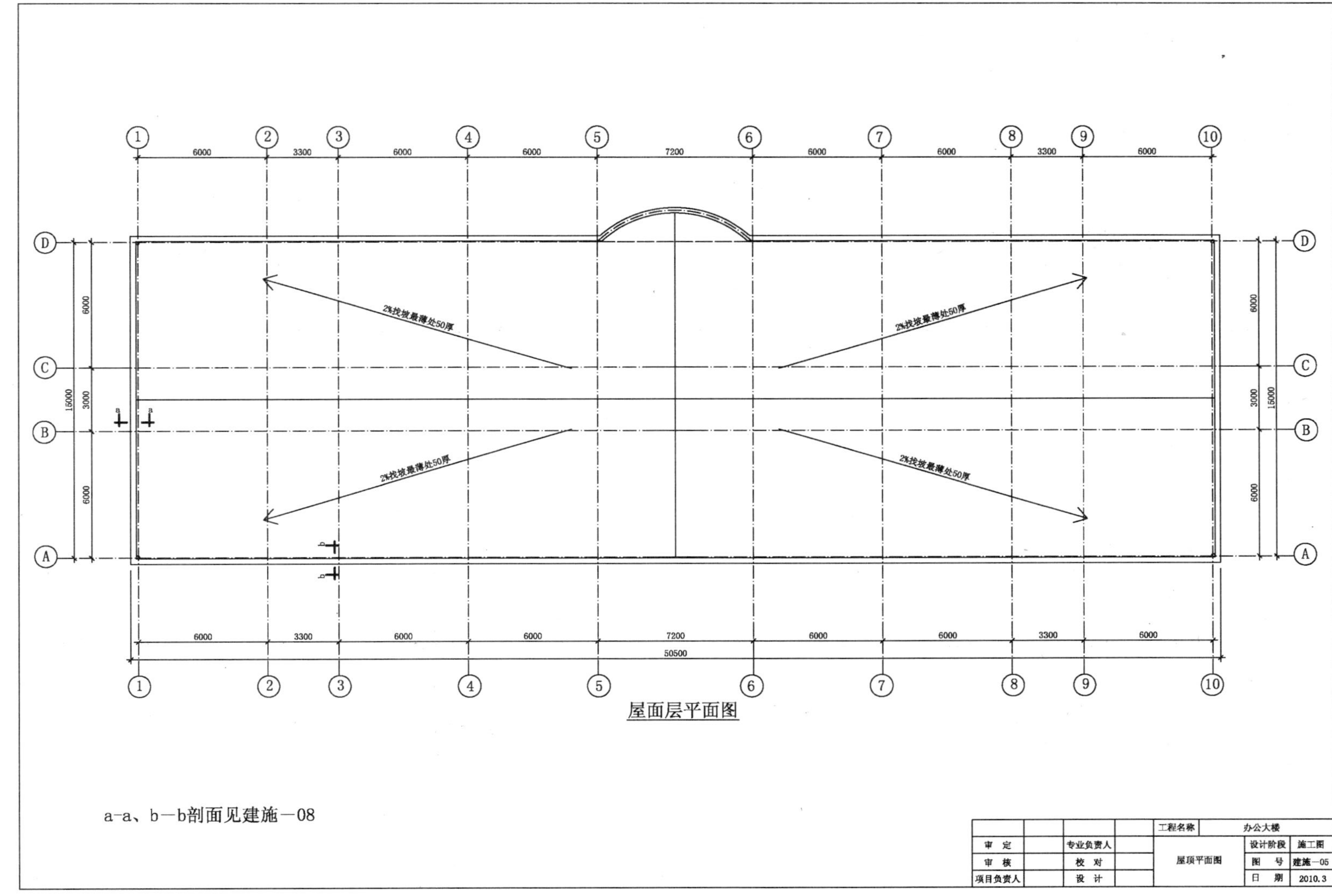

屋面层平面图
a-a、b－b剖面见建施－08
2%找坡最薄处50厚
6000
3300
7200
50500
3000
15000
工程名称
办公大楼
审定
专业负责人
设计阶段
施工图
审核
校对
屋顶平面图
图号
建施－05
项目负责人
设计
日期
2010.3

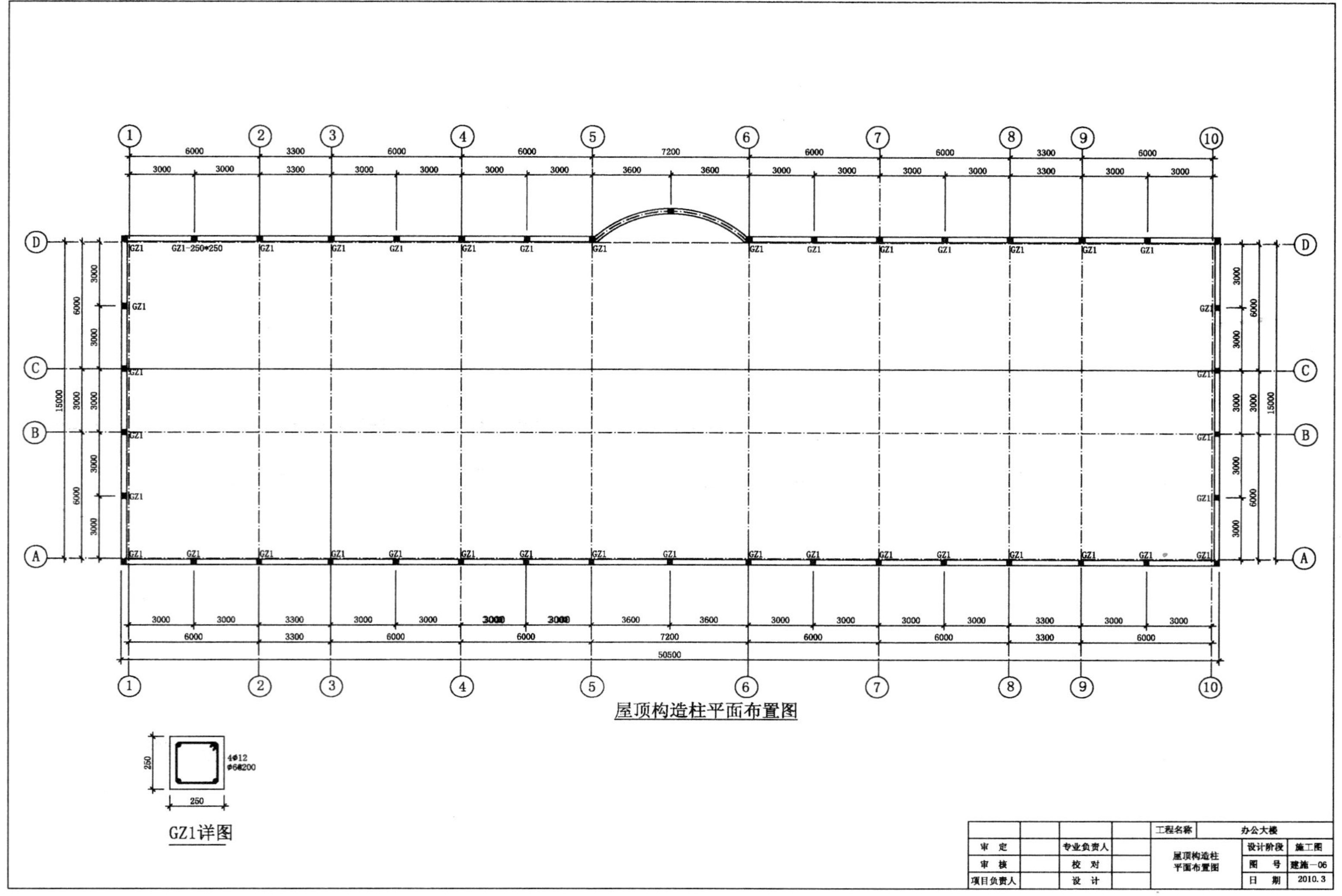
屋顶构造柱平面布置图
GZ1详图
250
250
4Φ12
Φ6@200
GZ1
GZ1-250×250
15000
50500
工程名称
办公大楼
审定
审核
项目负责人
专业负责人
校对
设计
屋顶构造柱平面布置图
设计阶段
施工图
图号
建施—06
日期
2010.3

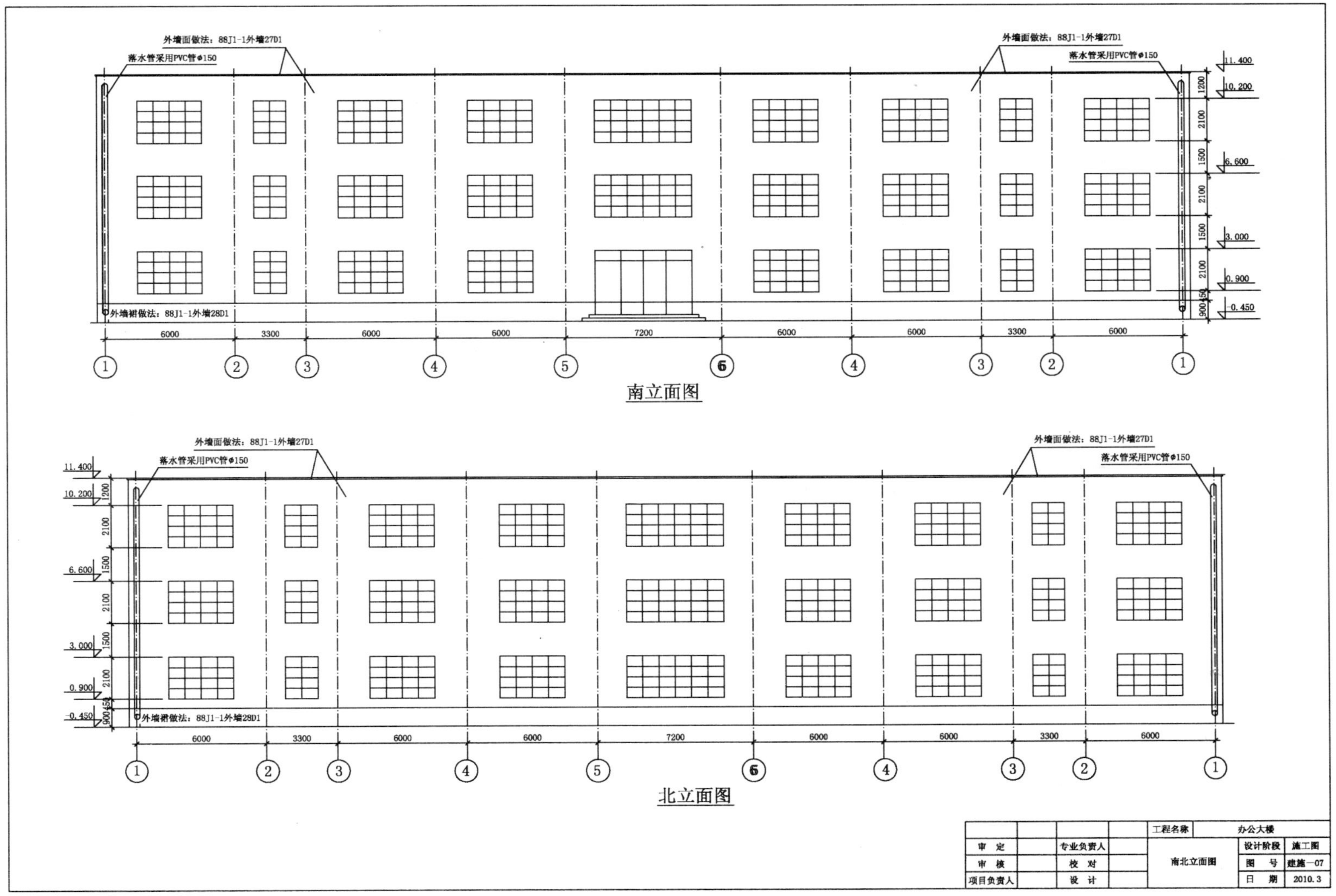
外墙面做法：88J1-1外墙27D1
落水管采用PVC管Φ150
外墙裙做法：88J1-1外墙28D1
11.400
10.200
6.600
3.000
0.900
-0.450
南立面图
北立面图
审定
审核
项目负责人
专业负责人
校对
设计
工程名称
办公大楼
南北立面图
设计阶段
施工图
图号
建施—07
日期
2010.3

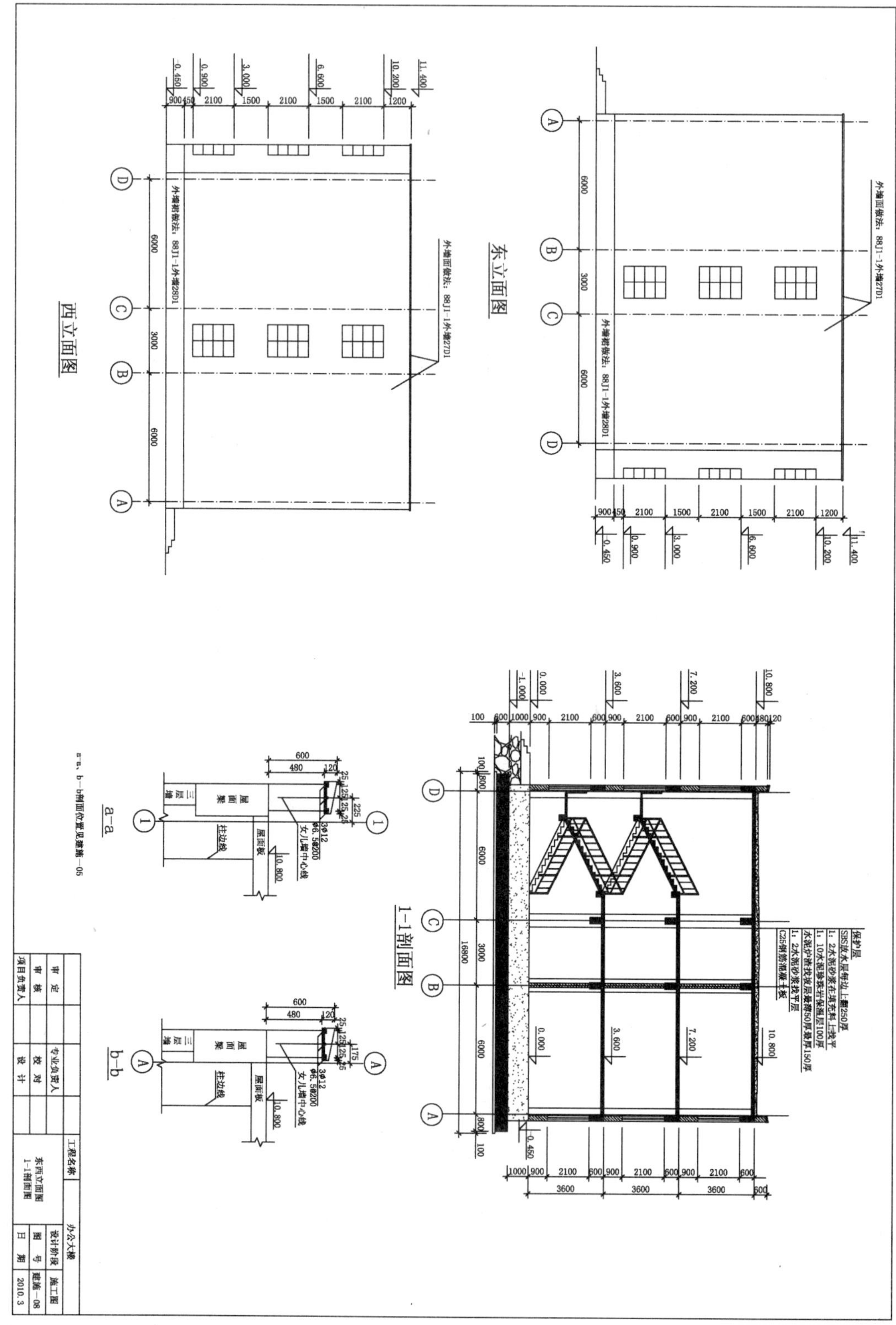

东立面图
西立面图
1-1剖面图
a-a
b-b
办公大楼
东西立面图
1-1剖面图
施工图
建施-08
2010.3

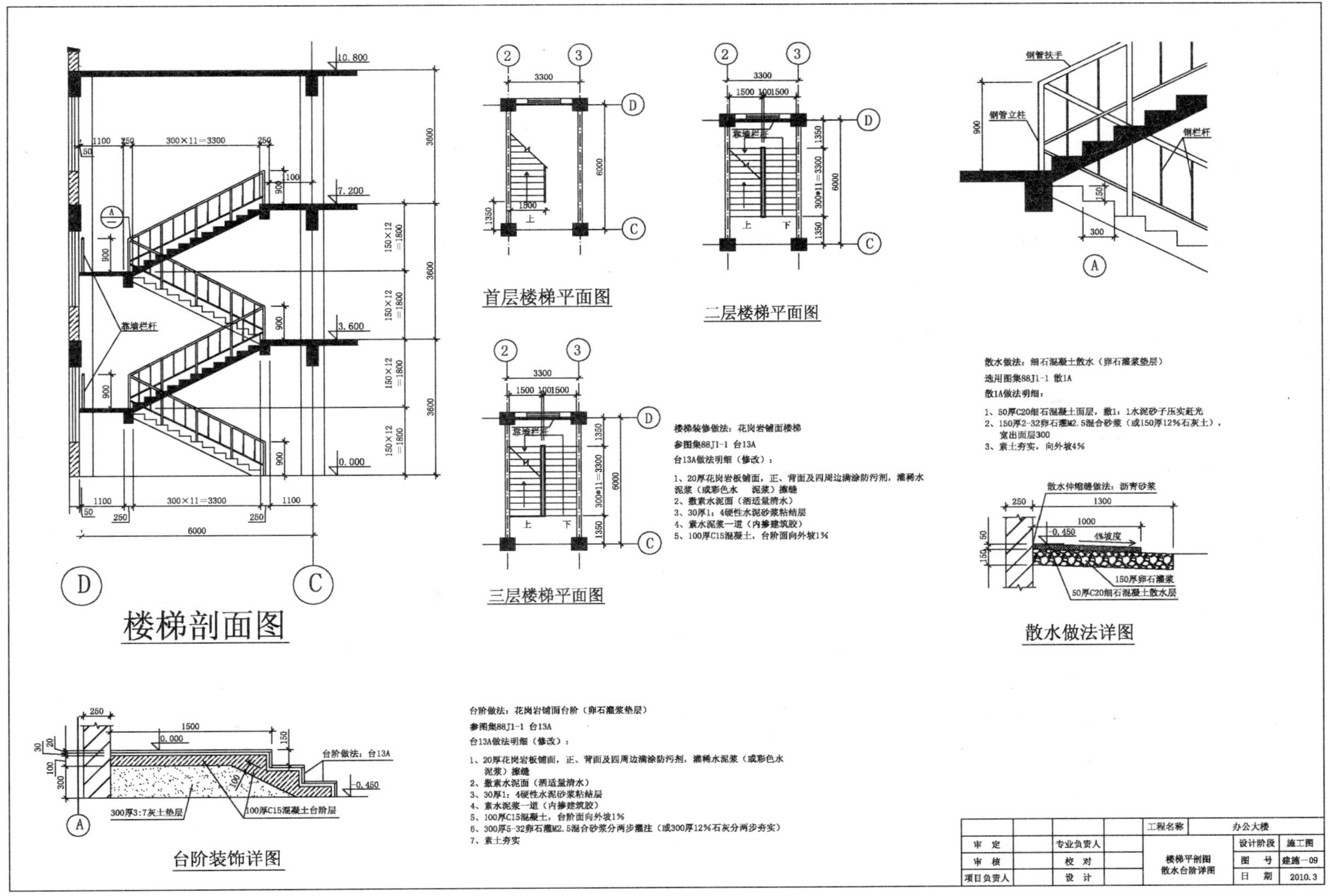
楼梯剖面图
10.800
7.200
3.600
0.000
1100
250
300×11=3300
50
100
900
3600
150×12
=1800
6000
靠墙栏杆
D
C
首层楼梯平面图
二层楼梯平面图
三层楼梯平面图
3300
1500 1001500
1350
300*11=3300
6000
1500
上
下
2
3
钢管扶手
钢管立柱
钢栏杆
A
楼梯装修做法：花岗岩铺面楼梯
参图集88J1-1 台13A
台13A做法明细（修改）：
1、20厚花岗岩板铺面，正、背面及四周边满涂防污剂，灌稀水泥浆（或彩色水　泥浆）擦缝
2、撒素水泥面（洒适量清水）
3、30厚1：4硬性水泥砂浆粘结层
4、素水泥浆一道（内掺建筑胶）
5、100厚C15混凝土，台阶面向外坡1%
散水做法：细石混凝土散水（卵石灌浆垫层）
选用图集88J1-1 散1A
散1A做法明细：
1、50厚C20细石混凝土面层，撒1：1水泥砂子压实赶光
2、150厚2-32卵石灌M2.5混合砂浆（或150厚12%石灰土），宽出面层300
3、素土夯实，向外坡4%
散水伸缩缝做法：沥青砂浆
250
1300
1000
-0.450
4%坡度
150厚卵石灌浆
50厚C20细石混凝土散水层
散水做法详图
台阶装饰详图
1500
0.000
台阶做法：台13A
-0.450
300厚3:7灰土垫层
100厚C15混凝土台阶层
台阶做法：花岗岩铺面台阶（卵石灌浆垫层）
参图集88J1-1 台13A
台13A做法明细（修改）：
1、20厚花岗岩板铺面，正、背面及四周边满涂防污剂，灌稀水泥浆（或彩色水泥浆）擦缝
2、撒素水泥面（洒适量清水）
3、30厚1：4硬性水泥砂浆粘结层
4、素水泥浆一道（内掺建筑胶）
5、100厚C15混凝土，台阶面向外坡1%
6、300厚5-32卵石灌M2.5混合砂浆分两步灌注（或300厚12%石灰分两步夯实）
7、素土夯实
审　定
审　核
项目负责人
专业负责人
校　对
设　计
工程名称
办公大楼
楼梯平剖图
散水台阶详图
设计阶段
施工图
图　号
建施－09
日　期
2010.3

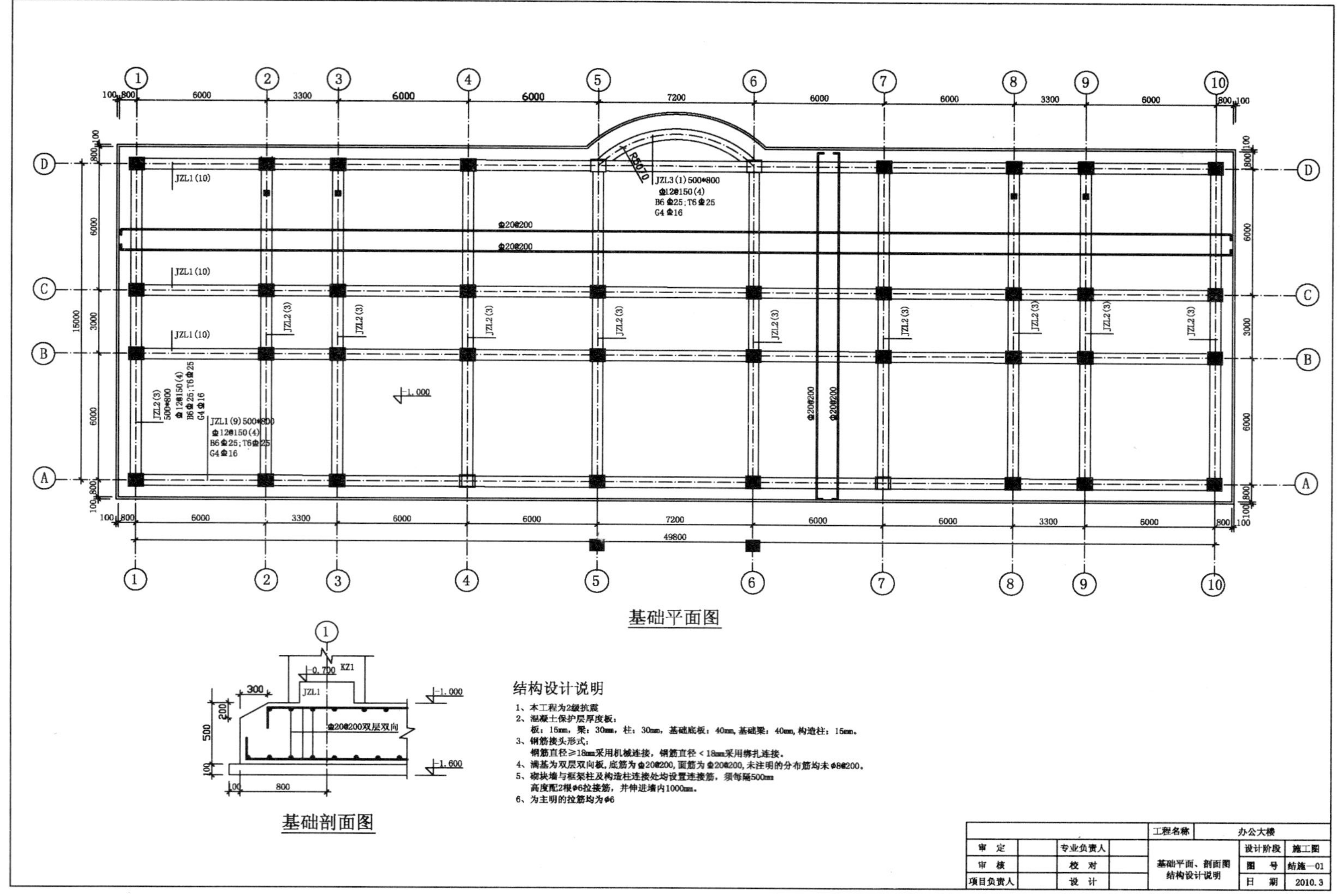

JZL1(10)
JZL2(3)
JZL3(1)500*800
JZL1(9)500*800
49800
基础平面图
基础剖面图
结构设计说明
1、本工程为2级抗震
2、混凝土保护层厚度板：
板：15mm，梁：30mm，柱：30mm，基础底板：40mm，基础梁：40mm，构造柱：15mm。
3、钢筋接头形式：
钢筋直径≥18mm采用机械连接，钢筋直径＜18mm采用绑扎连接。
4、满基为双层双向板，底筋为⌀20@200，面筋为⌀20@200，未注明的分布筋均未φ8@200。
5、砌块墙与框架柱及构造柱连接处均设置连接筋，须每隔500mm
高度配2根φ6拉接筋，并伸进墙内1000mm。
6、为主明的拉筋均为φ6
工程名称
办公大楼
审定
审核
项目负责人
专业负责人
校对
设计
基础平面、剖面图
结构设计说明
设计阶段
施工图
图号
结施—01
日期
2010.3

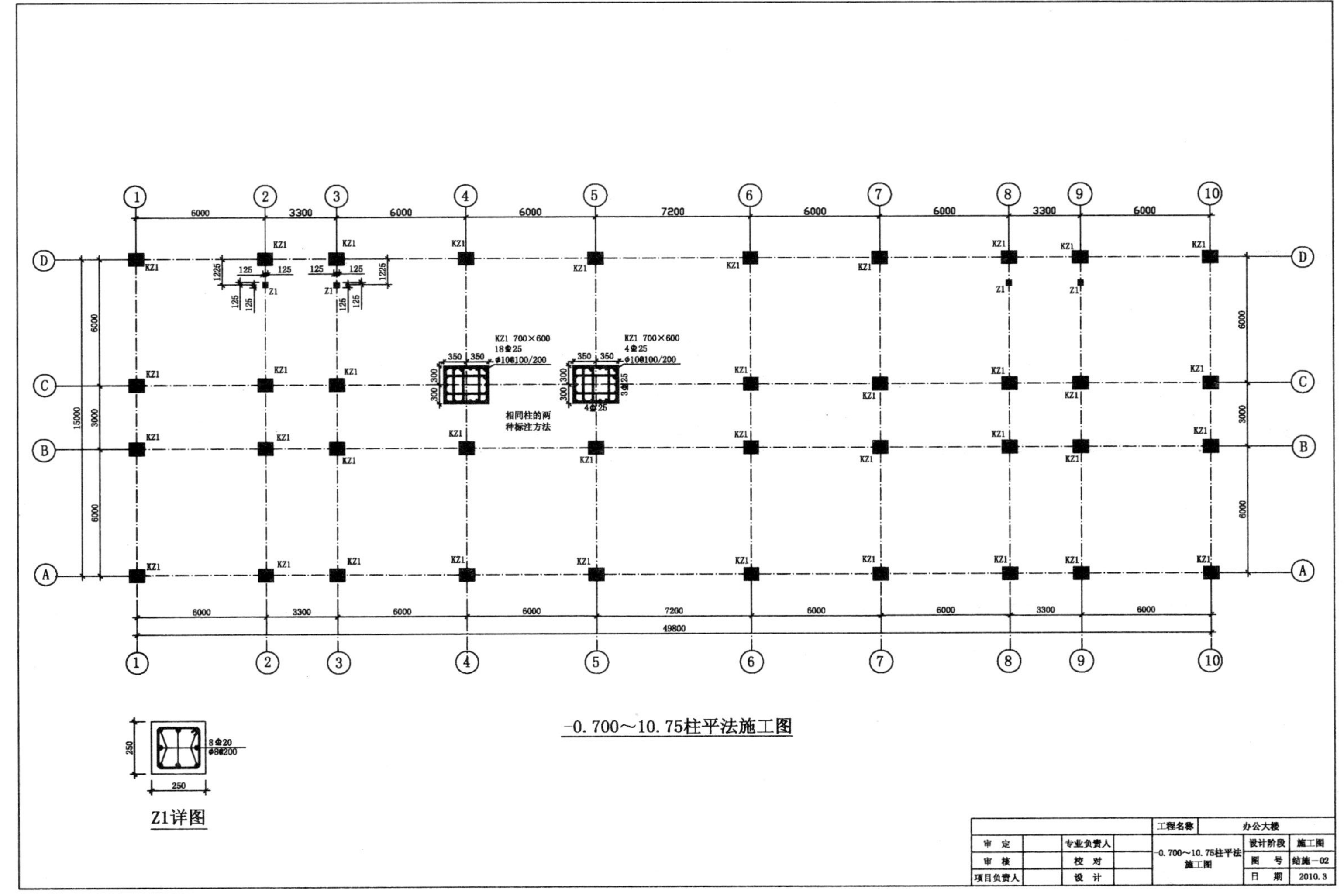
KZ1 700×600
18⌀25
φ10@100/200
KZ1 700×600
4⌀25
φ10@100/200
3⌀25
4⌀25
相同柱的两种标注方法
6000
3300
7200
15000
3000
49800
1225
125
8⌀20
φ8@200
250
Z1详图
-0.700~10.75柱平法施工图
工程名称
办公大楼
审定
专业负责人
-0.700~10.75柱平法施工图
设计阶段
施工图
审核
校对
图号
结施-02
项目负责人
设计
日期
2010.3

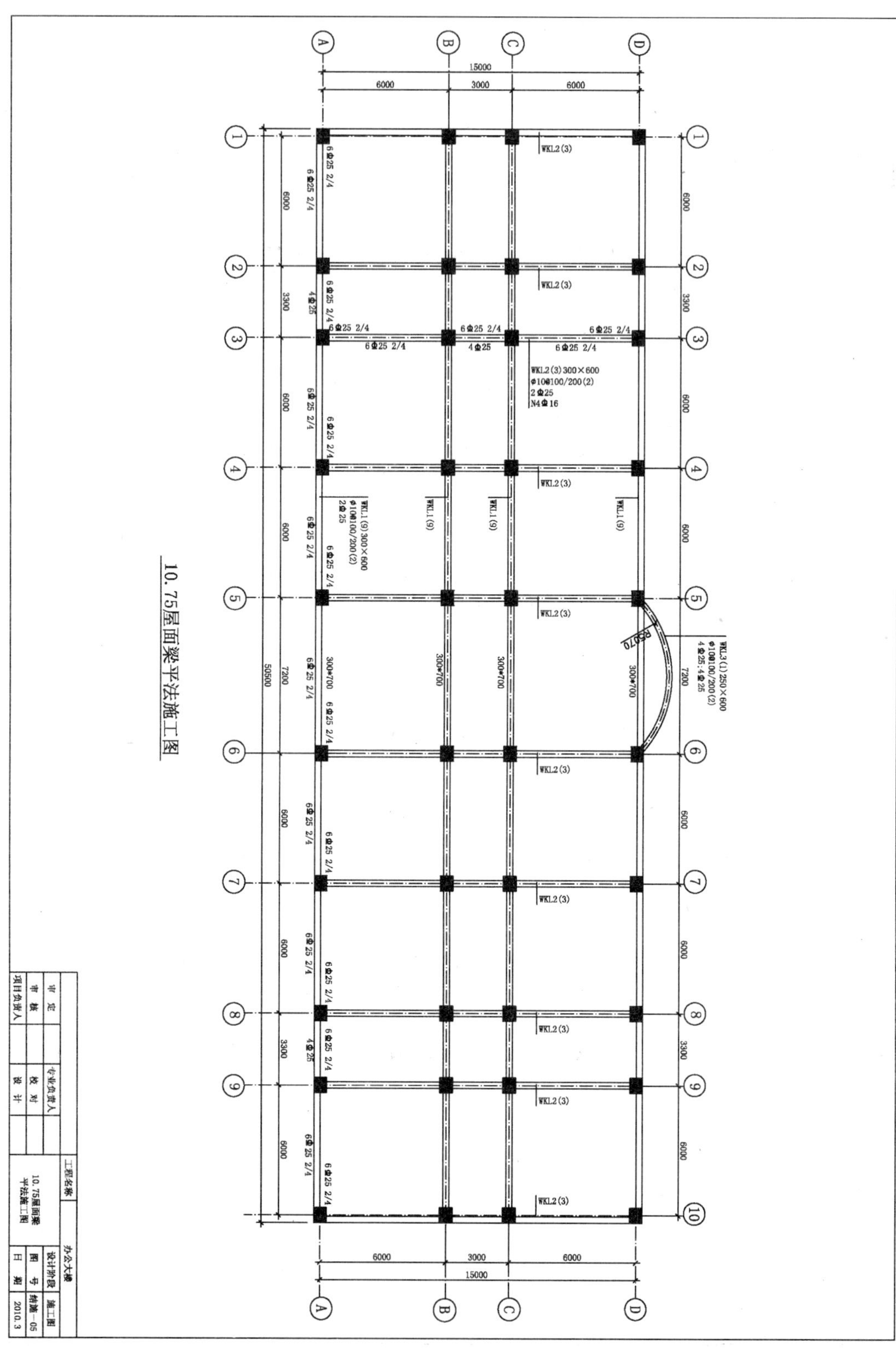
10.75屋面梁平法施工图
15000
6000
3000
6000
50500
7200
3300
WKL2(3)
WKL2(3) 300×600
φ10@100/200(2)
2⌀25
N4⌀16
WKL1(9) 300×600
φ10@100/200(2)
2⌀25
WKL1(9)
WKL3(1) 250×600
φ10@100/200(2)
4⌀25;4⌀25
R5070
300*700
6⌀25 2/4
4⌀25
工程名称
办公大楼
审定
审核
项目负责人
专业负责人
校对
设计
10.75屋面梁平法施工图
设计阶段
施工图
图号
结施-05
日期
2010.3

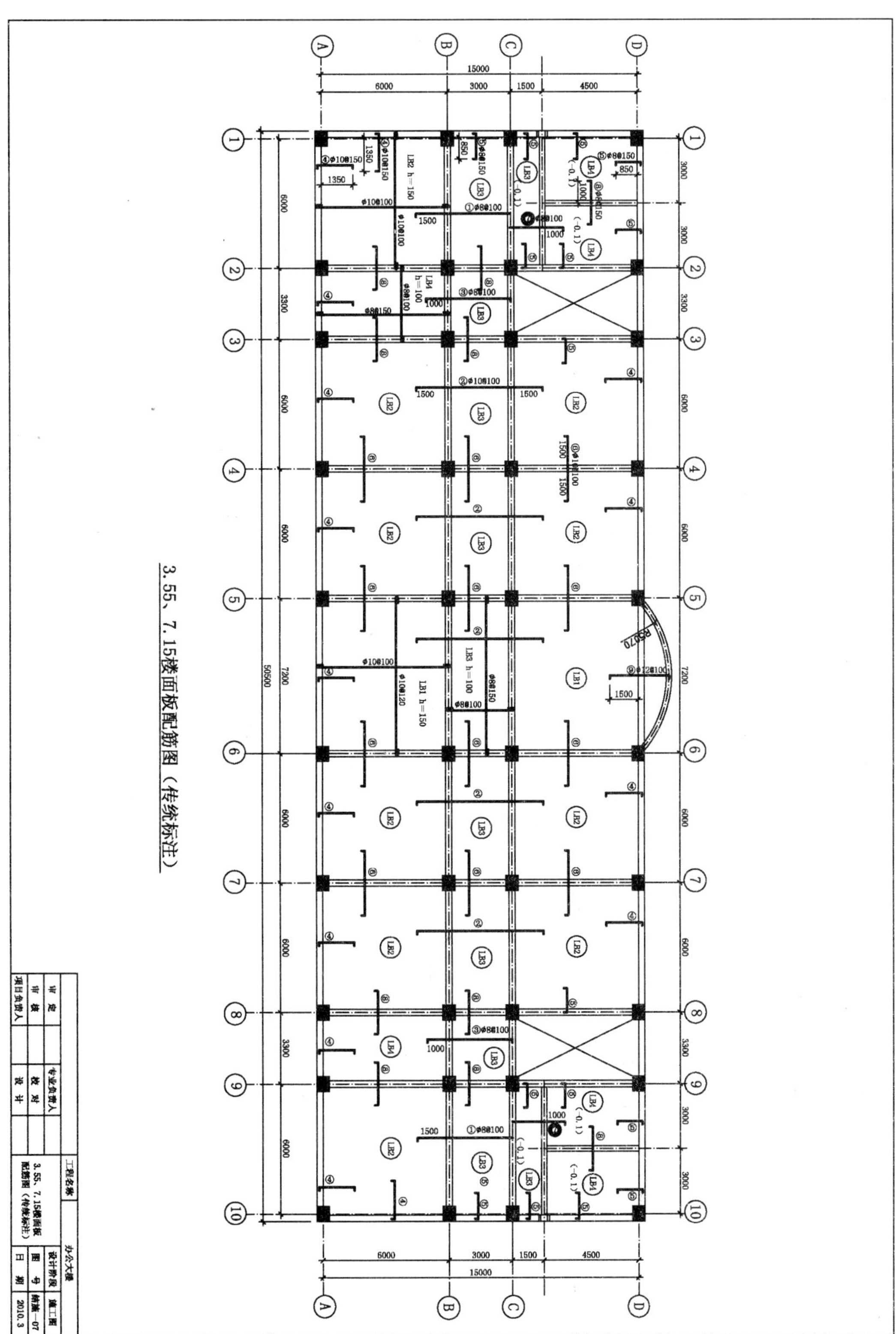

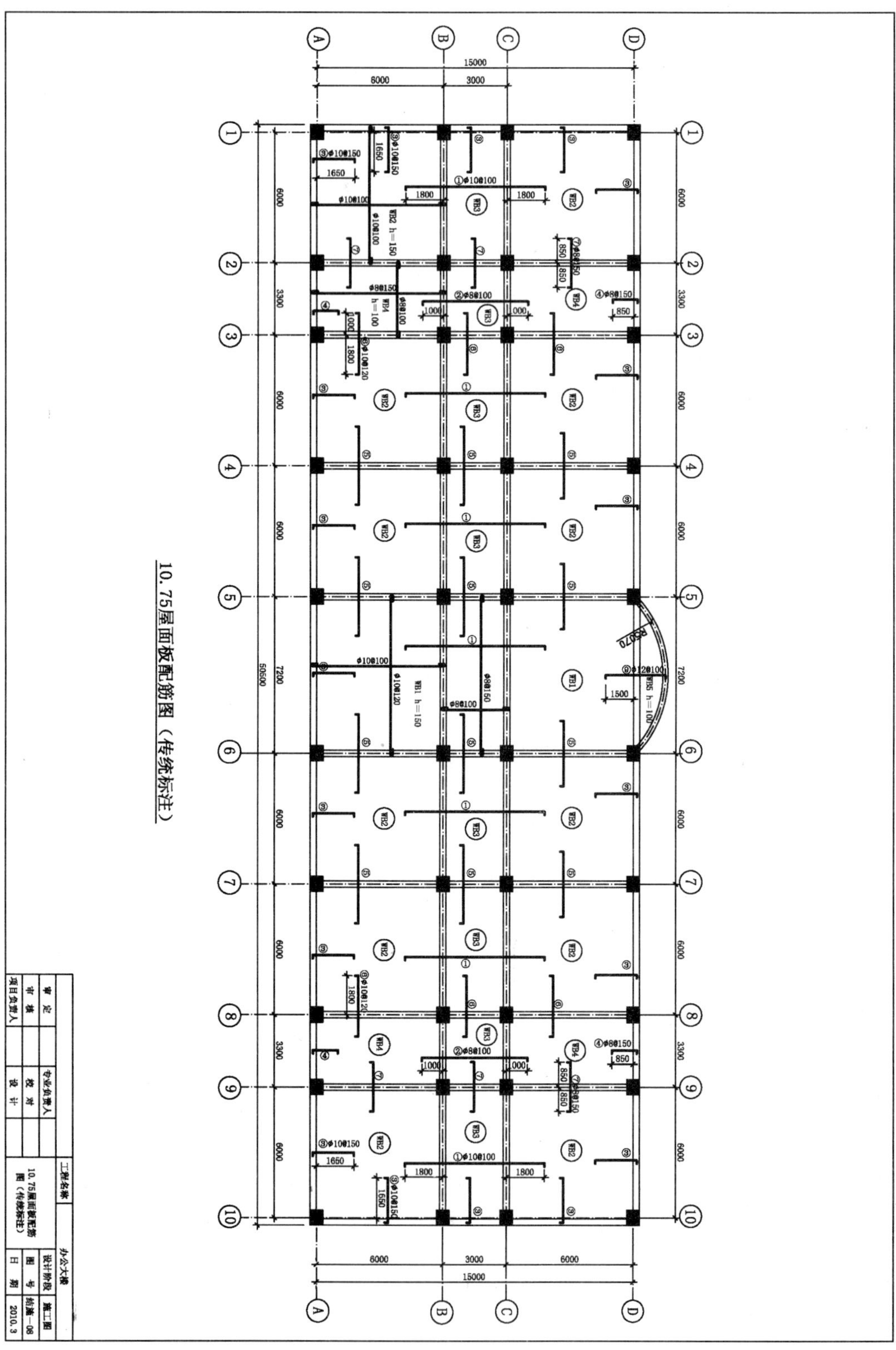

10.75屋面板配筋图（传统标注）
审定
审核
项目负责人
专业负责人
校对
设计
工程名称
办公大楼
10.75屋面板配筋图（传统标注）
设计阶段
施工图
图号
结施—08
日期
2010.3

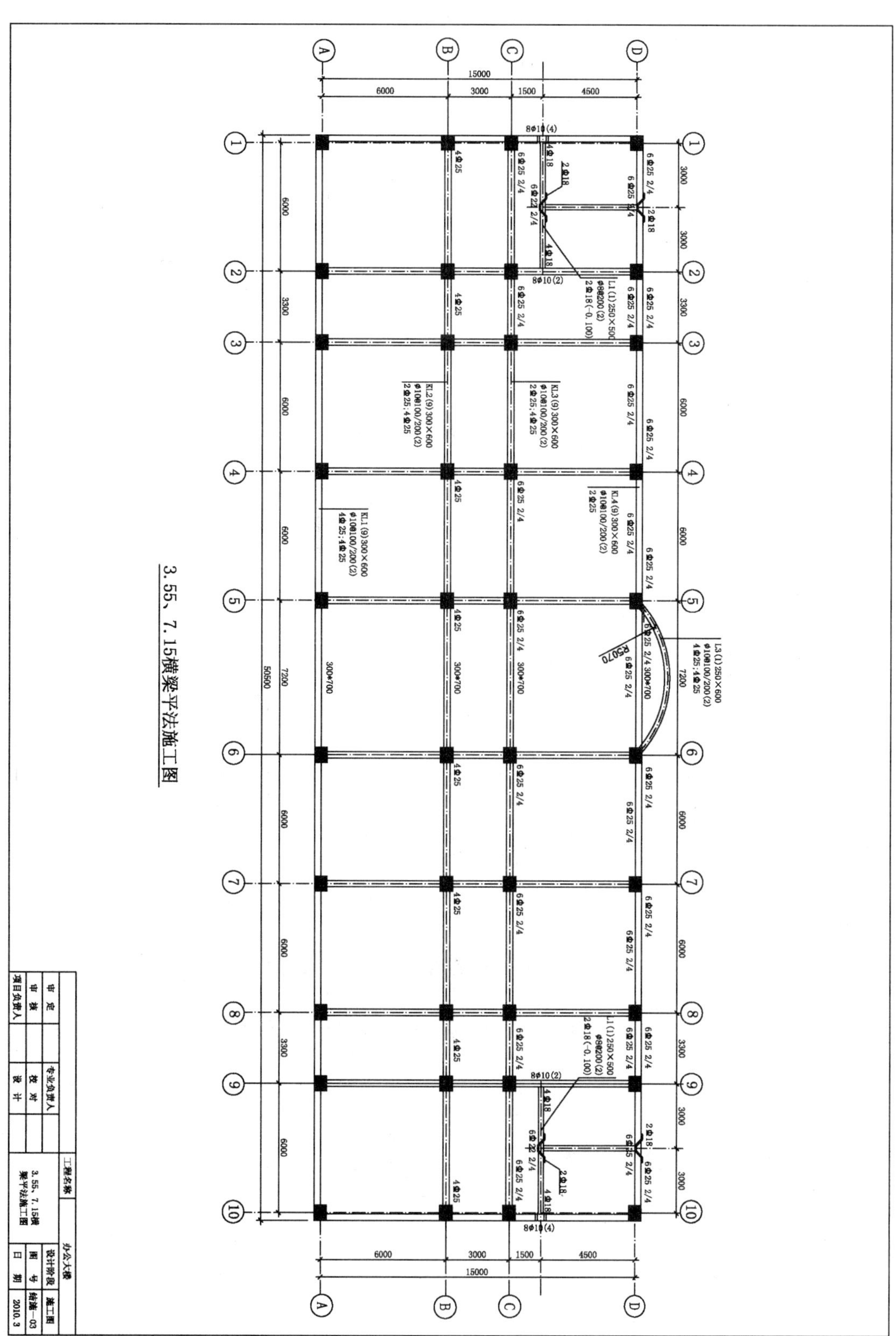
3.55、7.15横梁平法施工图
审定
审核
项目负责人
专业负责人
校对
设计
工程名称
办公大楼
3.55、7.15横梁平法施工图
设计阶段
施工图
图号
结施-03
日期
2010.3

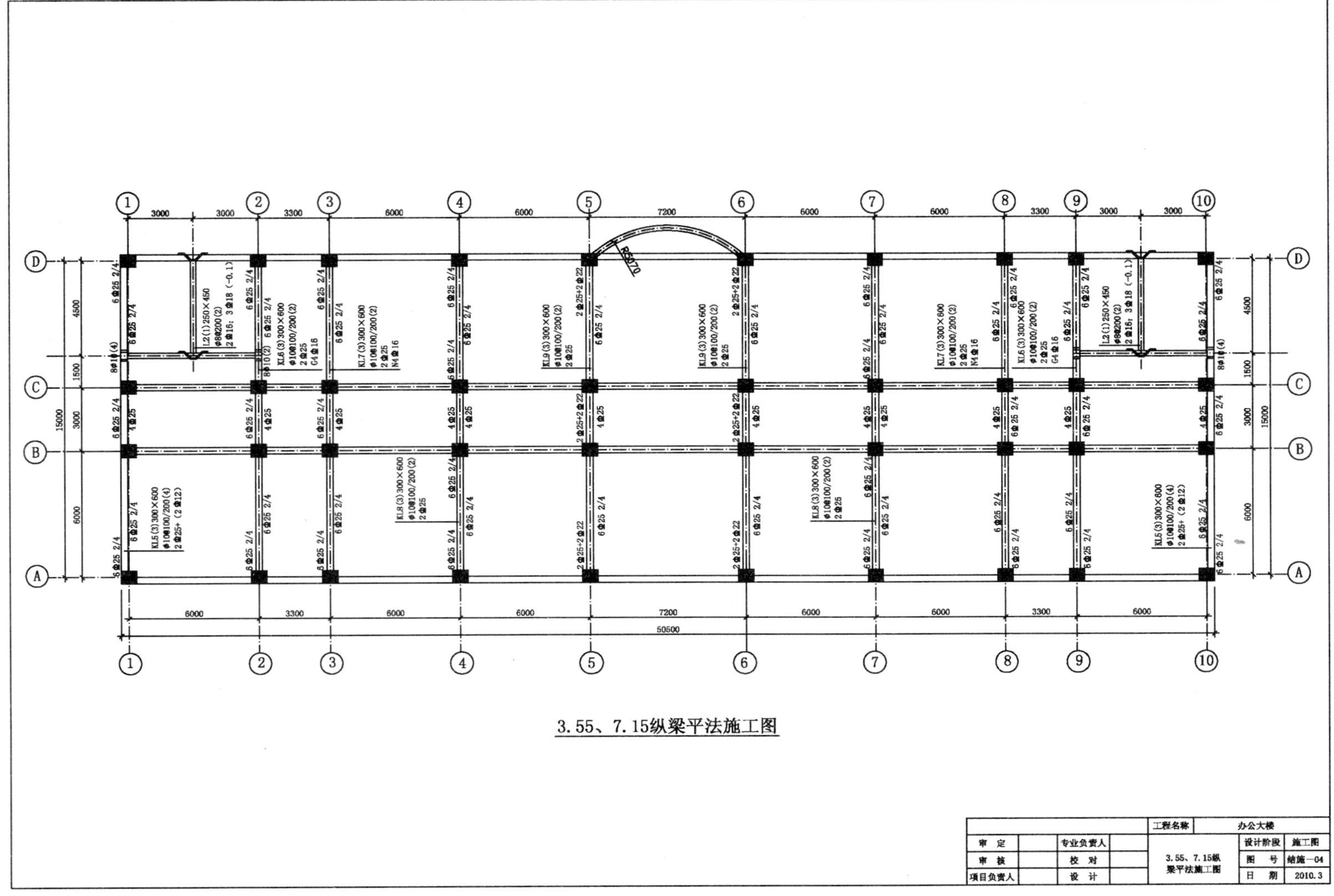
3.55、7.15纵梁平法施工图
50600
15000
KL5(3)300×600
ф10@100/200(4)
2⌀25+(2⌀12)
L2(1)250×450
ф8@200(2)
2⌀16；3⌀18(-0.1)
KL6(3)300×600
ф10@100/200(2)
2⌀25
G4⌀16
KL7(3)300×600
ф10@100/200(2)
2⌀25
N4⌀16
KL8(3)300×600
ф10@100/200(2)
2⌀25
KL9(3)300×600
ф10@100/200(2)
2⌀25
6⌀25 2/4
4⌀25
2⌀25+2⌀22
8ф10(4)
8ф10(2)
R5670
工程名称
办公大楼
审定
专业负责人
审核
校对
项目负责人
设计
3.55、7.15纵梁平法施工图
设计阶段
施工图
图号
结施—04
日期
2010.3

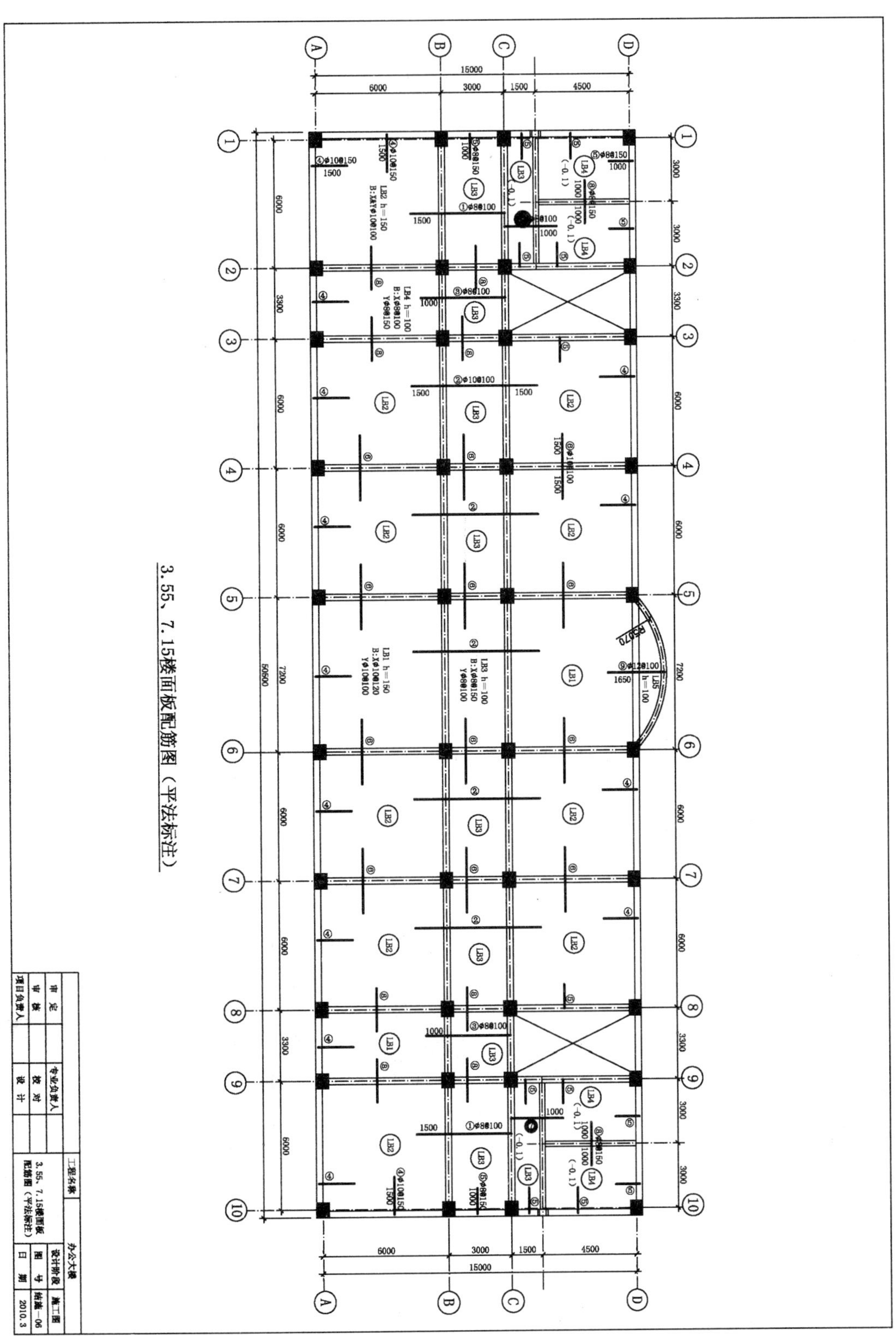
3.55、7.15楼面板配筋图（平法标注）
工程名称
办公大楼
3.55、7.15楼面板配筋图（平法标注）
设计阶段 施工图
图号 结施—06
日期 2010.3
审定
审核
项目负责人
专业负责人
校对
设计

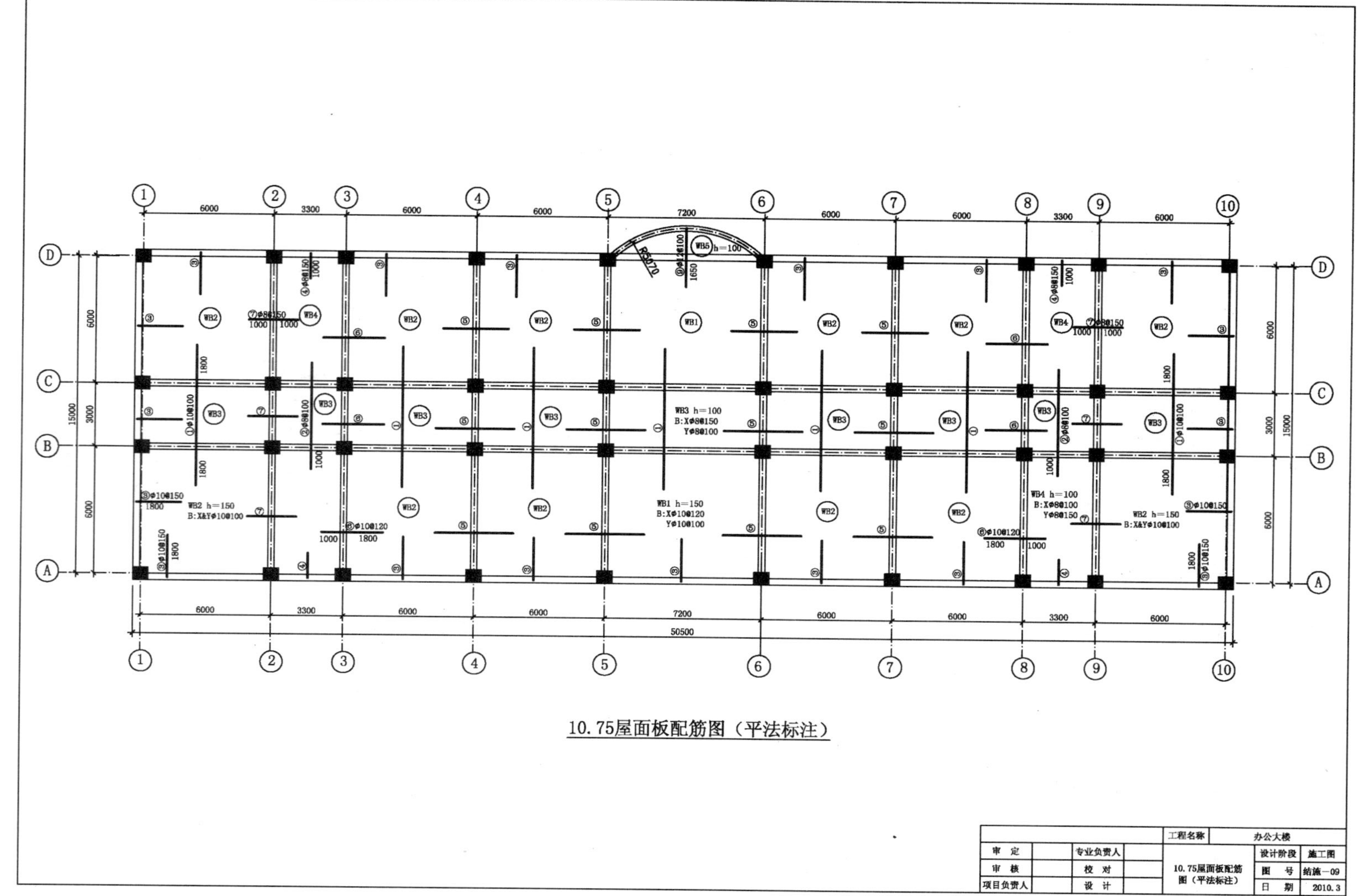
10.75屋面板配筋图（平法标注）
工程名称
办公大楼
审定
审核
项目负责人
专业负责人
校对
设计
10.75屋面板配筋图（平法标注）
设计阶段
施工图
图号
结施—09
日期
2010.3

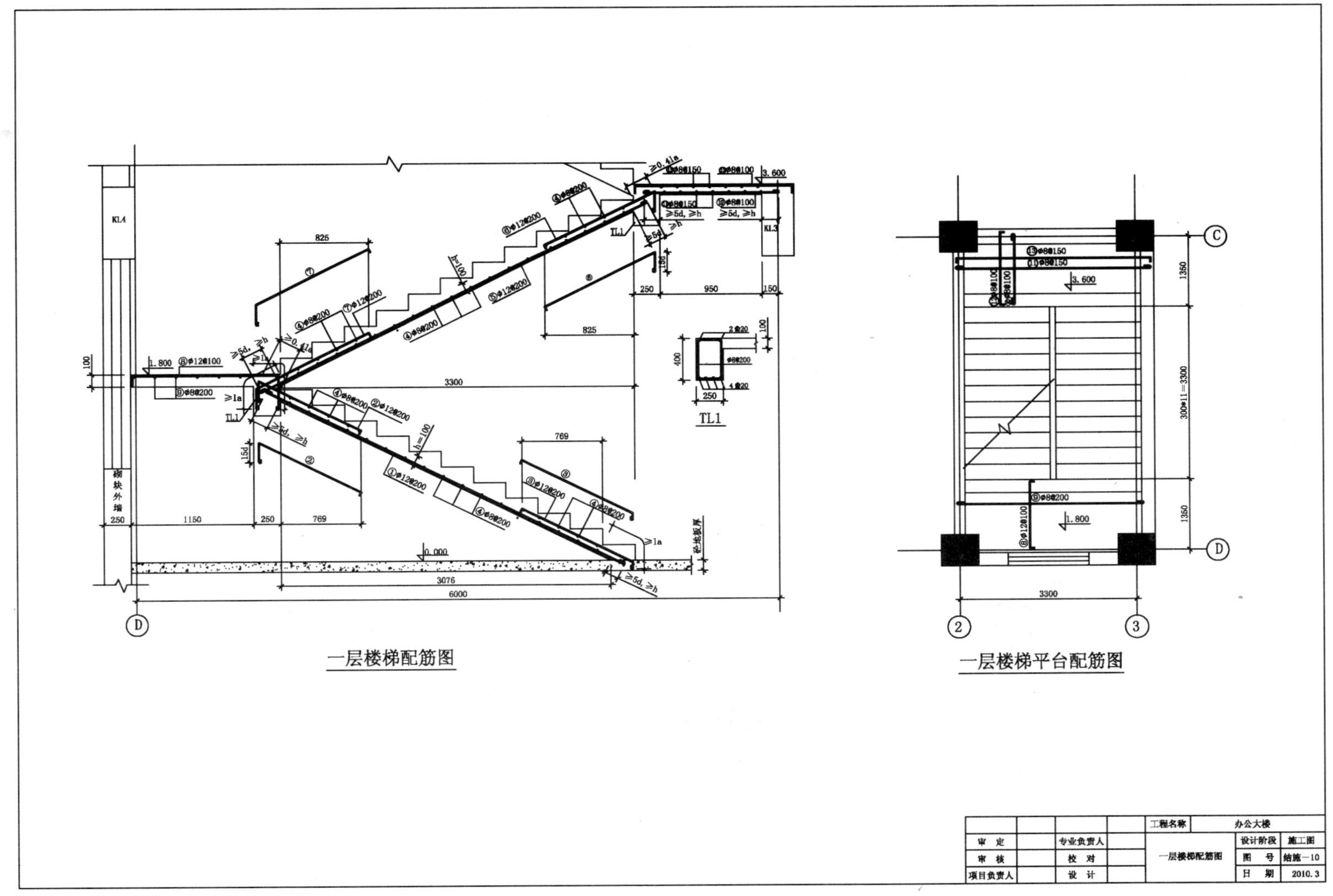


| 审 定 | | 专业负责人 | | 工程名称 | 办公大楼 | |
|---|---|---|---|---|---|---|
| 审 核 | | 校 对 | | 一层楼梯配筋图 | 设计阶段 | 施工图 |
| 项目负责人 | | 设 计 | | | 图 号 | 结施－10 |
| | | | | | 日 期 | 2010.3 |

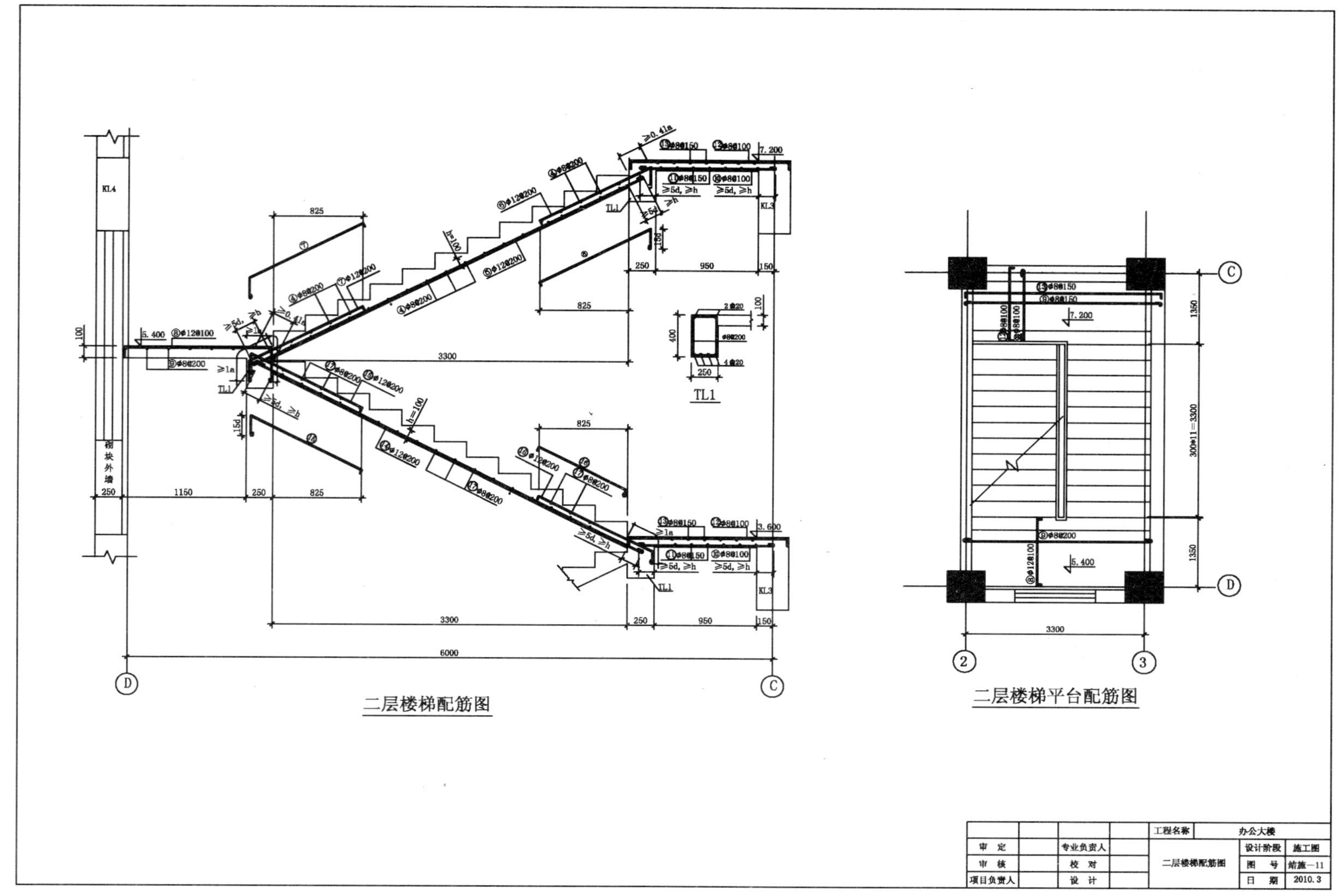

KL4
砌块外墙
5.400
TL1
825
3300
250
950
150
1150
6000
7.200
3.600
KL3
TL1
400
250
二层楼梯配筋图
1350
300*11=3300
3300
5.400
7.200
二层楼梯平台配筋图
工程名称
办公大楼
审定
专业负责人
二层楼梯配筋图
设计阶段
施工图
审核
校对
图号
结施—11
项目负责人
设计
日期
2010.3

# 附录 B

## 招标公告格式

# 招标公告(未进行资格预审)

____________(项目名称)____________标段施工招标公告

1. 招标条件

本招标项目______________(项目名称)已由______________(项目审批、核准或备案机关名称)以________________(批文名称及编号)批准建设，项目业主为______________，建设资金来自___________________(资金来源)，项目出资比例为______________，招标人为________________。项目已具备招标条件，现对该项目的施工进行公开招标。

2. 项目概况与招标范围

________(说明本次招标项目的建设地点、规模、计划工期、招标范围、标段划分等)。

3. 投标人资格要求

3.1 本次招标要求投标人须具备________资质，________业绩，并在人员、设备、资金等方面具有相应的施工能力。

3.2 本次招标_________(接受或不接受)联合体投标。联合体投标的，应满足下列要求：__________________________________。

3.3 各投标人均可就上述标段中的______(具体数量)个标段投标。

4. 招标文件的获取

4.1 凡有意参加投标者，请于____年____月____日至____年____月____日(法定公休日、法定节假日除外)，每日上午_____时至____时，下午____时至____时(北京时间，下同)，在__________________(详细地址)持单位介绍信购买招标文件。

4.2 招标文件每套售价__________________元，售后不退。图纸押金________元，在退还图纸时退还(不计利息)。

4.3 邮购招标文件的，需另加手续费(含邮费)________元。招标人在收到单位介绍信和邮购款(含手续费)后____日内寄送。

5. 投标文件的递交

5.1 投标文件递交的截止时间(投标截止时间，下同)为____年____月____日____时分，地点为____________。

5.2 逾期送达的或者未送达指定地点的投标文件，招标人不予受理。

6. 发布公告的媒介

本次招标公告同时在____________(发布公告的媒介名称)上发布。

7. 联系方式

| 招 标 人： | ________________ | 招标代理机构： | ________________ |
| --- | --- | --- | --- |
| 地　　址： | ________________ | 地　　址： | ________________ |
| 邮　　编： | ________________ | 邮　　编： | ________________ |
| 联 系 人： | ________________ | 联 系 人： | ________________ |
| 电　　话： | ________________ | 电　　话： | ________________ |
| 传　　真： | ________________ | 传　　真： | ________________ |
| 电子邮件： | ________________ | 电子邮件： | ________________ |
| 网　　址： | ________________ | 网　　址： | ________________ |
| 开户银行： | ________________ | 开户银行： | ________________ |
| 账　　号： | ________________ | 账　　号： | ________________ |

______年 _____月_____日

# 附录 C

## 投标文件格式

# 封　面

____________(项目名称)____________标段施工招标

# 投　标　文　件

投标人：______________________________(盖单位章)

法定代表人或其委托代理人：________________(签字)

________年________月________日

目　录(略)

一、投标函及投标函附录

(一) 投标函

____________________(招标人名称)：

1. 我方已仔细研究了__________(项目名称)_____标段施工招标文件的全部内容，愿意以人民币(大写)________元(¥__________)的投标总报价，工期__________日历天，按合同约定实施和完成承包工程，修补工程中的任何缺陷，工程质量达到__________。

2. 我方承诺在投标有效期内不修改、撤销投标文件。

3. 随同本投标函提交投标保证金一份，金额为人民币(大写)________元(¥______)。

4. 如我方中标：

(1) 我方承诺在收到中标通知书后，在中标通知书规定的期限内与你方签订合同。

(2) 随同本投标函递交的投标函附录属于合同文件的组成部分。

(3) 我方承诺按照招标文件规定向你方递交履约担保。

(4) 我方承诺在合同约定的期限内完成并移交全部合同工程。

5. 我方在此声明，所递交的投标文件及有关资料内容完整、真实和准确，且不存在第二章“投标人须知”第1.4.3项规定的任何一种情形。

6. ______________________________(其他补充说明)。

投 标 人：______________________(盖单位章)

法定代表人或其委托代理人：__________(签字)

地址：____________________________________

网址：____________________________________

电话：____________________________________

传真：____________________________________

邮政编码：________________________________

________年________月________日

(二) 投标函附录

| 序号 | 条款名称 | 合同条款号 | 约定内容 | 备注 |
|---|---|---|---|---|
| 1 | 项目经理 | 1.1.2.4 | 姓名：__________ | |
| 2 | 工期 | 1.1.4.3 | 天数：_______日历天 | |
| 3 | 缺陷责任期 | 1.1.4.5 | | |
| 4 | 分包 | 4.3.4 | | |
| 5 | 价格调整的差额计算 | 16.1.1 | 见价格指数权重表 | |
| …… | …… | …… | …… | |

二、法定代表人身份证明

投标人名称：______________________________

单位性质：_________________________________

地址：____________________________________

成立时间：__________年________月________日

经营期限：________________________________

姓名：_________性别：__________年龄：________职务：________

系_______________________________(投标人名称)的法定代表人。

特此证明。

投标人：__________________(盖单位章)

_______年_______月_______日

三、投标保证金(略)

四、已标价工程量清单(略)

五、施工组织设计

施工组织设计除采用文字表述外可附下列图表。

附表一：拟投入本标段的主要施工设备表

| 序号 | 设备名称 | 型号规格 | 数量 | 国别产地 | 制造年份 | 额定功率/kW | 生产能力 | 用于施工部位 | 备注 |
|---|---|---|---|---|---|---|---|---|---|
| | | | | | | | | | |
| | | | | | | | | | |

附表二：拟配备本标段的试验和检测仪器设备表

| 序号 | 仪器设备名称 | 型号规格 | 数量 | 国别产地 | 制造年份 | 已使用台时数 | 用途 | 备注 |
|---|---|---|---|---|---|---|---|---|
| | | | | | | | | |
| | | | | | | | | |

附表三：劳动力计划表

单位：人

| 工种 | 按工程施工阶段投入劳动力情况 | | | | | | |
|---|---|---|---|---|---|---|---|
| | | | | | | | |
| | | | | | | | |

附表四：计划开、竣工日期和施工进度网络图

1. 投标人应递交施工进度网络图或施工进度表，说明按招标文件要求的计划工期进行施工的各个关键日期。

2. 施工进度表可采用网络图(或横道图)表示。

附表五：施工总平面图

投标人应递交一份施工总平面图，绘出现场临时设施布置图表并附文字说明，说明临时设施、加工车间、现场办公、设备及仓储、供电、供水、卫生、生活、道路、消防等设施的情况和布置。

附表六：临时用地表

| 用　途 | 面积/平方米 | 位　置 | 需用时间 |
|---|---|---|---|
| | | | |
| | | | |

六、项目管理机构

(一) 项目管理机构组成表

| 职务 | 姓名 | 职称 | 执业或职业资格证明 | | | | | 备注 |
|---|---|---|---|---|---|---|---|---|
| | | | 证书名称 | 级别 | 证号 | 专业 | 养老保险 | |
| | | | | | | | | |
| | | | | | | | | |

(二) 主要人员简历表

“主要人员简历表”中的项目经理应附项目经理证、身份证、职称证、学历证、养老保险复印件，管理过的项目业绩须附合同协议书复印件；技术负责人应附身份证、职称证、学历证、养老保险复印件，管理过的项目业绩须附证明其所任技术职务的企业文件或用户

证明；其他主要人员应附职称证(执业证或上岗证书)、养老保险复印件。

| 姓　名 | | 年　龄 | | 学历 | |
|---|---|---|---|---|---|
| 职　称 | | 职　务 | | 拟在本合同任职 | |
| 毕业学校 | 年毕业于 | | 学校 | 专业 | |
| 主要工作经历 | | | | | |
| 时　间 | 参加过的类似项目 | | 担任职务 | 发包人及联系电话 | |
| | | | | | |
| | | | | | |

七、拟分包项目情况表

| 分包人名称 | | 地　址 | |
|---|---|---|---|
| 法定代表人 | | 电　话 | |
| 营业执照号码 | | 资质等级 | |
| 拟分包的工程项目 | 主　要　内　容 | 预计造价/万元 | 已经做过的类似工程 |
| | | | |
| | | | |

八、资格审查资料(略)

此部分适用于采用资格后审的标书。

九、其他材料

# 附录 D

## 投标书范本

正本

中华人民共和国

某工程一期

总承包工程

# 施工投标文件

(商务标)

投 标 人：**有限公司

法定代表人或委托代理人：__________

日 期：

# 目 录

# 中华人民共和国

# 某工程一期

# 总承包工程

# 投标书

投标单位：________________________

日 期：二 〇 一 〇 年 五 月 三 十 一 日________________

注：(1) 如果投标书是由合伙人公司或多个企业联合提交，投标单位必须在后页预留空间填写每个合伙人的姓名和住址。

(2)在任何情况下，投标单位必须在此填写其营业执照的编号，签发日期以及注册地区：

编号______日期：________________

注册地区____________________

致：**(**)有限公司

1. 根据已收到贵方的**能达6号地块一期总承包工程的招标文件，遵照《中华人民共和国招标投标法》及建设项目所在地的有关规定，经视察**能达6号地块一期总承包工程的工地现场，以及审查本合同协议条款、合同条件、投标须知、投标书、招标图纸、工程规范、工程基本措施项目、工程量清单及有关之招标文件之后，我司愿按照上述招标文件之要求，以人民币(大写)______________________________贰亿肆仟肆佰零玖万柒仟玖佰伍拾壹元肆角贰分____(RMB￥__244 097 951.42__元)的金额。在__666__日历天内完成全部工程(该工期经业主方接纳后即为合同工期，任何没有合同依据的因素皆不会影响已确定的合同工期)内，承担并完成整个总承包工程的施工、测试、验收及维修保养等全部工作。

2. 如果我司的投标书被接纳，我司保证：于合同内所定的完工期内完成并交付合同中规定的整个工程。合同工期包括(但不限于)任何准备工作、施工机具进场、向有关部门作任何申请、进行**能达6号地块一期总承包工程及有关部门审批等所需的时间。

3. 我司同意在从规定的截标日期起的120个公历天内遵守本投标书。在此期限届满前，本投标书仍然对我司具有约束力，并可随时被接纳。

4. 直到制订并签署了一项正式协议书前，如根据上述第3条本投标书被接纳，本投标书连同业主发出的中标通知书，将成为具有约束力的合同文件。

5. 我司确认即使在回标时注明有附加条款或建议等，除非该等建议对工期及标价的影响，否则均视作为仅供业主方参考，而不会成为投标的一部分。

6. 我司确认已完全按议标文件填妥并提交一切所需资料。

7. 我司同意业主方不受约束去接受价格最低的或其他投标书，同时不需作出任何解释。

投标单位名称______________________

地址__________________________

电话____________传真_____________

盖章____________________________________________________

法人代表或获授权代表签署#______________________________

姓名______________________________________

职位________________________副总经理__________________

日期__________________2010年05月31日__________________

营业执照号码_________________

施工执照号码______________________________________

见证人签署*______________________________________

姓名________________　身份证编号__________________

职位______________________________________

* 见证人仅作为见证投标单位代表签署本投标书，并不包含其他身份或责任。

# 加盖公司印章。

** 如属有限公司请填上公司名称。
如属合伙经营或多个企业联合投标，请填上所有合伙人姓名。

合伙人姓名　　　　　　　　　　合伙人住址地址

# 商务标综合说明

我**集团有限公司能有幸参加**一期总承包工程投标感到非常的荣幸。接到贵方的招标文件后，我们进行了认真的分析计算、询价报价，抱着一颗为贵方提供优质服务、节约投资的诚心，凭借我公司的良好社会信誉和综合实力，参与竞标并力争中标。

一、商务标报价依据、范围

1. 本商务标报价含工程基本措施费、平整场地费用、机电安装工程费用(高层住宅、低层住宅、地下车库)、土建工程费用(高层住宅、低层住宅、地下车库)、业主暂定金额、总承包配合管理协调费用。

2. 本报价按照招标文件中工程量清单要求及工程规范投标报价，标价为闭口形式，招标文件中的暂定数量标后将依据业主认可之施工图调整。

3. 投标报价已经综合考虑除合同规定外(如暂定数量、暂定单价、钢筋与混凝土的调整等)的人工、材料及设备价格波动之风险。除合同规定外，合同单价不会因人工、材料及设备价格波动、汇率的变化等因素而调整。

4. 本工程合同将按照招标工程量及投标单价以总价闭口的形式签订，如在招标工程量基础上发生工程变更，则须按工程量清单内之单价及图纸变更数量及有关优惠折扣来调整。

二、工程基本措施费用

工程基本措施项目费用固定，不因实物工程量变化而调整。包干使用，不论设计变更与否，该价款不予调整。

三、商务报价原则

华润置地是中国内地最具实力的综合型房地产企业之一，抱着与贵方真诚合作的态度，我方在考虑实际成本消耗的基础适当考虑微利的原则进行报价：① 在公司本土承建该项目地方材料采购成本价格低；② 公司各项管理费用能控制到低限值；③ 与政府及市政配套部门的协调顺畅)。在充分认识到承建该工程的重大社会意义基础上，凭借本公司的综合管理优势，力争在最短的时间内以优质、安全、低耗完成该工程的建设任务，在故乡热土上创造最佳的社会效益。

四、工程工期、质量、安全文明施工管理目标

1. 我公司将实行项目法施工管理，采用网络图合理控制工期，确保 在 666 个日历天工程按期完成。我公司一旦中标，投标工期即为合同工期，工期奖罚：若本工程的所有工作未能在合同工期或根据合同条款可以顺延的工期内完成，我方将从结算款内扣除延期赔偿金。此赔偿金以每天人民币合同总价的万分之二。

2. 我公司将建立健全质量保证体系，严格按照我公司质量管理体系认证质量标准组织管理施工，采取全过程质量控制，定期组织 QC 小组活动，做好隐蔽工程验收记录、技术复核记录、班组自检、互检记录等各种原始记录，精心施工，层层把关，不留隐患，力争多创优质工程、用户满意工程。确保本工程质量为一次性验收合格，合格率 100%，确保至少 2 栋高层获得市优质结构，一幢高层确保“扬子杯”达到验收标准。若本工程质量未达到以上要求，赔偿发包方的损失，金额为决算总价的百分之二；达到以上质量要求，获发包方奖励金额为单体结算总价的百分之二。

3. 安全文明管理目标：本工程确保南通市安全文明工地，力争江苏省文明工地，争创标化工地。确保施工安全及防火、防盗，严格执行政府部门相关规定和标准，做好文明施工，配备专职保洁员，确保施工现场容整洁。本工程施工期内所有安全、治安保卫、消防、保洁、现场管理等均由中标单位负责，同时亦必须遵守业主有关安全生产、治安保卫、卫生等方面的制度和施工现场管理的有关规定。

投标单位：XX 集团有限公司

法定代表人：**

XXXX 年 X 月 XX 日

# 工程量清单费用

（编者注：内容太多，故详细清单略）

| 项目 | 说明 | | | RMB￥ |
|---|---|---|---|---|
| | **地块一期<br>总承包工程<br>汇总表 | | | |
| | | | 页数 | |
| | 清单 1：工程基本措施项目 | | 1/S | 20 830 000.00 |
| | 清单 2：平整场地 | | 2/S | 20 000.00 |
| | 清单 3：高层住宅土建工程 | | 3/S | 109 332 203.33 |
| | 清单 4：低层住宅土建工程 | | 4/S | 33 265 111.57 |
| | 清单 5：地下车库住宅土建工程 | | 5/S | 59 404 115.45 |
| | 清单 6：高层住宅机电工程 | | 6/S | 9 951 773.81 |
| | 清单 7：低层住宅机电工程 | | 7/S | 2 226 240.18 |
| | 清单 8：地下车库机电工程 | | 8/S | 5 491 507.09 |
| | 清单 9：暂定金额项目 | | 9/S | 2 000 000.00 |
| | 清单 10：总承包配合、管理、协调费用 | | 10/S | 1 577 000.00 |
| | | | | |
| | 投标单位名称:______________ | **有限公司 | | |
| | 法定授权代表签署 ：______________ | | | |
| | 投标单位盖公司印章 ：______________ | | | |
| | 二零一零年 05 月 31 日 | | | |
| | | | 投标总价转投标书 | 244 097 951.42 |

# 主要材料供应单价表

| 序号 | 材料名称 | 规格型号 | 品牌等级 | 单位 | 供应单价 | 生产厂商 |
|---|---|---|---|---|---|---|
| 1 | 钢筋 I 级钢 | | 合格 | T | 4 400 | |
| 2 | 钢筋 II 级钢 | | 合格 | T | 4 250 | |
| 3 | 钢筋 III 级钢 | | 合格 | T | 4 370 | |
| 4 | 商品砼，C20 塌落度 12cm±1(不含泵送费)泵送 5-25 石子 | | 合格 | M3 | 280 | |
| 5 | 商品砼，C25 塌落度 12cm±1(不含泵送费)，泵送 5-25 石子 | | 合格 | M3 | 270 | |
| 6 | 商品砼，C30 塌落度 12cm±1(不含泵送费)，泵送 5-25 石子 | | 合格 | M3 | 300 | |
| 7 | 商品砼，C30，S6 抗渗，塌落度 12cm±1(不含泵送费)，泵送 5-25 石子 | | 合格 | M3 | 300 | |
| 8 | 商品砼，C35 塌落度 12cm±1(不含泵送费)，泵送 5-25 石子 | | 合格 | M3 | 310 | |
| 9 | 商品砼，C40 塌落度 12cm±1(不含泵送费)，泵送 5-25 石子 | | 合格 | M3 | 330 | |
| 10 | 商品砂浆 | | 合格 | M3 | 250 | |
| 11 | 砌块 | | 合格 | M3 | 290 | |
| 12 | 合成高分子防水材料 JS | | 合格 | kg | 12 | |

注：“供应单价”为材料运送至工地现场的价格，应与清单中的相符，否则按最有利于业主的方法计算。

# 计日工作计算规则

概述

当工程遇上变更，而该类变更工程(包括在保修期内的某些工作)无法按工程清单内的单价或其他合适单价进行结算时，经发包方批准后可按本计日工作清单内的单价及下列的规则进行计算，承包方所填报的计日工作的单价将成为合同的一部分，并且不会因工程量的变化、工期的延长、通货膨胀、汇率变动等因素而调整单价。

(1) 人工费以工日为计算单位而加班费也按此单价计算。机械设备的费用以台班小时为计算单位。

(2) 人工根据本计日工作清单内的工日单价计算，不包括任何等待、休假等时间。

(3) 所有机械以净工作台班小时单价计算，不包括任何等待时间、休息或停机时间。

(4) 所投报的工资单价内应包括所有管理费及利润、现场指导及员工保险，使用及维修小型手工操作工具，非机械性设备如梯子、棚架、作业台、搅拌台、脚手架、临时轨道、手推车、吊顶、焦油防雨布及所有类似项目的费用。

(5) 所投报的机械设备单价应包括所有机械的进出场费、管理费、利润、现场指导、租借费用、使用物料、燃料、维修及保险费用。

(6) 点工的人工及机械的用量须由发包方授权的代表签署认可。

(7) 综合人工根据非技术工及各类技术工，根据发包方提供的权数加权平均得出。在无法确定与准确估测各非技术工以及各类技术工时，以使用综合人工计量。

| 序　号 | 内　容 | 单　位 | 单价/￥ | 备注(权重) |
|---|---|---|---|---|
| | | | | |
| | 计日工作 | | | |
| | | | | |
| | 人工工资 | | | |
| | | | | |
| 1 | 非技术劳工 | 工日 | 80 | |
| | | | | |
| 2 | 混凝土工 | 工日 | 100 | |
| | | | | |
| 3 | 砌砖工 | 工日 | 100 | |
| | | | | |

续表

| 序　号 | 内　容 | 单　位 | 单价/￥ | 备注(权重) |
|---|---|---|---|---|
| 4 | 饰面工(面砖) | 工日 | 100 | |
| | | | | |
| 5 | 饰面工(涂料) | | 100 | |
| | | | | |
| 6 | 油漆工 | 工日 | 100 | |
| | | | | |
| 7 | 脚手架工 | 工日 | 100 | |
| | | | | |
| 8 | 木工 | 工日 | 100 | |
| | | | | |
| 9 | 钢筋工 | 工日 | 100 | |
| | | | | |
| 10 | 金属工 | 工日 | 100 | |
| | | | | |
| 11 | 给排水安装工 | 工日 | 120 | |
| | | | | |
| 12 | 电工 | 工日 | 120 | |
| | | | | |
| 13 | 机械设备安装工 | 工日 | 120 | |
| | | | | |
| 14 | 焊接工 | 工日 | 120 | |
| | | | | |
| | | | | |
| | | | | |
| | | | | |
| 15 | 机械设备操作员 | 工日 | 100 | |
| | | | | |
| 16 | 货车驾驶员 | 工日 | 100 | |
| 17 | 综合人工(以上人工根据权重加权平均得出) | 工日 | 103.75 | |

续表

| 序 号 | 内 容 | 单 位 | 单价/¥ |
|---|---|---|---|
| | | | |
| | 计日工作 | | |
| | | | |
| | 机械设备费用 | | |
| | | | |
| | 机械设备费用 | 台班小时 | |
| | (投标单位应按分页列出施工组织设计安排的相关机械设备的型号、规格、并投报各项单价，单位一般均按小时计)。 | | |
| | | | |
| | 挖土机 1m3 以内 | 台班小时 | 170 |
| | 挖土机 1m3 以外 | 台班小时 | 200 |
| | 塔吊 | 台班小时 | 70 |
| | 混凝土搅拌机 | 台班小时 | 20 |
| | 砂浆搅拌机 | 台班小时 | 15 |
| | 平板振动器 | 台班小时 | 2 |
| | 插入式振动器 | 台班小时 | 2 |
| | 钢筋弯曲机 | 台班小时 | 4 |
| | 钢筋切断机 | 台班小时 | 6 |
| | 履带式起重机 15t | 台班小时 | 100 |
| | 木工圆锯机 | 台班小时 | 4.5 |
| | 木工压刨床 | 台班小时 | 6.5 |
| | 电动单级离心清水泵 | 台班小时 | 20 |
| | 双笼施工电梯 | 台班小时 | 70 |
| | 单笼施工电梯 | 台班小时 | 50 |
| | 汽车式起重机 5t | 台班小时 | 75 |
| | 蛙式打夯机 | 台班小时 | 15 |
| | 电动卷扬机 | 台班小时 | 15 |
| | 污水泵 100 | 台班小时 | 30 |
| | 交流电焊机 30kVA | 台班小时 | 25 |
| | 对焊机 75kVA | 台班小时 | 28 |
| | 电渣焊机 1000A | 台班小时 | 38 |
| | 电动空气压缩机 $1m^3$/min | 台班小时 | 18 |
| | 载重汽车 15t | 台班小时 | 125 |

# 材料选用品牌表

电气系统

| 项目 | 设备或材料 | 可选品牌 | 分包人选用品牌、产地及型号 |
|---|---|---|---|
| 1 | 电线电缆 | 上海红旗电缆/上海浦东电缆/上海电线厂(熊猫牌)/上海电线五厂(星河牌)/远东电缆/或同等 | 上海红旗电缆/远东电缆或同等 |
| 2 | 聚氯乙烯硬质管 PVC(包括接线盒) | 中财/百士高/公元/或同等 | 中财/公元或同等 |
| 3 | 镀锌钢管、电线管 | 上海申联/宝钢/劳动/浙江金洲/或同等 | 浙江金洲/或同等 |
| 4 | 配电箱断路器 | ABB/SIEMENS/HAGER/或同等 | |
| 5 | 无缝钢管 | 武钢/鞍钢/或同等 | 武钢或同等 |
| 6 | 桥架、线槽 | 上海振华/江苏杨中/或同等 | 江苏杨中/或同等 |
| 7 | 插座、跷板开关 | 上海松日、杭州鸿雁 86 系列产品(已有暂定价除外)或同等 | 上海松日或同等 |
| 8 | 声光感应开关、延时开关 | TCL、奇胜、飞利浦产品 | TCL、或同等 |
| 9 | 应急疏散指示灯应急照明灯(双头猫眼灯) | 利德、宝兴、明斯达公司产品或同等 | 利德或同等 |
| 10 | 扁圆形吸顶灯和壁灯 | 沪光、明斯达产品或同等 | 沪光、或同等 |
| 11 | 荧光灯及电子镇流器 | 飞利浦、亚明、GE 国内合资产品或同等 | 飞利浦或同等 |

给排水系统

| 项目 | 设备或材料 | 可选品牌 | 分包人选用品牌、产地及型号 |
|---|---|---|---|
| 1 | PVC-U 排水管、雨水管、硬聚氯乙烯螺旋排水管 | 金德/公元/中财/或同等 | 公元/中财/或同等 |
| 2 | 阀组 | 冠龙/高乔/高压/剑桥/或同等 | 高乔或同等 |
| 3 | PERT、PP-R 管 | 金德/公元/乔治费歇尔/或同等 | 金德/公元或同等 |
| 4 | 钢塑复合管 | 德士/莘天/米兰/或同等 | 米兰/或同等 |
| 5 | 简易卫生洁具 | 可通过上海市验收 | 可通过南通市验收 |
| 6 | 水泵 | 连城/凯泉/东方/熊猫/或同等 | |

通风及排烟、消防、人防系统

| 项目 | 设备或材料 | 可选品牌 | 分包人选用品牌、产地及型号 |
|---|---|---|---|
| 1 | 排烟风机 | 上海德惠/上海涌华/上虞风机 | |
| 2 | 消防设备材料 | 合格产品并符合消防部门验收规范 | 无锡合格产品并符合消防部门验收规范 |
| 3 | 消防报警 | 云安/或同等 | 云安/或同等 |
| 4 | 人防产品(地库 4) | 人防部门认可之合格产品，确保人防验收通过 | |

土建工程

| 序号 | 名称 | 可选品牌 | 备注 |
|---|---|---|---|
| 1 | 外墙保温系统(EPS 保温板) | 见 2007~2008 上海市新型墙体和建筑节能材料行业质量优胜企业公告(外墙保温系统) | 上海台丰实业发展有限公司 |
| 2 | 砼、商品砂浆、砌块 | 自报品牌，需经业主考察确认 | 南通宇部商品混凝土有限公司 |
| 3 | 合成高分子防水材料 | 北京“雨虹”、“中核 2000”、“月星”、“曹杨” | 月星 |
| 4 | 高聚物改性沥青防水卷材(3mmAPP) | 沈阳蓝关“长空”、北京“雨虹”、宝鸡“秦岭” | 雨虹 |
| 5 | 钢筋 | 自报品牌 | 免检产品 |
| 6 | 白色涂料、防霉涂料 | 中南、汇丽 | 中南 |

注：防水工程、保温工程、仿石涂料工程等专业分包工程需有专业资质单位负责实施，专业施工单位由总承包人上报发包人，得到发包人书面认可后方可承担相应专业工程的施工。

备注说明：

1. 材料品牌选用表发给各投标单位。若工程量清单中以暂定材料价列项(清单项目的暂定价为设备或材料暂定价)，请投标单位还以暂定材料价进行报价，在施工过程中由发包方 / 估算师按上述品牌选用表中的列出的品牌进行核价；若工程量清单中未列的暂定材料价的项目，则投标单位在报价时需考虑上述品牌选用表所列的其中的品牌。

2. 因部分材料、设备规格、型号不详，暂由招标人提供暂定价格(材料、设备供应方式待定)，投标报价时，投标人在暂定价格的基础上还应计算相应的损耗、税金、采管费等。

# 施工工期承诺

一、施工工期：

本工程总施工工期为 666 日历天(包括公休日及公众假期、恶劣天气、政府部门限制的施工的日期及时间)。总工期已包括了施工准备期。

具体的进度计划如下。

| 建筑类别 | ±0.00 结构完成 | 高层主体达到 2 层具备销售条件 | 外脚手架拆除完成 | 竣工备案完成 |
|---|---|---|---|---|
| 低密产品 | 第一批 2010.8.25<br>第二批 2010.9.30 | | 第一批 2011.3.16<br>第二批 2011.5.17 | 2011.11.15 |
| 高层 | 第一批 2010.8.13<br>第二批 2010.9.7 | 第一批 2010.9.15<br>第二批 2010.10.1 | 2011.7.22 | 2012.4.20 |

我方将工程进度或书面指令。如有困难或疑问，必须与甲方项目部代表协商，我方承诺：在没有合理原因之情况下，不能按甲方指示完成预定进度，将不作工期延误处理。

二、延期赔偿：

若本工程的所有工作未能在合同工期或根据合同条款可以顺延的工期内完成，我方将从结算款内扣除延期赔偿金。此赔偿金以每天人民币合同总价的万分之二。

投标单位：**有限公司

法定代表人：**

××××年××月××日

# 质量、安全目标及其经济奖罚措施

一、质量目标：

1、一次性验收合格率达 100%(按照国家及工程所在地标准。如有矛盾，以要求较高者为准)。

2、本标段至少 2 栋高层确保获得市优质结构，一幢高层确保“扬子杯”达到验收标准。

若本工程质量未达到以上要求，赔偿发包方的损失，金额为决算总价的百分之二；达到以上质量要求，获发包方合同外追加奖励金额为单体结算总价的百分之二。

二、安全目标：

1、安全事故目标为零。

2、本工程确保南通市安全文明工地，力争江苏省文明工地，争创标化工地。

本项目以合同之基本措施费用的 5%作为施工单位的安全生产及施工现场安全管理的保证金，工程施工过程中，施工单位须按“安全生产责任书及施工现场安全管理目标承诺书”的要求，做好施工管理及安全管理工作。若违反上述承诺，则由甲方以相应的处罚，有关罚金从工程结算中予以扣除。

投标单位：**有限公司

法定代表人：**

××××年××月××日

# 参 考 文 献


[1] 强立明. 建筑工程招标投标实例教程[M]. 北京：机械工业出版社，2010.

[2] 赵旭升. 水利水电工程招标投标与标书编制[M]. 北京：中国水利水电出版社，2010.

[3] 王华. 工程招标与投标报价实战指南[M]. 北京：中国电力出版社，2010.

[4] 李志生. 建筑工程招投标实务与案例分析[M]. 北京：机械工业出版社，2010.

[5] 刘钟莹. 建筑工程工程量清单计价[M]. 南京：东南大学出版社，2010.

[6] 广联达软件股份有限公司. 框架实例清单模式软件算量[M]. 北京：中国建材工业出版社，2009.

[7] 何辉，吴瑛. 建筑工程计价新教程[M]. 杭州：浙江人民出版社，2007.

[8] 张向辉，王艳玉. 建筑工程造价案例[M]. 哈尔滨：哈尔滨工程大学出版社，2008.

[9] 李佐华. 建筑工程计量与计价[M]. 北京：高等教育出版社，2005.

[10] 宁先平. 工程建设法规与合同管理[M]. 北京：人民交通出版社，2010.

[11] 全国一级建造师执业资格考试用书编写委员会. 建设工程法规与相关知识[M].北京：中国建筑工业出版社，2010.

[12] 全国一级建造师执业资格考试用书编写委员会. 建设工程法律法规选编[M].北京：中国建筑工业出版社，2010.

[13] 杨庆丰. 建筑工程招投标与合同管理[M]. 北京：机械工业出版社，2009.

[14] 袁炳玉，朱建元. 中外招投标经典案例与评析[M]. 北京：电子工业出版社，2004.

[15] 张向辉，王艳玉. 建筑工程造价案例[M]. 哈尔滨：哈尔滨工程大学出版社，2008.

[16] 孙剑. 工程项目管理[M]. 北京：中国水利水电出版社，2011.

# 北京大学出版社高职高专土建系列规划教材

| 序号 | 书名 | 书号 | 编著者 | 定价 | 出版时间 | 印次 | 配套情况 | |
|---|---|---|---|---|---|---|---|---|
| | | **基础课程** | | | | | | |
| 1 | 工程建设法律与制度 | 978-7-301-14158-8 | 唐茂华 | 26.00 | 2011.7 | 5 | ppt/pdf | |
| 2 | 建设工程法规 | 978-7-301-16731-1 | 高玉兰 | 30.00 | 2012.4 | 9 | ppt/pdf/答案 | ★ |
| 3 | 建筑工程法规实务 | 978-7-301-19321-1 | 杨陈慧等 | 43.00 | 2012.1 | 2 | ppt/pdf | ★ |
| 4 | 建筑法规 | 978-7-301-19371-6 | 董伟等 | 39.00 | 2012.4 | 2 | ppt/pdf | ★ |
| 5 | AutoCAD 建筑制图教程 | 978-7-301-14468-8 | 郭　慧 | 32.00 | 2012.4 | 12 | ppt/pdf/素材 | ★ |
| 6 | AutoCAD 建筑绘图教程 | 978-7-301-19234-4 | 唐英敏等 | 41.00 | 2011.7 | 2 | ppt/pdf | ★ |
| 7 | 建筑工程专业英语 | 978-7-301-15376-5 | 吴承霞 | 20.00 | 2012.4 | 6 | ppt/pdf | ★ |
| 8 | 建筑工程制图与识图 | 978-7-301-15443-4 | 白丽红 | 25.00 | 2012.4 | 7 | ppt/pdf/答案 | ★ |
| 9 | 建筑制图习题集 | 978-7-301-15404-5 | 白丽红 | 25.00 | 2012.4 | 6 | pdf | |
| 10 | 建筑制图 | 978-7-301-15405-2 | 高丽荣 | 21.00 | 2012.4 | 6 | ppt/pdf | ★ |
| 11 | 建筑制图习题集 | 978-7-301-15586-8 | 高丽荣 | 21.00 | 2012.4 | 5 | pdf | |
| 12 | 建筑工程制图 | 978-7-301-12337-9 | 肖明和 | 36.00 | 2011.7 | 3 | ppt/pdf/答案 | |
| 13 | 建筑制图与识图 | 978-7-301-18806-4 | 曹雪梅等 | 24.00 | 2012.2 | 3 | ppt/pdf | ★ |
| 14 | 建筑制图与识图习题册 | 978-7-301-18652-7 | 曹雪梅等 | 30.00 | 2012.4 | 3 | pdf | ★ |
| 15 | 建筑构造与识图 | 978-7-301-14465-7 | 郑贵超等 | 45.00 | 2012.4 | 10 | ppt/pdf | ★ |
| 16 | 建筑制图与识图 | 978-7-301-20070-4 | 李元玲 | 28.00 | 2012.2 | 1 | ppt/pdf | ★ |
| 17 | 建筑制图与识图习题集 | 978-7-301-20425-2 | 李元玲 | 24.00 | 2012.3 | 1 | ppt/pdf | ★ |
| 18 | 建筑工程应用文写作 | 978-7-301-18962-7 | 赵立等 | 40.00 | 2012.6 | 2 | ppt/pdf | ★ |
| 19 | 建筑工程专业英语 | 978-7-301-20003-2 | 韩薇等 | 24.00 | 2012.1 | 1 | ppt/ pdf | ★ |
| | | **施工类** | | | | | | |
| 20 | 建筑工程测量 | 978-7-301-16727-4 | 赵景利 | 30.00 | 2012.4 | 6 | ppt/pdf /答案 | ★ |
| 21 | 建筑工程测量 | 978-7-301-15542-4 | 张敬伟 | 30.00 | 2012.4 | 8 | ppt/pdf /答案 | ★ |
| 22 | 建筑工程测量 | 978-7-301-19992-3 | 潘益民 | 38.00 | 2012.2 | 1 | ppt/ pdf | ★ |
| 23 | 建筑工程测量实验与实习指导 | 978-7-301-15548-6 | 张敬伟 | 20.00 | 2012.4 | 7 | pdf/答案 | |
| 24 | 建筑工程测量 | 978-7-301-13578-5 | 王金玲等 | 26.00 | 2011.8 | 3 | pdf | |
| 25 | 建筑工程测量实训 | 978-7-301-19329-7 | 杨凤华 | 27.00 | 2012.4 | 2 | pdf | ★ |
| 26 | 建筑工程测量（含实验指导手册） | 978-7-301-19364-8 | 石　东等 | 43.00 | 2012.6 | 2 | ppt/pdf | ★ |
| 27 | 建筑施工技术 | 978-7-301-12336-2 | 朱永祥等 | 38.00 | 2012.4 | 7 | ppt/pdf | |
| 28 | 建筑施工技术 | 978-7-301-16726-7 | 叶　雯等 | 44.00 | 2011.7 | 3 | ppt/pdf /素材 | ★ |
| 29 | 建筑施工技术 | 978-7-301-19499-7 | 董伟等 | 42.00 | 2011.9 | 1 | ppt/pdf | ★ |
| 30 | 建筑施工技术 | 978-7-301-19997-8 | 苏小梅 | 38.00 | 2012.1 | 1 | ppt/pdf | ★ |
| 31 | 建筑工程施工技术 | 978-7-301-14464-0 | 钟汉华等 | 35.00 | 2012.1 | 6 | ppt/pdf | ★ |
| 32 | 建筑施工技术实训 | 978-7-301-14477-0 | 周晓龙 | 21.00 | 2012.4 | 5 | pdf | ★ |
| 33 | 房屋建筑构造 | 978-7-301-19883-4 | 李少红 | 26.00 | 2012.1 | 1 | ppt/pdf | ★ |
| 34 | 建筑力学 | 978-7-301-13584-6 | 石立安 | 35.00 | 2012.2 | 6 | ppt/pdf | ★ |
| 35 | 土木工程实用力学 | 978-7-301-15598-1 | 马景善 | 30.00 | 2012.1 | 3 | pdf/ppt | ★ |
| 36 | 土木工程力学 | 978-7-301-16864-6 | 吴明军 | 38.00 | 2011.11 | 2 | ppt/pdf | ★ |
| 37 | PKPM 软件的应用 | 978-7-301-15215-7 | 王　娜 | 27.00 | 2012.4 | 4 | pdf | ★ |
| 38 | 工程地质与土力学 | 978-7-301-20723-9 | 杨仲元 | 40.00 | 2012.6 | 1 | ppt/pdf | ★ |
| 39 | 建筑结构 | 978-7-301-17086-1 | 徐锡权 | 62.00 | 2011.8 | 2 | ppt/pdf /答案 | ★ |
| 40 | 建筑结构 | 978-7-301-19171-2 | 唐春平等 | 41.00 | 2012.6 | 2 | ppt/pdf | |
| 41 | 建筑力学与结构 | 978-7-301-15658-2 | 吴承霞 | 40.00 | 2012.4 | 9 | ppt/pdf | ★ |
| 42 | 建筑材料 | 978-7-301-13576-1 | 林祖宏 | 35.00 | 2012.6 | 9 | ppt/pdf | ★ |
| 43 | 建筑材料与检测 | 978-7-301-16728-1 | 梅　杨等 | 26.00 | 2012.4 | 7 | ppt/pdf | ★ |
| 44 | 建筑材料检测试验指导 | 978-7-301-16729-8 | 王美芬等 | 18.00 | 2012.4 | 4 | pdf | |
| 45 | 建筑材料与检测 | 978-7-301-19261-0 | 王　辉 | 35.00 | 2012.6 | 2 | ppt/pdf | ★ |
| 46 | 建筑材料与检测试验指导 | 978-7-301-20045-8 | 王　辉 | 20.00 | 2012.1 | 1 | ppt/pdf | ★ |
| 47 | 建设工程监理概论 | 978-7-301-14283-7 | 徐锡权等 | 32.00 | 2012.2 | 6 | ppt/pdf /答案 | ★ |
| 48 | 建设工程监理 | 978-7-301-15017-7 | 斯　庆 | 26.00 | 2012.1 | 4 | ppt/pdf /答案 | ★ |
| 49 | 建设工程监理概论 | 978-7-301-15518-9 | 曾庆军等 | 24.00 | 2012.1 | 4 | ppt/pdf | |
| 50 | 工程建设监理案例分析教程 | 978-7-301-18984-9 | 刘志麟等 | 38.00 | 2011.7 | 1 | ppt/pdf | ★ |
| 51 | 地基与基础 | 978-7-301-14471-8 | 肖明和 | 39.00 | 2012.4 | 7 | ppt/pdf | ★ |
| 52 | 地基与基础 | 978-7-301-16130-2 | 孙平平等 | 26.00 | 2012.1 | 2 | ppt/pdf | |
| 53 | 建筑工程质量事故分析 | 978-7-301-16905-6 | 郑文新 | 25.00 | 2012.1 | 3 | ppt/pdf | ★ |
| 54 | 建筑工程施工组织设计 | 978-7-301-18512-4 | 李源清 | 26.00 | 2012.4 | 3 | ppt/pdf | ★ |
| 55 | 建筑工程施工组织实训 | 978-7-301-18961-0 | 李源清 | 40.00 | 2012.1 | 2 | pdf | ★ |

| 序号 | 书名 | 书号 | 编著者 | 定价 | 出版时间 | 印次 | 配套情况 | |
|---|---|---|---|---|---|---|---|---|
| 56 | 建筑施工组织项目式教程 | 978-7-301-19901-5 | 杨红玉 | 44.00 | 2012.1 | 1 | ppt/pdf | |
| 57 | 生态建筑材料 | 978-7-301-19588-2 | 陈剑峰等 | 38.00 | 2011.10 | 1 | ppt/pdf | |
| 58 | 钢筋混凝土工程施工与组织 | 978-7-301-19587-1 | 高　雁 | 32.00 | 2012.5 | 1 | ppt / pdf | |
| | 工 程 管 理 类 | | | | | | | |
| 59 | 建筑工程经济 | 978-7-301-15449-6 | 杨庆丰等 | 24.00 | 2012.4 | 9 | ppt/pdf | ★ |
| 60 | 施工企业会计 | 978-7-301-15614-8 | 辛艳红等 | 26.00 | 2012.2 | 4 | ppt/pdf | ★ |
| 61 | 建筑工程项目管理 | 978-7-301-12335-5 | 范红岩等 | 30.00 | 2012. 4 | 9 | ppt/pdf | ★ |
| 62 | 建设工程项目管理 | 978-7-301-16730-4 | 王　辉 | 32.00 | 2012.4 | 3 | ppt/pdf | ★ |
| 63 | 建设工程项目管理 | 978-7-301-19335-8 | 冯松山等 | 38.00 | 2011.8 | 1 | pdf | |
| 64 | 建设工程招投标与合同管理 | 978-7-301-13581-5 | 宋春岩等 | 30.00 | 2012.4 | 11 | ppt/pdf/答案/试题/教案 | ★ |
| 65 | 工程项目招投标与合同管理 | 978-7-301-15549-3 | 李洪军等 | 30.00 | 2012.2 | 5 | ppt | ★ |
| 66 | 工程项目招投标与合同管理 | 978-7-301-16732-8 | 杨庆丰 | 28.00 | 2012.4 | 5 | ppt | ★ |
| 67 | 建筑工程商务标编制实训 | 978-7-301-20804-5 | 钟振宇 | 35.00 | 2012.7 | 1 | ppt | ★ |
| 68 | 工程招投标与合同管理实务 | 978-7-301-19035-7 | 杨甲奇等 | 48.00 | 2011.8 | 1 | pdf | ★ |
| 69 | 工程招投标与合同管理实务 | 978-7-301-19290-0 | 郑文新等 | 43.00 | 2012.4 | 2 | pdf | ★ |
| 70 | 建设工程招投标与合同管理实务 | 978-7-301-20404-7 | 杨云会等 | 42.00 | 2012.4 | 1 | ppt/pdf | |
| 71 | 建筑施工组织与管理 | 978-7-301-15359-8 | 翟丽旻等 | 32.00 | 2012.2 | 7 | ppt/pdf | ★ |
| 72 | 建筑工程安全管理 | 978-7-301-19455-3 | 宋　健等 | 36.00 | 2011.9 | 1 | ppt/pdf | |
| 73 | 建筑工程质量与安全管理 | 978-7-301-16070-1 | 周连起 | 35.00 | 2012.1 | 3 | pdf | |
| 74 | 工程造价控制 | 978-7-301-14466-4 | 斯　庆 | 26.00 | 2012.4 | 7 | ppt/pdf | ★ |
| 75 | 工程造价控制与管理 | 978-7-301-19366-2 | 胡新萍等 | 30.00 | 2012.1 | 1 | ppt/pdf | ★ |
| 76 | 建筑工程造价管理 | 978-7-301-20360-6 | 柴　琦等 | 27.00 | 2012.3 | 1 | ppt/pdf | |
| 77 | 建筑工程造价管理 | 978-7-301-15517-2 | 李茂英等 | 24.00 | 2012.1 | 4 | pdf | |
| 78 | 建筑工程计量与计价 | 978-7-301-15406-9 | 肖明和等 | 39.00 | 2012.4 | 9 | ppt/pdf | ★ |
| 79 | 建筑工程计量与计价实训 | 978-7-301-15516-5 | 肖明和等 | 20.00 | 2012.2 | 5 | pdf | |
| 80 | 建筑工程计量与计价——透过案例学造价 | 978-7-301-16071-8 | 张　强 | 50.00 | 2012.1 | 3 | ppt/pdf | ★ |
| 81 | 安装工程计量与计价 | 978-7-301-15652-0 | 冯　钢等 | 38.00 | 2012.2 | 6 | ppt/pdf | ★ |
| 82 | 安装工程计量与计价实训 | 978-7-301-19336-5 | 景巧玲等 | 36.00 | 2012.6 | 2 | pdf/素材 | ★ |
| 83 | 建筑与装饰装修工程工程量清单 | 978-7-301-17331-2 | 翟丽旻等 | 25.00 | 2011.5 | 2 | pdf | |
| 84 | 建筑工程清单编制 | 978-7-301-19387-7 | 叶晓容 | 24.00 | 2011.8 | 1 | ppt/pdf | ★ |
| 85 | 建设项目评估 | 978-7-301-20068-1 | 高志云等 | 32.00 | 2012.1 | 1 | ppt/pdf | ★ |
| 86 | 钢筋工程清单编制 | 978-7-301-20114-5 | 贾莲英 | 36.00 | 2012.2 | 1 | ppt / pdf | |
| 87 | 混凝土工程清单编制 | 978-7-301-20384-2 | 顾　娟 | 28.00 | 2012.5 | 1 | ppt / pdf | |
| 88 | 建筑装饰工程预算 | 978-7-301-20567-9 | 范菊雨 | 38.00 | 2012.5 | 1 | pdf/ppt | ★ |
| | 建 筑 装 饰 类 | | | | | | | |
| 89 | 中外建筑史 | 978-7-301-15606-3 | 袁新华 | 30.00 | 2012.2 | 6 | ppt/pdf | ★ |
| 90 | 建筑室内空间历程 | 978-7-301-19338-9 | 张伟孝 | 53.00 | 2011.8 | 1 | pdf | ★ |
| 91 | 室内设计基础 | 978-7-301-15613-1 | 李书青 | 32.00 | 2011.1 | 2 | pdf | |
| 92 | 建筑装饰构造 | 978-7-301-15687-2 | 赵志文等 | 27.00 | 2012.4 | 4 | ppt/pdf | ★ |
| 93 | 建筑装饰材料 | 978-7-301-15136-5 | 高军林 | 25.00 | 2012.4 | 3 | ppt/pdf | |
| 94 | 建筑装饰施工技术 | 978-7-301-15439-7 | 王　军等 | 30.00 | 2012.1 | 4 | ppt/pdf | ★ |
| 95 | 装饰材料与施工 | 978-7-301-15677-3 | 宋志春等 | 30.00 | 2010.8 | 2 | ppt/pdf | ★ |
| 96 | 设计构成 | 978-7-301-15504-2 | 戴碧锋 | 30.00 | 2009.7 | 1 | pdf | |
| 97 | 基础色彩 | 978-7-301-16072-5 | 张　军 | 42.00 | 2011.9 | 2 | pdf | ★ |
| 98 | 建筑素描表现与创意 | 978-7-301-15541-7 | 于修国 | 25.00 | 2011.1 | 2 | pdf | ★ |
| 99 | 3ds Max 室内设计表现方法 | 978-7-301-17762-4 | 徐海军 | 32.00 | 2010.9 | 1 | pdf | |
| 100 | 3ds Max2011 室内设计案例教程(第 2 版) | 978-7-301-15693-3 | 伍福军等 | 39.00 | 2011.9 | 1 | ppt/pdf | |
| 101 | Photoshop 效果图后期制作 | 978-7-301-16073-2 | 脱忠伟等 | 52.00 | 2011.1 | 1 | 素材/pdf | ★ |
| 102 | 建筑表现技法 | 978-7-301-19216-0 | 张　峰 | 32.00 | 2011.7 | 1 | ppt/pdf | |

| 序号 | 书名 | 书号 | 编著者 | 定价 | 出版时间 | 印次 | 配套情况 | |
|---|---|---|---|---|---|---|---|---|
| 103 | 建筑速写 | 978-7-301-20441-2 | 张　峰 | 30.00 | 2012.4 | 1 | pdf | ★ |
| 104 | 建筑装饰设计 | 978-7-301-20022-3 | 杨丽君 | 36.00 | 2012.2 | 1 | ppt | |
| 105 | 装饰施工读图与识图 | 978-7-301-19991-6 | 杨丽君 | 33.00 | 2012.5 | 1 | ppt | |
| | **房地产与物业类** | | | | | | | |
| 106 | 房地产开发与经营 | 978-7-301-14467-1 | 张建中等 | 30.00 | 2011.11 | 4 | ppt/pdf | ★ |
| 107 | 房地产估价 | 978-7-301-15817-3 | 黄　晔等 | 30.00 | 2011.8 | 3 | ppt/pdf | ★ |
| 108 | 房地产估价理论与实务 | 978-7-301-19327-3 | 褚菁晶 | 35.00 | 2011.8 | 1 | ppt/pdf | ★ |
| 109 | 物业管理理论与实务 | 978-7-301-19354-9 | 裴艳慧 | 52.00 | 2011.9 | 1 | pdf | ★ |
| | **市政路桥类** | | | | | | | |
| 110 | 市政工程计量与计价 | 978-7-301-14915-7 | 王云江 | 38.00 | 2012.1 | 3 | pdf | |
| 111 | 市政桥梁工程 | 978-7-301-16688-8 | 刘　江等 | 42.00 | 2010.7 | 1 | ppt/pdf | |
| 112 | 路基路面工程 | 978-7-301-19299-3 | 偶昌宝等 | 34.00 | 2011.8 | 1 | ppt/pdf/素材 | |
| 113 | 道路工程技术 | 978-7-301-19363-1 | 刘　雨等 | 33.00 | 2011.12 | 1 | ppt/pdf | |
| 114 | 建筑给水排水工程 | 978-7-301-20047-6 | 叶巧云 | 38.00 | 2012.2 | 1 | ppt/pdf | |
| 115 | 市政工程测量（含技能训练手册） | 978-7-301-20474-0 | 刘宗波等 | 41.00 | 2012.5 | 1 | ppt/pdf | |
| | **建筑设备类** | | | | | | | |
| 116 | 建筑设备基础知识与识图 | 978-7-301-16716-8 | 靳慧征 | 34.00 | 2012.4 | 7 | ppt/pdf | ★ |
| 117 | 建筑设备识图与施工工艺 | 978-7-301-19377-8 | 周业梅 | 38.00 | 2011.8 | 1 | ppt/pdf | ★ |
| 118 | 建筑施工机械 | 978-7-301-19365-5 | 吴志强 | 30.00 | 2011.10 | 1 | pdf/ppt | ★ |

请登录 www.pup6.cn 免费下载本系列教材的电子书(PDF 版)、电子课件和相关教学资源。
欢迎免费索取样书，并欢迎到北京大学出版社来出版您的大作，可在 www.pup6.cn 在线申请样书和进行选题登记，也可下载相关表格填写后发到我们的邮箱，我们将及时与您取得联系并做好全方位的服务。
联系方式：010-62750667，yangxinglu@126.com，linzhangbo@126.com，欢迎来电来信咨询。